西北人影研究

（第一辑）

主　编　廖飞佳

副主编　李圆圆　谢海涛

内 容 简 介

本书收录了西北区域人工影响天气中心2016年在新疆乌鲁木齐召开的"西北区域人工影响天气工作经验交流及学术研讨会"上的部分论文。全书分为五部分，内容涵盖了云物理降水、人工增雨和防雹技术研究、人工影响天气作业效果检验和评估、人工影响天气管理工作经验和方法以及人工影响天气相关技术应用研究等。

本书可供从事人工影响天气的管理、业务技术、科学研究等人员应用与参考。

图书在版编目(CIP)数据

西北人影研究．第一辑/廖飞佳主编．--北京：气象出版社，2019.5

ISBN 978-7-5029-6960-8

Ⅰ.①西… Ⅱ.①廖… Ⅲ.①人工影响天气—研究—西北地区 Ⅳ.①P48

中国版本图书馆CIP数据核字(2019)第079709号

Xibei Renying Yanjiu(Di-yi Ji)

西北人影研究(第一辑)

廖飞佳 主编

出版发行：气象出版社

地　　址：北京市海淀区中关村南大街46号　　**邮政编码**：100081

电　　话：010-68407112(总编室)　010-68408042(发行部)

网　　址：http://www.qxcbs.com　　**E-mail**：qxcbs@cma.gov.cn

责任编辑：林雨晨　　**终　　审**：吴晓鹏

责任校对：王丽梅　　**责任技编**：赵相宁

封面设计：博雅思企划

印　　刷：北京中石油彩色印刷有限责任公司

开　　本：787 mm×1092 mm　1/16　　**印　　张**：19.5

字　　数：500千字　　**彩　　插**：6

版　　次：2019年5月第1版　　**印　　次**：2019年5月第1次印刷

定　　价：98.00元

《西北人影研究(第一辑)》
编撰组

序

人工影响天气是指为避免或减轻气象灾害，合理利用气候资源，在适当条件下通过科研手段对局部大气的物理过程进行人工影响，实现增雨雪、防雹等目的的活动。在全球气候变化的背景下，干旱、冰雹等气象灾害对我国经济、社会、生态安全的影响越来越大，迫切需要增强人工影响天气的业务能力和科技水平，为全面建成小康社会和美丽中国提供更好的服务。

2018年是我国开展人工影响天气60周年，60年来，我国人工影响天气业务技术和科技水平都有了很大的提高，取得了显著的经济、社会和生态效益，人工影响天气已经成为我国防灾减灾、生态文明建设的有力手段。但是，面对新形势和未来发展对人工影响天气工作的新需求，人工影响天气工作仍存在着诸多不足，其中科技支撑薄弱是一个突出问题。强化科技对核心业务的支撑，依靠科技进步，全面提升人工影响天气工作的水平和效益是全体人影工作者面临的重要任务。

西北地区是我国水资源最少的地区，生态修复、脱贫攻坚对人工影响天气的需求十分迫切。2017年，国家启动了西北区域人工影响天气能力建设工程，同时也正式成立了中国气象局西北区域人工影响天气中心，通过飞机、地面、基地等能力建设和区域统筹协调机制建设，提升西北区域人工影响天气的业务能力和服务效益。此外，根据西北区域地形和云降水特点，设立了西北地形云研究实验项目，联合国内外云降水和人工影响天气科技人员，开展空地协同外场试验，攻克关键技术，形成业务模型，提高西北人影的科技水平。为进一步聚焦人影关键技术，加强区域内各省人影业务科技人员学术交流，西北区域人影中心组织开展了常态化的学术交流活动，总结交流人工影响天气发展以及需要解决的关键科技问题，提出可供西北区域科学开展人工影响天气作业的参考结论。每年学术研讨会后出版一本论文集《西北人影研究》，相信这套专集能为西北人影事业的科学发展起到积极的推动作用。

中国气象局人工影响天气中心主任 李集明

2018年10月

前　言

西北区域是我国极其重要的生态环境屏障，自然生态环境十分脆弱，在全球变暖的气候背景下，西北区域气象灾害呈明显上升趋势，干旱、冰雹、霜冻、高温等极端天气气候事件频繁发生，严重威胁着粮食安全和生态安全，制约着经济社会发展。随着气象科技进步，人工影响天气（简称“人影”）作业日益成为防灾减灾和改善生态环境的重要措施，国家“十三五”规划纲要明确提出“科学开展人工影响天气工作”。

为进一步提高西北区域人工影响天气的作业能力、管理水平和服务效益，全面推进人工影响天气科学、协调、安全发展，提高人工影响天气的科学性和有效性，开展人工增雨抗旱、防雹、森林灭火、防霜冻等研究，是近年来西北地区人工影响天气工作面临的紧迫性问题。西北区域人工影响天气中心从1996年开始，组织每年轮流召开一次学术研讨会，汇集了西北地区相关科技工作者和科技管理工作者关于人工影响天气业务技术的分析和总结，形成了比较丰富的研讨成果。为了提高西北人工影响天气科研水平，为各地有关部门更好地开展人工影响天气工作提供参考，利用研究论文，每年编辑出版《西北人影研究》。

本书收集整理了西北区域人工影响天气中心2016年在新疆召开的“西北区域人工影响天气工作经验交流及学术研讨会”上的论文，分为5部分，内容涵盖了空中云水资源及增水潜力研究、人工增雨防雹效益评估、综合技术系统及应用、人工影响天气管理工作经验与方法、人工影响天气装备设备研发与应用等。

本书由新疆维吾尔自治区人工影响天气办公室整理汇编。在整理编写过程中，得到甘肃省人工影响天气办公室、陕西省人工影响天气办公室、新疆维吾尔自治区人工影响天气办公室、青海省人工影响天气办公室、宁夏回族自治区人工影响天气中心相关领导、专家、同行给予的大力支持和帮助，在此一并致以衷心的感谢。

由于时间仓促，编者水平有限，难免会存在不少错漏之处，敬请各位读者批评指正。

编撰组

2018年12月

目　　录

人工影响天气管理工作经验与方法

人工影响天气装备设备研发与应用

空中云水资源及增水潜力研究

边界层对流对示踪物抬升和传输影响的大涡模拟研究

王　蓉[1,2]　黄　倩[1]　田文寿[1]　张　强[3]　张健恺[1]　桑文军[1]

（1. 兰州大学大气科学学院半干旱气候变化教育部重点实验室，兰州 730000；
2. 甘肃省人工影响天气办公室，兰州 730020；
3. 中国气象局干旱气象研究所甘肃省干旱气候变化与减灾重点实验室，兰州 730020）

摘　要　利用“西北干旱区陆气相互作用野外观测实验”加密观测期间敦煌站的实测资料以及大涡模式，通过一系列改变地表热通量和风切变的敏感性数值试验，分析了地表热通量和风切变对边界层对流的强度、形式，以及对对流边界层结构和发展的影响。模拟结果显示风切变一定，增大地表热通量时，由于近地层湍流运动增强，向上输送的热量也较多，使对流边界层变暖增厚，而且边界层对流的强度明显增强，对流泡发展的高度也较高。当地表热通量一定，增大风切变时，由于风切变使夹卷作用增强，将逆温层中的暖空气向下卷入混合层中，使对流边界层增暖增厚，但是对流泡容易破碎，对流的强度也较弱。另外，通过在模式近地层释放绝对浓度为 100 的被动示踪物方法，用最小二乘法定量地分析了地表热通量和风切变分别与示踪物抬升效率和传输高度的关系。分析结果表明，风切变小于 $10.5\times10^{-3}\ s^{-1}$ 时，增大地表热通量加强了上层动量的下传，使示踪物的抬升效率也线性增大；地表热通量小于 462.5 W/m^2 时，增大风切变减弱了边界层对流的强度，从而使示踪物的抬升效率减弱。当风切变一定时，示踪物的平均传输高度随地表热通量增加而增大，而地表热通量一定，只有风切变大于临界值时，示踪物平均传输高度才随风切变的增加而增大，而临界风速的大小由地表热通量决定。

关键词　大涡模拟　边界层对流　示踪物抬升效率　传输高度　最小二乘法

1　引言

沙尘暴是一种危害极大的灾害性天气，会引起一系列的生态与环境问题，如荒漠化、土壤肥力下降、空气污染等，对人类生命和财产安全都造成了严重的危害（赵思雄和孙建华，2013）。沙尘气溶胶的远距离输送，如中国及中亚地区的沙尘，在合适的条件下可以长距离传输到东亚的韩国、日本（Tan et al，2012；Kim et al，2013），使沙尘暴成为区域性和全球性的环境问题。另外，沙尘暴在气候变化中也扮演着重要角色。矿物沙尘气溶胶作为地球气候系统的重要组成之一（IPCC，2007），一方面，沙尘气溶胶的辐射效应直接影响辐射收支平衡，进而引起区域乃至全球的气候变化（Haywood et al，2005）；另一方面，它可以为冰云的形成提供凝结核，从而影响云微物理结构、光学特性及降水形成（Field et al，2006），对气候变化产生间接的效应。另外，沙尘气溶胶还为浮游生物提供了必需的矿物元素（Mahowald et al，2005），维持了自然界的生物链。

国内外学者对沙尘暴的形成机理、远距离输送以及其对辐射和气候影响等方面已经做了大量工作，并取得了一定的研究成果（Yang et al，2013；O'Loingsigh et al，2014）。作为沙尘输送基础的起沙过程也一直是科学工作者研究的重要内容（李耀辉和张书余，2007；赵琳娜等，2007；Li and Zhang，2014），因为起沙的定量和准确描述是模拟和预报沙尘浓度的基础（张宏生和李晓岚,2014)。风蚀起沙是起沙机制的核心内容,影响风蚀起沙的因子有天气和气候条件、土壤特性、地表特征和实际土地利用(Shao,2008),其中风和大气边界层结构是影响风蚀起沙的关键因子,而边界层对流对边界层结构和发展又有重要影响(Huang et al,2010;黄倩等,2014)。近年来边界层对流对沙尘抬升和垂直传输的影响受到越来越多的关注(Huang et al,2010;Bozlaker et al,2013;Ramaswamy,2014)。尤其是在极端干旱的沙漠地区,其夏季晴天边界层厚度可以发展到 4～6 km(Gamo, 1996;Marsham et al, 2008a),深厚的边界层对流一方面可以将沙尘传输到较高的高度(Takemi,1999),另一方面为沙尘在水平方向的远距离输送提供了有利条件(Iwasaka et al,2003)。Takemi 等(2006)模拟研究了中纬度沙漠地区晴天条件下,由边界层干对流和积云对流引起的沙尘抬升和传输的动力过程。研究结果表明,边界层干对流对沙尘在边界层内的垂直混合有重要作用,而边界层干对流和积云对流的耦合能使沙尘从边界层传输到自由大气。Takemi 等(2005)的研究还指出,极端干旱的沙漠地区深厚的干对流活动有利于高空水平动量的下传,使地表风速增加,从而有助于地表沙尘的抬升。Knippertz 等(2009)认为,撒哈拉西部夜间低空急流造成的动量下传有利于第二天边界层对流的发展和沙尘的抬升。而 Todd 等(2008)对撒哈拉不同测站的观测研究也证明了边界层低层风速的增加对于沙尘抬升的重要作用。另外,Huang 等(2010)还利用大涡模式,诊断分析了非均匀的地表热通量对撒哈拉沙漠地区示踪物抬升效率及垂直传输的影响,研究结果表明由于非均匀地表热通量引起局地地表风速增大,从而增加示踪物的抬升效率。另外,非均匀地表热通量引起的局地环流有利于沙尘从混合层向撒哈拉残留层的传输。虽然这些研究结果加深了我们对边界层对流对沙尘抬升及垂直传输影响的理解,但是目前系统地分析不同形式的边界层对流对沙尘抬升和垂直传输影响的研究较少,另外,也缺少描述地表热通量和风切变对沙尘抬升效率和传输高度影响的定量关系,而这对于深入研究边界层对流对沙尘抬升效率和垂直传输具有重要意义。

敦煌位于我国西北干旱区,气候干燥,又与我国沙尘天气的高发区南疆盆地接壤,为该地区沙尘天气的形成提供了必要的物质条件,是我国河西走廊沙尘天气的高发区。敦煌地区白天较强的地表加热能力和夜间冷却能力造成该地区超厚对流边界层的发展及演变(张强等,2007;Zhang et al,2011)。赵建华等(2011)用热力数值模型对西北干旱地区对流边界层高度的定量分析也表明感热是西北干旱区深厚对流边界层形成的主要原因。本文将在这些研究的基础上,以敦煌地区加密观测期间的实测资料为背景,利用大涡模式,分析干旱区地表感热通量(以下称为地表热通量)和地转风切变(以下称为风切变)对边界层对流强度及对流形式的影响,并进一步研究不同形式的边界层对流对示踪物抬升效率和垂直传输的影响,最后定量地给出示踪物抬升效率及传输高度随地表热通量和风切变变化之间的关系。

2 模式及方法介绍

本文所利用的英国气象局大涡模式[Large Eddy Model (LEM) Version 2.4(Gray et al, 2001)]是一个高分辨率、非静力平衡的数值模式,可以用来模拟范围广泛的湍流尺度和云尺度的问题(对模式的具体描述见黄倩等(2014))。本研究中模式高度取为 6 km,水平区域为 10 km×10 km,水平方向采用等距的网格,为 200 m,垂直方向采用随高度变化的网格距,其中最小的格距在近地面,约 1.4 m,最大的在 3 km 之上,约为 158 m。模式中采用了周期侧边界条件和刚性上下边界条件,为了减少由模式上界引起的重力波反射,在模式高度约 4 km(约为模式高度 2/3 处)以上应用了牛顿阻尼吸收层。模式中使用的地表地转风是由 NCEP—NACR 机构的 2.5°×2.5°再分析资料计算得到的,地转风切变是用小球探空资料 1 km 高度的风速和地表地转风资料求得。

本文使用的观测资料是“西北干旱区陆气相互作用野外观测实验”加密观测期间 2000 年 6 月 3 日敦煌站的位温、比湿探空廓线,以及敦煌双墩子戈壁站的地表热通量观测资料。大气稳定度是表征湍流发展的一个重要参数,以湍流能量为基础的里查森数(Richardson number)同时包含了影响层结稳定度的热力和动力因子,其中与热力因子有关的地表热通量决定了影响边界层湍流发展的浮力的强弱,而与动力因子有关的风切变能把边界层湍流(对流)组织成不同的形式(Weckwerth et al,1999)。本文将在标准试验的基础上,通过一系列改变地表热通量强度和风切变大小(具体增加或减小为标准试验地表热通量和风切变的倍数见表 1)的敏感性数值试验诊断分析不同地表热通量和风切变条件下的边界层对流中,示踪物的抬升效率及传输高度。为了研究边界层对流对物质传输的影响,在模式 100 m 高度以下加入绝对浓度为 100 的被动示踪物。另外,由于研究区域是极端干旱的沙漠地区,其波恩比值较大,潜热通量对模拟结果影响不大,因此,在敏感性数值试验中改变地表热通量是指改变地表感热通量的大小。本研究的试验设计如表 1 所示,其中 C0 代表标准试验(地表热通量和风切变为实测结果),表 1 中的数字代表各敏感性数值试验中地表热通量和风切变放大(或缩小)为标准试验中地表热通量和风切变的倍数。表 1 中,H 和 S 分别代表地表热通量和风切变,H_{C0} 和 S_{C0} 分别代表标准试验地表热通量和风切变,√代表有试验,×代表无试验,C1 至 C9 分别代表改变地表热通量或风切变的试验。

表 1　敏感性试验设计

S/S_{C0}	H/H_{C0}											
	0.1	0.2	0.3	0.4	0.5	0.6	0.7	0.8	0.9	1.0	1.2	1.5
0.0	×	×	×	×	×	×	×	×	×	C1	×	×
0.03	×	√	×	×	√	×	×	√	×	√	√	√
0.05	×	√	×	×	√	×	×	√	×	√	√	√
0.08	×	√	×	×	√	×	×	√	×	√	√	√
0.1	√	√	√	√	√	√	√	√	√	√	√	√
0.2	√	√	√	√	√	√	√	√	√	√	√	√
0.3	×	√	×	×	√	×	×	√	×	√	√	√
0.4	×	√	×	×	√	×	×	√	×	√	√	√
0.5	√	√	√	√	√	√	√	√	√	C6	√	√
0.6	√	√	√	√	√	√	√	√	√	√	√	√
0.7	√	√	√	√	√	√	√	√	√	√	√	√
0.8	√	√	√	√	√	√	√	√	√	√	√	√
1.0	√	√	√	√	C2	√	√	C3	√	C0	C4	√
1.2	×	×	×	×	×	×	×	×	×	C7	×	×
1.5	√	√	√	√	√	√	√	√	√	C8	√	√
2.0	C5	×	×	×	×	×	×	C9	×	×	×	×

3 模拟结果与分析

2000 年 6 月 3 日的实测资料和模拟结果都显示[黄倩等(2014)的图 1],07 时[局地时(LT),下同],有 200 m 厚的贴地逆温层,其上是厚度约 800 m、强度约为 0.02 ℃/m 的覆盖逆温层,10 时由于地表受太阳辐射加热形成的热泡向上发展,对流边界层(convective boundary layer,CBL)的厚度约为 300 m,逆温层之上是一层清晰可辨的厚度约为 3 km 的近中性分层的残留层。14 时 CBL 顶已经到达 1100 m 的高度,而且覆盖逆温的强度也有所减弱。到 16 时边界层对流运动将混合层与残留层贯通为一层厚度约为 4 km 的超厚边界层。本文的标准试验是以 07 时的探空廓线为初始场,模拟的不同时次的位温廓线与实测廓线基本一致。

3.1 不同形式的边界层对流

边界层对流有不同的形式,如无组织的对流泡、有组织的边界层对流卷等(Etling and Brown, 1993),而地表热通量和风切变对边界层对流的强度和结构有重要影响(Tian et al, 2003; Shin and Hong,2013),因此,本文通过改变模式地表热通量和风切变大小形成不同形式的边界层对流。[彩]图 1 是不同敏感性数值试验模拟的不同时次的边界层位温廓线。从[彩]图 1 看出,11 时到 14 时,CBL 不断增暖,而且 CBL 的厚度也在逐渐增大。当风切变一定,随着地表热通量的增大(试验 C0, C2, C3, C4),由于近地层热泡获得的能量增多,上冲的高度也增高,从而使 CBL 变暖且厚度增大。如 14 时试验 C4(地表热通量增大为标准试验地表热通量的 1.2 倍)的 CBL 的平均位温约是 316 K,而试验 C2(地表热通量是标准试验地表热通量的 0.5 倍)的 CBL 平均位温只有 308 K 左右。当地表热通量一定,随着风切变的增大(试验 C0,C6,C7,C8),CBL 也增暖变厚,另外,还注意到当地表热通量一定,增大风切变时 CBL 的厚度增长较快,如图 1d 中试验 C8 的 CBL 厚度约为 1.1 km,而试验 C4 的 CBL 厚度仅有 0.7 km。这主要是因为增大风切变加强了夹卷层的夹卷效率,使更多自由大气的暖空气向下

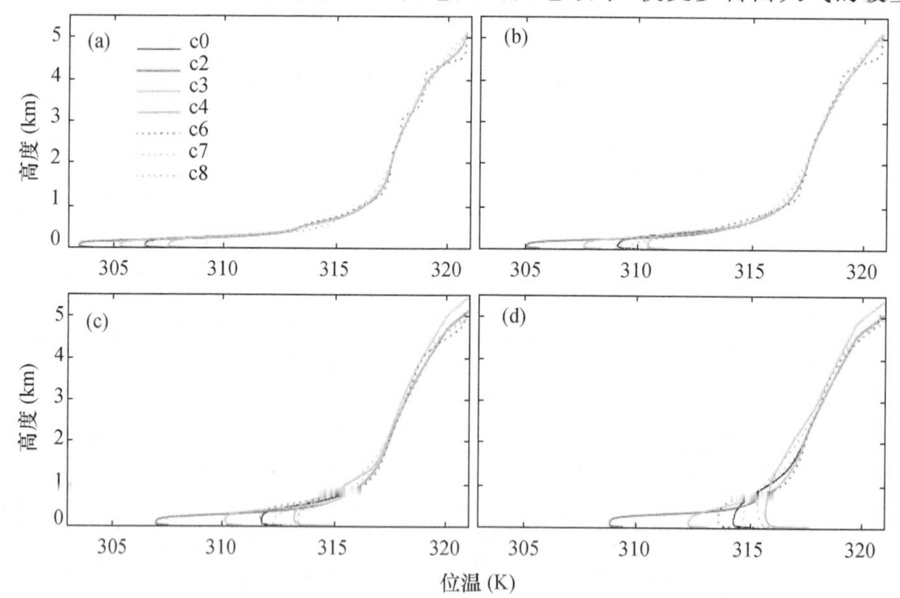

图 1 不同试验模拟的(a)11 时,(b)12 时,(c)13 时,(d)14 时的平均位温廓线

混合从而使 CBL 增暖，而且增强的夹卷作用有助于混合层与覆盖逆温层的贯通，从而使 CBL 增厚(黄倩等，2014)。

下面进一步分析不同形式边界层对流的空间分布特征。[彩]图 2 是不同敏感性数值试验模拟的 13 时 300 m 高度的垂直速度水平剖面图。从图 2 可以看出，风切变不变，减小地表热通量(试验 C2)，边界层对流的强度明显减弱(300 m 高度气流的最大上升速度只有 2.0 m/s)；而增大地表热通量(试验 C4)，边界层对流的强度增强(300 m 高度气流的最大上升速度可以达到 4.5 m/s)。当地表热通量不变，减小风切变(试验 C6)，边界层对流的形式明显改变，而且对流的强度也较标准试验的略增强；增大风切变，边界层对流的强度有所减弱，这与风切变影响湍流涡旋的方向，从而改变边界层对流的强度有关(Paugam et al, 2010)。另外，增大风

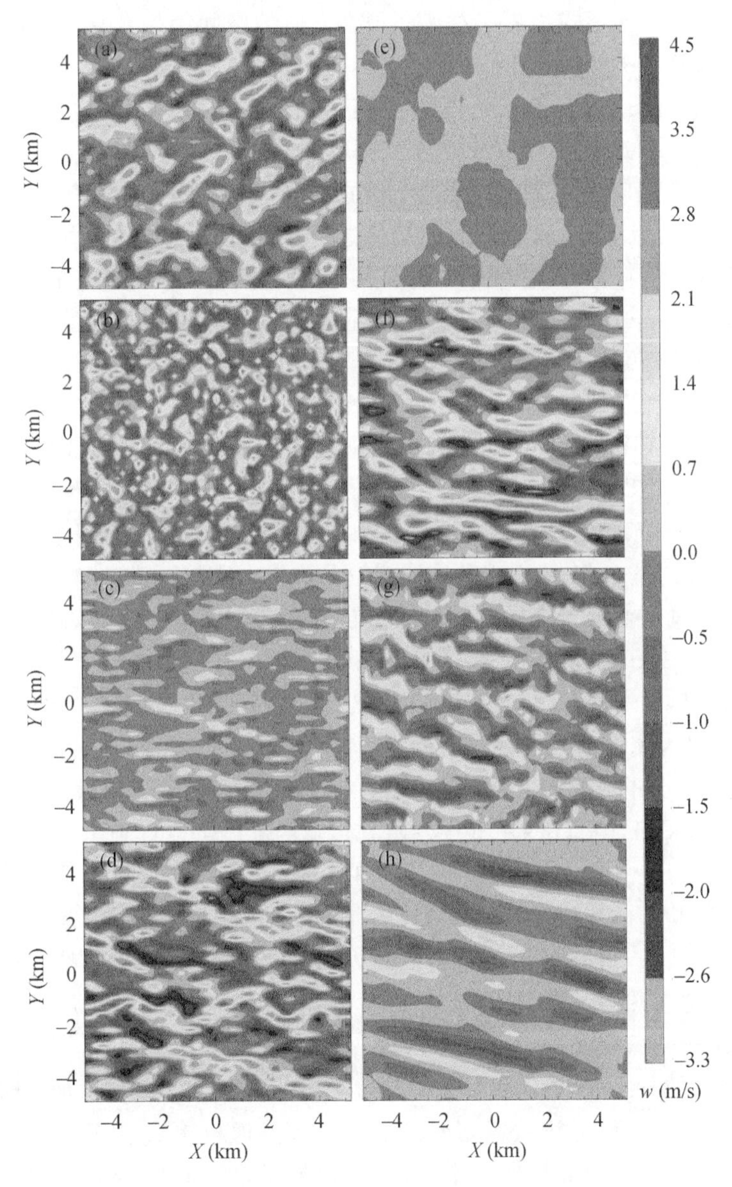

图 2　13 时 300 m 高度的垂直速度(m/s)水平分布[(a)—(f)分别为试验 C0—C9 的结果]

切变,边界层对流出现较弱的有组织的对流卷信号,如图 2g 上升气流和下沉气流排列较规则,若将风切变改变为标准试验风切变的 2.0,地表热通量改变为标准试验地表热通量的 0.8 倍(图 2h),边界层对流的上升和下沉气流排列更规则,但是对流的强度较弱(上升气流的最大速度为 1.6 m/s),这与 Weckwerth 等(1999)的研究结果一致,即边界层对流卷出现在地表热通量一定(不小于 50 W/m^2),风切变较大的条件下。另外,图 2b 和图 2e 分别为只有浮力驱动和只有动力驱动边界层对流的试验模拟的垂直速度,可以看出只有浮力和只有动力驱动的边界层对流泡都比较细碎,但是浮力驱动的边界层对流强度明显大于动力驱动的边界层对流强度。Moeng 和 Sullivan(1994)的研究结果也显示:地表热通量的大小对边界层对流的强弱有重要影响,而不同大小的风切变会将边界层对流组织成不同的形式。

为了进一步分析不同形式边界层对流在垂直方向的空间结构,[彩]图 3 给出了图 2 中各敏感性数值试验模拟的 13 时垂直速度垂直剖面图。从图 3 可以看出,当风切变不变时,增大地表热通量的试验中(图 3d,试验 C4)边界层对流发展的高度(约 1 km)大于减小地表热通量试验中(图 3c,试验 C2)边界层对流的高度(约 0.5 km)。当地表热通量不变时,增大风切变(图 3g,试验 C8)边界层对流发展的高度减小(约 0.5 km),但是上升气流和下沉气流排列更规则。另外,从图 3 还可以看出,只有热力驱动的边界层对流中,对流泡垂直向上发展,如图 3b 中的热泡与地表基本垂直,而随着风切变的加入,对流泡发生倾斜,如图 3a 中 $Y=0$ km、图 3g 中 $Y=-3.9$ km、$Y=-1.0$ km 及 $Y=4.5$ km 处,这一特点随着风切变的增大更显著(图 3h),这与黄倩等(2014)的研究结果一致。

图 4 给出了敏感性数值试验模拟的不同形式边界层对流 13 时示踪物绝对浓度及风矢量随高度分布的垂直剖面图。从图 4 可以看出当地表热通量减小为标准试验地表热通量的 0.5 倍时(试验 C2,图 4c),示踪物传输的高度约为 0.6 km,而将地表热通量增大到标准试验的 1.2 倍时(试验 C4,图 4d),示踪物传输的高度约为 1.7 km。当地表热通量为标准试验的地表热通量,风切变减小为 0.5 倍的标准试验风切变时(试验 C6,图 4f),示踪物可以传输到大约 1.0 km 的高度,如果把风切变增大到标准试验的 1.5 倍(试验 C8,图 4g),示踪物传输的高度明显增大,可以达到约 2.2 km 的高度。图 4b、4e、4h 分别为只有热力驱动边界层对流(试验 C1)、只有风切变驱动边界层对流(试验 C5)和有较强对流卷的试验(试验 C9)结果,从图中可以看出,示踪物在有较强对流卷信号的试验中传输的高度最大(约 3.2 km),另外,虽然在只有热力驱动的边界层对流中混合层的高度(约 0.7 km)大于只有风切变驱动试验的边界层对流中的混合层高度(约 0.3 km),但是试验 C5 中示踪物传输的高度可以达到 1.4 km,而在试验 C1 中示踪物的最大传输高度只有 0.9 km。另外还注意到,增大风切变试验中的夹卷层厚度都比增大地表热通量试验中的夹卷层厚度大,如图 4e、4g、4h 与图 4d 中示踪物浓度大于 0.1 的蓝色区域的比较。从图 4 的分析知道,增大地表热通量和增大风切变都能使示踪物传输的高度增大,而增大地表热通量主要是增强了边界层对流的强度,也就是增大了上冲热泡的能量,从而使示踪物随着强上升气流传输到较高的高度;而增大风切变主要是增强了夹卷作用、增大了夹卷层厚度,有利于混合层和覆盖逆温层的混合贯通,从而 CBL 明显增厚,使示踪物的传输高度增大,而且增大风切变比增大地表热通量更有利于示踪物传输到较高的高度。在所有不同形式的边界层对流中,有较强边界层对流卷信号的试验中示踪物传输的高度最高。

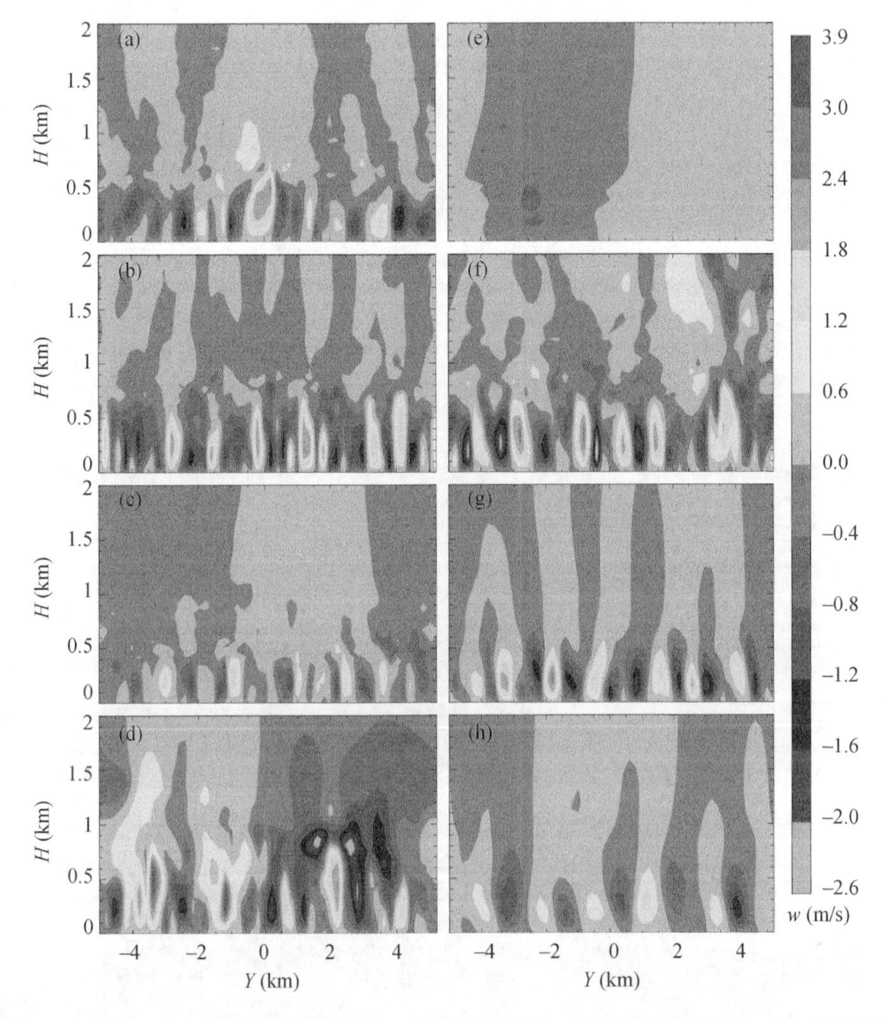

图 3　13 时 $x=0$ m 的垂直速度(m/s)y-z 剖面图[(a)—(f)分别为试验 C0—C9 的结果]

3.2　不同形式的边界层对流对示踪物抬升效率的影响

虽然边界层对流对沙尘的垂直传输有重要影响(Takemi et al，2006;Huang et al，2010)，但是边界层对流对沙尘抬升效率的影响也不容忽视(Marsham et al，2008b)。Gillette(1978)的研究结果显示当地表风速大于某一临界值时，沙尘才能从地表被抬升。全球矿物沙尘的贡献中有 35%是由对流泡和对流涡旋引起的(Koch and Renno，2005)。Marsham 等(2011)通过定义沙尘抬升潜力，研究了夏季深对流形成的冷池对西非沙尘抬升的影响，模拟结果显示气候模式中对对流过程的参数化导致近 18%的沙尘抬升潜力的减少。本文将定量地研究不同强度和不同形式的边界层对流对示踪物抬升及传输的影响。首先采用 Cakmur 等(2004)给出的公式：

$$F \propto u^2 (u - u_T) \tag{1}$$

来研究不同形式的边界层对流对示踪物抬升效率的影响。式(1)中，F 代表示踪物抬升效率，F 是 10 m 高度上的风速，u_T是临界风速，只有 $u \geq u_T$时计算的示踪物抬升效率有效。这里需

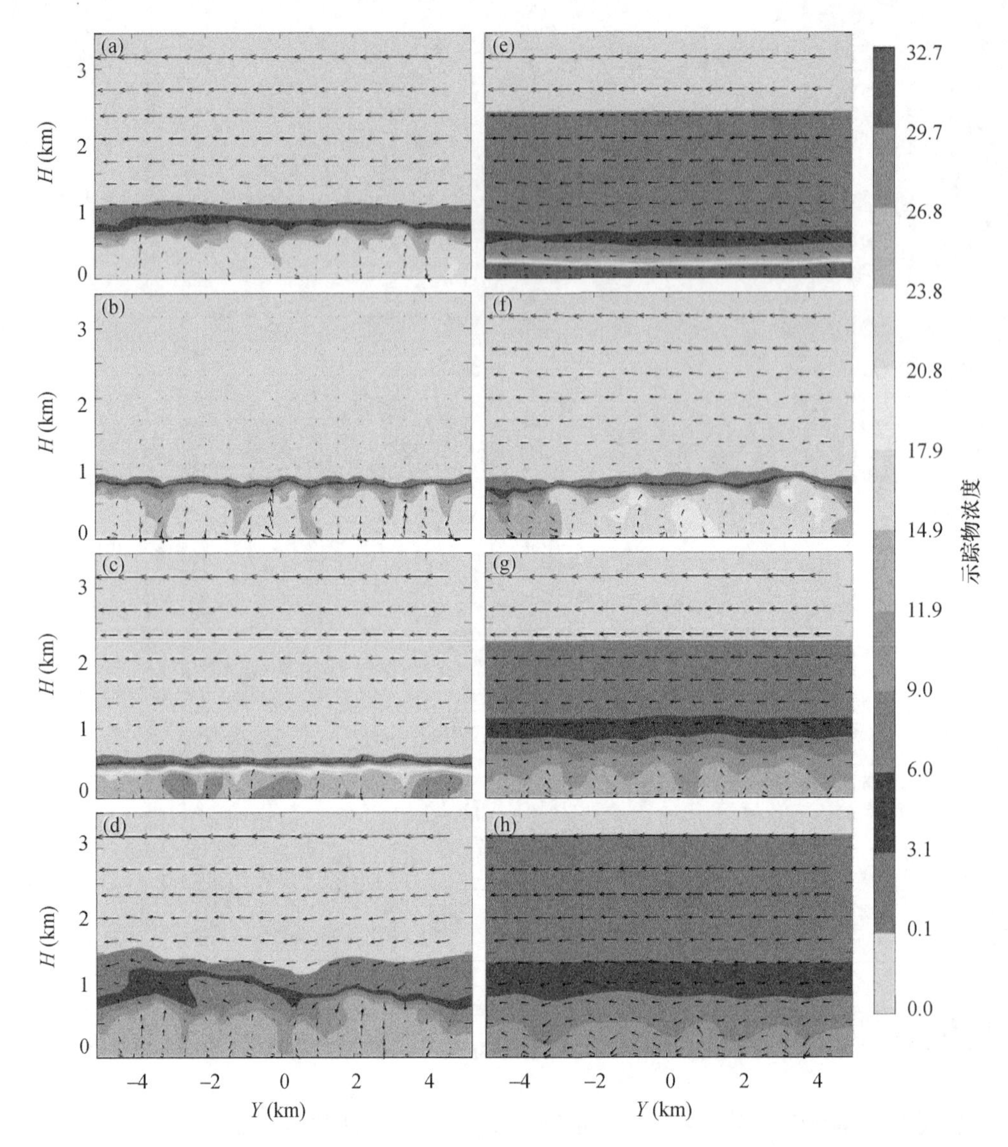

图 4　试验 (a) C0、(b) C1、(c) C2、(d) C4、(e) C5、(f) C6、(g) C8、(h) C9 模拟的 13 时风矢量和示踪物绝对浓度的垂直剖面图

要说明的是式(1)中示踪物抬升效率的单位是 m^3/s^3。

为了更准确地分析地表热通量和风切变对示踪物抬升效率和传输高度的影响,利用表 1 中除了 C1、C5、C7 和 C9 四个试验以外的 126 个改变地表热通量和风切变的敏感性数值试验结果做进一步的分析。其中风切变取为标准试验 C0 的风切变,地表热通量在试验 C0 地表热通量的 0.1 倍至 1.5 倍(最大值为 37 W/m^2 到 555 W/m^2)之间变化;地表热通量取为标准试验 C0 的地表热通量,风切变在试验 C0 风切变的 0.03 倍至 1.5 倍(0.52×10^{-3} s^{-1} 至 24.5×10^{-3} s^{-1})之间变化。

在研究不同形式的边界层对流对示踪物抬升效率和传输高度影响之前,首先分析了临界风速的大小对示踪物抬升效率的影响。研究结果(图略)显示临界风速值越大,示踪物的抬升效率越低,这与式(1)中的理论分析结果是一致的。另外,改变地表热通量和风切变的大小对

示踪物总体抬升效率随临界风速的变化趋势影响不大。

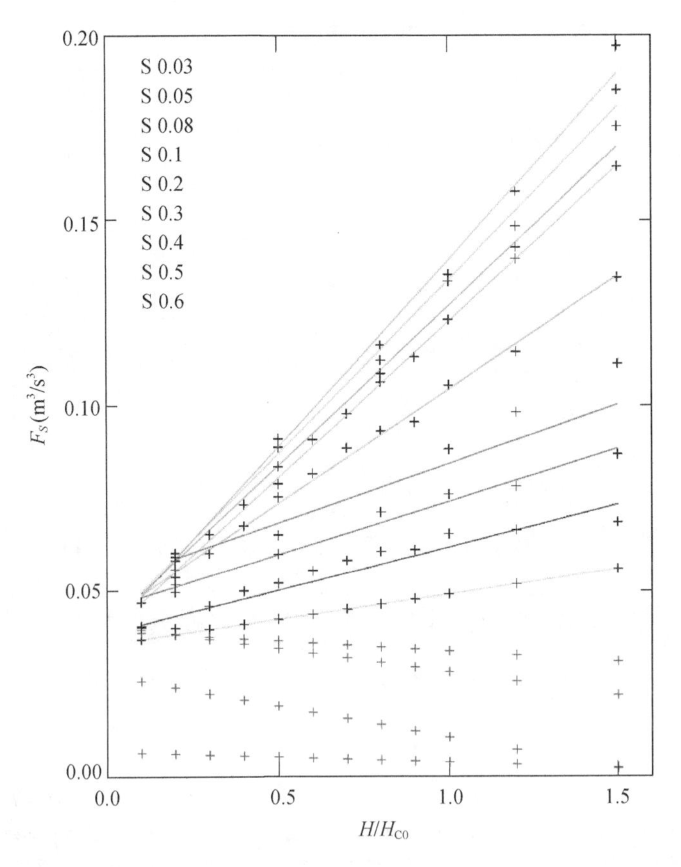

图 5　用最小二乘法拟合的 13 时示踪物平均抬升效率随地表热通量变化的直线

横坐标是地表热通量(H)放大(或缩小)为标准试验地表热通量(H_{C0})的倍数，纵坐标是抬升效率 F。其中，实线代表最小二乘拟合直线，黑色十字代表符合拟合直线的试验结果，而蓝色十字代表不符合拟合直线的试验结果

[彩]图 5 是用最小二乘法拟合的 13 时示踪物抬升效率随地表热通量变化的直线，其中符合拟合直线变化规律的试验结果用黑色的十字表示，而不符合拟合直线变化规律的试验结果用蓝色十字表示。从图 5 可以看出，风切变小于 0.6 倍标准试验风切变时(黑十字代表的试验)，示踪物的抬升效率随地表热通量的增大而增强，也就是当风切变小于 $10.5\times10^{-3}\ \mathrm{s^{-1}}$ 时地表热通量越大示踪物的抬升效率也越大，而风切变大于 0.6 倍标准试验风切变的试验中(蓝十字代表的试验)示踪物的抬升效率与地表热通量没有这样的变化规律。另外，从图 5 还可以看出，风切变越小(如风切变为标准试验风切变的 0.03 倍)，示踪物的抬升效率随地表热通量的增加而增大得越快。这主要是因为地表热通量越大，边界层对流的强度越大，越有利于上层动量的下传，从而使近地层风速增大，导致示踪物的抬升效率增大；而风切变越小，热力作用越显著，垂直方向湍流运动增强，也有助于上层动量的下传。图 2 和图 3 的分析结果也显示，增大风切变使边界层对流的强度减弱，因此只有风切变较小时，示踪物的抬升效率才随地表热通量的增大而增加。当风切变小于标准试验风切变的 0.6 倍时，示踪物抬升效率随地表热通量变化的关系式可以表示为

$$F=aH+b \tag{2}$$

式中,F 表示示踪物的抬升效率,H 表示地表热通量,a 和 b 是随风切变大小变化的系数。a,b 的取值范围分别为(3.65~6.02)$\times10^{-2}$和(4.88~65.7)$\times10^{-4}$。

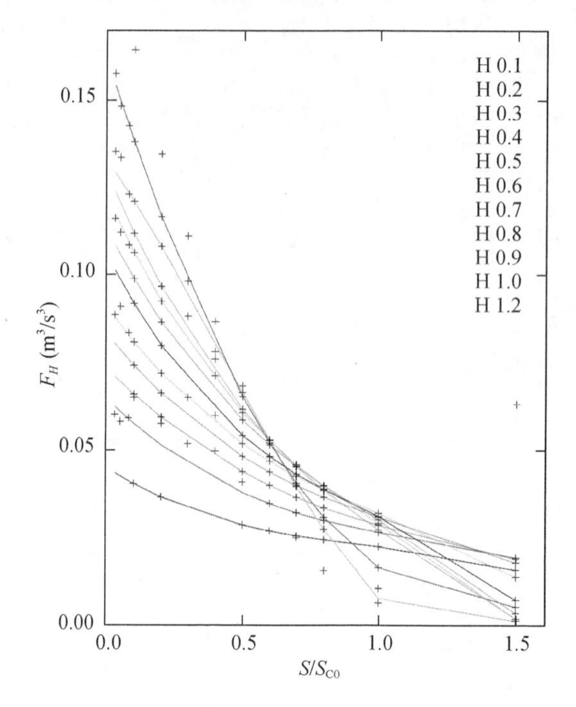

图 6　用最小二乘法拟合 13 时示踪物平均抬升效率随风切变变化的曲线

横坐标是风切变(S)放大(或缩小)为标准试验风切变(S_{C0})的倍数,纵坐标是抬升效率 F。其中,实线代表最小二乘拟合曲线,黑色十字代表符合拟合曲线的试验结果,而蓝色十字代表不符合拟合曲线的试验结果

为了进一步分析风切变对示踪物抬升效率的影响,用最小二乘法拟合图 5 中 126 个试验中风切变与示踪物抬升效率之间的关系,如图 6 所示。从图 6 可以看出,13 时地表热通量小于标准试验地表热通量的 1.2 倍(444 W/m^2)时,示踪物的抬升效率随着风切变的增大反而减小,但是当地表热通量增加为试验 C0 中地表热通量的 1.5 倍(555 W/m^2)时,只有当风切变不太大时(小于标准试验的 1.0 倍)才满足示踪物抬升效率随风切变的增大而减小的规律。另外,还注意到,地表热通量越大,示踪物抬升效率随风切变的增大递减越快。其中当地表热通量小于标准试验地表热通量的 1.2 倍,示踪物抬升效率随风切变的变化规律可以表示为

$$F=a_1+b_1S+c_1S^2+d_1S^3 \tag{3}$$

式中,F 表示示踪物抬升效率,S 代表风切变,a_1、b_1、c_1 和 d_1 是随地表热通量变化的系数。a_1,b_1,c_1 和 d_1 分别在(4.5~19.1)$\times10^{-2}$、2.84~16.1、66.7~134.2、(2.61~13.7)$\times10^3$之间变化。通过图 2 和图 3 的分析已经知道随着风切变的增大,边界层对流强度减弱,也就是上升气流的速度减小,这导致上层动量下传减弱,近地层风速减小,从而使示踪物的抬升效率减小。而图 6 中显示当地表热通量为标准试验地表热通量的 1.5 倍,风切变也增大为标准试验风切变的 1.5 倍时,示踪物的抬升效率却明显增大,这也许与超强的地表热通量引起上层动量下传有关。

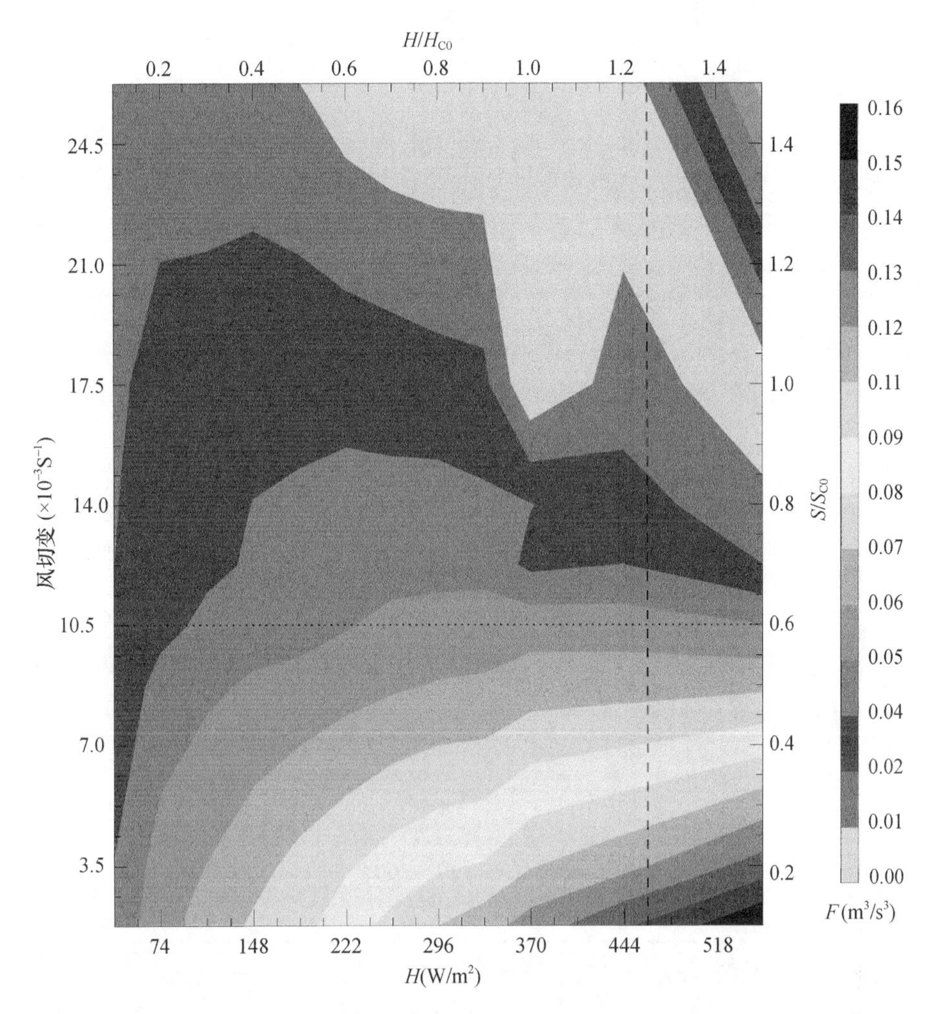

图 7　不同地表热通量和风切变的敏感性数值试验模拟的 13 时示踪物平均抬升效率
点线代表风切(S)变为标准试验风切变(S_{C0})的 0.6 倍的值，虚线为地表热通量是标准试验 1.25 倍的值

图 7 是不同试验模拟的 13 时示踪物平均抬升效率随地表热通量和风切变的变化图。从图 7 可以看出当地表热通量小于标准试验地表热通量的 1.25 倍(462.5 W/m^2)时，示踪物的抬升效率随着风切变的增大而减小(图 7 中热通量较小的虚线区域)；风切变小于标准试验风切变的 0.6 倍(10.5×10^{-3} s^{-1})时，即图 7 中风切变较小的点线区域，示踪物的抬升效率随着地表热通量的增大而增大。

3.3　不同形式的边界层对流对示踪物传输高度的影响

图 2 和图 3 的结果表明不同大小的地表热通量和风切变影响边界层对流的强度和形式，从而使示踪物传输的高度也不相同。为了进一步定量化研究不同形式的边界层对流对示踪物传输高度的影响，以不同大小地表热通量和风切变的敏感性数值试验结果为基础，利用最小二乘法分别确定地表热通量和示踪物的平均传输高度以及风切变和示踪物平均传输高度的定量关系。另外需要说明的是，文中示踪物的平均传输高度是用示踪物的平均浓度小于 0.1 的最大高度确定的。

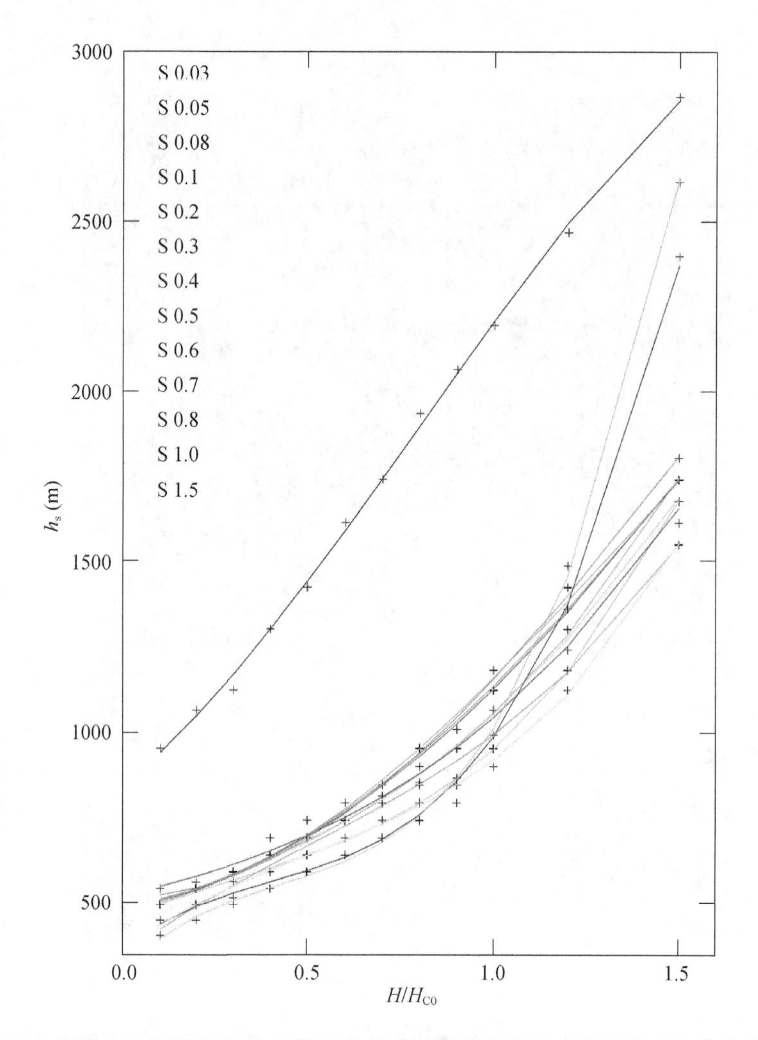

图 8　用最小二乘法拟合 13 时示踪物平均传输高度随地表热通量变化的曲线

横坐标是热通量放大(或缩小)为标准试验热通量的倍数,纵坐标是传输高度 h。其中黑色十字代表不同模拟试验的结果

图 8 是用最小二乘法拟合的 126 个敏感性数值试验模拟的示踪物平均传输高度随地表热通量变化的曲线,曲线用以下三次拟合多项式表示:

$$h=a_2+b_2H+c_2H^2+d_2H^3 \tag{4}$$

式中,h(m)是示踪物的平均传输高度,H(W/m^2)是地表热通量,a_2,b_2,c_2和 d_2是与风切变大小有关的系数。从图 8 看出,当风切变一定时,示踪物的平均传输高度随地表热通量的增加而增大,也就是边界层对流的强度增大,示踪物传输的高度也增高,这主要是因为边界层湍流将较大的热量向上层大气输送,使热泡获得了较多的能量而上冲到较高的高度,示踪物随着热泡上升也被传输到较高的高度。但是,从图 8 可明显看出示踪物的平均传输高度和地表热通量的大小之间并不是简单的线性关系。

同样用最小二乘拟合的方法进一步分析地表热通量一定时示踪物的平均传输高度随风切变的变化规律,示踪物的平均传输高度可以用下式表示:

$$h=a_3+b_3S+c_3S^2+d_3S^3 \tag{5}$$

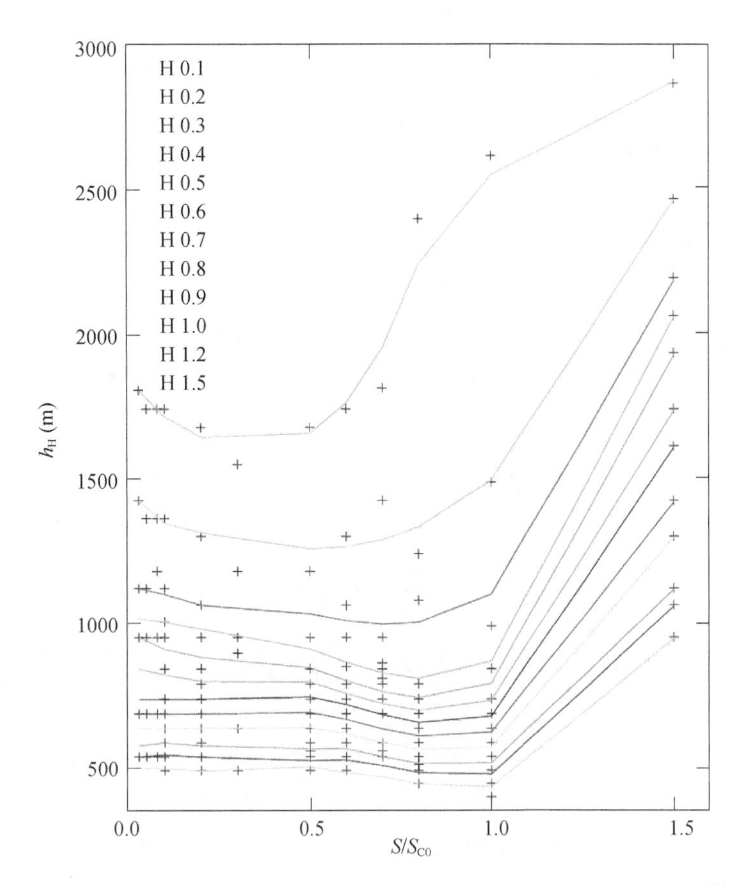

图 9　用最小二乘法拟合 13 时示踪物的平均传输高度随风切变变化的曲线

横坐标是风切变放大(或缩小)为标准试验风切变的倍数,纵坐标是传输高度 h。其中黑色十字代表不同数值试验的模拟结果

式中,h(m)代表示踪物的平均传输高度,S(s^{-1})是风切变,a_3,b_3,c_3和 d_3是由不同大小的地表热通量决定的系数。不同敏感性数值试验模拟的示踪物平均传输高度和拟合曲线如图 9 所示,其中示踪物的平均传输高度用黑色十字表示。从图 9 可以看出当风切变较小时,示踪物平均传输高度随风切变增大变化不大,有的略有减小,而当风切变较大时,示踪物平均传输高度随风切变的增大而明显增加。如地表热通量为 1.2 倍标准试验地表热通量、不同风切变的试验中($H/H_{C0}=1.2$ 的拟合曲线),当风切变小于 0.5 倍标准试验中风切变时,示踪物的平均传输高度随风切变的增大而略有减小;而当风切变大于 0.5 倍标准试验中风切变时,示踪物平均传输高度随风切变的增大而增大,尤其是当风切变大于标准试验中风切变时,示踪物的平均传输高度随风切变的增大迅速增加。另外还注意到,增大地表热通量,示踪物平均传输高度随风切变的增加而增大更快。由图 1 的分析知道,增大风切变使夹卷效率增强,不仅导致 CBL 增暖,还增大了 CBL 的厚度,因此,示踪物也随着 CBL 的增厚而被传输到较高的高度。为了解释地表热通量越大,示踪物的平均传输高度随风切变的增加而增大更快的原因,进一步分析了不同地表热通量对应的增大风切变试验模拟的 13 时平均位温廓线,如图 10 所示,当地表热通量较小时,热泡上冲的高度较低,混合层以上的覆盖逆温层的厚度较大,逆温强度也较大(图 10 中的实线,地表热通量为试验 C0 地表

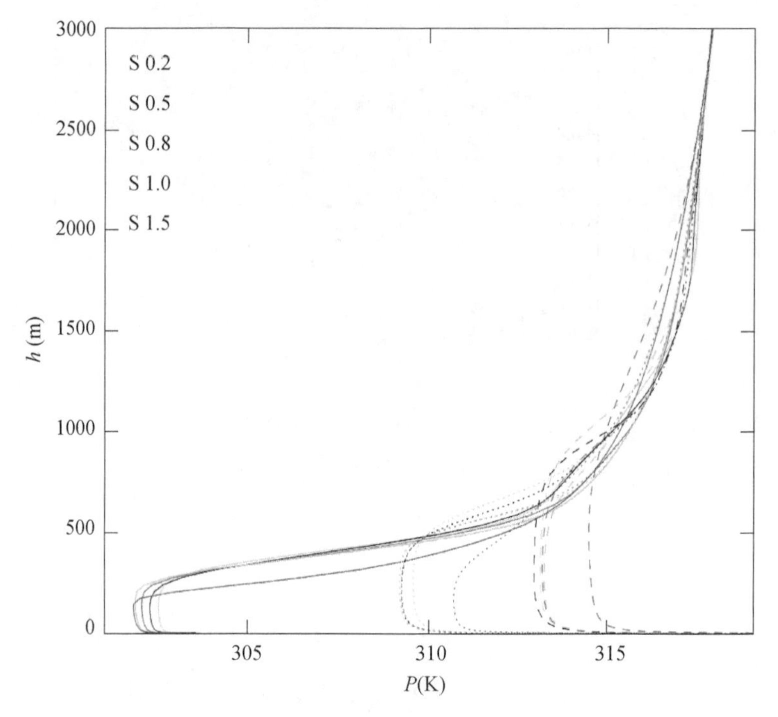

图 10 不同地表热通量对应的增大风切变试验模拟的 13 时平均位温廓线

(实线、点线和虚线分别代表地表热通量为标准试验地表热通量 0.1 倍、0.7 倍和 1.5 倍的模拟结果)

热通量的 0.1 倍),虽然此时风切变值也较大,但是混合层中较弱的对流以及覆盖逆温层的较强逆温和较大的厚度都不利于通过夹卷作用将自由大气的暖空气向下混合,因此,当地表热通量较小时,虽然增大风切变加强了夹卷作用,但是 CBL 的厚度仍然较小。增大地表热通量,边界层对流的强度增大,混合层的厚度也明显增大,覆盖逆温层的强度和厚度也都相应减小,此时由风切变引起的夹卷作用更容易将自由大气的暖空气夹卷向下,从而使 CBL 增暖增厚,如图 10 中红色点线和红色虚线(地表热通量分别是试验 C0 地表热通量的 0.7 倍和 1.5 倍)所示。也就是说地表热通量越大,覆盖逆温的强度和覆盖逆温层厚度都减小,此时增大风切变使 CBL 厚度增长显著,从而使示踪物传输的高度也增大,这一结果与黄倩等(2014)的研究结果一致。

最后综合分析地表热通量和风切变对示踪物平均传输高度的影响。从图 11 看出,风切变和地表热通量对示踪物平均传输高度的影响与图 8 和图 9 的分析结果基本一致,即风切变一定,示踪物的平均传输高度随地表热通量的增加而增大;地表热通量一定,风切变较大时,示踪物的平均传输高度随风切变的增加也增大(如图 11 中风切变较大的虚线区域)。值得注意的是,地表热通量的增大对示踪物平均传输高度的增加没有风切变的限制,而示踪物的传输高度随风切变的增加而增大是在一定的风切变条件下成立的,而这一风切变的临界值与地表热通量的大小密切相关。因为增大地表热通量有利于垂直方向的湍流发展,从而使示踪物传输的高度增大;增大风切变有利于水平方向的湍流产生,而且加强了边界层顶的涡旋运动,增强了夹卷作用(Kim et al, 2003),而这种夹卷作用只有在混合层中湍流运动较强时,才能有效地把夹卷的自由大气中的暖空气向下混合,从而使 CBL 增厚,示踪物传输到较高的高度。

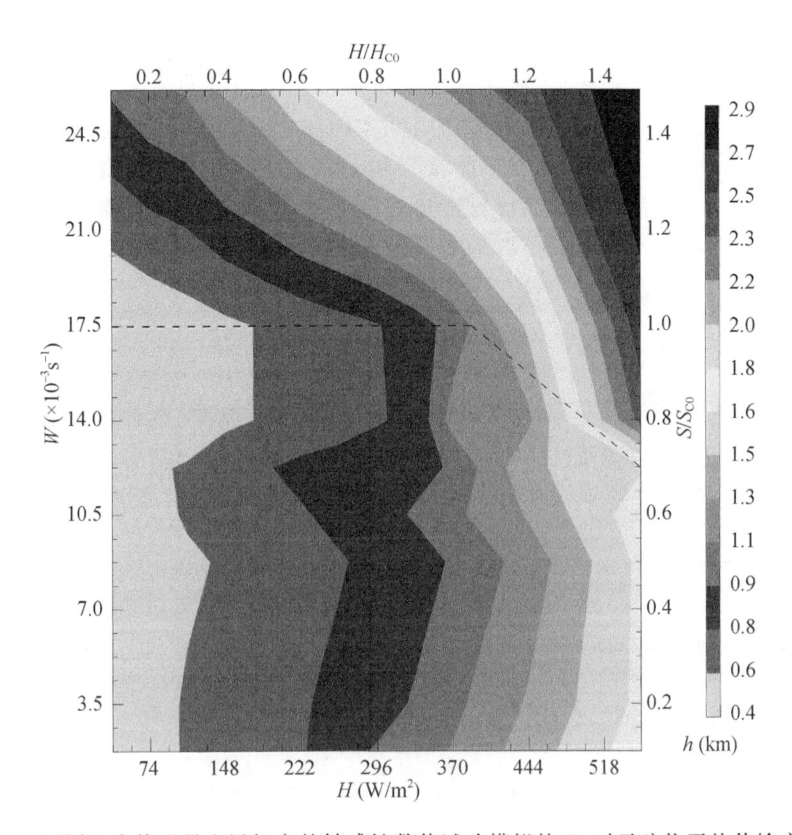

图 11　不同地表热通量和风切变的敏感性数值试验模拟的 13 时示踪物平均传输高度

4　结论

本文利用极端干旱的敦煌地区 2000 年夏季典型晴天 6 月 3 日野外试验观测的位温、比湿以及风速探空廓线作为初始化条件，并用实测的地表热通量驱动大涡模式 LEM，通过一系列改变模式地表热通量和风切变的敏感性数值试验模拟了不同形式的边界层对流，并分析了几种典型边界层对流的空间结构特征，在此基础上进一步研究了不同形式的边界层对流对示踪物抬升效率以及传输高度的影响，并分别给出了地表热通量和风切变对示踪物抬升效率和传输高度影响的定量描述。分析得到以下结论。

(1)当风切变一定时，随着地表热通量的增大，CBL 变暖且厚度增大，边界层对流的强度也增强；当地表热通量一定时，随着风切变的增大，CBL 也增暖变厚，但是边界层对流的强度有所减弱。增大地表热通量，示踪物被增强的上升气流传输到较高的高度；而增大风切变增强了夹卷作用，夹卷层厚度增大，使示踪物的传输高度也增大，而且比增大地表热通量示踪物传输高度增加得更大。在所有不同形式的边界层对流中，有较强边界层对流卷信号的试验中示踪物传输的高度最高。

(2)当风切变小于 0.6 倍标准试验的风切变(10.5×10^{-3} s^{-1})时，增大地表热通量加强了上层动量下传，使近地层风速增大，从而使示踪物的抬升效率也增大，而且风切变越小，示踪物的抬升效率随地表热通量的增加而增大得越快。而当地表热通量小于标准试验地表热通量的 1.25 倍(462.5 W/m^2)时，由于增大风切变减弱了边界层对流的强度，影响上层动量的下传，使示踪物的抬升效率减小。

(3)风切变一定时,示踪物的传输高度随地表热通量的增加而增大;地表热通量一定,只有当风切变大于一定值时,示踪物的平均传输高度才随风切变的增加而增大,而风切变的临界值取决于地表热通量的大小。增大地表热通量有利于垂直方向的湍流发展,从而使示踪物传输的高度增大;增大风切变有利于增强边界层顶的夹卷作用,而这种夹卷作用只有在混合层中湍流运动较强时,才能有效地把夹卷的自由大气中的暖空气向下混合,从而使 CBL 增厚,示踪物传输到较高的高度。

参考文献

黄倩,王蓉,田文寿,等,2014. 风切变对边界层对流影响的大涡模拟研究[J]. 气象学报,**72**(1):100-115.

李耀辉,张书余,2007. 我国沙尘暴特征及其与干旱关系的研究进展[J]. 地球科学进展,**22**(11):1169-1176.

张宏升,李晓岚,2014. 沙尘天气过程起沙特征的观测试验和参数化研究进展[J]. 气象学报,**72**(5):987-1000.

张强,赵映东,王胜,等,2007. 极端干旱荒漠区典型晴天大气热力边界层结构分析[J]. 地球科学进展,**22**(11):1150-1159.

赵琳娜,孙建华,王超,等,2007. 2006 年春季最强沙尘暴过程的数值分析[J]. 气候与环境研究,**12**(3):309-319.

赵建华,张强,王胜,2011. 西北干旱区对流边界层发展的热力机制模拟研究[J]. 气象学报,**69**(6):1029-1037.

赵思雄,孙建华,2013. 近年来灾害天气机理和预测研究的进展[J]. 大气科学,**37**(2):297-312.

Bozlaker A, Prospero J M, Fraser M P, et al, 2013. Quantifying the contribution of long-range Saharan dust transport on particulate matter concentrations in Houston, texas, using detailed elemental analysis [J]. Environ Sci Technol, **47**(18): 10179-10187.

Cakmur R V, Miller R L, Torres O, 2004. Incorporating the effect of small-scale circulations upon dust emission in an atmospheric general circulation model [J]. J Geophys Res, **109** (D7), doi: 10. 1029/ 2003JD004067.

Etling D, Brown R A. 1993. Roll vortices in the planetary boundary layer: A review [J]. Bound Layer Meteor, **65**(3): 215-248.

Field P R, Möhler O, Connolly P, et al, 2006. Some ice nucleation characteristics of Asian and Saharan desert dust [J]. Atmospheric Chemistry and Physics, **6**(10): 2991-3006.

Gillette D A, 1978. A wind tunnel simulation of the erosion of soil: Effect of soil texture, sandblasting, wind speed, and soil consolidation on dust production [J]. Atmos Environ, **12**(8): 1735-1743.

Gamo M, 1996. Thickness of the dry convection and large-scale subsidence above deserts [J]. Bound Layer Meteor, **79**(3): 265-278.

Gray M E B, Petch J, Derbyshire S H, et al, 2001. Version 2. 3 of the Met Office large eddy model [R]. Met Office (APR) Turbulence and Diffusion Rep, 276pp.

Haywood J M, Allan R P, Culverwell I, et al, 2005. Can desert dust explain the outgoing longwave radiation anomaly over the Sahara during July 2003[J]. J Geophys Res, **110**(D5), doi:10. 1029/2004JD005232.

Huang Q, Marsham J H, Parker D J, et al, 2010. Simulations of the effects of surface heat flux anomalies on stratification, convective growth, and vertical transport within the Saharan boundary layer [J]. J Geophys Res, **115**(D5), doi:10. 1029/2009JD012689.

IPCC, 2007. Fourth Assessment Report, Working Group I Report: The Physical Science Basis, Intergovernment Panel on Climate Change, download at http://. ipcc. ch/report/ar4[2015-03-24].

Iwasaka Y, Shibata T, Nagatani T, et al, 2003. Large depolarization ratio of free tropospheric aerosols over the Taklamakan desert revealed by Lidar measurements: Possible diffusion and transport of dust particles [J]. J Geophys Res, **108**(D23), doi:10. 1029/2002JD003267.

Knippertz P, Ansmann A, Althausen D, et al, 2009. Dust mobilization and transport in the northern Sahara during SAMUM 2006-A meteorological overview [J]. Tellus B, **61**(1): 12-31.

Kim H M, Kay J K, Yang E G, et al, 2013. Statistical adjoint sensitivity distributions of meteorological forecast errors of Asian dust transport events in Korea [J]. Tellus B, **65**: 20554.

Kim S W, Park S U, Moeng C H, 2003. Entrainment processes in the convective boundary layer with varying wind shear [J]. Bound Layer Meteor, 108(2): 221-245.

Koch J, Renno N O, 2005. The role of convective plumes and vortices on the global aerosol budget [J]. Geophys Res Lett, **32**(18), doi:10. 1029/2005GL023420.

Li X L, Zhang H S. 2014. Soil moisture effects on sand saltation and dust emission observed over the Horqin sandy land area in China [J]. J Meteor Res, 28(3): 444-452.

Moeng C H, Sullivan P P, 1994. A comparison of shear- and buoyancy-driven planetary boundary layer flows [J]. J Atmos Sci, **51**(7): 999-1022.

Mahowald N M, Baker A R, Bergametti G, et al, 2005. Atmospheric global dust cycle and iron inputs to the ocean [J]. Global Biogeochemical Cycles, **19**(4), doi:10. 1029/2004GB002402.

Marsham J H, Parker D J, Grams C M, et al, 2008a. Observations of mesoscale and boundary-layer scale circulations affecting dust transport and uplift over the Sahara [J]. Atmospheric Chemistry and Physics, **8** (23): 6979-6993.

Marsham J H, Parker D J, Grams C M, et al, 2008b. Uplift of Saharan dust south of the intertropical discontinuity [J]. J Geophys Res, **113**(D21), doi:10. 1029/2008JD009844.

Marsham J H, Knippertz P, Dixon N S, et al, 2011. The importance of the representation of deep convection for modeled dust-generating winds over West Africa during summer [J]. Geophys Res Lett, **38**(16), doi: 10. 1029/2011GL048368.

O'Loingsigh T, McTainsh G H, Tews E K, et al, 2014. The Dust Storm Index (DSI): A method for monitoring broadscale wind erosion using meteorological records [J]. Aeolian Research, **12**: 29-40.

Paugam R, Paoli R, Cariolle D, 2010. Influence of vortex dynamics and atmospheric turbulence on the early evolution of a contrail [J]. Atmospheric Chemistry and Physics, **10**(8): 3933-3952.

Ramaswamy V, 2014. Influence of tropical storms in the northern Indian Ocean on dust entrainment and long-range transport [M]// Tang D L, Sui G J. Typhoon Impact and Crisis Management. Berlin Heidelberg: Springer: 149-174.

Shin H H, Hong S Y, 2013. Analysis of resolved and parameterized vertical transports in convective boundary layers at gray-zone resolutions [J]. J Atmos Sci, **70**(10): 3248-3261.

Shao Y P, 2008. Physics and Modelling of Wind Erosion [M]. Dordrecht: Kluwer Academic Publishing, 467pp.

Takemi T, 1999. Structure and evolution of a severe squall line over the arid region in Northwest China [J]. Mon Wea Rev, **127**(6): 1301-1309.

Takemi T, Yasui M, Zhou J, et al, 2005. Modeling study of diurnally varying convective boundary layer and dust transport over desert regions [J]. Scientific Online Letters on the Atmosphere, **1**: 157-160.

Takemi T, Yasui M, Zhou J, et al 2006. Role of boundary layer and cumulus convection on dust emission and transport over a midlatitude desert area [J]. J. Geophys. Res. , **111**(D11), doi:10. 1029/2005JD006666.

Tan S C, Shi G Y, Wang H, 2012. Long-range transport of spring dust storms in Inner Mongolia and impact on the China seas [J]. Atmos Environ, **46**: 299-308.

Tian W, Parker D J, Kilburn C A D, 2003. Observations and numerical simulation of atmospheric cellular convection over mesoscale topography [J]. Mon Wea Rev, **131**(1): 222-235.

Todd M C, Bou Karam D, Cavazos C, et al, 2008. Quantifying uncertainty in estimates of mineral dust flux: An intercomparison of model performance over the Bodélé Depression, northern Chad [J]. J Geophys Res, **113**(D24), doi:10.1029/2008JD010476.

Weckwerth T, Horst T, Wilson J, 1999. An observational study of the evolution of horizontal convective rolls [J]. Mon Wea Rev, **127**(9): 2160-2179.

Yang Y Q, Wang J Z, Niu T, et al, 2013. The variability of spring sand-dust storm frequency in Northeast Asia from 1980 to 2011 [J]. Acta Meteorologica Sinica, **27**(1): 119-127.

Zhang Qiang, Zhang Jie, Qiao Juan, et al, 2011. Relationship of atmospheric boundary layer depth with thermodynamic processes at the land surface in arid regions of China [J]. Science China (Earth Sciences), **54**(10): 1586-1594.

甘肃省空中云水资源分布及人工增雨潜力评估

陈　祺　尹宪志　张　龙　黄　山　付双喜　杨瑞鸿

(甘肃省人工影响天气办公室，兰州 730020)

摘　要　甘肃降水稀少，近年来受全球气温变化和人类活动的影响，草场退化、土地沙漠化问题十分严重。通过开发空中云水资源，可以有效增加地面降水量。科学评估以及开发利用空中云水资源对缓解水资源短缺、保障农业生产和生态保护具有重要意义。

关键词　空中云水资源　人工增雨　评估

1　前言

空中云水资源是指存在于大气中的液态水和固态水总量，是通过人工干预可以直接开发利用的水资源。自然情况下，层状云平均降水效率为 29%。[1] 人工增雨（雪）的目的是提高自然云的降水效率，增加地面降水量，因此，可开发利用的云中水资源潜力是巨大的，但究竟能开发利用多少，取决于科学技术水平和能力。科学开发利用云水资源对我国缓解水资源短缺、防灾减灾、支撑和保障农业生产以及重大活动气象保障服务具有重要意义。

2　基本现状

甘肃的水资源主要是地表水。地表水具有时空分布不均、河川径流补给来源的多样性和与地下水转换频繁等许多特点。在受全球气温变化，人类经济活动的双重压力下，草场退化、沙化、盐碱化问题十分严重。[2]

甘肃降水稀少，全年降水量分布从东南向西北依次递减，全省平均年降水量仅 300 mm。甘肃省水资源主要分属黄河、长江、内陆河 3 个流域、9 个水系，全省水资源总量多年平均值为 289.441 亿 m^3。

3　甘肃云水资源分布、水汽空间分布

3.1　甘肃云水资源

云水资源是存在于空中可供开发利用的液态和固态水凝物。西北地区每年过境的空中水汽资源总量十分可观，一年四季，来自我国东海、南海、印度洋的水汽源随着季节性的大气环流，源源不断输送到这片干涸土地的上空。空中水资源的更替周期为 8 d 左右，远远低于河流 16 d、浅层地下水 1 年的周期。甘肃省内也遵循以上规律。

随着卫星技术和云反演技术的发展，国际卫星云气候计划（International Satellite Cloud Climatology Project，ISCCP）为大尺度云气候学提供了有力手段。云水含量在 ISCCP 中用云水路径（cloud water path，CWP）参数表示，CWP 的物理意义是指在单位面积垂直气柱所含有

的液态云水和固态云水的总和[4]。图 1 是 1984—2004 年东北、东南、西北、西南和青藏高原五个区域各月份平均 CWP[4]。

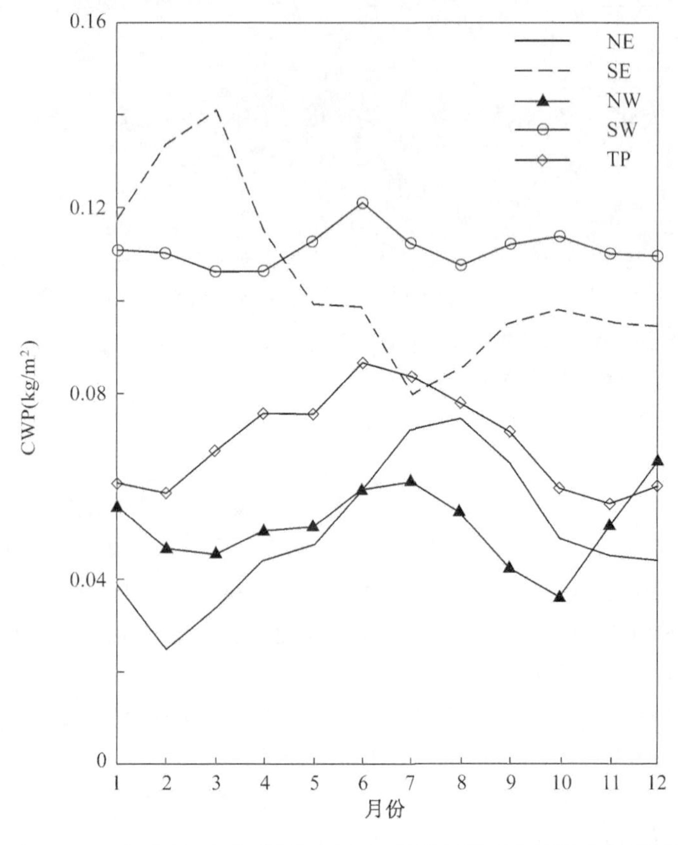

图 1　1984—2004 年东北、东南、西北、西南和青藏高原五个区域各月份平均 CWP

3.2　甘肃水汽变化

在近 40 年中，甘肃水汽变化存在全区一致性，但同时存在着以黄河为界的东西反向变化；西部增多东部减少在 1978 年突变以后趋势变得更加明显。全球大气环流在 1977 年左右发生了年代际突变，甘肃西部水汽趋高东部下降可能与环流调整有关。空中水汽含量和水汽输送夏季较多，冬季较少，南部较多，北部较少；2—7 月是水汽含量的增长期，8 月—翌年 1 月是递减期；输送水汽的源地主要有孟加拉湾及周边海域、南海和东海海域、青藏高原、四川盆地及周边地区；输送水汽的路径主要有中层西南路径、中低层偏南路径以及东南路径。[3]

4　人工增雨潜力评估

空中云水资源的状况可通过监测分析等方法进行评估。实施人工催化，提高成云致雨水平，是有效开发空中云水资源的唯一手段。人工增雨是开发空中云水资源的主要手段，本文采用对甘肃 80 个县区进行人工增雨开发潜力的评估方法即 CWR－PEP 法。

4.1　评估方案

云水资源人工增雨开发潜力评估方案可用下面方程表达：

$$增雨潜力=降水总量\times增雨效率\times增雨概率 \tag{1}$$

即

$$\begin{aligned} PEP &= H_h \times E_w \times P_e \\ &= \sum (H_{ht} \times H_{hs}) \times E_w \times (P_c \times P_n \times (1-P_k) \times P_a) \end{aligned} \tag{2}$$

式中，PEP 为增雨潜力，H_h为降水总量，E_w为增雨效率，P_e为增雨概率。

式(2)中：

(1)降水总量 H_h：为 S 区域 T 时段的降水总体积(质量)、H_{ht}为各站点观测的 T 时段内降水总厚度、H_{hs}为该站点所代表的面积、H_{ht}和 H_{hs}乘积为该站点观测的降水体积(质量)、$\sum$指 S 区域内各站点降水体积质量相加。当 H_{ht}单位为 mm，H_{hs}单位为 km²，则 PEP 和 H_h的单位为千吨。

(2)增雨效率 E_w：人工增雨量占自然降水量的比例。利用区域模拟控制法对甘肃春、夏、秋季飞机人工增雨作业的效果检验结果显示，增雨效率约为 12%。根据各地市提供的地面火箭增雨作业点技术水平及多年作业经验进行调整，增雨效率为 15%～26%。

(3)增雨概率 P_e：适合并实施人工增雨作业所占降水区域时段的比例。并有：

$$P_e = P_c \times P_n \times (1-P_k) \times P_a \tag{3}$$

(4)P_c：合适条件出现的概率。该概率可根据人工增雨云条件要求，统计符合人工增雨的云条件出现的概率；也可假定降雨量≥1 mm 的降水天气过程均适合作业，通过评估期间降雨量≥1 mm 的累积天数与评估期间累积降水日数之比来近似。由于甘肃省地域跨度大，作业手段多(高炮、飞机播散、火箭弹、地面燃烧器等)，各种作业方式要求的云条件存在较大差异，通过雷达资料和卫星资料统计方法评估存在一定困难，因此使用降水量分级指标方法，统计出适宜作业的天数与总降水日数的比值，选取了 2013 年 10 月 1 日至 2014 年 9 月 30 日全省 80 个地面气象站逐日降雨量资料。

(5)P_n：需求概率。甘肃省小麦的主产区主要在陇东地区，麦收期间约为 1 周时间，且出现连阴雨时才会对小麦收割产生影响；省内其他农作物收获均受天气影响较小。P_n的取值计算利用了降雨量历史资料，统计出各县出现 25 mm 以上大雨量级的降水概率，及夏收、秋收期间的降水概率，用 1 减去即为 P_n。

(6)P_k：避免局地灾害。按照暴雨日数和地质情况，大体可以分为五个区域，陇南山地、黄土高原、河西山地、兰州周边和其他地区，由于在计算 P_n时已考虑暴雨致灾因素，在 P_k的计算过程中，主要考虑不能实现作业次数占满足作业条件次数的比例，各县情况差异较大，暂全部取值为 5%。

(7)P_a：现有条件可实现作业的概率。通常认为，一门高炮的影响面积约为 50 km²，一部火箭的影响面积约为 100 km²，飞机在自己往返最大区域内可实现数小时作业，从实际情况看，除张掖市以西地区，省内其他地区均可覆盖。本次评估中，在现有作业条件下，综合考虑飞机是否可覆盖、地面火箭架数、保障面积占比和空域申请成功比例等的因素，计算出各县作业保障能力。

4.2 评估分析

使用 2013 年 10 月至 2014 年 9 月甘肃 80 个国家基本站年均降水资料采用克里金插值后分别代表该区域(县)的降水量，有三个大值区：陇南、甘南临夏、庆阳平凉；张掖以西靠近祁连山的降水量大于河西走廊。利用 4.1 的评估方案对甘肃省空中云水资源人工增雨开发潜力进行初步估算,以评估2014年人工增雨潜力(图略)。

4.3 结论

从上述估计得出,甘肃省2014年人工增雨的潜力为215亿~217亿t,从西北向东南增雨潜力逐渐增大,靠近祁连山区的比河西走廊的潜力大。

参考文献

[1] 洪延超. 层状云结构和降水机制研究及人工增雨问题讨论[J]. 气候与环境研究,2012,**17**(6):937-950.

[2] 张良,王式功,尚可政,杨德保. 中国人工增雨研究进展[J]. 干旱气象,2006,**24**(4):73-80.

[3] 陈勇航,黄建平,陈长和,等. 西北地区空中云水资源的时空分布特征[J]. 高原气象 2005,**24**(6):905-912.

[4]李兴宇,郭学良,朱江. 中国地区空中云水资源气候分布特征及变化趋势[J]. 大气科学,2008,**32**(5):1094-1106.

西安地区空中云水资源及人工增雨潜力分析

梁 谷 李 燕

(陕西省人工影响天气办公室,西安 710015)

摘 要 本文利用单点双波长(0.85 cm 和 1.35 cm)地基微波辐射计进行空中水汽、液水的连续探测。对产生自然降水的层状云资料进行分析,可以看到云中水汽含量 Q 和液水含量 L 在降水云的降水区前后有一较宽的液水含量高值区——丰水区,在丰水区和降水区连接处存在一液水含量低值区——歉水区。配合高空风场资料,得到空中水汽、液水的通量,给出本地区主要的水汽、液水通道。利用降水云中 Q 和 L 的均值与其月均值之比,我们引进降水潜力参数 R_k,用以代表降水云的可降水潜力。

关键词 地基微波遥感 水汽通道 降水潜力

干旱自古以来就是人类生产活动的主要自然灾害。由于世界人口的增长和社会发展,人类对淡水资源的需求越来越大,加之人类活动对淡水资源的污染,加剧了淡水资源的匮乏与供需不平衡,世界性的淡水资源危机日益严重。空中水资源是地表淡水的主要补给源,开发利用好空中水资源能缓解淡水资源危机、保障社会和谐发展。20 世纪 90 年代,陕西省人工影响天气办公室依据降水总量,采用地面降水约等于空中水的 20%估算空中水资源,得到陕西省空中水资源为 6700 亿 t 的结论,这种估算方法有 2 个问题:(1)只有降水效率较高的积云能达到 20%的效率,层状云的降水效率较低,并且对陕西省降水量的贡献以层状云为主;(2)20%的降水效率是指地面降水量与云中粒径较大的液水量之比,没有包含为降水云提供液水的水汽量和粒径较小的液水量,而空中水汽量远大于液水量,并且水汽是空中水资源不可或缺的组成部分。

1997 年陕西省人工影响天气办公室利用一台双波长地基微波辐射计在关中地区开展降水临近预报研究,对云中水汽含量、液水含量的时空分布及变化特征进行了分析,发现双波长地基微波辐射计能很好地监测空中水汽含量、液水含量的时空分布及变化。本次研究工作利用这批双波长地基微波辐射计的监测资料,配合同期高空、地面的气象观测资料,对关中地区空中水资源的收支、分布特征,以及这些特征在人工增雨作业工作中的应用技术开展预研究,为今后地基微波辐射计的组网监测及资料应用提供必要的参考资料。

1 资料来源

1997 年 7 月至 1998 年 2 月,在西安市使用双波长(0.85 cm 和 1.35 cm)地基微波辐射计进行连续 7 个月的固定气柱水汽含量和液水含量的探测实验,同时配有雨强计和 24 小时宏观气象现象观测,收集西安市气象观测站的同期探空观测资料。冬季因微波辐射计天线表面结霜对探测结果影响的订正还有待探讨,本文只分析 7—11 月辐射计探测实验的资料,其间共产生自然降水过程 17 次。其中 1 次因仪器故障将其剔除,共有 16 次降水过程。实验期间获得微波辐射计有效探测数据 3.5 万组,按天分份,共计 122 份样本。因雨水对微波辐射计探测到的空中水汽含量和液水含量值的影响还不能有效订正,故我们暂且用降水开始前最后一刻及降水结束后第一刻时间探测到的云中水汽含量和液水含量值来替代。

实验期间的常规气象资料见表1。

表1　总降水量及700 hPa风分布

月份	降水量(mm)		蒸发量(mm)		风速(m/s)
	1997年	历年平均	1997年	历年平均	
8月	4.3	70.8	288.0	187.5	4.7
9—10月	104.9	151.5	261.9	199.7	5.4
11月	33.6	23.9	41.9	52.2	5.9

由表1可见,1997年8—11月份的总降水量较历年平均值低42%,其中8月份降水量更低于历年平均值的94%,而11月份的降水量高于历年平均值的41%。故分析年份夏秋季节旱,冬季湿;相对应夏秋季节蒸发能力强,冬季蒸发能力弱。700 hPa上的风与历年值相仿,冬季大,夏季小,秋季居中。

2　空中水汽、液水通道及流出量

西安上空的云主要分布在700 hPa高度左右,故用700 hPa高度上的风速替代水汽柱和液水柱内的平均风速;依据08时、20时的西安探空观测资料,将1日近似分为2个时段:用08时的风速廓线代表0～12 h时段的平均风速廓线;用20时的风速廓线代表12～24 h时段的平均风速廓线。通过计算,得到西安地区的水汽通量 Q_t 和液水通量 L_t。

图1、图2分别为1997年9月水汽通量和液水通量的月变化图。

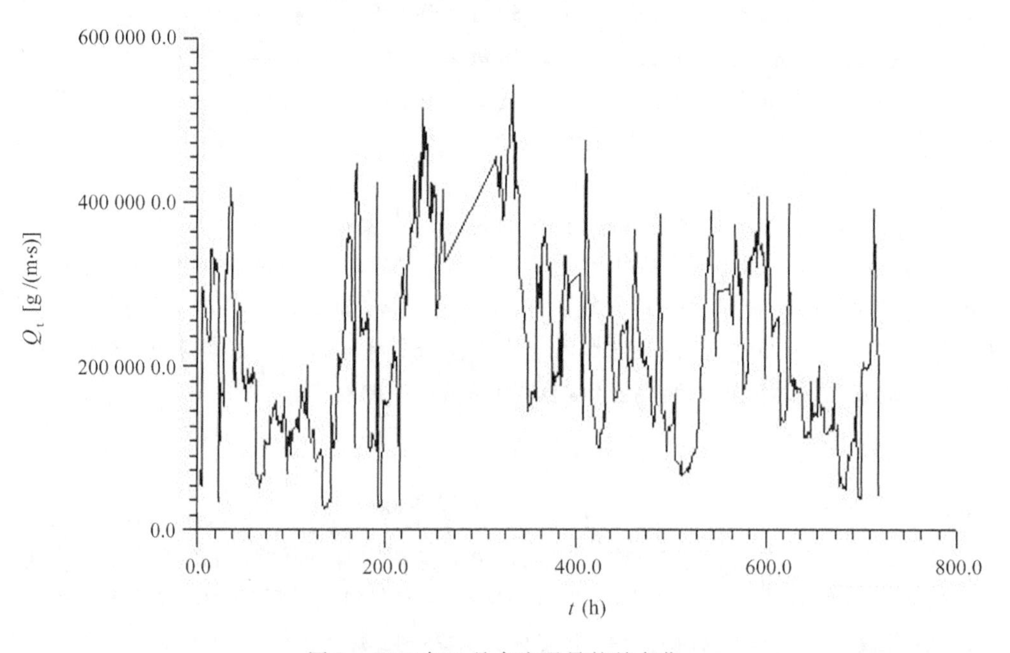

图1　1997年9月水汽通量的月变化

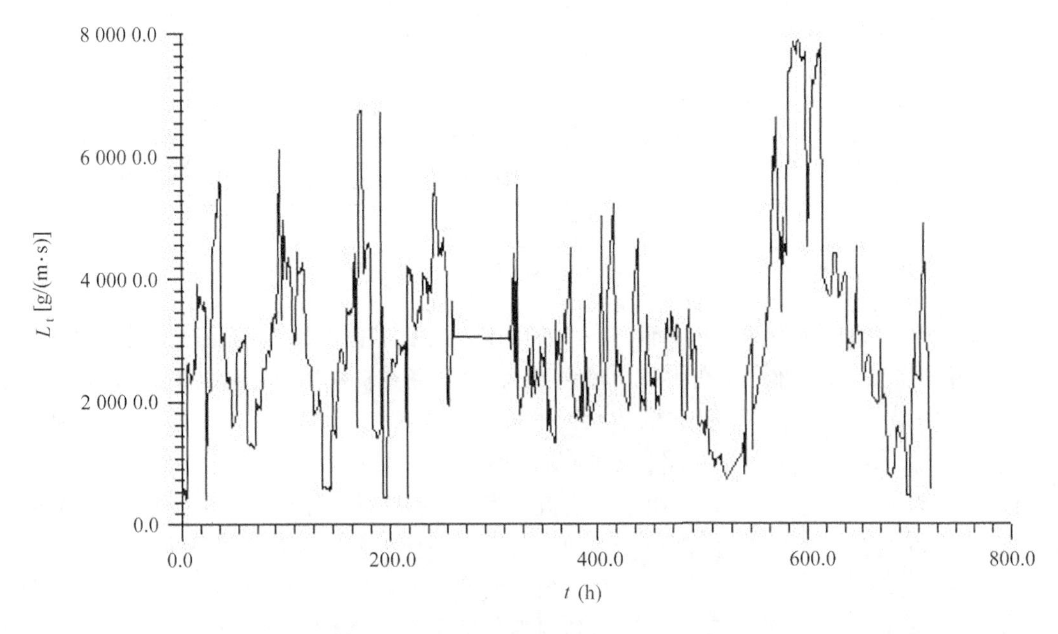

图 2　1997 年 9 月液水通量的月变化

图 1 和图 2 中，横坐标是以 9 月 1 日 00 时为起始点，按小时计时，9 月份共计 720 h；约 7 h 的直线段为仪器缺测。

由图可见，9 月份的云天较多，在云天时水汽通量也较大。

将实验期间微波辐射计探测到的空中水汽含量 Q、液水含量 L 及计算的通量资料按月进行统计，计算结果列于表 2。

表 2　Q、L 各月含量、通量的平均值与通量总值

月份	平均含量（g/cm²）		平均通量[g/(m·s)]		月总通量(g/m)	
	水汽	液水	水汽	液水	水汽	液水
8 月	5.3	67.6	0.2695×10^{6}	0.1998×10^{4}	0.7217×10^{12}	0.5352×10^{10}
9—10 月	3.0	55.0	0.16049×10^{6}	0.2250×10^{4}	0.4112×10^{12}	0.5771×10^{10}
11 月	1.5	49.5	0.9796×10^{5}	0.2631×10^{4}	0.7617×10^{11}	0.6138×10^{10}

由表 2 可见，水汽含量、液水含量及其通量的均值有着明显的季节变化。Q、L 的均值：夏季高，冬季小，秋季居中。主要受温度 T 的影响：T 高，饱和水汽压大，大气容留水汽的能力强，L、Q 值大；反之，L、Q 值小。水汽通量均值、月总通量和 Q 均值的变化一样：夏季高，冬季小，秋季居中。液水通量均值、月总通量和 L 均值的变化相反：冬季高，夏季小，秋季居中；这主要因为在云天条件下，随着温度的降低，风速增大，造成了液水通量均值、月总通量和 L 均值变化相反。

将 700 hPa 的风按东、南、西、北四个方向分解，得到从东、南、西、北四个方向流出西安的水汽和液水通量，结果列于表 3。

表 3　西安上空的水汽及液水通量(单位:g/m)

月份	水汽				液水			
	东	南	西	北	东	南	西	北
8	0.201×10^{12}	0.176×10^{12}	0.838×10^{11}	0.261×10^{12}	0.103×10^{10}	0.180×10^{10}	0.104×10^{10}	0.148×10^{10}
9	0.190×10^{12}	0.165×10^{12}	0.454×10^{11}	0.142×10^{12}	0.282×10^{10}	0.274×10^{10}	0.385×10^{9}	0.146×10^{10}
10	0.975×10^{11}	0.117×10^{12}	0.256×10^{11}	0.395×10^{11}	0.154×10^{10}	0.196×10^{10}	0.235×10^{9}	0.399×10^{9}
11	0.357×10^{11}	0.998×10^{10}	0	0.305×10^{11}	0.101×10^{10}	0.554×10^{9}	0	0.480×10^{9}

从表 3 可见,随着月份的不同,西安上空的主要水汽通道也在改变,有时水汽、液水的主要通道流向并不一致。8 月份:水汽主通道流向偏北,次主通道流向偏东,液水主通道流向偏南,次主通道流向偏北。9—10 月份水汽、液水通道流向一致:9 月份主通道流向偏东,次主通道流向偏南;10 月份,主通道流向偏南,次主通道流向偏东。11 月份:水汽主通道流向偏东,次主通道流向偏北,液水主通道流向偏东,次主通道流向偏南。统计分析探测实验期间的所有降水资料发现,当水汽通道与液水通道流向一致,为西北流向东南时所产生的降水量最大。

假设西安地区的水汽、液水、风的分布均匀,用西安单点地基微波辐射计探测资料替代西安地区水汽、液水的分布,则得到各月流出西安地区的水汽、液水总量。西安地区南北长约 84 km,东西宽约 48 km,计算结果列于表 4。

表 4　流出西安地区的水汽及液水量(单位:t)

月份	水汽				液水			
	东	南	西	北	东	南	西	北
8	0.169×10^{11}	0.845×10^{10}	0.704×10^{10}	0.125×10^{11}	0.865×10^{8}	0.864×10^{8}	0.874×10^{8}	0.710×10^{8}
9	0.160×10^{11}	0.792×10^{10}	0.381×10^{10}	0.682×10^{10}	0.237×10^{9}	0.132×10^{9}	0.323×10^{8}	0.701×10^{8}
10	0.819×10^{10}	0.562×10^{10}	0.215×10^{10}	0.190×10^{10}	0.129×10^{9}	0.941×10^{8}	0.197×10^{8}	0.192×10^{8}
11	0.300×10^{10}	0.479×10^{8}	0	0.146×10^{10}	0.848×10^{8}	0.266×10^{8}	0	0.230×10^{8}

表 4 的结果可用于西安上游地区空中水资源开发利用的评估和下游地区空中水资源开发利用的依据。将各月流出的水汽、液水量累加,得到 8—11 月流出西安地区的空中水汽和液水总量,将 8—11 月西安地区的地面降水量换算成水的总量,列于表 5。

表 5　西安地区空中流出的水汽、液水总量和地面降水总量(单位:t)

项目	月份		
	8 月	9—10 月	11 月
水汽流出量	0.4489×10^{11}	0.5169×10^{11}	0.4509×10^{10}
液水流出量	0.2450×10^{9}	0.7334×10^{9}	0.1344×10^{9}
地面降水总量	0.1734×10^{8}	0.4230×10^{9}	0.1355×10^{9}

0.85 cm 和 1.35 cm 的地基微波辐射计能探测空中水汽和液水的含量,对固态水无响应。在地面降水中,空中固态水的影响不可忽略,特别在秋冬季节。当环境温度≤0℃时,1.35 cm 地基微波辐射计探测到的空中液水含量其实是空中过冷水含量。自然环境里,在液水含量中过冷水所占的份额很低。考虑到温度的影响,微波辐射计探测到的空中液水含量对地面降水

的贡献：≤0 ℃时的液水含量要大于>0 ℃时的液水含量。表5中地面降水总量与液水流出量之比：8月最低，约差1个量级；11月最高，约等于1；9—10月居中，约等于0.6。如果考虑到空中固态水的存在，则地面降水总量与液水流出量加固水流出量之和的比将大于上述值。地面降水总量与水汽流出量之比：8月最低，约差3个量级；11月最高，也差1个量级；9—10月居中，约差2个量级。可见，丰富的水汽资源通过凝结、凝华过程可以不断地为云输送液水和固水，是地面降水不可或缺的源。

将8—11月流出西安地区的水汽、液水量累加得到：水汽总量有1000亿t之多，液水总量有10亿t之多，液水总量比水汽总量低2个量级。

3 降水云的降水潜力预报

将实验期间降水云的云状、降水开始时间、云中平均水汽含量 Q 和液水含量 L 等列于表6。

表6 实验期间自然降水开始时间及云中各物理量

日期	降水时间	云状	平均液水含量(g/m²)	平均水汽含量(g/cm²)	降水量(mm)	降水潜力
1997-08-01	15:15	Ac,Sc	38.4	6.3	0.3	1.757
1997-08-07	02:15	As,Ac,Sc	127.0	8.1	1.2	3.407
1997-08-15	01:15	Ac,Sc	97.1	5.0	2.8	2.378
1997-09-11	17:30	As,Fn	120.6	4.4	63.1	3.659
1997-09-17	08:50	Ac,Fn	131.1	3.8	19.1	3.650
1997-09-22	22:35	Ac	66.9	2.3	0.2	1.983
1997-09-23	22:00	As	105.0	3.4	4.3	3.042
1997-09-30	15:14	As	60.0	2.9	0.2	2.058
1997-10-02	14:30	Ac,Fn	110.0	3.5	16.0	3.167
1997-10-08	14:50	St	100.5	2.8	0.7	2.761
1997-10-24	21:35	Sc	81.6	2.6	0	2.350
1997-10-25	08:26	Sc	125.4	2.5	1.3	3.113
1997-11-10	14:15	As	38.3	3.0	5.1	2.774
1997-11-11	09:34	As	—	—	15.9	—
1997-11-25	08:00	St	106.5	1.5	2.1	3.152
1997-11-27	03:00	Fn	149.8	1.2	10.0	4.276
1997-11-30	19:35	St	76.9	1.5	0.5	2.554

图3、图4分别给出了降水云在降水开始前后云中水汽、液水含量 Q、L 值的变化。

3.1 水汽含量

比较表2、表6，降水云天的水汽含量均值略大于同月月均值，差10%左右。

图3中*为降水开始的时间。在降水区前后，有一水汽含量高值区，在逼近降水区时，水汽含量 Q 值呈振荡上升趋势，降水区外边缘水汽含量最大值高过此过程平均值的30%～80%，上升斜率 $R_{水汽}$ 为0.5～7.6。同时，水汽含量均值大，Q 值上升幅度小，水汽含量均值小，

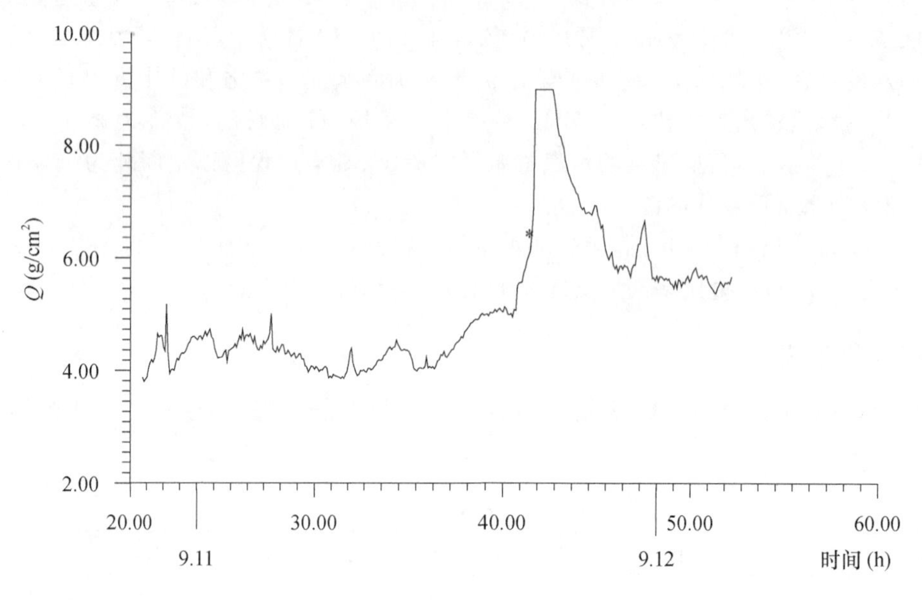

图 3　1997 年 9 月 10 日 20 时始至 12 日 05 时止水汽含量演变图

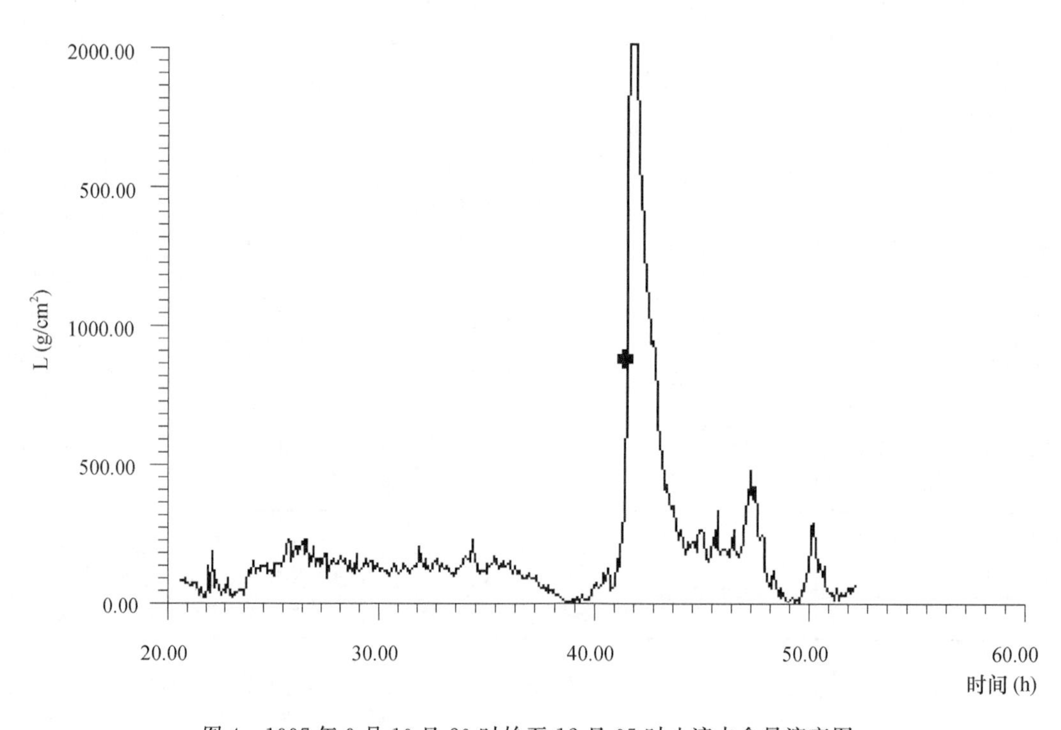

图 4　1997 年 9 月 10 日 20 时始至 12 日 05 时止液水含量演变图

Q 值上升幅度大。在 17 个降水云天个例中皆有此特征。这一 Q 值的高浓度区为云滴提供了增长条件。

3.2 液水含量 L

由表 6 可见，各降水云天的液水含量均值差别较大，约差 100 g/m^2左右。对比其降水量，液水含量均值大降水量也大。11 月 10 日的降水，云中温度小于 0 ℃，微波辐射计所探测到的液水含量实为过冷水含量，所以液水含量值虽然不大，小于月均值，是月均值的 77%，但降水量达 5 mm，可见过冷水对降水产生着重要影响。

因为风速随着季节变化，8 月最小，11 月最大，故虽然液水含量随着温度降低而减少，但在通量的计算中风速所占的比重较大，结果通量还是增加的。

图 4 中 * 为降水开始的时间。在此过程内，液水含量 L 一开始增加，增加幅度为其平均值的 2～10 倍。临近降水区时减小，降水开始前 L 有较大的跃增，跃增的斜率 $R_{水水}$ 为 100～800。将其时间轴转换为空间轴则可见，在降水区域前有一歉 L 区，在其外侧是丰 L 区。对应于表一，降雨量的大小分别和丰 L 区的 L 均值 L_p、歉 L 区及丰 L 区的面积成正比。据此，因大雨滴的降落，降水区中下部为辐散区，丰 L 区、歉区是辐合区，丰 L 区是降水区的源，它给歉 L 区输送液水，L_p及丰 L 区的面积越大，给歉 L 区输送的液水量就越大；歉 L 区通过降水区边沿的夹卷辐合给降水区输送液水以填补降水损失的液水量，歉 L 区面积越大，表明降水区边沿的夹卷辐合量越大，给降水区输送的液水量大。

3.3 利用云中水汽含量 Q、液水含量 L 作降水云的降水潜力预报

由表 6 可见，降水云所产生的自然降水量的大小与云中水汽含量均值、液水含量均值有着一定的正比关系：水汽含量均值、液水含量均值大，相对降水量也大。

我们定义降水潜力参数 R_k：

$$R_k = L/L_m + Q/Q_m \tag{1}$$

式中，Q_m，L_m分别为 m 月份的月均水汽含量和月均液水含量；L，Q 为云中平均水汽含量和平均液水含量。R_k代表云中水资源的盈亏。

降水云所产生的自然降水量的大小与降水潜力参数 R_k有同样好的一一对应关系。

图 5 是降水潜力参数与降水云所产生的自然降水量的关系，它们有较好的指数关系。拟合曲线方程为：

$$\lg(Y) = 0.102686 \times \lg(X) + 0.941467 \tag{2}$$

由图 5 可见，当降水潜力参数 R_k大于 3.5，降水云中所含的水即可满足产生大的降水量，这时，进行人工增雨催化作业的效率最高。

人工增雨催化作业须投入大量的经费，所要求的降水量也需要对工、农业生产有一定的作用，我们将可产生自然降水量大于 3 mm 的降水云认为有人工催化增雨作业潜力。从表 2 中我们得到：在 R_k大于 2.77 时，降水云才有被人工催化增雨作业的潜力；R_k越大，人工催化增雨作业的潜力越大。8 月 7 日的降水云 R_k值达 3.4，但自然降水只有 1.2 mm，而 11 月 10 日的降水云 R_k值只有 2.77，自然降水就有 5.1 mm，分析这两天的空中温度梯度，8 月 7 日的 0℃层高度超过 5000 m，而 11 月 10 日的 0℃层高度只有 1500 m 左右，因此，我们在做人工催化增雨作业的潜力预报时，还要关注云中温度梯度的垂直变化，考虑云中过冷水对降水的影响，这样，我们的降水潜力预报才能更加完善。在 16 次产生自然降水的降水云当中有 8 次降水云具有人工催化增雨作业的潜力，占 50%。如将 8 月 7 日的降水潜力预报认为误报，其误报率是

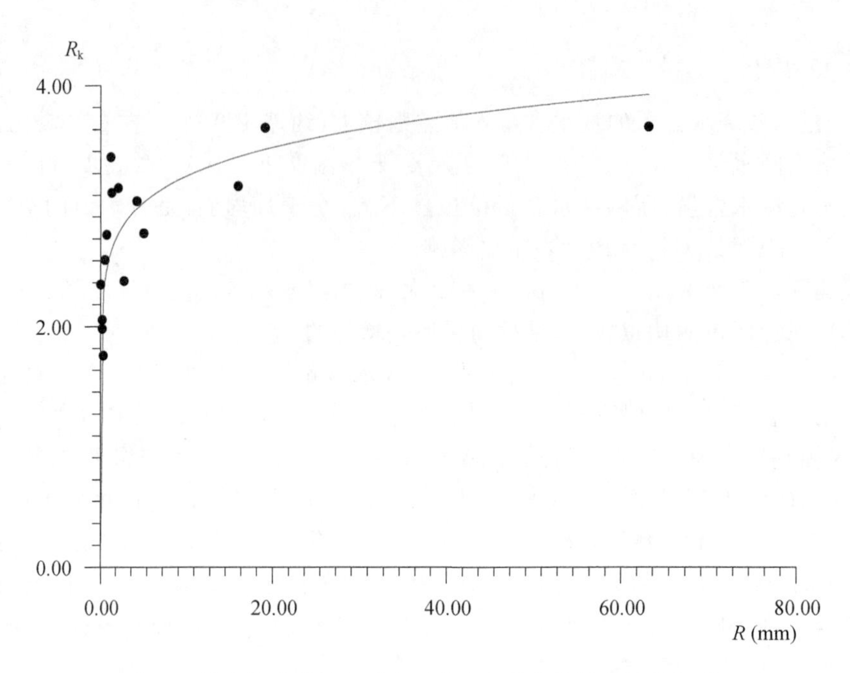

图 5　降水潜力参数与降水云所产生的自然降水量的关系

6.3%。我们在人工增雨催化作业工作中使用此预报,将会减少 43.7%的无效作业费用,节约大量的经费。

黄土高原半干旱地区大气可降水量研究

王研峰[1,3] 尹宪志[1,3] 黄武斌[2] 黄 山[1,3] 王田田[1,3] 王 蓉[1,3]

(1. 甘肃省人工影响天气办公室，兰州 730020；2. 兰州中心气象台，兰州 730020；
3. 中国气象局 兰州干旱气象研究所/甘肃省干旱气候变化与减灾重点实验室/
中国气象局 干旱气候变化与减灾重点实验室，兰州 730020)

摘 要 利用 AERONET 观测网 SACOL 站点 2006 年 7 月至 2012 年 7 月 Level2.0 可降水量资料及与其对应的地面观测资料，研究了黄土高原半干旱地区大气可降水量及其与地面水汽压之间的关系，结果表明：(1)可降水量与降水量二者变化趋势基本相同，8 月份最大；(2)月降水转化率呈现出“两峰两谷”型变化，5 月和 9 月出现峰值，7 月和 12 月出现谷值；四季降水转化率均小于 13%，冬季仅为 3.21%，具有一定的增水潜力；(3)黄土高原半干旱地区大气可降水量与地面水汽压之间存在二次多项关系，其公式为：$W=0.0018e^2+0.0933e+0.0354$。

关键词 黄土高原半干旱区 可降水量 降水转化率 地面水汽压

1 引言

黄土高原半干旱地区是我国最大的半干旱地区，生态环境脆弱，降水稀少且季节分布不均匀，是我国严重缺水的地区之一[1-4]。空中云水资源是维持生态环境可持续发展和水资源可持续利用的首要来源[5-6]，因此，研究黄土高原半干旱地区云水资源有助于其合理开发，可为水资源短缺缓解、经济可持续发展提供一定理论基础。可降水量是指单位面积内从地表到大气顶层气柱内水汽全部凝结所能形成的降水量，是评价空中云水资源的一个重要物理量[7-8]。

目前国内主要利用探空、微波辐射计和卫星资料等对黄土高原半干旱地区大气可降水量做了一些研究。黄建平等[9]利用微波辐射计研究得出黄土高原半干旱地区 95%的可降水量值都在 30 mm 以下。陈勇航等[10]和陈乾等[11]利用卫星资料研究了西北地区空中云水资源分布。一些学者利用探空资料研究了黄土高原半干旱区可降水量[12-13]。但由于上述研究大气可降水量的方法仅适用于有微波辐射计和探空等观测的地区，成本较大且探空资料缺测较多而不连续[14]。卫星资料的适用性和可信度有待验证，适合在晴空下使用且时间长度短[15-17]。因此，有必要探寻一种时空分辨率较高、准确简便的方法计算大气可降水量。

大气中水汽主要集中在对流层下半部，近地层水汽含量的大小很大程度上决定了整层大气水汽含量，同地面湿度参量有明显的相关[18]。因此，研究出大气水汽含量与地面湿度参量之间的规律，可以利用地面湿度参量估算出大气水汽含量。国内外研究发现，大气可降水量与地面水汽压之间存在倍数关系[19]、对数关系[20-22]、二次曲线关系[23]和线性关系[12,18,24]。虽然上述经验关系式有较好精度，但对一个区域而言，水汽的垂直递减情况主要取决于地理位置和气候状况[18]，不同区域气候状况相对不同，因此，其存在一定的局限性，同时针对黄土高原半干旱地区大气可降水量与地面水汽压之间关系的研究较少。

本文利用 AERONET 观测网 SACOL 站点 2006 年 7 月至 2012 年 7 月 Level2.0 可降水

量日均值资料及与其对应的地面观测资料,研究了黄土高原半干旱地区大气可降水量、增雨潜力及大气水汽含量与地面水汽压之间的关系,为黄上高原半干旱地区空中云水资源开发和利用地面水汽压计算大气可降水量提供一定的理论基础。

2 材料与方法

2.1 SACOL 站概况

SACOL 站(35.946°N,104.137°E)位于兰州大学榆中校区的翠英山顶,海拔高度约为 1 965 m,下垫面属于典型的黄土高原地貌,属于温带半干旱气候,地表植被基本为草地,年平均温度及降水量分别为 6.7℃、381 mm,因此,研究该地区大气可降水量为研究黄土高原半干旱地区的云水资源提供科学依据[25]。

2.2 AERONET 资料简介

AERONET 由美国宇航局 NASA 组建,在全球陆地和海洋上有 500 多个观测点,对设备、定标和数据的处理建立了一系列标准,提供全球不同区域大气水汽、气溶胶光学厚度和 Angstrom 指数等,采用的观测设备主要是 CIMEL 系列太阳光度计,主要包括 5 个波段,水汽波段:940 nm,气溶胶波段:440 nm、675 nm、870 nm 和 1 020 nm,仪器平均每 15 min 观测一次。AERONET 观测站点数据每小时由静止卫星(GEOS,METEOSAT)发送至处理中心,将数据处理为可降水量、光学厚度和其他反演成品,各种数据结果根据其精度分为 3 级,Level1.0 数据是未做去云处理的原始数据,Level1.5 数据是仅做去云处理的数据,Level2.0 数据是经过去云处理并且人工检查保证质量的数据。

2.3 地面观测资料简介

采用地面资料为 SACOL 站降水,测量仪器为雨量筒(TE525MM-L,Texas Electronics);水汽压(e)由自动气象站观测。黄土高原半干旱地区季节以天文因子为依据划分:3—5 月为春季,6—8 月为夏季,9—11 月为秋季,12 月—翌年 2 月为冬季。

降水转化率(PCE)指统计时段内实际降水量(R_t)与大气日可降水量(W)乘以日数的百分比,可以衡量一个地区某一时段内大气水汽向降水转化效率的高低[26-29],公式为:

$$PCE=\frac{R_t}{W\times n}\times 100\% \tag{1}$$

式中,n 为统计时段内日数。

2.4 拟合模型精度评价指标

对拟合模型精度评价指标包括:均方根误差($RMSE$)、相关系数(R)和绝对误差(E)。R 是趋势线拟合程度的指标,R 越接近于 1,反映趋势线估算值与对应观测值之间的拟合程度越高,反之,则可靠性低。$RMSE$ 是评价模型估算值的标准,越接近 0,反映估算值与观测值之间越接近。

$$RMSE=\sqrt{\frac{\sum (W_S-W_M)^2}{N}} \tag{2}$$

$$E=\frac{1}{N}(W_M-W_S) \tag{3}$$

式中，W_S为模型估算大气可降水量值；W_M为观测大气可降水量值；N为样本数。

3 结果及分析

3.1 与探空资料的对比

AERONET SACOL 站可降水量与邻近探空站（榆中站）08：00、20：00（北京时间）资料计算出的可降水量比较，共整理出 1 176 组样本，图 1 为 AERONET SACOL 站可降水量与探空反演可降水量的散点和线性拟合图，从图 1 中可以看出，两者具有很高的相关性，相关系数（R）为 0.986，通过了 95%的置信度检验，$RMSE$ 较小，为 0.920，拟合直线的斜率为 1.183，接近于 1，截距为－0.412，接近于 0. 在 1 176 组样本中，平均绝对误差为 2.07 mm。以上讨论说明与探空计算值比较，AERONET SACOL 站可降水量能较好地反映黄土高原半干旱地区的可降水量。

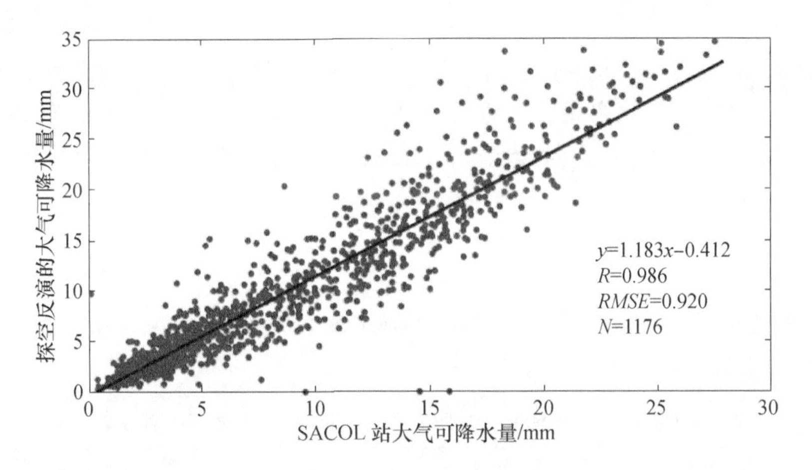

图 1　AERONET SACOL 站可降水量与探空反演可降水量的散点图

3.2 大气可降水量及增雨潜力分析

图 2 为黄土高原半干旱地区大气可降水量、降水量及降水转化率的月变化。从图 2 可以看出，黄土高原半干旱地区可降水量与降水量均呈单峰型分布，两者变化趋势基本相同。冬季受西北干冷气流影响，南部水汽不易到达，天气主要以晴天为主[30]，可降水量较低，降水也较少，月可降水量和降水量均小于 5 mm；从 3 月份开始可降水量逐渐增大，降水也逐渐增多；夏季副热带高压北抬有利于水汽输送，可降水量较高，月均可降水量大于 13 mm，其中 8 月份最大，为 19.3 mm，降水量也较多，8 月份最大，为 78.7 mm；9 月份后，随着副热带高压南退使得南方水汽输送减弱，可降水量随之减小，降水也逐渐减小。

从图 2 还可看出，黄土高原半干旱地区月降水转化率在 1.9%～15.6%之间变化，呈现出“两峰两谷”型，两个峰值在 5 月和 9 月出现，分别为 14.9%、15.6%，两个谷值在 7 月和 12 月出现，分别为 9.4%、1.9%，主要原因为从云降水物理学角度来看，降水转化率不仅与能产生降水的云系有关，还必须具备激发冷暖雨过程的雨胚、供雨胚增长成降水粒子的云环境、降水

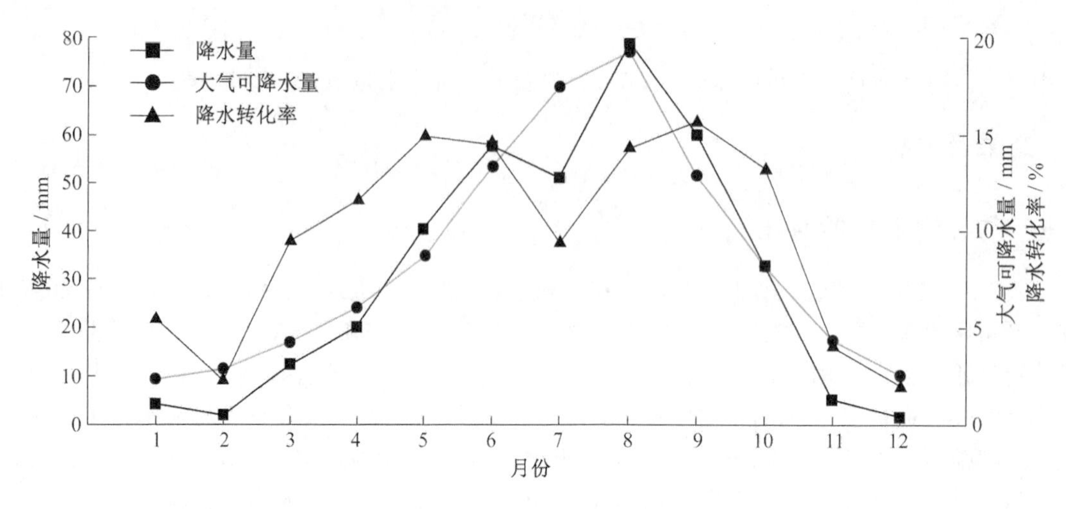

图2　黄土高原半干旱地区大气可降水量、降水量及降水转化率月变化

粒子不蒸发消失的云下大气环境[31]，5月和9月，黄土高原半干旱区降水云系多为深厚的冷暖混合云，成雨环境和过程较适宜，有利于雨胚形成并增长成降水粒子，相对夏季云下蒸发也小，雨量增加比水汽密度大，转化率高。相对6月、8月，黄土高原半干旱区7月气温从地面至高空较高[32]，云下蒸发不容忽视，雨量相应减少，转化率降低。12月降水系统的热力、动力及水汽条件差，降水量最小，导致降水转化率最小。

表1为黄土高原半干旱地区年及四季平均可降水量、降水量和降水转化率，从表中看出，降水量、可降水量和降水转化率夏季较大，秋、春季次之，冬季较小；四季降水转化率均小于13%，尤其冬季仅为3.21%，这可能与较小的可降水量有关，以上讨论说明黄土高原半干旱地区具有一定的增水潜力，这与上述讨论相一致。

表1　黄土高原半干旱地区年及四季平均可降水量、降水量和降水转化率

	春季	夏季	秋季	冬季	年
降水量/mm	24.32	62.48	32.62	2.44	30.47
可降水量/mm	6.32	16.70	8.45	2.55	8.51
降水转化率/%	11.99	12.79	10.92	3.21	9.73

3.3　大气可降水量与地面水汽压的关系

3.3.1　大气可降水量与地面水汽压季节关系

表2为黄土高原半干旱地区各个季节大气可降水量与地面水汽压不同拟合式及所对应的相关系数、均方根误差、绝对误差最大值(E_{max})和最小值(E_{min})。从表2看出，相对于其他大气可降水量与地面水汽压的拟合式，春季、秋季、冬季二次多项拟合相关系数(R^2)较高，分别为0.456、0.654、0.131，并都通过了95%的置信度检验，$RMSE$较小，分别为0.182、0.179、0.082，夏季线性和二次多项拟合的相关系数(R^2)较高，分别为0.491和0.492，$RMSE$较小，分别为0.231、0.232，各个季节二次多项拟合E的最大值和最小值

的绝对值都相对较小，这说明黄土高原半干旱地区春季、秋季、冬季大气可降水量与地面水汽压之间存在二次多项关系，夏季大气可降水量与地面水汽压之间存在二次多项或线性关系。

从表 2 还可看出，黄土高原半干旱地区大气可降水量(W)与地面水汽压(e)之间不同关系的相关性均秋季最好，夏季次之，冬季最差。这是由于黄土高原半干旱地区秋季以晴天为主，强太阳辐射对地面的加热有利于水汽的垂直混合，而水汽的垂直均匀混合是高相关性的重要原因[33,34]，夏季天气变化剧烈，上层大气对流旺盛。

表 2　黄土高原半干旱地区各个季节拟合公式的统计参数比较

季节	模式	拟合公式	R^2	$RMSE$	E_{max}/cm	E_{min}/cm
春季	线性式	$W=0.1194e-0.0026$	0.441	0.185	0.703	−0.498
	二项式	$W=0.0045e^2+0.0562e+0.1899$	0.456	0.182	0.511	−0.456
	对数式	$\ln W=0.2029e^{0.906}-1.4760$	0.155	0.417	0.707	−0.522
	倍数式	$W=0.1191e$	0.441	0.185	0.703	−0.500
夏季	线性式	$W=0.1237e-0.0075$	0.491	0.231	0.599	−0.511
	二项式	$W=0.0016e^2+0.0868e+0.1994$	0.492	0.232	0.336	−0.412
	对数式	$\ln W=1.1131e^{0.3681}-2.411$	0.479	0.257	0.566	−0.542
	倍数式	$W=0.1231e$	0.491	0.232	0.599	−0.511
秋季	线性式	$W=0.1143e-0.0792$	0.615	0.191	0.474	−0.683
	二项式	$W=0.0063e^2+0.0071e+0.3098$	0.654	0.179	0.152	−0.589
	对数式	$\ln W=0.3705e^{0.6974}-1.8540$	0.587	0.244	0.467	−0.518
	倍数式	$W=0.1056e$	0.607	0.192	0.473	−0.733
冬季	线性式	$W=0.0669e+0.0875$	0.130	0.082	0.207	−1.221
	二项式	$W=-0.0024e^2+0.0812e+0.069$	0.131	0.082	0.316	−1.029
	对数式	$\ln W=0.3335e^{0.8765}-2.1920$	0.089	0.363	0.699	−0.468
	倍数式	$W=0.0971e$	0.078	0.086	0.396	−0.859

3.3.2　大气可降水量与地面水汽压季节合并关系

以上分析发现，黄土高原半干旱地区大气可降水量与地面水汽压之间季节最优关系为二次多项式，夏季大气可降水量与地面水汽压之间虽存在线性关系，但也存在二次多项关系，因此不分季节，利用年内日大气可降水量与地面水汽压统一进行相关分析，见图 3。从图 3 中看出，黄土高原半干旱地区大气可降水量与地面水汽压二次多项、线性、对数和倍数拟合的相关系数(R^2)分别为 0.781、0.776、0.667、0.771，并都通过了 95%的置信度检验，均方根误差分别为 0.191、0.193、0.329、0.195，二次多项拟合的相关系数较高，均方根误差较小，绝对误差最大值、最小值的绝对值较小，见表 3，分别为 0.650 cm、−0.548 cm，二次多项拟合均方根误差的分级频率如图 4 所示，均方根误差主要集中在中间值附近，基本上属于正态分布。以上讨论说明黄土高原半干旱地区大气可降水量与地面水汽压之间存在二次多项关系，其拟合方程为：$W=0.0018e^2+0.0933e+0.0354$。

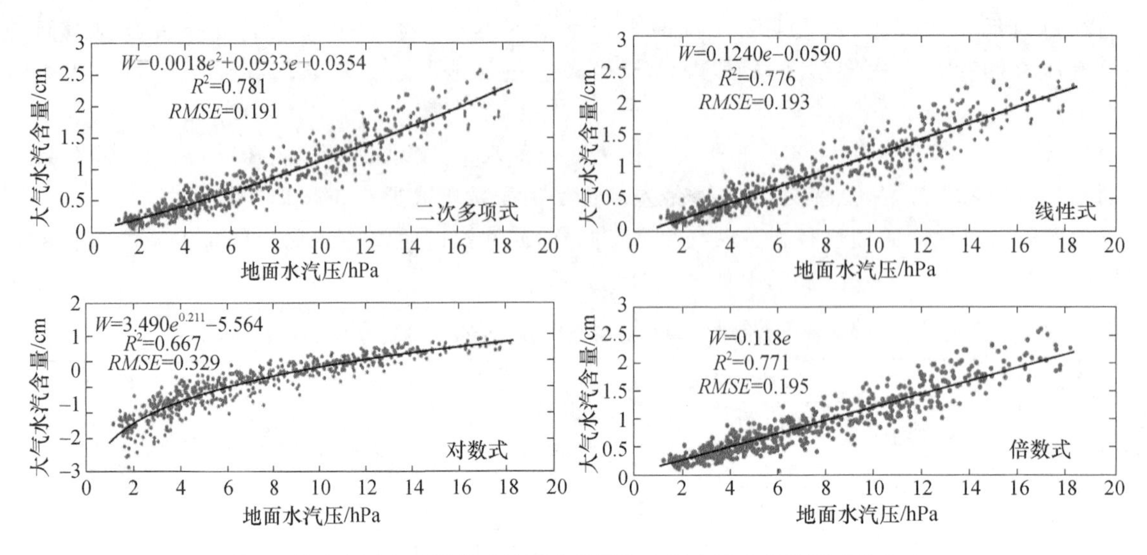

图 3　黄土高原半干旱地区地面水汽压与大气水汽含量的不同拟合式

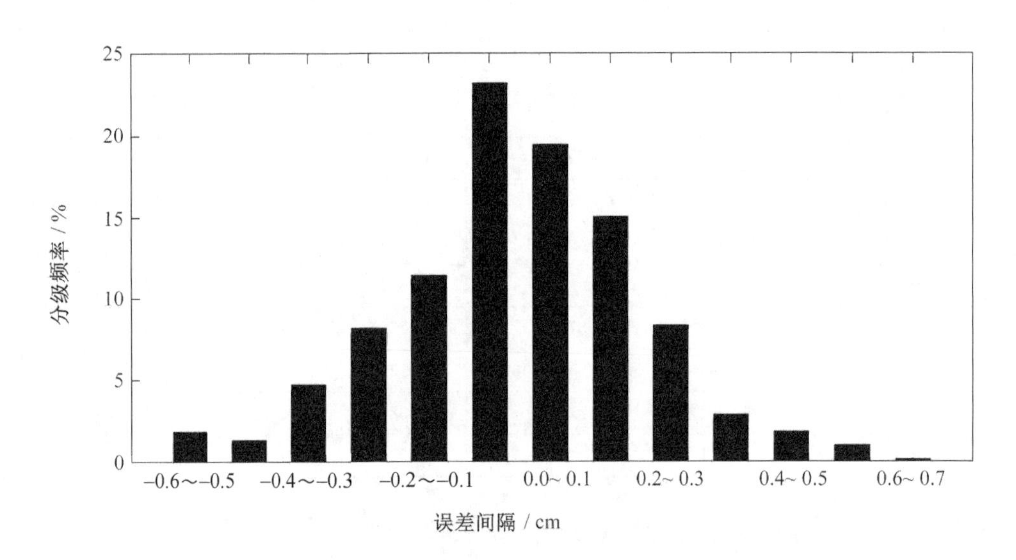

图 4　黄土高原半干旱地区地面水汽压与可降水量二次多项拟合均方根误差分级分布

表 3　黄土高原半干旱地区地区不同拟合绝对误差统计比较

	线性式	二次多项式	对数式	倍数式
E_{max}/cm	0.674	0.650	0.834	0.697
$E_{min/}$ cm	−0.558	−0.548	−0.585	−0.582

4　结论

AERONET SACOL 站可降水量与探空反演的可降水量作比较，其相关系数为 0.986，均方根误差为 0.920，平均绝对误差为 2.07 mm，验证了 AERONET SACOL 站可降水量的准确性。

黄土高原半干旱地区可降水量与降水量均呈单峰型分布，两者变化趋势基本相同；可降水量和降水量 8 月份出现最大值，分别为 19.3 mm、78.7 mm，冬季两者均小于 5 mm。

黄土高原半干旱地区月降水转化率呈现出"两峰两谷"型变化，峰值在 5 月和 9 月出现，分别为 14.9%、15.6%，谷值在 7 月和 12 月出现，分别为 9.4%、1.9%。四季降水转化率均小于 13%，冬季仅为 3.21%，具有一定的增水潜力。

黄土高原半干旱地区大气可降水量与地面水汽压之间存在二次多项关系，其公式为：$W=0.0018e^2+0.0933e+0.0354$。过去，主要采用统一不分区域的方法建立地面水汽压与大气可降水量关系，但不同区域气候状况相对不同，因此，存在一定的局限性，所以本文针对黄土高原半干旱地区利用 AERONET 2.0 大气可降水量资料建立的二次多项公式，在没有直接途径测量大气可降水量值的情况下具有一定应用价值。

致谢：AERONET 网站和 SACOL 站点为本文提供了数据支持，在此一并表示感谢。

参考文献

[1] 王俊，徐进章．半干旱地区发展集水型生态农业模式研究[J]．中国生态农业学报，2005，**13**(4)：207-209.

[2] 张强，李宏宇，张立阳，等．陇中黄土高原自然植被下垫面陆面过程及其参数对降水波动的气候响应[J]．物理学报，2013，**62**(1)：1-9.

[3] 何永涛，李文华，李贵才，等．黄土高原地区森林植被生态需水研究[J]．环境科学，2004，**25**(3)：35-39.

[4] 刘洪兰，张强，胡文超，等．1961—2011 年西北地区春季降水变化特征及其空间分异性[J]．冰川冻土，2013，**35**(4)：857-864.

[5] 杨茜，李柯，高阳华．重庆地区空中水资源的时空分布特征[J]．气象，2010，**36**(8)：100-105.

[6] 蓝永超，刘金鹏，丁宏伟，等．1960—2012 年河西内陆河上游山区降水量变化及其区域性差异分析[J]．冰川冻土，2013，**35**(6)：1474-1480.

[7] 汪晓滨，李淑日，游来光，等．北京冬夏降水系统中的云水量及其统计特征分析[J]．应用气象学报，2001，**12**(增刊)：107-112.

[8] 蔡英，钱正安，吴统文，等．青藏高原及周围地区大气可降水量的分布、变化与各地多变的降水气候[J]．高原气象，2004，**23**(1)：1-10.

[9] 黄建平，何敏，阎虹如，等．利用地基微波辐射计反演兰州地区液态云水路径和可降水量的初步研究[J]．大气科学，2010，**34**(3)：548-558.

[10] 陈勇航，黄建平，陈长和，等．西北地区空中云水资源的时空分布特征[J]．高原气象，2005，**24**(6)：905-912.

[11] 陈乾，陈添宇，张鸿．用 Aqua/CERES 反演的云参量估算西北区降水效率和人工增雨潜力[J]．干旱气象，2006，**24**(4)：1-8.

[12] 张玉娟，谢金南，罗哲贤．我国西北地区东部可降水量变化趋势的初步研究[J]．南京气象学院学报，2005，**28**(2)：254-259.

[13] 王炳忠，申彦波．我国上空的水汽含量及其气候学估算[J]．应用气象学报，2012，**23**(6)：763-768.

[14] 校瑞香，祁栋林，周万福，等．1971—2010 年青海高原不同功能区可降水量的变化特征[J]．冰川冻土，2014，**36**(6)：1456-1464.

[15] 阚宝云，苏凤阁，童凯，等．四套降水资料在喀喇昆仑山叶尔羌河上游流域的适用性分析[J]．冰川冻土，2013，**35**(3)：710-722.

[16] 王芝兰，王小平，李耀辉．青藏高原积雪被动微波遥感资料与台站观测资料的对比分析[J]．冰川冻土，2013，**35**(4)：783-792.

[17] 刘园园，周顺武，王传辉，等．近 30 年河南省夏季地面水汽压演变特征及其与降水量关系[J]．气象与环

境学报,2013,**36**(2):37-41.

[18] 李国翠,李国平,刘凤辉,等. 华北地区水汽总量特征及其与地面水汽压关系[J]. 热带气象学报,2009,**25**(4):488-494.

[19] Reber E E, Swope J R. On the correlation of the total precipitable water in a vertical column and absolute humidity at the surface[J]. Journal of Applied Meteorology, 1972, **11**(2): 1322-1325.

[20] Karalis J D. Precipitable water and its relationship to surface dew point and vapor pressure in Athens[J]. Journal of Applied Meteorology,1974, **13**(1): 760-766.

[21] Monteith J L. An empirical method for estimating long wave radiation exchanges in the British Isles[J]. Quarterly Journal of the Royal Meteorological Society, 1961, **87**(372): 171-179.

[22] Idso S B. Atmospheric attenuation of solar radiation[J]. Journal of the Atmospheric Sciences,1969,**26**(12): 1088-1095.

[23] 杨景梅,邱金桓. 用地面湿度参量计算我国整层大气可降水量及有效水汽含量方法的研究[J]. 大气科学,2002,**26**(1): 9-22.

[24] 张学文. 可降水量与地面水汽压的关系[J]. 气象,2004,**30**(2): 9-11.

[25] Huang Jianping, Zhang Wu, Zuo Jinqing, et al. An overview of the semi-arid climate and environment research observatory over the Loess Plateau[J]. Advances in Atmospheric Sciences, 2008, **25**(6): 906-921.

[26] 代娟,黄建华,王华荣,等. 襄樊市空中云水资源分布及人工增雨潜力研究[J]. 暴雨灾害,2009,**28**(1): 79-83.

[27] Christoph Schar, Daniel Luthi, Urs Beyerle. The soil-precipitation feedback: Aprocess study with a regional climate model[J]. Journal of Climate, 1999,**12**(3): 722-741.

[28] Wang Chenghai, Guo Yipeng. Precipitable water conversion rates over the Qinghai-Xizang (Tibet) Plateau: changing characteristics with global warming[J]. Hydrological Processes,2012,**26**(10):1509-1516.

[29] Wang Chenghai, Guo Yipeng. Trends in precipitation recycling over the Qinghai-Xizang Plateau in last decades[J]. Journal of Hydrology, 2014,(517): 826-835.

[30] 田磊,孙艳桥,胡文东,等. 银川地区大气水汽、云液态水含量特性的初步分析[J]. 高原气象,2013,**32**(6): 1774-1779.

[31] 刘健,金德镇,陈万奎. 吉林省自然降水转化因子的初步研究[J]. 气候与环境研究,2012,17(6): 897-902.

[32] 薛德强,谈哲敏,龚佃利,等. 近40年中国高空温度变化的初步分析[J]. 高原气象,2007,**26**(1): 141-149.

[33] Bolsenga S U. The relationship between total atmospheric water vapor and surface dew-point on a mean daily and hourly basis[J]. Journal of Applied Meteorology,1965,**4**(3): 430-432.

[34] 李超,魏合理,刘厚通,等. 整层大气水汽含量与地面水汽压相关性的统计研究[J]. 武汉大学学报(信息科学版),2008,**33**(11): 1170-1173.

宁夏地区典型沙尘天气条件下气溶胶分布特征研究

常倬林[1]　崔　洋[1]　张　武[2]　翟　涛[1]　田　磊[1]

(1. 宁夏气象防灾减灾重点实验室,银川 750002;
2. 兰州大学大气科学学院 半干旱气候变化教育部重点实验室,兰州 730000)

摘　要　利用2006—2010年期间云-大气气溶胶激光雷达红外探索卫星(CALIPSO)星载激光雷达(CALIOP)数据和宁夏地区常规气象观测资料,分析研究了典型沙尘天气条件下宁夏地区大气气溶胶光学性质的分布特征。结果表明,CALIPSO资料能有效地反映宁夏地区沙尘气溶胶相关特性的垂直分布特征。在沙尘天气下,处于贺兰山背风坡海拔较高区域沙尘可以被抬升到对流层中层以上,近地层大气中主要以粗粒子为主,不规则的非球形气溶胶随高度的增加而增加,高层大气中波长比在0.4～2区间分布的粗粒子、退偏比值在0.4以上的不规则非球形气溶胶在7 km、10 km左右高度出现极大值,这与沙尘天气下湿度垂直分布廓线相一致。在晴空天气条件下,退偏比值均在0.2以下,波长比主要在0.2～0.4区间,且两者出现频率随高度变化较小。在沙尘天气下宁夏地区气溶胶光学厚度主要分布在0.6～2.0区间,晴空天气下主要分布在0.33～0.43区间。

关键词　CALIPSO　气溶胶　后向散射系数　退偏比

1　引言

大气气溶胶是指悬浮在大气中直径为0.001～100 μm的各种固体和液体微粒与气体载体组成的多相体系[1];其在大气中的含量虽然低,但能通过直接效应、间接效应、半直接效应等影响区域气候变化,是气候变化研究中最大的不确定因子[2],也是区域气候变化和环境监测研究的热点科学问题[3]。

目前对气溶胶性质的研究方法主要包括直接采样、地基遥感和卫星遥感。在直接采样分析方面,杜吴鹏等[4]使用TH-1000仪器采样数据分析了中国北方地区气溶胶浓度的时空分布及粒子粒径特征;奚晓霞等[5]利用ANDERSON采样器对西北地区大气飘尘进行了分级采样分析研究;近年来一些学者[6-9]利用机载粒子探测系统(Particle Measuring System,PMS)连续观测设备也开展了河北、内蒙古、青海、宁夏等地气溶胶粒子浓度及其谱分布特征的研究工作。在地基遥感方面,美国NASA在全球范围建立国际气溶胶自动监测网(AERONET)[10];Novitsby[11]利用多通道和单波段激光雷达开展了夜间城市气溶胶联合观测试验;张武等[12-17]和张镭等[18-20]利用CE-318、积分浑浊仪、黑碳仪、激光雷达等仪器观测研究了黄土高原半干旱地区气溶胶的光学分布特征。在卫星遥感方面,国内外学者主要是利用TERRA/AQUA卫星[21,22]和GMS5卫星反演资料[23,24]开展有关气溶胶的研究工作。近年随着观测范围广、水平和垂直分辨率高的云-大气气溶胶激光雷达红外探索卫星(CALIPSO)的发射成功,国内外学者逐步开始使用其观测资料对区域气溶胶特性进行研究[25,26]。

宁夏回族自治区地处黄河中游地区,西北东三面分别被腾格里沙漠、乌兰布和沙漠和毛乌素沙地包围,是我国沙尘暴源地和沙尘传输的主要路径,出现高浓度、强降尘沙尘天气的频率高[8]。虽然部分学者已对银川市气溶胶性质开展了深入研究[8,9],但对宁夏整个区域气溶胶特性,尤其是气溶胶垂直分布特征方面的研究较少。因此,本文利用 CALIPSO 和地面观测监测数据,对典型沙尘天气条件下宁夏地区气溶胶光学特性和时空特征进行分析,对认识宁夏地区大气气溶胶的分布特征以及该地区气溶胶污染的防治等均有重要的意义。

2 资料和方法

本文使用美国航天局(NASA)兰利研究中心大气科学数据中心提供的 2006—2010 年 CALIPSO 资料。CALIPSO 观测系统主要由双波长偏振米散射激光雷达(CALIOP),成像红外辐射计(IIR)和单通道广视场照相机(WFC)三部分组成。其中,CALIOP 雷达可以用来探测全球大气气溶胶和云光学特性的垂直分布廓线[27,28],克服了传统地基激光雷达、气溶胶观测网和 MODIS 卫星范围狭小、站点稀少、无法分辨气溶胶垂直状况的局限。

CALIPSO 观测系统 1B 资料主要包括 532 nm 和 1064 nm 双波长总衰减后向散射系数 $\beta_{ABS\,tot\,532}$,$\beta_{ABS\,tot1064}$ 及 532 nm 垂直衰减后向散射系数 $\beta_{ABS\perp 532}$。后向散射系数定义为目标在雷达方向上单位体积角的反射功率对单位面积入射功率之比的 4π 倍,是仪器常数和距离订正后的回波强度(简称距离订正回波强度),后向散射系数为 0.0045～0.1000 $km^{-1}\cdot sr^{-1}$ 的颗粒,一般认为是云;后向散射系数为 0.0008～0.0045 $km^{-1}\cdot sr^{-1}$ 的颗粒,一般认为是气溶胶;后向散射系数在 0.0001～0.0008 $km^{-1}\cdot sr^{-1}$ 的颗粒,一般认为是气体分子[29]。δ 体积退偏比反映的是气溶胶颗粒不规则程度,由 $\beta_{ABS\perp 532}$ 垂直后向散射强度与 $\beta_{ABS/\!/532}$ 平行后向散射强度利用公式(1)～(4)计算得出。

$$\beta_{ABStot532}=(\beta_{/\!/532}+\beta_{\perp 532})T_{532}^{2}(z) \tag{1}$$

$$\beta_{ABS\perp 532}=\beta_{\perp 532}T_{532}^{2}(z) \tag{2}$$

$$\beta_{ABS/\!/532}=\beta_{ABStot532}-\beta_{ABS\perp 532} \tag{3}$$

$$\sigma=\frac{\beta_{ABS\perp 532}}{\beta_{ABS/\!/532}} \tag{4}$$

当 δ 越大,说明颗粒越不规则,可用于区分球型气溶胶粒子和非球型气溶胶粒子[30],一般认为气溶胶的退偏比不大于 0.1,而沙尘气溶胶退偏比均在 0.2 以上[25]。波长比是 1064 nm 与 532 nm 总后向散射系数之比,反映被测颗粒物的粒径大小,即波长比值越大、粒径越大,比值在 0～0.5 区间内为小粒径粒子,大于 0.5 为大粒径粒子[30]。

3 结果分析

为便于对典型沙尘天气条件下大气气溶胶后向散射系数、体积退偏比、波长比的分布特征进行分析,选取宁夏地区 2006—2010 年期间 5 次典型沙尘天气过程(2007 年 3 月 28 日、2008 年 4 月 30 日、2009 年 2 月 13 日、2009 年 4 月 10 日和 2010 年 3 月 19 日),以及与典型沙尘过程时间较接近的 5 次晴空过程相对应的 CALIPSO 卫星资料进行分析。

3.1 气溶胶后向散射系数分布

[彩]图 1 给出了卫星资料经过计算、插值、平均处理后得到的宁夏地区典型沙尘和晴空条件下大气后向散射系数空间分布。在沙尘天气条件下(图 1a,b),宁夏地区 0～10 km 高度有大量后向散射系数为 0.008～0.0045 $km^{-1}\cdot sr^{-1}$ 的粒子存在,表明大气中气溶胶粒子所占比

重较大。从地域分布来看，气溶胶粒子所占比重由北向南逐渐减少，这可能与南部地区上层大气较湿润、地表植被相对较好，北部周围沙源较多有关。从两次典型沙尘过程看，图 1a 中沙云分为五段，各段沙云的高度呈现“高—低”相间的分布，这与海拔的变化呈现一致性，即在海拔高的区域沙云的高度高，且海拔高的区域沙云上层存在着云的混合，在海拔最高区域沙云被抬升到 8 km 左右的高度上，次高区域沙云被抬升到 5 km 左右的高度，这可能与海拔最高的区域处于贺兰山背风坡、上层大气受地形抬升影响显著有关。为了印证该结论，对其他四次沙尘天气气溶胶后向散射系数分布特征进行研究，图 1b 为其中一次沙尘过程，其他三次过程图略。图 1b 中沙云被明显分为三段，同样在地面高程最高区域，沙云被抬升高度较高，在 8 km 高度左右且上层存在云的混合，其他三次过程也存在类似的结论，但表现不是特别显著。由此可见，沙尘气溶胶在源地被刮起后，由于地形的抬升作用在合适的天气系统下可以被抬升到对流层中层高度上。

在晴空天气条件下(图 1c)，1.0～2.5 km 高度附近有一薄的气溶胶层存在，气溶胶层高度在中南部地区在 1 km 左右，北部地区为 2～2.5 km；中北部地区气溶胶层高度以上气溶胶粒子含量在整个高度层中所占的比重明显高于南部地区。这可能一方面与贺兰山地形的抬升作用有关，另一方面与宁夏地区人类活动、城市化进程及工业污染排放分布有关，在生活污染源方面银川及石嘴山属于重点防控区域，而宁夏中南部的六盘山区和黄土丘陵地区以农业经济为主，城市化水平很低。煤炭、电力、化工、石油工业以及采矿业和加工业等重工业主要分布在中北部。

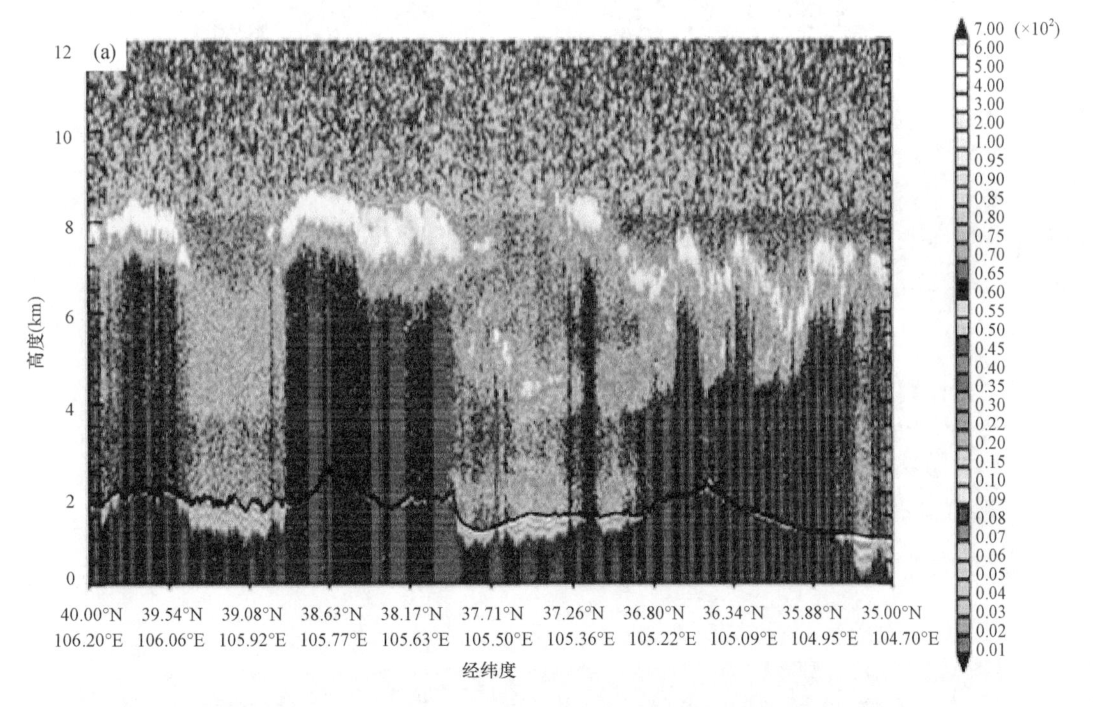

图 1　宁夏地区 532 nm 波段总的衰减后向散射系数的垂直分布(单位：$km^{-1}\cdot sr^{-1}$)

(a)沙尘天气(2009 年 2 月 13 日)，(b)沙尘天气(2010 年 3 月 19 日)，(c)晴空天气

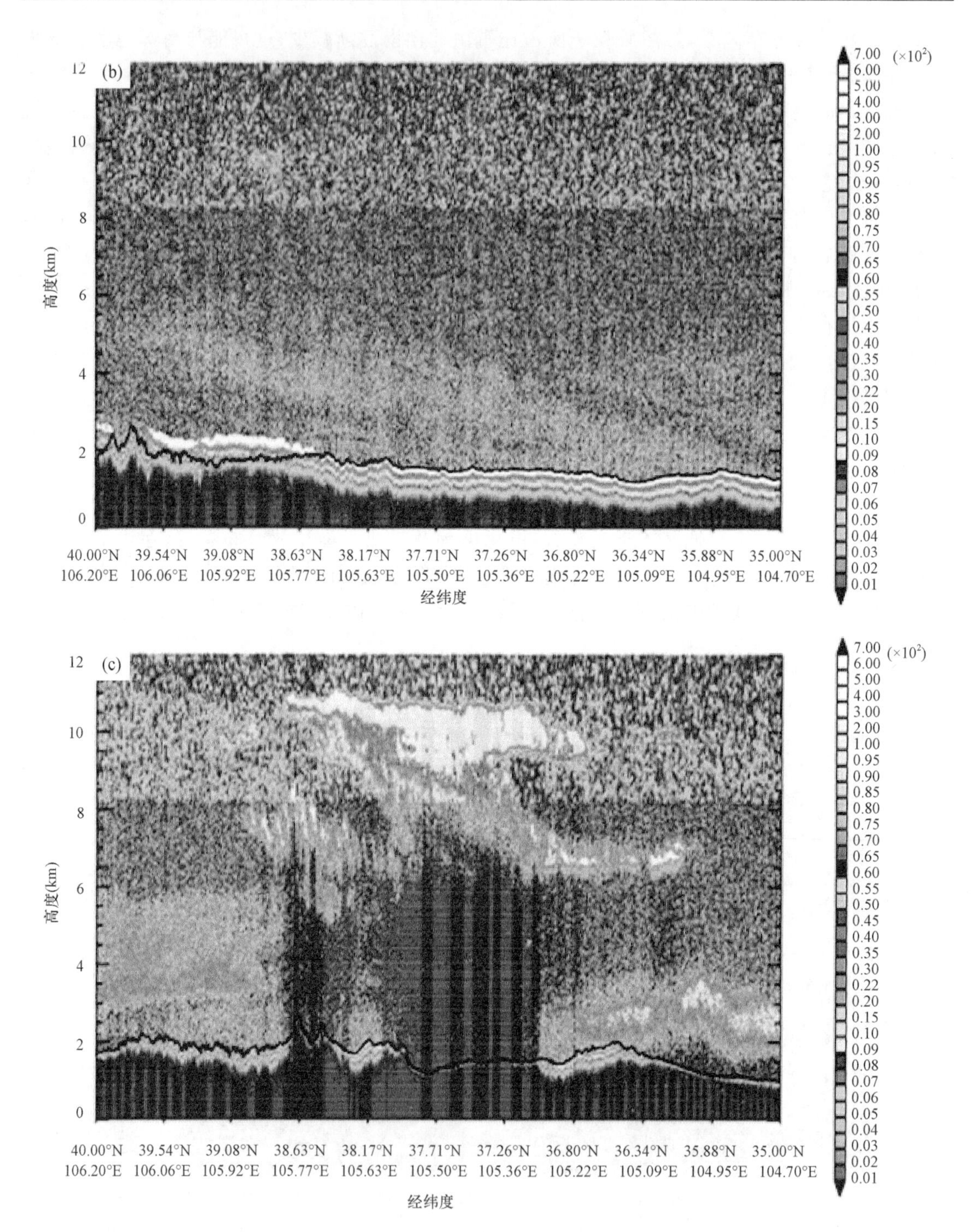

图 1(续) 宁夏地区 532 nm 波段总的衰减后向散射系数的垂直分布(单位:$km^{-1}\cdot sr^{-1}$)

(a)沙尘天气(2009 年 2 月 13 日),(b)沙尘天气(2010 年 3 月 19 日),(c)晴空天气

3.2 气溶胶退偏比波长比分布

为进一步验证上述结论,用公式(1)—(4)计算了宁夏地区典型沙尘天气条件下 532 nm

波段气溶胶退偏比 δ,对卫星扫描轨迹内不同高度退偏比值在 0～0.1、0.1～0.2、0.2～0.4、0.4～1.0 这 4 个范围内的值个数占所有范围值个数的比值进行统计，由于考虑到宁夏地区平均海拔在 1.2 km 以上，同时为了与前面研究内容相对应，海拔范围为 1.5～12 km,结果如图 2 所示。从图 2 可以看出，在两种天气条件下，退偏比值主要分布在 0.1～0.2 范围内，其次为 0.0～0.1,最后为 0.2～0.4 及 0.4～1.0。在近地层 1.5～3.0 km 高度，在沙尘天气条件下，退偏比在 0.0～0.1 和 0.1～0.2 范围的规则粒子出现频率从 40%随高度的增加逐渐减小到 10%,而退偏比值在 0.2～0.4 和 0.4～1.0 范围的不规则非球形粒子出现的频率从 10%随高度的增加逐渐增大到 40%左右，即沙尘天气下近地层规则的球形气溶胶随着高度的增加而减少，而不规则的非球形气溶胶随高度的增加而增加。在高层大气中，不规则非球形气溶胶在 7 km、10 km 左右出现极大值，相应的在此高度上规则球形气溶胶出现了极小值，这样的分布特征与沙尘天气下 532 nm 的大气后向散射系数的分布呈现一致性。在晴空天气条件下，退偏比值在 0.2～0.4 及 0.4～1.0 范围出现的频率接近 0,在 0～0.1 和 0.1～0.2 范围内粒子出现频率较高，且出现频率随着高度的增加基本不变，说明了晴空天气下宁夏地区大气中气溶胶粒子以规则的球形气溶胶为主，这与晴空天气下 532 nm 的大气后向散射系数分布也基本一致。

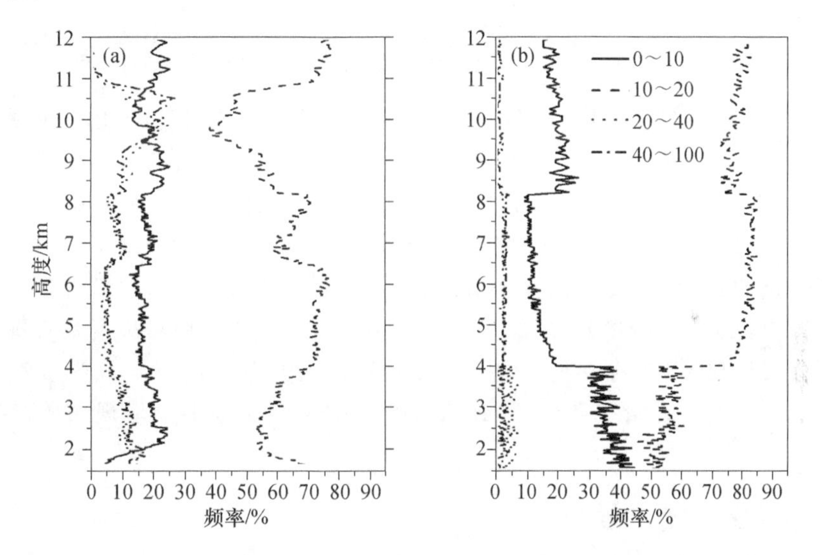

图 2　宁夏地区沙尘天气(a)和晴空天气(b)532 nm 波段退偏比频率的垂直分布

为进一步分析宁夏地区典型沙尘天气条件大气气溶胶的特征，利用 532 nm 与 1064 nm 总的后向散射系数计算了典型天气条件下大气中粒子的波长比，对卫星扫描轨迹内 1.5～12 km 各高度层上波长比值在 0.0～0.2,0.2～0.4 及 0.4～2.0 范围分布的频率进行统计。从图 3 可以看出，在宁夏地区，波长比值在 0.0～0.2 范围的细小粒子出现的频率在沙尘和晴空天气条件下出现的频率基本均小于 10%;在近地层波长比值在 0.2～0.4 范围的细粒子和 0.4～2.0 范围的粗粒子出现的频率在沙尘天气下随着高度变化基本呈现出抛物线形和倒抛物线形的垂直分布特征，且在近地层主要以粗粒子为主，在 3 km 左右粗粒子所占比重达到最大值(90%左右)。在 4 km 以上的大气中，主要以波长比值在 0.2～0.4 的细粒子为主，占到 40%～80%。波长比值在 0.4～2.0 范围分布的粗粒子在 7 km、10 km 附近存在两个极大值，波长比值在 0.2～0.4 范围分布的细粒子在 6 km、8 km 附近存在两个极大值。在晴空天气条件下,各范围分布的波长比值随着高度增加变化不大,波长比值在 0.4~2.0 范围分布的粗粒子所占比重接近零,波长比值在 0.1~0.2 范围分布的细粒子所占比重最大接近于 75%,即在晴空天气条件下以细粒子为主。

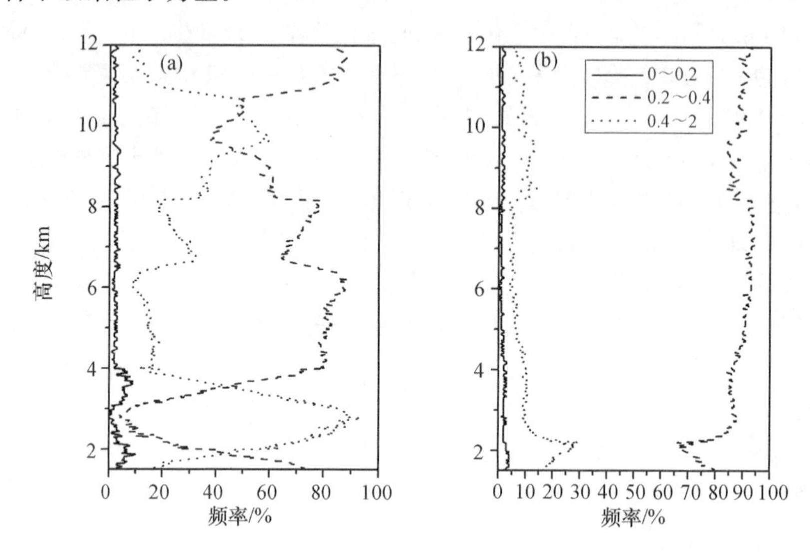

图 3　宁夏地区沙尘天气(a)和晴空天气(b)波长比频率的垂直分布

从图 4 可以看出,在温度的垂直廓线上,沙尘天气下,宁夏地区温度随高度增加而减小的速率比晴空天气下更为缓慢,特别在 3~4 km 沙尘天气下温度变化极小。从湿度分布廓线来看,在 10 km 以下,沙尘天气下湿度廓线呈现递湿的特征,即湿度出现了随高度增加而增加的逆湿现象,在不规则非球形粗粒子出现极值的 3 km、7 km、10 km 左右的高度上,相应湿度在 3 km、9 km 也都出现了极值,在 7 km 以下增湿较为缓慢,从 40%增长到 45%,7 km 以上增湿速度较快,从 45%跃增到 9 km 附近达到最大值(75%),相对湿度垂直廓线波动点与前述物理量分布呈现一致性,说明沙尘天气下在地形抬升等作用下空气中水汽也被抬升到了对流层中层高度上。在晴空条件下,10 km 以下相对湿度基本上呈现随着高度增加而减小的趋势。

3.3　气溶胶光学厚度分布

在剔除气溶胶探测信号特别弱的数据后,通过将各层反演得出的气溶胶光学厚度(AOD)进行插值与平均处理,得出了不同天气条件下宁夏地区整层大气、边界层(0~3.0 km)和对流层中下层(3~10 km)532 nm 波段 AOD 值分布(图 5)。

在沙尘天气条件下,宁夏地区整层大气、边界层、对流层中下层 AOD 值分别集中在 0.6~2.0、0.5~1.7、0.01~0.6。整层大气 AOD 值在宁夏地区空间分布特征为南北大、中间小,且在中部呈自东向西逐渐减小的趋势。AOD 值在边界层的分布与整层大气基本一致,不同的是北部地区 AOD 值明显高于南部地区;在北部和中部地区边界层 AOD 占整层大气 AOD 的比重为 80%~90%,在南部仅为 50%~70%。对流层中下层 AOD 呈现由南向北逐渐减小的分布,贺兰山南部两端地区对流层中下层 AOD 值较小,表明该区域对流层中下层大气中气溶胶含量较少。北部地区的西北东三面被腾格里沙漠、巴丹吉林沙漠、毛乌素沙地包围,常年干旱少雨,冬、春季受西伯利亚—蒙古高压控制,多大风且以西北风为主;中部地区位于贺兰山东

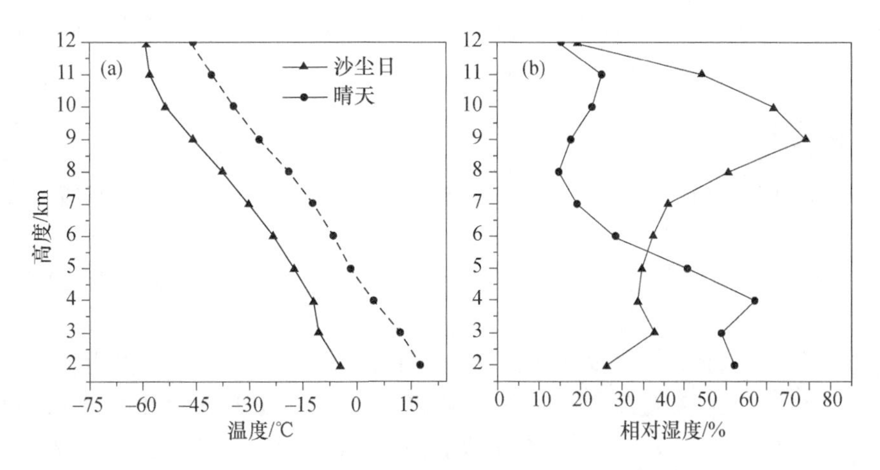

图 4　宁夏地区温度(a)和相对湿度(b)的垂直廓线

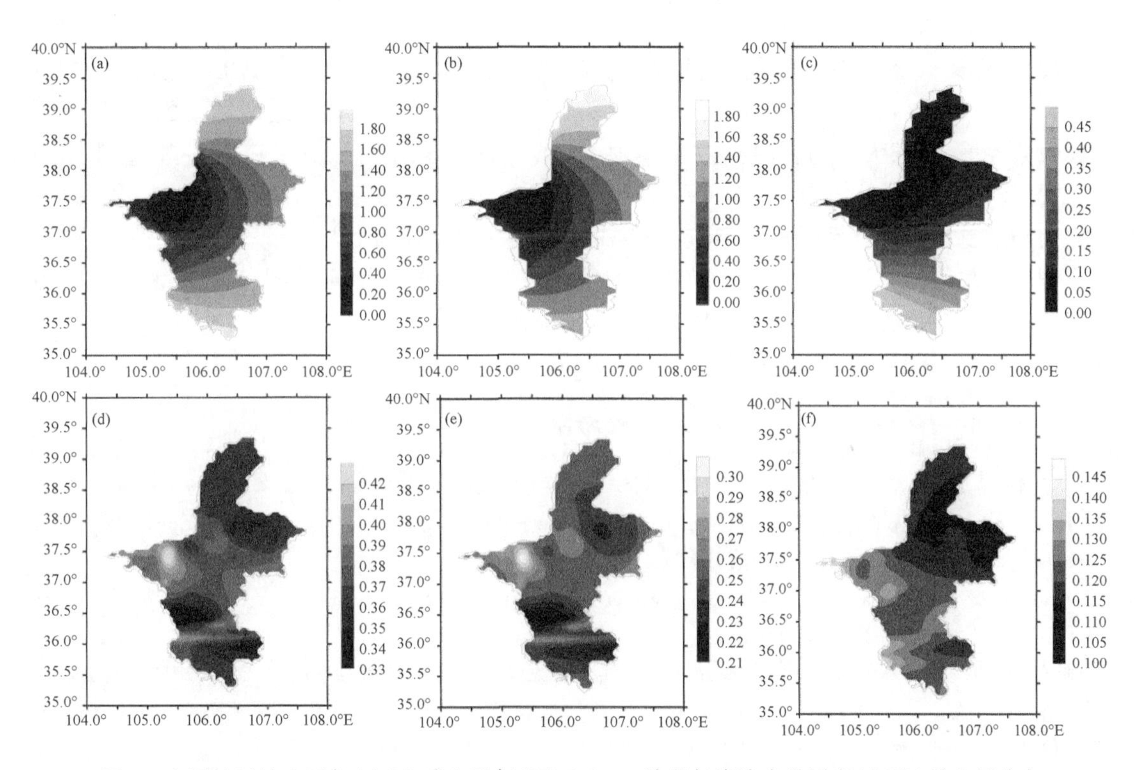

图 5　宁夏地区沙尘天气(上)和晴空天气(下)532 nm 波段气溶胶光学厚度(AOD)的空间分布
(a),(d)整层大气;(b),(e)边界层;(c),(f)对流层中下层

麓的背风坡,山脉对气流的抬升作用;南部多山区,位于西北沙尘暴的主要路径上,是西北地区冬春季冷空气南下的主要路径等原因可能是造成上述宁夏地区整层大气、边界层和对流层中下层 AOD 空间分布的主要原因。

晴空天气条件下,整层大气、边界层、对流层中下层 AOD 值分别集中在 0.33～0.43、0.21～0.30、0.10～0.15,整层大气与边界层 AOD 的空间分布特征与沙尘天气下分布情况正好相反,中部地区 AOD 值要高于北部及南部地区,对流层中下层 AOD 沿西南到东北方向逐渐减小。导致上述分布的原因可能为宁夏地区中北部相对南部地区人口更为密集、工业更发展,在晴空条件下气溶胶 AOD 值受人为排放影响更大,而在对流层中下层同样可能由于受到贺兰山山脉的阻挡作用,导致北部 AOD 值较小。

4 结论与讨论

(1)CALIPSO 能有效探测到沙尘气溶胶的分布,沙云高度与海拔变化呈现一致性,即在海拔高的区域沙云的高度高,且海拔高的区域沙云上层存在云的混合,海拔最高区域沙云被抬升到对流层中层以上,这可能与海拔最高的区域处于贺兰山背风坡、上层大气受地形抬升影响显著有关。

(2)沙尘天气下,近地层主要以粗粒子为主,在 3 km 左右粗粒子所占比重达到最大值。不规则的非球形气溶胶随高度的增加而增加,在高层大气中,波长比值在 0.4～2.0 区间分布的粗粒子、退偏比值在 0.4 以上的不规则非球形气溶胶在 7 km、10 km 左右出现极大值,这可能与沙尘天气下,在 3～4 km 温度变化极小及湿度廓线呈现逆湿且在 3 km、7 km、9 km 左右出现极值有关。

(3)沙尘天气条件下,宁夏地区整层大气、边界层、对流层中下层 AOD 值分别集中在 0.6～2.0、0.5～1.7、0.01～0.6,且呈现南北大、中间小、中部自东向西逐渐减小的特征,在晴空天气条件下,整层大气、边界层、对流层中下层 AOD 的值分别集中在 0.33～0.43、0.21～0.30、0.10～0.15,且中北部 AOD 平均值大于南部,这一方面与贺兰山地形抬升作用有关,另一方面与宁夏地区人类活动、城市化进程及工业污染排放分布有关。

利用星载激光雷达对气溶胶光学特性的研究具有较高的应用前景,但是星载激光雷达系统气溶胶光学数据受到卫星过境时间的影响,在小范围区域的研究中对气溶胶日变化的监测受到限制,运用遥感技术进行颗粒物浓度监测,仍需要开展大量的研究。

参考文献

[1] 盛裴轩,毛节泰,李建国,等. 大气物理学[M]. 北京:北京大学出版社,2003:25.

[2] Haywood J M, Boucher O. Estimates of the direct and indirect radiative forcing due to tropospheric aerosols[J]. Rev Geophys, 2000, **38**(4): 513-543.

[3] Anderson T L, Charlson R J, Schwartz S E, et al. Climate forcing by aerosols: A hazy picture [J]. Science, 2003, **300**(5622): 1103-1104.

[4] 杜吴鹏,高庆先,孙丹,等. 中国春季北方大气气溶胶浓度特征[J]. 环境科学研究,2011,**24**(1):11-19.

[5] 奚晓霞,李杰. 兰州市城关区 2000 年春季大气气溶胶特征及分析[J]. 环境科学研究,2002,**15**(6):34-38.

[6] 孙玉稳,李云川,孙云. 阴天条件下河北地区大气气溶胶粒子分布特征分析[J]. 安徽农业科学,2010,**38**(21):11277-11278.

[7] 姜学恭,云静波. 三类沙尘暴过程环流特征和动力结构对比分析[J]. 高原气象,2014,**33**(1):241-251.

[8] 桑建人,杨有林. 银川市初夏气溶胶粒子谱分布特征[J]. 中国沙漠,2003,**23**(3):328-330.

[9] 牛生杰,章澄昌,孙继明. 贺兰山地区沙尘气溶胶粒子谱的观测研究[J]. 大气科学,2001,**25**(3):243-252.

[10] 徐记亮,张镭,吕达仁. 太湖地区大气气溶胶光学及微物理特征分析[J]. 高原气象,2011,**30**(6):1668-1675.

[11] Novitsky E J, Philbrick C R. Multistatistic lidar profiling of urban atmosphereic aerosols[J]. Journal of Geophysical Research, 2005, 110, Doi:10.1029/2004JD004123.

[12] 常倬林,张武,史晋森,等. 黄土高原半干旱地区气溶胶特性[J]. 兰州大学学报:自然科学版,2008,**44**(2):1-8.

[13] 田磊,张武,史晋森,等. 河西春季沙尘气溶胶粒子散射特性的初步研究[J]. 高原气象,2010,**29**(4):1050-1059.

[14] 杨溯,张武,史晋森,等. 半干旱地区黑碳气溶胶特征初步分析[J]. 气候与环境研究,2010,**15**(6):756-764.

[15] 王振海,张武,史晋森,等. 半干旱地区气溶胶散射和吸收特性的观测研究[J]. 高原气象,2012,**31**(5):1424-1431.

[16] 张兴华,张武,陈艳,等. 自定义气溶胶模式下兰州及周边地区气溶胶光学厚度的反演[J]. 高原气象,2013,**32**(2):402-401.

[17] 赵庆云,张武,吕萍,等. 河西走廊"2010.04.24"特强沙尘暴特征分析[J]. 高原气象,2012,**31**(3):688-696.

[18] 曹贤洁,张镭,周碧,等. 利用激光雷达观测兰州沙尘气溶胶辐射特性[J]. 高原气象,2009,**28**(5):1115-1120.

[19] 周碧,张镭,曹贤洁,等. 利用激光雷达资料分析兰州远郊气溶胶光学特性[J]. 高原气象,2011,**30**(4):1011-1017.

[20] 胡蝶,张镭,王宏斌. 黄土高原干旱半干旱地区气溶胶光学厚度遥感分析[J]. 高原气象,2013,**32**(3):654-664.

[21] 王新强,杨世植,朱永豪,等. 基于6S模型从M ODIS图像反演陆地上空大气气溶胶光学厚度[J]. 量子电子学报,2003,**20**(5):629-634.

[22] 张玉洁,陈艳,张武,等. MODIS资料遥感黄土高原半干旱地区气溶胶光学厚度[J]. 兰州大学学报:自然科学版,2011,**47**(1):43-51.

[23] 杨琴,田文寿,隆霄,等. 青藏高原沙尘示踪物从对流层向平流层传输的数值模拟[J]. 高原气象,2014,**33**(4):887-899.

[24] 李蒙蒙,黄昕,李建峰,等. 基于MODIS地表数据对2006年中国北方沙尘排放的估算[J]. 高原气象,2014,**33**(6):1534-1544.

[25] 蔡宏珂,周任君,傅云飞,等. CAIAOP对一次秸秆焚烧后气溶胶光学特性的探测分析[J]. 气候与环境研究,2011,**16**(4):469-478.

[26] 马盈盈,龚威,朱忠敏. 中国东南部地区气溶胶光学特性激光雷达探测[J]. 遥感学报,2009,**13**(4):715-722.

[27] 刘刚,史伟哲,尤睿. 美国云和气溶胶星载激光雷达综述[J]. 航天器工程,2008,**17**(1):78-84.

[28] Van Donkelaar A, Martin R V, Brauer M, et al. Global estimates of ambient fine particulate matter concentrations from satellite-based aerosol optical depth: Development and application[J]. Environ Health Perspect,2010,**118**(6):847-855.

[29] 陈勇航,毛晓琴,黄建平,等. 一次强沙尘输送过程中气溶胶垂直分布特征研究[J]. 中国环境科学,2009,**29**(5):449-454.

[30] 秦艳,章阮,籍裴希,等. 华北地区霾期间对流层中低层气溶胶垂直分布[J]. 环境科学学报,2013,**33**(6):1665-1671.

银川地区大气水汽、云液态水含量特性的初步分析

田　磊[1,2]　孙艳桥[1,2]　胡文东等

(1. 宁夏气象防灾减灾重点实验室,银川 750002;
2. 宁夏气象科学研究所,银川 750002)

摘　要　本文基于双通道微波辐射计资料及地面常规气象资料,分析了银川地区不同季节大气水汽含量和云液态水含量的日变化特征及降水在各个时次的分布。研究结果表明:在银川地区,一年观测期内的大气水汽含量逐月变化与多年(1951—2010年)平均降水量的逐月变化的相关性很强,相关系数达0.94;大气水汽含量的高值区出现在中午到傍晚时段,低值区出现在早晨日出前后。春、夏、秋季夜间的云液态水含量大于白天;云液态水含量的高值区出现在日出前和傍晚,这种情况在夏、秋两季尤为明显;云液态水含量和大气水汽两者间的日变化相关性不显著。

关键词　微波辐射计　大气水汽　云液态水　日变化特征

1　引言

水汽作为全球水循环过程中最活跃的因子,在各种时空尺度的大气过程中扮演着非常重要的角色,全球大气吸收的能量有3/4来自水汽凝结的潜热释放[1]。水汽是大气降水的物质基础[2],而大气降水又是水循环各分量中最活跃多变的分量[3],因此,大气水汽的变化深刻影响着全球气候系统和水资源系统的结构和演变,也影响着人类社会的发展和生产活动。作为云降水物理过程的重要介质,大气水汽的研究对于提高人工影响天气效率有着不可忽视的作用[4-6]。大气中液态水以云、雾等形式存在。云在气候系统中扮演着重要角色,它能够改变地气辐射收支平衡,进而影响大气环流,调节地球气候[7]。在人工影响天气领域,云液态水含量是决定可播性的先决条件[8]。

目前,对水汽的常规观测手段有地基微波辐射计、地基GPS遥感、常规大气探空观测、卫星红外(TOVS)和微波(SMMR,SSM/I)遥感等。其中地基微波辐射计具有不需要人工值守、全天候、高分辨率(可设定每秒钟观测一次)等优点[9],可以实时地监测大气垂直气柱中水汽及云液态水含量的变化,在国内外研究中应用广泛。在国外,利用地基微波辐射计观测大气水汽、云液态水含量已有近30年的历史。Heggli等[10]利用地基微波辐射计对美国西部内华达山脉冬季风暴云系中的液态水分布进行连续跟踪观测。Snider[11]分析了大气水汽和云液态水含量的季节变化特征,对大气可降水量、云液态水含量与降水之间的相关关系做了检验。Han等[12]利用微波辐射计、云幕仪、电声探测系统并结合常规地面观测资料反演了对流层的大气水汽及云液态水含量,并指出微波辐射计有可能在今后的无球探空系统中扮演重要角色。

20世纪80年代初,我国学者赵柏林、魏重等开展了这方面的研究,在建立用双通道地基微波辐射计亮温反演大气水汽、云液态水含量的反演算法方面做了大量工作[13-16],为微波辐射计在我国科研及业务方面的应用奠定了基础。此后,地基微波辐射计在对大气水汽、云液态水含量的研究中受到越来越多的关注。刘红燕等[17]对比了三种测量水汽技术(地基微波辐射

计、探空、GPS)之间的差异,并分析了北京地区水汽在四个季节中的日变化特征及水汽与温度相关性。王黎俊等[18]利用双通道微波辐射计连续观测资料,分析了黄河上游河曲地区的云水特征,并进行了降水预测及人工增雨作业指标的探讨。德里格尔等[19]利用微波辐射计对青海高原东北部大气水汽、液态水含量进行了观测分析。赵维忠等[20]利用宁夏人工影响天气基地的微波辐射计资料,分析了银川大气水汽含量的统计特征及不同天气背景下的变化规律。

国内外的大量研究工作[9-21]已证明,探测大气柱内水汽和云液态水含量的双通道微波辐射计,在晴空和非降水影响下的探测原理和方法已经较为成熟,探测大气水汽含量的精度可与探空相比,探测云液态水总量的精度也在可接受范围。

在银川地区,利用微波辐射计进行观测研究的例子很少,用其对大气水汽、云液态水含量的长时间(1年以上)的监测尚属首例。另外,精确地掌握大气水汽、云液态水含量的特征,不仅是了解云和降水物理过程的关键,也是建立人工增雨作业指标的基础。本文利用宁夏人工影响天气基地观测的双通道微波辐射计资料,统计分析了银川地区大气水汽、云液态水含量的变化特征。

2 资料及观测站点介绍

宁夏人工影响天气基地位于银川以东约 50 km 处,北纬 38.37°,东经 106.43°,海拔为 1103 m,西为宁夏平原沿黄灌区,东为毛乌素沙地,具体位置如图 1 所示。

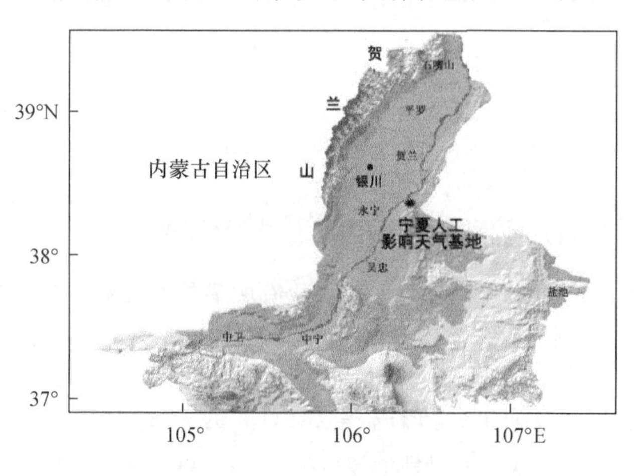

图 1 观测站点位置

QFW-2A 型双通道微波辐射计由中国电子科技集团公司第二十二研究所研制,安装在宁夏人工影响天气基地大院的空旷地带,性能参数见表 1,微波辐射计观测仰角为 90°,可得到大气垂直气柱内的水汽、云液态水含量值。距微波辐射计 50 m 处安装了自动气象站,可以得到温度、压强、风及降水的连续观测资料。

双通道微波辐射计从 2010 年 5 月开始观测,仪器性能参数如表 1 所示。观测初始阶段(8 月前)进行了仪器调试、校准等工作,调试、校准期间仪器的数据完整性、准确性受到影响,因此我们取 2010 年 8 月至 2011 年 7 月的资料进行分析。双通道微波辐射计每秒输出一个数据,我们先将资料处理为分钟平均值。考虑到下雨时微波辐射计因天线附水会造成测量误差,且目前雨水对微波辐射计探测结果的订正方法还不太成熟,在对资料统计分析之前,我们参照宁夏人工影响天气基地自动气象站的降水资料,剔除了降水时段及降水后顺延一小时的资料,以保证资料的可靠性。

表1 微波辐射计性能参数

性能参数	参数值	性能参数	参数值
波长/cm	1.35,0.8	天线增益/dB	≥36
主频/GHz	23.8,31.65	灵敏度/K	≤0.2
积分时间/s	≥0.1,可调	天线驱动范围	俯仰 0—90°,方位 0—360°
天线直径/mm	400	天线测角精度	俯仰 0.1°,方位 0.5°

利用银川探空数据,根据公式(1),可得到银川大气水汽含量。

$$V=\int_{0}^{\infty}\rho_{\mathrm{w}}(z)\mathrm{d}z \tag{1}$$

将探空资料计算的大气水汽含量与微波辐射计输出的大气水汽含量进行对比分析后发现,微波辐射计输出的大气水汽含量比用探空资料计算所得的大气水汽含量平均偏大3.3 mm,两者一年的日平均值序列的线性相关系数为0.87。

构造云液态水含量的回归方程时,首先对探空资料进行计算处理,采用相对湿度阈值的方法来确定云层厚度,通过构造云模式来估算云中液态水含量,假定给定云层的云水密度,并且定义其随高度变化是一个常数。我们将银川基准站地面云状和微波辐射计输出的云液态水含量进行对比,发现当晴天无云情况下,云液态水含量为0,验证了统计回归反演的显著性。

3 数据分析

3.1 银川地区大气水汽和液态水含量的逐月变化特征

从图2可以看出:在银川地区,大气水汽含量有明显的月变化,冬季(1月、2月、12月)银川地区受西北冷干气流控制,南方水汽不易到达,天气以晴天为主,大气中水汽含量一直较低;3月以后,大气水汽含量开始逐渐增大;夏季(6月、7月、8月)副高北抬,500 hPa高度场上,584(dagpm)线常可伸至宁夏南部;常形成“东高西低”的天气形势[22],有利于水汽向北输送,大气水汽含量较高。大气水汽含量的月平均值均在35 mm以上,其中8月最大,为44.9 mm;银川地区50%以上的降水出现在这一时期。9月后,随着副高南撤,自南向北的水汽输送减弱,大气水汽含量也随之下降。我们将银川基准站1951—2010年月平均降水量和当年降水量与银川大气水汽、液态水含量进行对比发现,银川地区大气水汽含量逐月变化与多年平均降水量的逐月变化的相关性很强,相关系数为0.94,与同年降水量的逐月变化相关性较弱,相关系数为0.35。银川液态水含量整体变化趋势和大气水汽含量基本一致,但略有差异。液态水含量的逐月波动较为明显,最高值出现在7月。液态水含量逐月变化与多年平均降水量的逐月变化的相关系数为0.63,与同年降水量的逐月变化相关性较弱,为0.6。可见相对于大气水汽含量,液态水含量更能反映当年降水量的变化,而大气水汽含量和多年平均降水量密切相关。

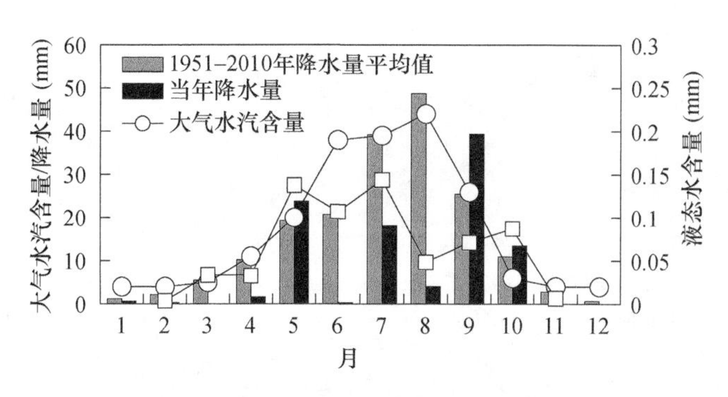

图 2　大气水汽、液态水含量及降水量月变化

表 2　不同地区水汽循环天数比较(d)

月份	银川地区	河曲地区[18]	西安[18]
8 月	325	26	469
9 月	20	46	12

根据银川 2010 年 8 月、9 月大气水汽含量及月降水量，计算出银川水汽循环天数，并与青海河曲地区 2003 年、2004 年及西安 1997 年观测计算得到的水汽循环天数做一对比，如表 2。其中，水汽循环天数＝(平均水汽量/月降水量)×月天数。从表 2 可以看出，8 月份银川的水汽循环天数是西安的 69％，比河曲地区高出一个量级。9 月份银川的水汽循环天数是西安的 1.6 倍，是河曲地区的 43％。这一结果表明，8 月份银川和西安相对于河曲地区，大气水汽对降水的转化率较低。

3.2　银川地区大气水汽含量的季节平均日变化特征

在进行数据分析时，我们以 2011 年 3 月、4 月、5 月代表春季，2011 年 6 月、7 月和 2010 年 8 月代表夏季，2010 年 9 月、10 月、11 月代表秋季，2010 年 12 月和 2011 年 1 月、2 月代表冬季。将去降水后的微波辐射计大气水汽含量分钟资料取小时平均值。然后把一年的微波辐射计数据按季节分为四组，并将同一季节中所有相同小时的平均大气水汽含量再次取平均得到该季节在此时刻的平均大气水汽含量，从而得到该季节 24 h 大气水汽含量的日变化，如图 3。

银川地区大气柱内水汽含量季节平均值按大小依次为：夏(40.41 mm)、春(12.88 mm)、秋(11.49 mm)、冬(4.09 mm)。春季，大气水汽含量在 06:00 出现日变化最小值，06:00—12:00 逐渐上升，12:00—17:00 基本不变，17:00 以后大气水汽含量又迅速下降，夜间下降速度逐渐减小；平均日较差为 4.09 mm。夏季，大气水汽含量在 06:00 出现日变化最小值，此后迅速上升，上升速度逐渐减小，12:00—18:00 大气水汽含量基本不变，随后又缓慢下降；平均日较差为 5.03 mm。秋季，大气水汽含量在 09:00 出现日变化最小值，09:00—10:00 有突然的跳跃，10:00—15:00 大气水汽含量基本平稳，15:00 开始有小幅上升，19:00 后逐渐下降；平均日较差为 2.52 mm。冬季，大气水汽含量日变化很小。

与北京[17]观测结果相比，银川地区各个季节的大气水汽含量都比北京低。从大气水汽含量日变化来看，银川地区大气水汽含量高值区出现在正午到傍晚时段，低值区出现在早晨日出前后。这一特征与北京得到的结果不太一致，北京大气水汽含量的高值区除春季出现在傍晚

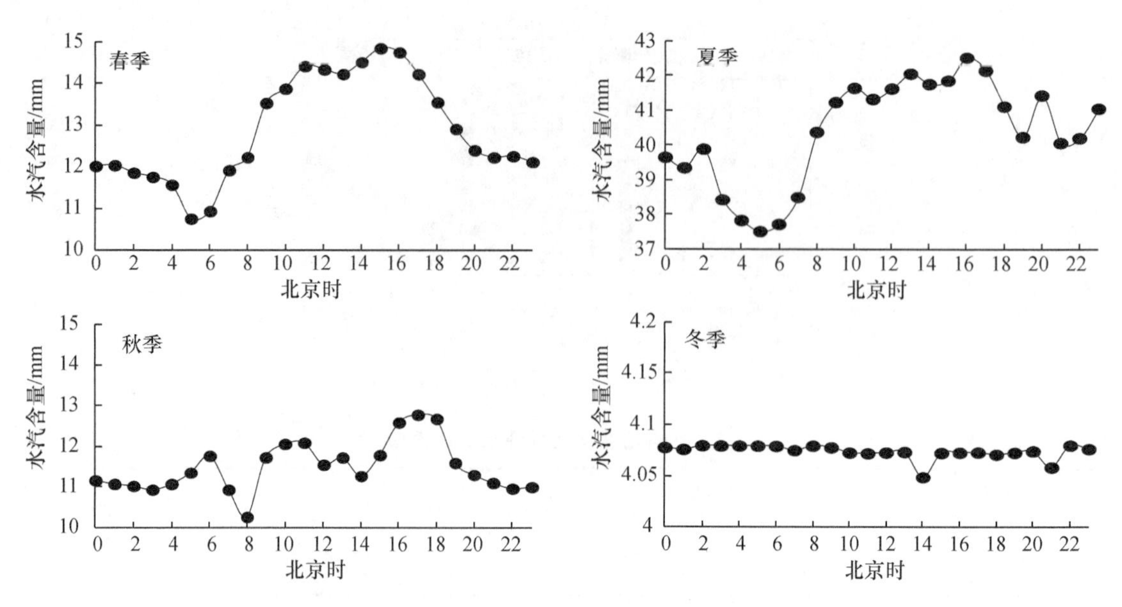

图 3　四个季节的大气水汽含量日变化

外,其他三季都出现在凌晨,低值区则出现在正午前后。这可能与两地地理环境及所受天气系统影响的差异有关。

3.3　云液态水含量特征

冬季云内不存在液态水,因此,我们对冬季的云液态水含量不做分析。为了方便讨论,我们只统计有云情况,即剔除云液态水含量为 0 的值,得到春、夏、秋三季的云液态水含量的日变化,如图 4。

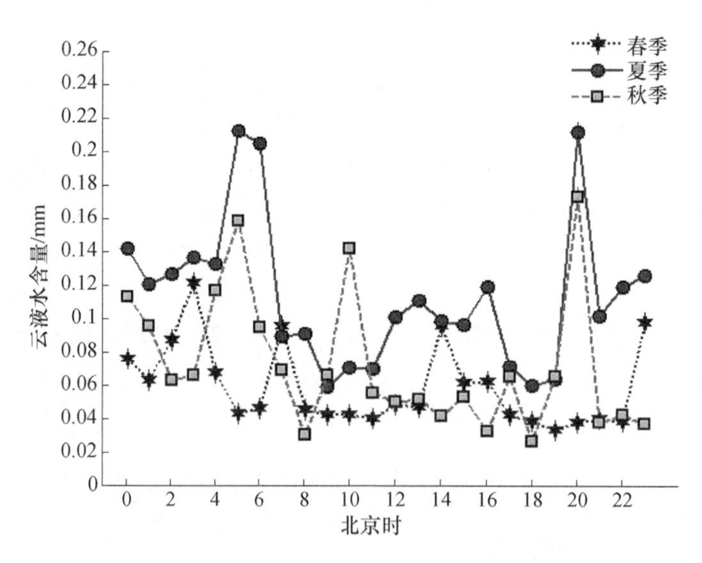

图 4　春、夏、秋季云液态水含量季节平均日变化

云存在一个生成、发展、成熟、消亡的生命过程,期间云中液态水含量也在不断地发生变化。再者,不同种类、厚度、高度的云,其液态水含量也有较大的差异。从图 4 可以看出,春、

夏、秋季云液态水含量均有明显的日变化。春季，云液态水含量日变化除在 03:00、07:00、14:00 和 23:00 出现明显的峰值外，其他时刻的变化都比较平稳，基本维持在 0.05 mm 左右。夏季，云液态水含量在 20:00—次日 06:00、12:00—16:00 两个时段内有较高值；其中在 05:00 和 20:00 出现两个明显的峰值。秋季，云液态水含量的日变化比春季剧烈，但又比夏季平缓。四个明显的峰值分别出现在 00:00、05:00、10:00 和 20:00。整体来看，春、夏、秋季夜间的云液态水含量大于白天，日出前和傍晚是云液态水含量的高值区。这种情况在夏秋两季尤为明显，夏季正午到傍晚这段时间云液态水含量也较高。春、夏、秋季云液态水含量和大气水汽日变化的相关性不显著。

3.4 晴空下的大气水汽特征

宁夏人工影响天气基地西面、北面紧临银川平原，多湿地和湖泊。为了分析湿地和湖泊蒸发的水汽对人工影响天气基地微波辐射计测量结果的影响，我们选取人工影响天气基地 6—10 月晴天少云的资料来进行分析，各变量日变化见图 5。这样选择资料的原因主要有以下两方面：(1)6—10 月气温较高，地面湿地和湖泊的蒸发量较大，容易产生大量水汽；(2)晴天少云情况反映出，天气较稳定，受大区域水汽输送的影响较小，大气水汽变化主要以自然变化和受局地水汽蒸发的影响为主。我们根据晴空无云时微波辐射计云液态水的观测值为 0，以及银川基准站的地面云状资料来确定晴天少云天；共选出 26 天符合条件的资料，包括微波辐射计水汽含量、宁夏人工影响天气基地自动气象站的风向、风速、温度资料。平均风向时将一小时出现最多的风向作为这小时内的主导风向。

图 5 中，从风的日变化来看，人工影响天气基地的风向有明显的昼夜转换，白天多吹西北风或北风，晚上多吹东南风。晴天少云天气下，大气水汽含量有明显的日变化；结合同期风向风速进行分析后发现，当人工影响天气基地吹偏东南风时，大气水汽含量和风速没有明显的相关性；当人工影响天气基地吹偏西北风或偏北风时，大气水汽含量随风速的增大而增大，相关系数为 0.58。另外，在晴天少云天气下，白天气温都在 20℃以上，日平均最高气温约为 29℃。由此可见，白天，气温较高，人工影响天气基地西边、北边的湿地、湖泊向大气蒸发了大量水汽，这些水汽通过西风、北风输送到人工影响天气基地，对人工影响天气基地的大气水汽变化有一定影响。

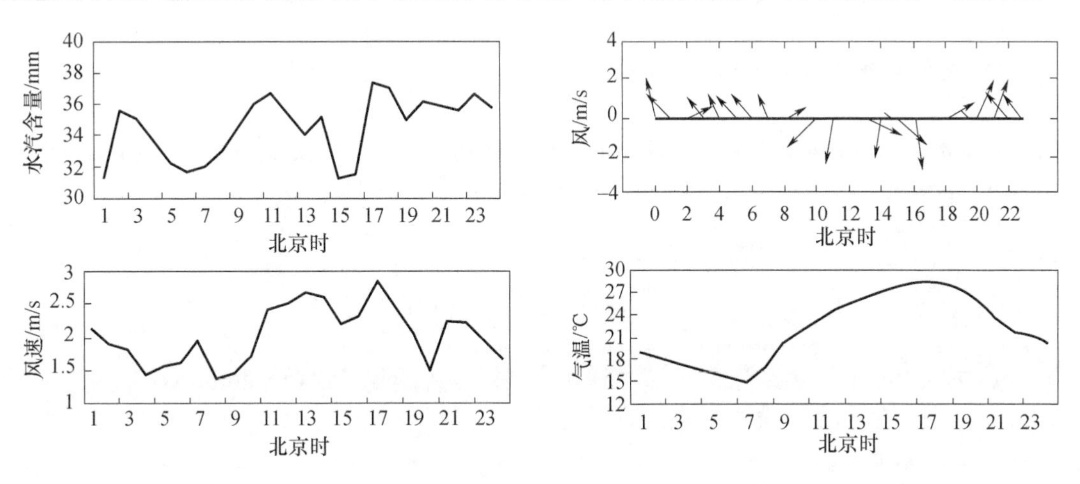

图 5　晴天无云天气下大气水汽、风向、风速、气温的日变化

4 结论

(1)银川地区大气水汽含量在8月出现最大值,为44.9 mm,冬季大气水汽含量较少。相对于大气水汽含量,液态水含量更能反映当年降水量的变化,而大气水汽含量和多年平均降水量密切相关。

(2)银川地区大气水汽含量季节均值按大小依次为:夏(40.41 mm)、春(12.88 mm)、秋(11.49 mm)、冬(4.09 mm)。日变化高值区出现在正午到傍晚时段,低值区出现在早晨日出前后;这一变化情况和北京的观测结果不太一致。

(3)银川地区春、夏、秋季夜间的云液态水含量大于白天,云液态水含量的高值区出现在日出前和傍晚;这种情况在夏秋两季尤为明显。春、夏、秋季云液态水含量和大气水汽两者间的日变化没有明显的相关性。

(4)宁夏人工影响天气基地西边、北边的湿地、湖泊等水体蒸发的水汽通过西风、北风输送到人工影响天气基地,对基地的水汽变化有一定影响。

参考文献

[1] 黄建平,何敏,阎虹如,等. 利用地基微波辐射计反演兰州地区液态云水路径和可降水量的初步研究[J]. 大气科学,2010,**34**(3):548-558.

[2] 蔡英,钱正安,吴统文,等. 青藏高原及周围地区大气可降水量的分布、变化与各地多变的降水气候[J]. 高原气象,2004,**23**(1):1-10.

[3] 王宝鉴,黄玉霞,何金海,等. 东亚季风期间水汽输送与西北干旱的关系[J]. 高原气象,2004,**23**(6):912-918.

[4] 陆桂华,何海. 全球水循环研究进展[J]. 水科学进展,2006,**17**(3):419-424.

[5] 张强,赵映东,张存杰,等. 西北干旱区水循环与水资源问题[J]. 干旱气象,2008,**26**(2):1-8.

[6] 张良,王式功. 中国人工增雨研究进展[J]. 干旱气象,2006,**24**(4):73-81.

[7] Curry J A,Hobbs P V,King M D. FIRE Arctic Cloud Experiment[J]. Bull Amer Meteor Soc,1999,**81**:5-30.

[8] 江芳,魏重,雷恒池,等. 机载微波辐射计测云中液态水含量(Ⅱ):反演方法[J]. 高原气象,2004,**23**(1):33-39.

[9] 刘亚亚,毛节泰,刘钧,等. 地基微波辐射计遥感大气廓线的BP神经网络反演方法研究[J]. 高原气象,2010,**29**(6):1514-1523.

[10] Heggli Mark. Field evaluation of a dual-channel microwave radiometer designed for measurements of integrated water vapor and cloud liquid water in the atmosphere [J]. J Atmos Oceanic Technology, 1987, (4) : 204-213.

[11] Snider J B. Long-term observations of cloud liquid, water vapor and cloud-base temperature in the North Atlantic Ocean[J]. J Atmos Oceanic Technology, 2000, **17** (7): 928-939.

[12] Han Yong, Westwater E R. Remote sensing of tropospheric water vapor and cloud liquid water by integrated ground-based sensors[J]. J Atmos Oceanic Technology, 1995, **12** (5): 1050-1059.

[13] 赵柏林,尹宏,李慧心,等. 微波遥感大气湿度层结的研究[J]. 气象学报,1981,**39**(2):217-225.

[14] 魏重,薛永康,朱晓明,等. 用1.35厘米波长地面微波辐射计探测大气中水汽总量及分布[J]. 大气科学,1984,**8**(4):418-426.

[15] 吕达仁,魏重,忻妙新,等. 地基微波遥感大气水汽总量的普适性回归反演[J]. 大气科学,1993,**17**(6):

721-731.

[16] Wei Chong，Lv Daren. A universal regression retrieval method of the ground-based microwave remote sensing of precipitable water vapor and path，integrated cloud liquid water content[J]. Atmos Res，1994 (34) ：309-322.

[17] 刘红燕，王迎春，王京丽，等．由地基微波辐射计测量得到的北京地区水汽特性的初步分析[J]．大气科学，2009，**33**(2)：389-396.

[18] 王黎俊，孙安平，刘彩红，等．地基微波辐射计探测在黄河上游人工增雨中的应用[J]．气象，2007，**33**(11)：28-33.

[19] 德力格尔，黄彦彬，李仑格．青海省东北部地区春季空中水资源潜力分析[J]．高原气象，2002，**21**(6)：622-627.

[20] 赵维忠，孙艳桥，桑建人，等．利用地基双频段微波辐射计遥感宁夏大气汽态水含量[J]．宁夏工程技术，2011，**10**(1)：57-62.

[21] 李超，魏合理，刘厚通．合肥整层大气可降水量与地面露点相关性分析[J]．高原气象，2009，**28**(2)：452-457

[22] 陈楠．宁夏适宜人工增雨作业天气条件分析[J]．气象，2005，**31**(8)：46-50.

甘肃中部一次降水性层状云的微物理结构分析

庞朝云　黄　山　张丰伟

(甘肃省人工影响天气办公室,兰州 730020)

摘　要　本文利用机载粒子探测系统(PMS)对 2006 年 8 月 27 日甘肃省中部一次降水性天气过程进行空中观测,对云中微物理特征进行了分析。研究发现云层中小粒子对含水量的贡献较大,云层主要以平均直径小于 20 μm 的小云滴为主。在低层云滴浓度和含水量大于上层,而平均直径小于上层,符合"播撒-供给"降水机理,云上部主要增长方式有凝华增长、凇附增长,在云下部主要增长机制是碰并增长。

关键词　飞机增雨　微物理结构　粒子谱

1　引言

甘肃地处祖国西北高原,位于青藏高原的东北侧,属干旱、半干旱地区,干旱气象灾害频繁发生,严重威胁和制约着甘肃工农业生产,特别是农牧业生产的发展,人工增雨作为一种抗旱手段,将是一项长期的工作,开展层状云人工增雨作业是缓解干旱状况的重要途径之一。甘肃的降水主要由新疆东移的冷空气和西南暖湿气流共同作用造成,冷暖气流汇合形成大范围的层状云系或混合云系,出现稳定性降水,适合开展层状云人工增雨作业。对层状云的宏观、微观物理结构有比较详细的了解,才能更好地选择催化作业时机和最佳作业部位,从而提高人工催化的效果和成功率。因此,系统研究降水性层状云的宏微观结构以及降水机制,有利于提高层状云人工增雨作业的科学性有效性。

利用先进的探测飞机和专业的机载探测设备组成的云物理观测系统,是现代大气物理探测的重要技术手段。机载探测设备具有可以直接在云中进行观测大的特点,近年来,其被广泛应用与国内外人工影响天气的云微物理结构的研究中。

利用机载粒子探测系统(Particle Measuring System,PMS)资料,专家们对国内的一些地区的层状云结构进行了分析,发现由不同的天气系统形成的云系和在不同地域环境条件下,云系的微物理观结构和降水的物理过程明显不同。游来光等[1]对我国北方地区层状云的微物理结构、降水机制进行了系统的观测研究,指出北方层状云中存在"播种云-供应云"。胡志晋[2]探讨了层状云的人工增雨机制,提出了人工增雨催化条件和识别方法。洪延超等[3]利用数值模拟研究了"催化-供给"云降水形成机理。叶家东等[4]研究了中尺度对流复合体层状云层的微物理结构。陶树旺等[5]分析探讨了层状冷云的可播性识别问题。汪学林等[6-7]通过对江淮气旋的云雨特征分析,提出了评价人工增雨潜力的大小的方法,对人工增雨效果进行了综合分析。

近几年,北方各地都开展了一些机载设备云微物理探测试验[8-20],齐彦斌等利用东北冷涡对流云带的飞机探测资料,对对流云带的宏微物理特征进行了分析。范烨等对北京及周边地区的锋面云系进行了探测,分析了三次降水性层积云垂直、水平结构和谱分布。杨文霞等通过对河北省4架飞机个例的PMS资料的综合分析，发现河北省春季层状云降水系统存在不均匀性。王扬锋等利用机载PMS资料对延安地区层状云微物理结构特征及降水机制进行了研究。雷恒池、石爱丽等[21-22]对中国北方地区的层状云微物理特征降水机制做了更全面的分析，介绍了我国北方地区层状云的特征和微物理结构，还对国内外在降水数值模拟和层状云降水机制方面的研究方法及成果做了介绍。党娟、李照荣等[23-25]对甘肃的云物理结构也有一些研究，认为在冰晶播撒层中有一定增加冰晶的潜力，但能否增加地面降水，近地面层的暖湿供水层作用十分重要。王维佳等[26-28]做了大量的工作，对四川地区的云结构进行了分析。

近些年，甘肃省人工影响天气办公室相继租用了一些机载探测设备，对甘肃省空中水资源和云层结构进行了一些探测，也做了一些研究。本文作者参与了PMS设备的安装调试，以及飞行探测资料收集，并对航测资料进行了统计处理分析。本文探讨并详细分析了甘肃中部地区一次降水性层状云的垂直和水平方向云粒子的浓度、平均直径、含水量等云微物理特征，讨论我国西北干旱半干旱地区层状云系降水的微物理机制。

2 天气形势和飞行情况

受西北冷空气南下和西太平洋副热带高压外围西南暖湿气流的共同影响，2006年8月27—28日甘肃中东部出现一次明显的层状云降水过程，由图1可见，27日08时500 hPa高空槽位于民勤—共和一线，584(dagpm)线位于天水—武都，槽前西南气流强盛。700 hPa兰州以南有一低涡，其前部切边线位于固原—陇西—迭部一线，低空湿度较大。27日08时甘肃南部开始出现降水，由14时地面6 h降水量图(图2)可见，到14时，兰州以东以南普遍出现小到中雨，其中甘谷6 h降水达到69 mm，天水达到32 mm。图中黑色轨迹为增雨飞机探测飞行航迹，可见飞行航线处在偏南气流中，飞行区域中均有降水出现。

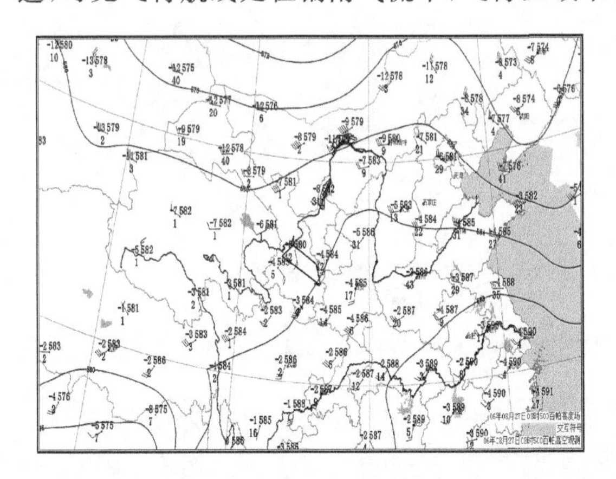

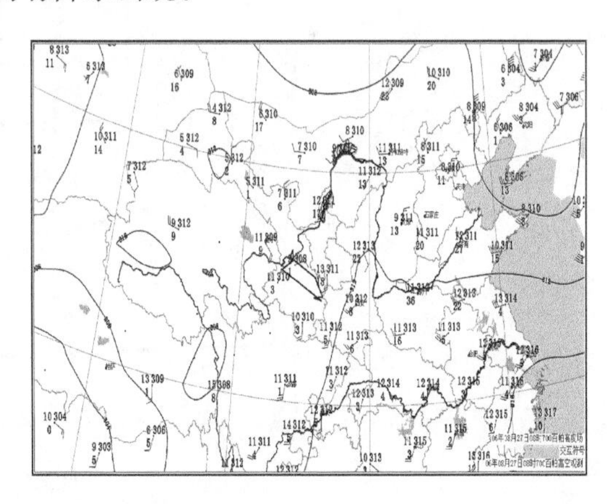

图1　2006年8月27日08时500 hPa和700 hPa环流形势

2006年8月27日，增雨飞机于09:32从兰州中川机场起飞，本场海拔高度1950 m，在本场爬高至5000 m，10:23到达临夏，转向东南方向飞行，在5050 m附近进行探测，11:31到达天水，爬高至6300 m，再原地下降，在5750 m附近进行探测，由静宁返回中川，飞机于13:33落地。此次飞行以播撒作业和探测相结合，航迹如图3所示。

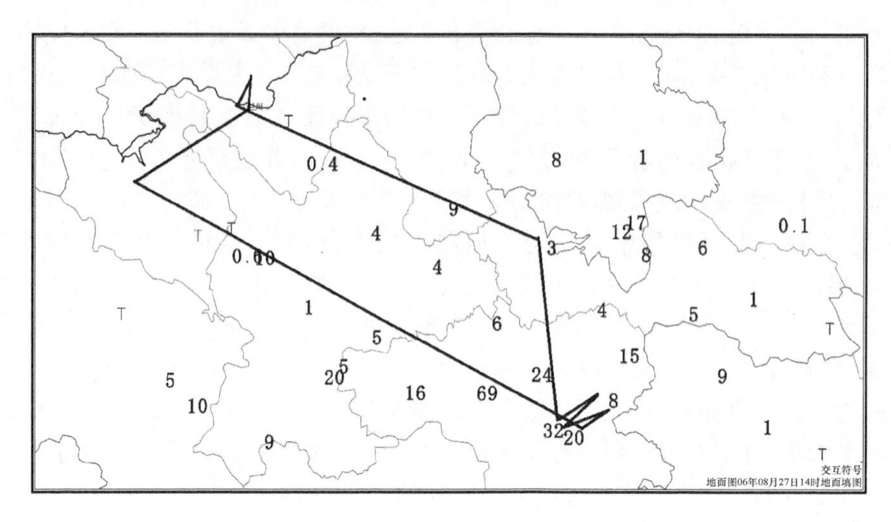

图 2　2006 年 8 月 27 日 14 时地面 6 h 降水量

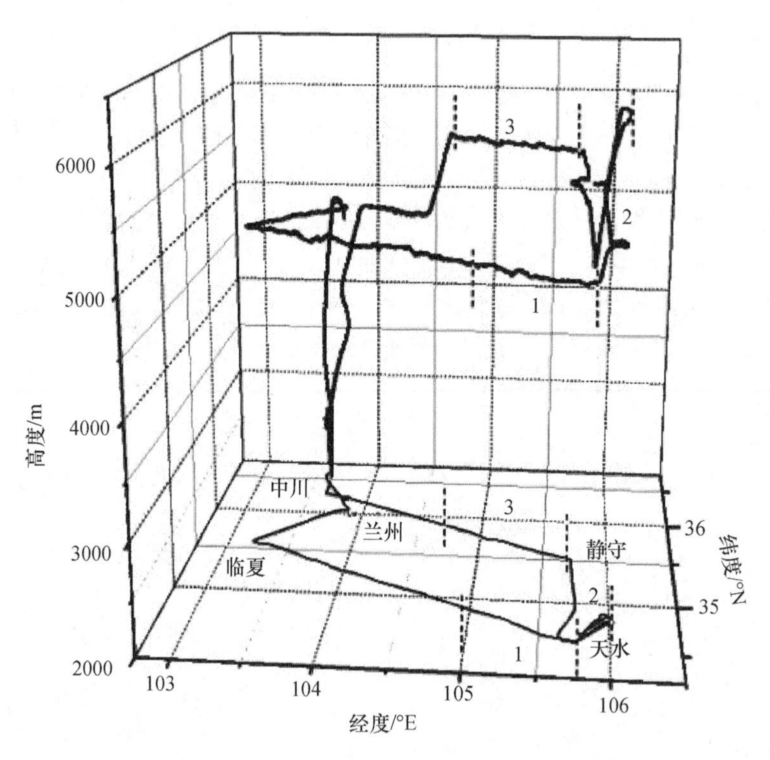

图 3　2006 年 8 月 27 日人工增雨作业飞行航迹

3　飞行探测分析

分析了 10:50—12:50 在甘肃南部云系的微物理情况，如图 4 所示，按飞行高度对此次过程进行三个阶段的分析，第一阶段和第三阶段为水平探测阶段，飞行高度分别为 5050 m 和 5750 m，平均温度 3.3 ℃和－0.5 ℃，第二阶段为垂直探测阶段，高度从 5050 m 到 6320 m，温度从 1.9 ℃下降到－3.5 ℃，飞机穿过 0 ℃层。

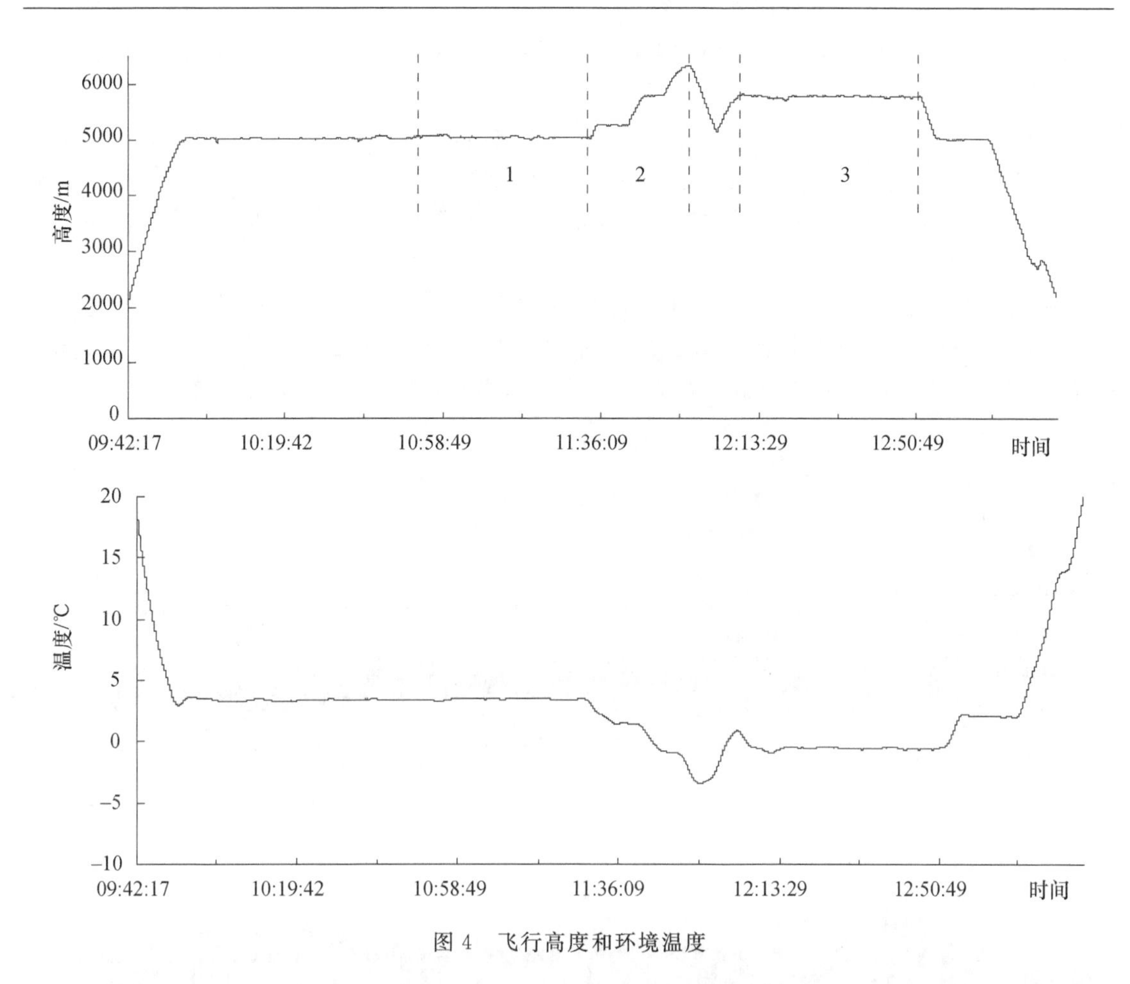

图 4　飞行高度和环境温度

分析 10:50—12:50 一维探头 FSSP-100 的 0 通道(测量范围:2～47 μm)探测结果可见,粒子平均浓度为 $2.62\times10^{7}/m^{3}$,直径范围在 3.5～35 μm,平均为 15.9 μm,平均含水量 0.05 g/m^{3},最大含水量达到 0.105 g/m^{3}。粒子浓度的分布呈多峰型分布,粒子浓度出现峰值的位置含水量也相应出现峰值,粒子浓度与直径分布有反相关特征,云层主要以平均直径小于 20 μm 的小云滴为主。2D-C 探头探测的粒子浓度在 $2.32\times10^{2}\sim5.48\times10^{5}/m^{3}$,平均为 $1.06\times10^{5}/m^{3}$,2D-P 探头探测的粒子浓度在 $1.73\times10^{2}\sim1.78\times10^{4}/m^{3}$,平均为 $4.9\times10^{3}/m^{3}$。

3.1　水平结构分析

此次飞行共经历两次平飞,分别在 5050 m 和 5750 m 两个阶段(图 5 中 1,3 区),分别对暖层和冷层进行了探测。

5050 m 平飞阶段(图 5 中 1 区),飞机在 0 ℃层以下飞行,平均温度 3.3 ℃,FSSP 平均粒子浓度为 $3\times10^{7}/m^{3}$,平均直径为 13.9 μm,2D-C 平均浓度为 $7.32\times10^{4}/m^{3}$,平均直径 210 μm,2D-P 平均浓度 $2.13\times10^{3}/m^{3}$,平均直径 932 μm。热线含水量仪(King liqud water content,KLWC)测得平均含水量值为 0.0627 g/m^{3},在 11:10 出现跃升,最大含水量峰值出现在 11:16,为 0.105 g/m^{3},此时 FSSP 测得粒子浓度也在 11:10 出现跃升,最大值也出现在 11:16,达到 $1.57\times10^{8}/m^{3}$,与含水量成正相关,而粒子直径变化出现相反的情况,

含水量增大,粒子直径减小,可见此层主要以平均直径小于 15 μm 的小云滴对含水量的贡献较大。

5750 m 平飞(图 5 中 3 区),飞机在 0 ℃层以上飞行,平均温度−0.5 ℃。FSSP 平均浓度为 $2.22\times10^7/m^3$,平均直径为 17.3 μm,2D-C 平均浓度为 $1.11\times10^5/m^3$,平均直径 211 μm,2D-P 平均浓度 $6.17\times10^3/m^3$,平均直径 879 μm。KLWC 测得平均含水量值为 0.053 g/m^3,在 12:17 出现第一个峰值,为 0.082 g/m^3,此时 FSSP 测得粒子平均直径没有太大变化,而粒子浓度出现下降趋势,2D-C 浓度在此时却出现一个峰值达到 $4.05\times10^5/m^3$,可见此阶段 200 μm 以上的大粒子对含水量贡献较大。含水量在 12:45 出现第二个峰值,达到 0.074 g/m^3,此时 FSSP、2D-C、2D-P 浓度均出现峰值,可见此阶段各尺度粒子共生,粒子分布较均匀。

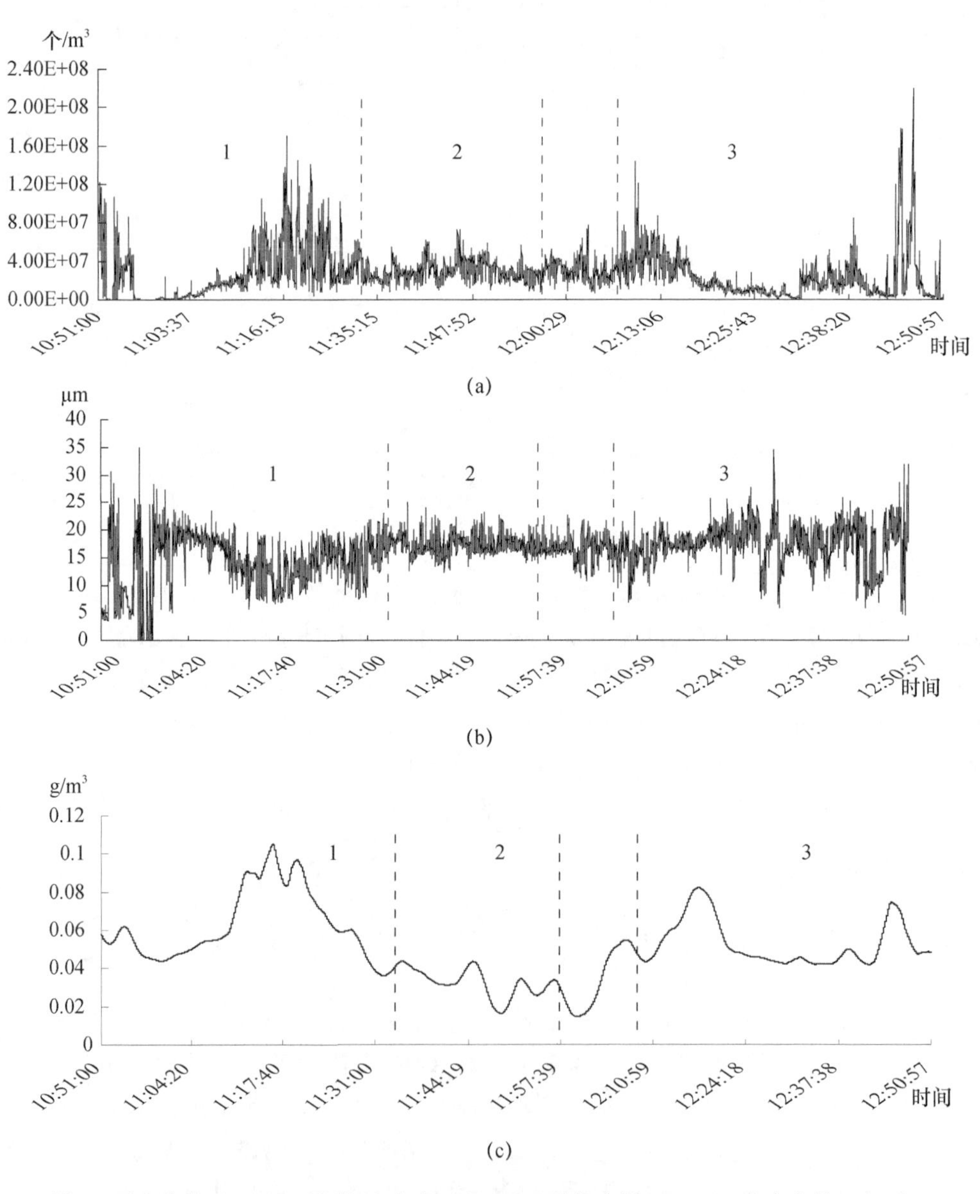

图 5 平飞阶段:(a)FSSP 浓度(个/m^3),(b)FSSP 平均直径(μm),(c)液水含量(g/ m^3),(d)2D-C 浓度(个/m^3),(e)2D-P 浓度分布

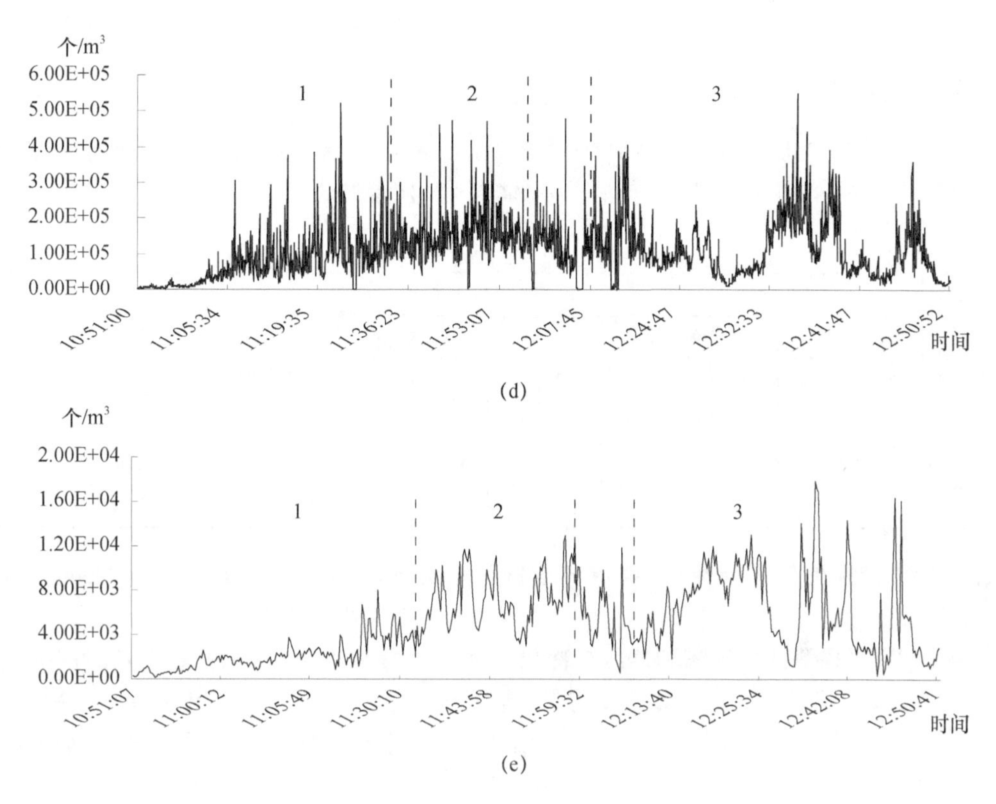

图 5(续)　平飞阶段：(a)FSSP 浓度(个/m³)，(b)FSSP 平均直径(μm)，(c)液水含量(g/ m³)，(d)2D-C 浓度(个/m³)，(e)2D-P 浓度分布

图 6 为两段水平飞行阶段 FSSP 浓度按分钟平均的分布情况，两段 FSSP 粒子浓度都有 75%以上为 10^7 量级，可以看出云滴浓度水平方向分布比较均匀，5050 m 段平均粒子浓度为 $3\times10^7/m^3$，5750 m 段 FSSP 平均浓度为 $2.22\times10^7/m^3$，低层在大部分地方稍大于高层，量级上无差别，说明此云层较稳定，整层分布较均匀。

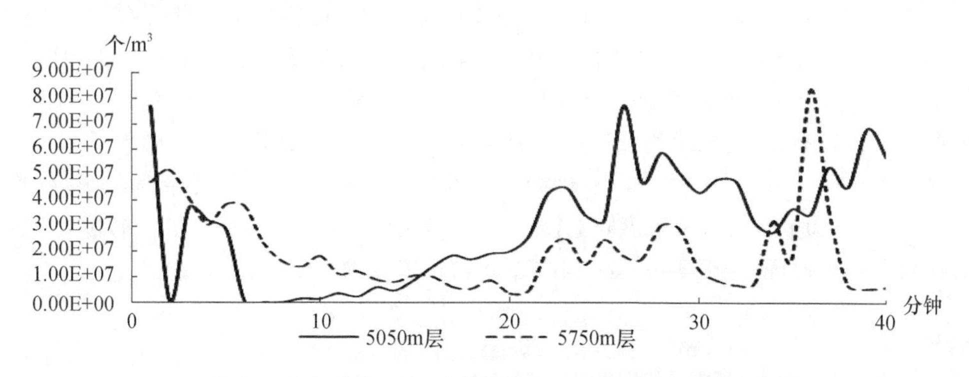

图 6　平飞阶段 FSSP 浓度(个/m³)按时间序列分布

在低层云滴浓度和含水量大于上层，而平均直径小于上层，符合"播撒-供给"降水机理，上层冰晶较丰富，下层含水量较大，下层云水含量主要由小粒子贡献，而上层主要由大粒子为主。从上层到低层冰晶浓度和降水粒子浓度都明显增大，降水机制主要以冷云机制为主，同时暖层

中液态水含量较多,供水充分,使得地面降水强度较大,形成了中雨。

3.2 垂直结构及降水机制分析

11:33—11:57 飞机从 5020 m 高度上升到 6320 m(图 5 中 2 区),此阶段含水量较小,平均为 0.032 g/m^3,FSSP 测得粒子浓度和直径分布较均匀(表 1)。

表 1 不同高度云微物理参数

高度 (m)	温度 (℃)	FSSP-100		2D-C		2D-P		KLWC (g/m^3)
		浓度(n/m^3)	平均直径(μm)	浓度(n/m^3)	平均直径(μm)	浓度(n/m^3)	平均直径(μm)	
5020	1.8	2.78×10^7	18	1.71×10^5	196	5.18×10^3	1136	0.041
5250	1.3	2.88×10^7	17	1.44×10^5	212	7.54×10^3	919	0.035
5780	−0.9	3.53×10^7	17	1.96×10^5	197	4.72×10^3	1182	0.022
6320	−3.3	2.45×10^7	17	1.42×10^5	214	9.85×10^3	808	0.033

上升阶段分别在 5250 m 和 5780 m 高度进行盘旋飞行,所以在此分别对 5020 m、5250 m、5780 m、6320 m 四个高度层进行分析,由表 1 可看出,整层小粒子分布较均匀,暖层云含水量大于冷层。2D-C 探测的大云滴和冰晶在冷层和暖层上部浓度较小、直径较大,在冷层和暖层下部浓度变大、直径变小,而 2D-P 探测的降水粒子情况正好相反,在冷层和暖层上部浓度较大、直径较小,下部浓度变小、直径变大。云上部(5780~6320 m)随高度下降,含水量减小,降水粒子浓度减小,直径增大,主要增长方式为凝华淞附。在云下部(5020~5250 m)随高度下降含水量增大,降水粒子浓度减小,直径增大,主要增长机制是碰并增长。在 0 ℃层,降水粒子浓度增大,直径变小,主要是由降水粒子下落过程中从冷层到暖层融化分裂造成的,冰雪晶融化分裂成雨滴或大云滴,在下落过程中碰并增长,雨滴长大到一定程度后掉落到地面,形成降水。

图 7 中,由 FSSP 谱分布来看,各高度层谱型一致,均为单峰型分布,峰值均出现在9.5 μm 处,在 5780 m 高度浓度值最大,峰值为 5.14×10^6 个/m^3,大于 15.5 μm 以上粒子在最高层 6320 m 浓度最小。由 2D-C 分布可看出,在 5020 m 和 6320 m 高度为三峰分布,在 5250 m 和 5780 m 为双峰分布,各层第一峰值均出现在 125μm 处,最大值出现在 5780 m,达到了 4.95×10^4 个/m^3,5020 m 和 6320 m 的第二个峰值出现在粒子直径 425μm 处,而各层的另一个峰值均出现在粒子直径最大处,峰值均比第一个峰值小一个量级。2D-P 在各层的粒子谱均为单峰分布,峰值均出现在 1000 μm 处,在 5780 m,谱宽达到 4600 μm,其余各层谱宽均小于 3400 μm,小于 1800 μm 的粒子浓度随高度升高有增大趋势,而大于 1800 μm 的粒子浓度随高度升高有减小趋势,可能是雨滴下落过程中碰并增长造成的。

4 结论

由此次甘肃中部降水性层状云天气过程分析可见,FSSP-100 粒子平均浓度为 2.62×10^7 个/m^3,最大含水量达到 0.105 g/m^3,云层主要以平均直径小于 20μm 的小云滴为主。5050 m 暖层平飞阶段,主要以平均直径小于 15 μm 的小云滴含水量的贡献较大,5750 m 冷层平飞阶段,各尺度粒子共生,粒子分布较均匀。在低层云滴浓度和含水量大于上层,而平均直径小于上层,符合"播撒-供给"降水机理,云上部主要增长方式有凝华增长、淞附增长,在云下部主要

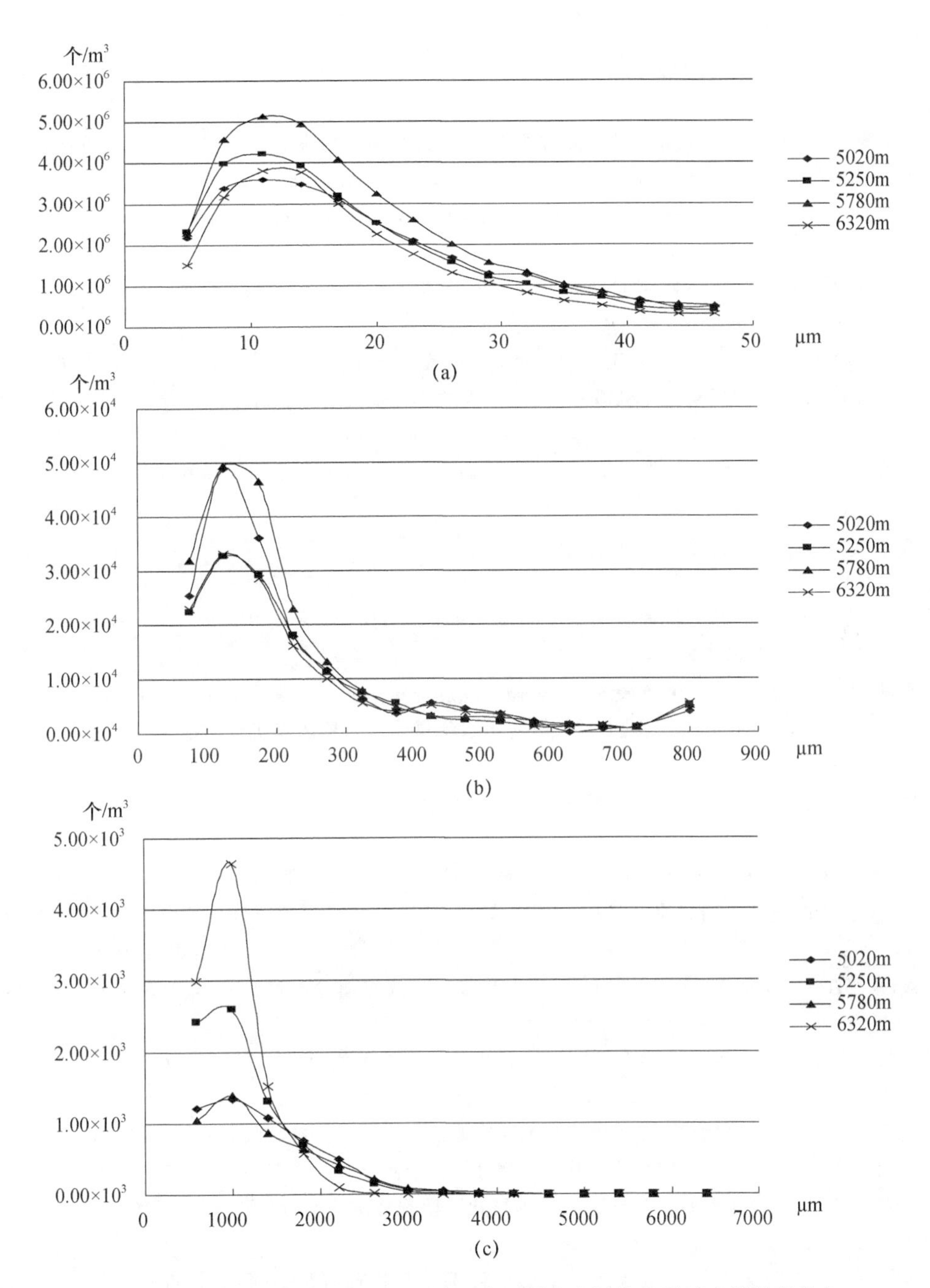

图 7 (a)FSSP-100,(b)2D-C,(c)2D-P 在不同高度层的粒子浓度随尺度分布

增长机制是碰并增长。

参考文献

[1] 游来光,马培民,胡志晋．北方层状云人工降水试验研究[J]. 气象科技,2002,**30**(增刊):19-56.

[2] 胡志晋．层状云人工增雨机制、条件和方法的探讨[J]. 应用气象学报,2001,**12**(增刊 1):10-13.

[3] 洪延超,周非非．"催化-供给"云降水形成机理的数值模拟研究[J]. 大气科学,2005,**29**(6):885-896.

[4] 叶家东,范蓓芬, Cotton W R. 一个缓慢移动的中尺度对流复合体内层状降水区的微结构分析[J]. 大气

科学,1992,**16**(4):464-475.

[5] 陶树旺,刘卫国,李念童,等. 层状冷云人工增雨可播性实时识别技术研究[J]. 应用气象学报,2001,**12**(增刊1):14-22.

[6] 汪学林,秦元明,吴宪君,等. 层状云中对流泡特征及其在降水场中的作用[J]. 应用气象学报,2001,**12**(增刊1):146-150.

[7] 汪学林,谷淑芳. 于勇,等. 两次江淮气旋的云雨特征及其人工播云效果的综合分析[J]. 应用气象学报,2001,**12**(增刊):48-57.

[8] 齐彦斌,郭学良,金德镇. 一次东北冷涡中对流云带的宏微物理结构探测研究[J]. 大气科学,2007,**31**(4):621-634.

[9] 周德平,宫福久,高建春,等. 一次飞机播云的微物理效应分析[J]. 气象科学,2004,**24**(4):405-412.

[10] 于丽娟,姚展予. 一次层状云飞机播云试验的云微物理特征及响应分析[J]. 气象,2009,**35**(10):8-24.

[11] 彭亮,姚展予,戴进. 河南春季一次云降水过程的宏微观物理特征分析[J]. 气象,2007,**33**(5):3-11.

[12] 孙鸿娉,李培仁,闫世明,等. 华北层状冷云降水微物理特征及人工增雨可播性研究[J]. 气象,2011,**37**(10):1252-1261.

[13] 孙鸿娉,李培仁,闫世明,等. 山西省2008—2010年64架次飞机云物理观测结果分析[J]. 气象科技,2014,**42**(4):682-689.

[14] 范烨,郭学良,张佃国,等. 北京及周边地区2004年8、9月层积云结构及谱分析飞机探测研究[J]. 大气科学,2010,**34**(6):1187-1200.

[15] 张磊,何晖,黄梦宇,等. 一次降水性层状云微物理过程分析[J]. 气象科技,2013,**41**(4):742-747

[16] 杨文霞,牛生杰,魏俊国,等. 河北省层状云降水系统微物理结构的飞机观测研究[J]. 高原气象,2005,**24**(1):84-90.

[17] 王扬锋,雷恒池,樊鹏. 一次延安层状云微物理结构特征及降水机制研究[J]. 高原气象,2007,**26**(2):388-395.

[18] 项磊,牛生杰. 宁夏层状云宏观和微观物理特征综合分析[J]. 气象科学,2008,**28**(3):258-263.

[19] 赵增亮,毛节泰,魏强. 西北地区春季云系的垂直结构特征飞机观测统计分析[J]. 气象,2010,**36**(5):71-77.

[20] 黄毅梅,濮江平,邵振平,等. 河南省人工增雨飞机云微物理探测设计[J]. 气象科技,2014,**42**(5):893-896

[21] 雷恒池,洪延超,赵震,等. 近年来云降水物理和人工影响天气研究进展[J]. 大气科学,2008,**32**(4):967-974.

[22] 石爱丽. 层状云降水微物理特征及降水机制研究概述[J]. 气象科技,2005,**33**(2):104-108.

[23] 党娟,王广河,刘卫国. 甘肃省夏季层状云微物理特征个例分析[J]. 气象,2009,**35**(1):24-36.

[24] 李照荣,李荣庆,陈添宇. 春季冷锋天气过程层状云微物理结构个例分析[J]. 干旱气象,2004,**22**(4):40-45,55.

[25] 李照荣,李荣庆,李宝梓. 兰州地区秋季层状云垂直微物理特征分析[J]. 高原气象,2003,**22**(6):583-589.

[26] 王维佳,刘建西,石立新,等. 四川盆地降水云系飞机云物理观测个例分析[J]. 气象,2011,**37**(11):1389-1394.

[27] 王维佳,董晓波,石立新,等. 一次多层云系云物理垂直结构探测研究[J]. 高原气象,2011,**30**(5):1368-1375.

[28] 王维佳,董晓波,石立新,等. 一次秋季暖云微物理结构探测试验[J]. 气象科技,2011,**39**(5):656-660.

内蒙古中部飞机增雨过程水资源条件分析

郑旭程　苏立娟

（内蒙古自治区气象科学研究所，呼和浩特 010051）

摘　要　利用 NCEP 再分析资料、地面观测等资料，探讨了 2013 年内蒙古中部飞机增雨过程水资源特征，并通过对比分析给出了适合飞机人工增雨作业的空中水汽和水凝物背景特征。结果表明：(1)夏季，单位面积地区上空整层大气水汽含量在 25 mm 以上、云水含量 2.0 mm 以上、小时凝结量在 1.0 mm 以上时有利于实施增雨作业。有利作业过程水汽通量较大，作业区大部为较明显的水汽辐合，准饱和区水平范围较大，垂直方向准饱和区厚度在 3.0 km 以上，云底高度在 1.0 km 左右。(2)对于一次天气过程，水凝物总量为水汽总量的 10%左右，源源不断的水汽输入与凝结是过程中水汽和水凝物的主要来源，有利作业天气过程的水凝物含量明显偏多。本文的结论对内蒙古中部地区飞机人工增雨作业具有参考意义。

关键词　人工增雨　水汽条件　水凝物条件

1　引言

大气中的水物质包括水汽和水凝物。大气中的水汽在上升过程中膨胀冷却达到并超过饱和，超过饱和的水汽会凝结形成由直径约 10 μm 的细微云滴或冰晶组成的云体，这些小的水凝物（云粒子）通过各种云物理过程长大成为直径大于 200 μm 的雨滴、雪、霰等降水粒子，下落到地面就成为降水[1]。人工增雨是在一定条件下，通过向云中撒播催化剂，使云滴或冰晶增大到一定程度，降落到地面，最终达到增加降水的目的。了解人工增雨过程中大气中的水汽及水凝物分布状况和相关特征，合理把握作业条件，能够使人工增雨作业更加科学有效。

由于缺乏有效的水物质观测手段，人们常利用探空资料及数值模式等来间接研究大气中水物质特征。杨红梅等[2]利用探空资料研究了水汽总量与降水的关系，指出对流层水汽总量是影响降水的重要参量。邵洋等[3]对一次层状云系降水过程中的云水资源特征进行了分析，计算了水汽收支状况、云中水分的微物理转化等。陈小敏等[4]利用 GRAPES 人工增雨云系模式，对 2008 年 7 月 4 日重庆地区一次降水过程进行数值模拟，分析了降水过程中的水汽分布等特征。李玉林等[5]分析了 2005 年 4 月河南不同云系大气垂直积分含水量和云中液态含水量的演变特征。而刘晓春等[6]则是利用地基微波辐射计和机载探测系统的云中液水含量资料来了解云水含量分布。一些学者通过对云水资源的研究来了解和判断人工增雨的潜力及时机。廖菲等[7]利用间隔 3 h 的加密探空资料，研究了河南省的一次冷锋降水发展过程中云与水汽的背景分布特征，并指出其增雨潜力和最佳催化时段。

本文就 2013 年内蒙古中部地区几次飞机增雨过程的水资源特征进行分析，旨在进一步了解中部地区天气过程的水汽及水凝物状况，同时，通过对比分析，给出适合飞机人工增雨作业的空中水汽及水凝物条件，为飞机增雨作业的开展提供一定的依据，从而使飞机增雨作业更具科学性，更有针对性。

2 资料与方法

2.1 资料

所用资料包括:NCEP 每天 4 次(02 时、08 时、14 时、20 时)再分析资料(水平分辨率为 1°×1°)中可降水量、温度、相对湿度、风场等物理量;内蒙古中部地区自动站逐小时降水资料、探空资料、地面观测资料以及卫星资料等。

2.2 方法

为了了解内蒙古中部地区飞机人工增雨过程的水资源状况,本文选取中部地区(40°—42°N,110°—114°E)2013 年 5—8 月的 10 次飞机人工增雨个例为研究对象,并将其分为两组(5 次有效增雨个例,5 次无效增雨个例),通过对两组个例的对比分析,进一步认识适合人工增雨作业的空中水汽及水凝物背景条件。空中水物质主要包括水汽和水凝物,我们定义天气过程中水汽总量为范围内水汽初值与范围内一定时段内水汽的输入量之和;水凝物总量为范围内水凝物初值与一定时段内总凝结量之和。计算方法如下。

(1)水汽初值的计算

对于某时刻,某一地区整层大气的水汽总量(水汽初值)为:

$$Q_v = \frac{1}{g}\int_0^{p_0} q\mathrm{d}p \tag{1}$$

对面积积分后,得到该时刻一定范围内的水汽总量(水汽初值)。

(2)水汽输入量的计算

分别计算研究范围各边界的水汽输入量:

$$Q_{vi} = \int_p \left[\int_l \frac{1}{g}(V_n \cdot q)\mathrm{d}l\right]\mathrm{d}p \tag{2}$$

式中,V 取风向指向范围内的风速。将各边界水汽输入累加,得到该范围内的水汽输入量。

(3)水凝物初值的计算

根据地面观测资料确定各观测点上空云的类型,结合各种类型云的含水量[8],对云的高度进行垂直积分,计算出该时刻空中云水含量值(水凝物初值)。

表 1 各类云的含水量

云的类型	含水量(g/m³)	云的类型	含水量(g/m³)
高云 Ci,Cs,Cc	0.03	积云 Cu	0.4
中云 As,Ac	0.12	积雨云 Cb	0.6
低云 St,Sc	0.25	雨层云 Ns	0.3

(4)凝结量的计算

单位时间单位面积垂直气柱中的总凝结量为:

$$Q_c = -\int_0^{p_0} \omega \frac{\delta F}{g}\mathrm{d}p \tag{3}$$

式中，凝结函数 $F=\frac{q_s}{p}\left(\frac{LR-c_pR_wT}{c_pR_wT^2+q_sL^2}\right)$；水的蒸发潜热 $L=2499.52$ J/g；干空气定压比热 $c_p=1004$ J/(g·℃)；干空气气体常数 $R=287.05$ m²/(s²·℃)；水汽气体常数 $R_w=461.51$ m²/(s²·℃)。

3 结果分析

3.1 水汽特征

3.1.1 水汽含量及其通量

丰富的水汽供应是产生降水的关键。分析发现，春季天气过程的水汽含量为 15 mm 左右，有效增雨过程大部分为 15 mm 以上，而 10 mm 以下则基本无增雨潜力。夏季天气过程的水汽含量要高得多，为 30 mm 左右，30 mm 以上的水汽含量有利于实施增雨作业，而水汽含量在 25 mm 或者更低时，增雨作业无明显效果。

图 1 代表性地给出四个个例的水汽通量及水汽通量散度分布情况。由图 1 可见，中部地区主要受偏西或西南方向水汽通量的影响，有时受偏南方向水汽通量的控制。有效个例与无效个例水汽通量的大小明显不同，就有效个例而言，夏季水汽通量基本在 1 kg·s^{-1}·cm^{-1}以上，平均值为 2 kg·s^{-1}·cm^{-1}左右，有时可达到 5 kg·s^{-1}·cm^{-1}以上。而无效个例水汽通量很小，均在 1 kg·s^{-1}·cm^{-1}以下。春季水汽通量绝对值偏小，仅为几百，而无效个例的水

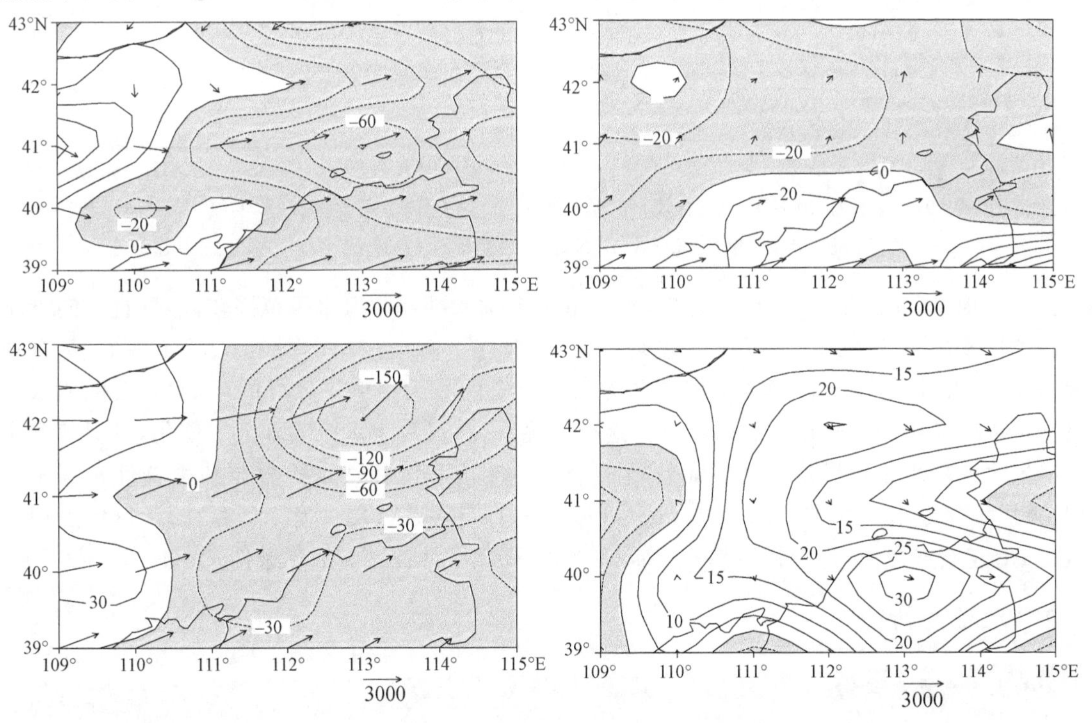

图 1　2013 年 6 月 16 日 08 时和 8 月 20 日 08 时(有效个例，左)，7 月 26 日 14 时和 8 月 22 日 14 时(无效个例、右)，水汽通量(箭头，单位：g·s^{-1}·cm^{-1})及水汽通量散度(等值线，单位：×10^{-6}g·s^{-1}·cm^{-2})分布

汽通量值仅为有效个例值的一半左右。对水汽通量散度的分析发现,有利天气过程作业区大部均为较明显的水汽辐合,均值为 $6.0\times10^{-5}\ g\cdot s^{-1}\cdot cm^{-2}$左右,而不利作业天气过程表现为相对较弱的水汽辐合(均值 $2.0\times10^{-5}\ g\cdot s^{-1}\cdot cm^{-2}$左右)或者是水汽辐散。

3.1.2 准饱和区

定义 $T-T_d\leqslant2$℃的区域为准饱和区[9],其范围与相对湿度大值区范围基本一致。根据准饱和区的垂直分布,可以大致确定云区的垂直范围。

图 2 给出了 2013 年 8 月 20 日 08 时和 8 月 19 日 20 时温度露点差、温度垂直剖面图。如图所示,20 日 08 时,准饱和区水平范围较为宽广,基本覆盖整个作业区。垂直方向上也较为深厚,从 850 hPa 向上延伸至 350 hPa,云底高度在 1 km 以下,云层厚度达 5 km 左右,准饱和区顶部温度为−20 ℃左右。此次增雨作业从 20 日 08:20 开始至 11:38 结束,增雨效果明显。19 日 20 时,准饱和区水平分布不均匀,低层云的云底高度在 2 km 以上,垂直方向上准饱和区不连续,云层中有干层存在。19 日傍晚的增雨作业后,作业区无明显降水。

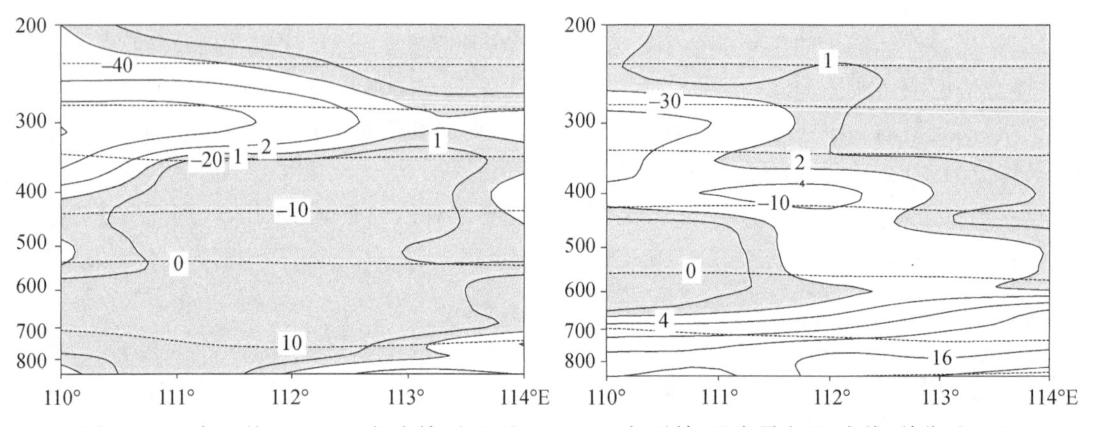

图 2　2013 年 8 月 20 日 08 时(有效)和 8 月 19 日 20 时(无效)温度露点差(实线,单位:℃)和温度(虚线,单位:℃)沿 41°N 垂直剖面图(阴影区 $T-T_d\leqslant2$℃)

对其他个例(图略)的分析也得出,有效增雨个例的准饱和区水平范围较大,垂直方向准饱和区厚度基本在 3 km 以上;云底高度均较低,一般在 1 km 左右,个别在 1.5 km 左右,云顶温度基本在−5 ℃以下。深厚的准饱和区为降水粒子的长大提供了较好的环境场,较低的云底高度可以减少雨滴下落出云后的蒸发。这种情况下,在过冷丰水区实施人工催化,可促使降水提早发生或降水量明显增加。而无效增雨个例的准饱和区往往水平分布和垂直分布都不均匀,云层不深厚,云底高度相对较高(达 3 km 以上),有时在云层中有干区存在,干区厚度值可达 1 km 左右或更大,这种云结构一般难以产生降水,不具备人工催化条件。

3.2 水凝物特征

3.2.1 云水含量

云水含量是空中云水资源的直接反映,是人们了解云物理过程的必不可少的研究对象,更是决定人工增雨条件的前提。分析发现,中部地区有效增雨过程云水含量的区域平均值均在 1.0 mm 以上,作业条件较好时可达 2.0 mm 以上。而当云水含量在 1.0 mm 以下时,作业区基本无有利作业条件(图 3)。

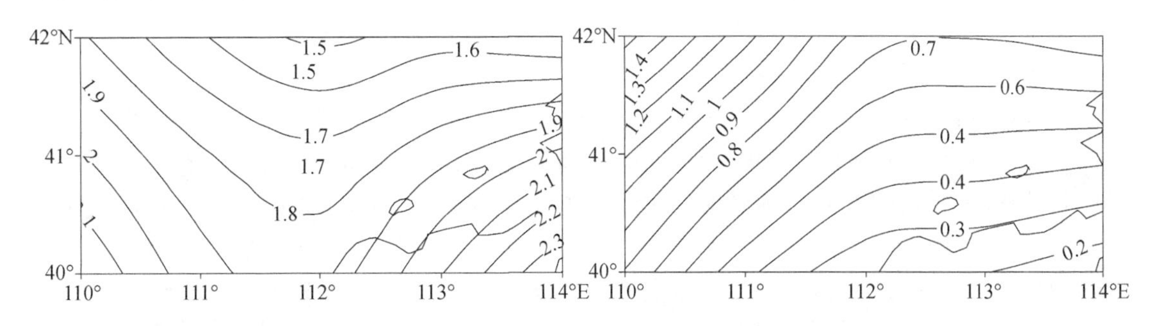

图 3　2013 年 7 月 1 日 14 时(有效)和 6 月 15 日 08 时(无效)云水含量分布(单位:mm)

3.2.2　凝结量

降水是空中小的水凝物(云粒子)增长后降落到地面形成的,研究发现,一次降水过程发生时,空中所存的云水并不能为降水提供充足的降水粒子,而过程中不断凝结出的水凝物对降水的贡献更大。图 4 分别给出一个有效个例和一个无效个例凝结量分布情况,多次个例的对比分析可以得出,有效个例的小时凝结量均在 1.0 mm 以上,局地可达 4.0 mm 以上,区域平均值基本在 2.0 mm 左右。而无效个例小时凝结量均在 1.0mm 以下,平均值只有 0.5 mm,仅为有效个例的四分之一。对凝结量垂直分布的分析发现,有利天气过程的凝结量基本呈现出中层大,高、低层小的分布特征,最大凝结量出现在 500 hPa 左右(图 5),中部地区飞机增雨作业高度一般在 4 km 左右,基本位于最大凝结量的下部。

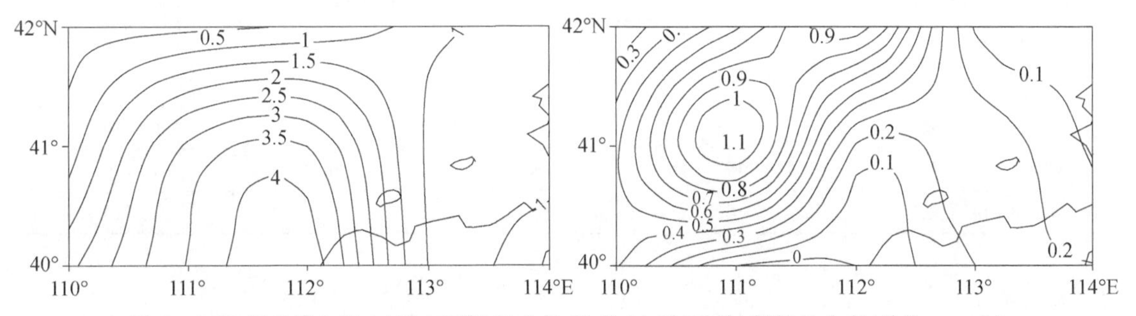

图 4　2013 年 7 月 1 日 14 时(有效)和 7 月 26 日 14 时(无效)凝结量分布(单位:mm/h)

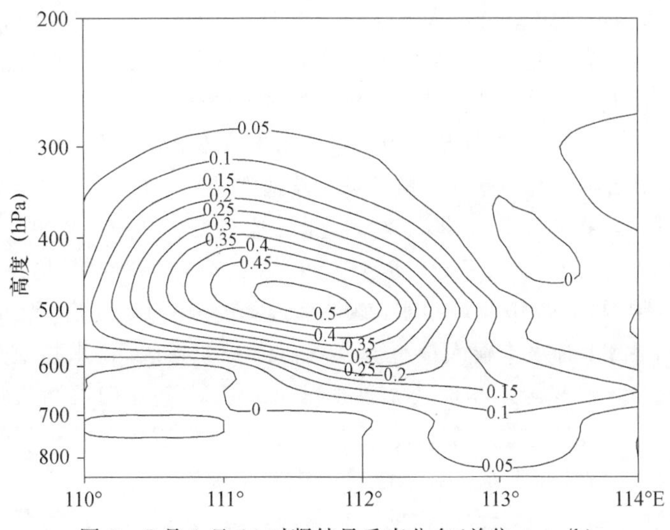

图 5　7 月 1 日 14 时凝结量垂直分布(单位:mm/h)

3.3 水汽与水凝物的综合分析

为了对过程中水汽和水凝物情况有一个总体的认识，分别计算了十次过程中水汽初值、小时水汽输入量、云水初值以及小时凝结量，结果列于表 2 中。从表中可以看出，中部地区范围内，有效过程水汽初值为 3.5×10^{12} kg 左右，而无效过程水汽含量初值为 2.5×10^{12} kg 左右。小时水汽输入量小于水汽初值一个量级，有效过程水汽输入量明显大于无效过程的水汽输入，为无效过程输入量的 2 倍左右。云水初值为水汽初值的 5%左右，有效过程云水初值较无效过程大 1 倍左右。小时凝结量基本与云水含量初值大小相当，进一步的分析发现，有效过程与无效过程的凝结量相差非常大，有效过程为无效过程的 4 倍左右。可见，对于一次过程而言，源源不断的水汽输入与凝结是过程中水汽和水凝物的主要来源，大量的水汽凝结为降水过程提供了丰富的水凝物。

表 2　中部地区十次飞机增雨过程水资源情况（单位:kg）

时间	水汽初值	小时水汽输入/h	云水初值	小时凝结量/h
2013050820(有效)	1.72×10^{12}	2.13×10^{11}	1.40×10^{11}	4.46×10^{10}
2013061608(有效)	3.56×10^{12}	4.67×10^{11}	1.35×10^{11}	1.28×10^{11}
2013070114(有效)	3.26×10^{12}	5.08×10^{11}	1.85×10^{11}	1.58×10^{11}
2013082008(有效)	3.76×10^{12}	6.86×10^{11}	2.13×10^{11}	1.50×10^{11}
2013082720(有效)	3.58×10^{12}	5.61×10^{11}	1.78×10^{11}	1.28×10^{11}
2013051514(无效)	1.33×10^{12}	1.33×10^{11}	7.66×10^{10}	1.87×10^{10}
2013061514(无效)	2.76×10^{12}	2.49×10^{11}	5.73×10^{10}	3.31×10^{10}
2013072614(无效)	3.71×10^{12}	3.12×10^{11}	1.29×10^{11}	3.17×10^{10}
2013081920(无效)	2.76×10^{12}	3.99×10^{11}	9.52×10^{10}	4.82×10^{10}
2013082214(无效)	2.36×10^{12}	1.85×10^{11}	4.74×10^{10}	2.01×10^{10}

4 结论

（1）夏季，单位面积地区上空整层大气水汽含量在 25 mm 以上时，有利于实施增雨作业，而水汽含量在 25 mm 或者更低时，增雨作业无明显效果；中部地区主要受偏西或西南方向水汽通量的影响，有利作业过程水汽通量较大，作业区大部为较明显的水汽辐合；有效增雨个例的准饱和区水平范围较大，垂直方向准饱和区厚度基本在 3 km 以上，云底高度在 1 km 左右。

（2）中部地区有效增雨过程云水含量的区域平均值均在 1.0 mm 以上，作业条件较好时可达 2.0 mm 以上。当云水含量在 1.0 mm 以下时，作业区基本无有利作业条件；有效个例的小时凝结量均在 1.0 mm 以上，局地可达 4.0 mm 以上。而无效个例小时凝结量均在 1.0 mm 以下。

（3）中部地区范围内，有效作业过程水汽初值为 3.5×10^{12} kg 左右，无效过程水汽含量初值为 2.5×10^{12} kg 左右；小时水汽输入量小于水汽初值一个量级，云水初值为水汽初值的 5%左右，有效过程水汽输入量与云水初值较无效过程大 1 倍左右；小时凝结量基本与云水含量初值大小相当，有效过程与无效过程的凝结量相差很大，有效过程为无效过程的 4 倍左右。源源不断的水汽输入与凝结是过程中水汽和水凝物的主要来源。

以上结论仅通过对 2013 年十次个例的分析得出，其结果仍需大量的个例分析来佐证。

参考文献

[1] 蔡淼．中国空中云水资源和降水效率的评估研究[D]. 北京:中国气象科学研究院,2013,141pp.

[2] 杨红梅,葛润生,徐宝祥．用单站探空资料分析对流层气柱水汽总量[J]. 气象,1998,**24**(9):8-11.

[3] 邵洋,郑国光．河南省春季层状云系降水的空中水资源特征分析[J]. 气象,2007,**33**(7):22-32.

[4] 陈小敏,邹倩,李轲．重庆地区夏季一次降水过程及增雨潜力的数值模拟分析[J]. 气象,2011,**37**(9):24-34.

[5] 李玉林,杨梅．夏季对流云降水资源分析[J]. 自然灾害学报,2008,**17**(3):63-68.

[6] 刘晓春,毛节泰．云中液水含量与云光学厚度的统计关系研究(自然科学版)[J]. 北京大学学报,2008,**44**(1):115-120.

[7] 廖菲,洪延超,郑国光．河南省一次冷锋降水过程的水汽分布特征及其增雨潜力[J]. 气候与环境研究,2007,**12**(4):553-565.

[8] 刘国纬．水文循环的大气过程[M]. 北京:科学出版社,1997,245pp.

[9] 王以琳,薛晓萍,李曼华．飞机人工增雨作业的决策方法[J]. 高原气象,2008,**27**(3):686-694.

半干旱地区大气水汽含量反演及分析

杨瑞鸿[1]　王研峰[1]　黄武斌[2]　郑泳宜[1]

(1. 甘肃省人工影响天气办公室,兰州 730020;2. 兰州中心气象台,兰州 730020)

摘　要　利用SACOL站2006年7—12月和2007年1—4月的CE-318型太阳光度计晴空日观测资料及同期降水资料,研究了半干旱地区大气水汽含量及降水转化率,结果表明:半干旱地区大气水汽含量夏季最高,秋季次之,冬春季最小。四季典型晴空日大气水汽含量变化为:夏季最为剧烈,秋季次之,冬春季最小。夏、冬季具有人工增雨(雪)的潜力,7月、8月、12月、2月是人工增雨(雪)最佳月,合理开发云水资源对后期及翌年的农业生产和生活有很大影响。

关键词　半干旱区　可降水量　降水转化率　农业

水汽是大气中最活跃的成分,不仅在全球变暖的过程中充当了温室气体的重要作用,还是天气和气候变化的主要驱动力,是预测全球气候变化及降雨、中小尺度灾害性天气的一个重要参量。

目前大气水汽监测的手段主要有无线电探空仪、微波辐射计、红外卫星遥感、GPS遥感等。除GPS遥感以外的探测手段虽然能获得较高的水汽精度,但存在运行费用较高、设备原件对环境的要求苛刻、时空分辨率低等缺陷,GPS虽然弥补了这些观测手段的不足,但其定位精度有待于进一步提高[1]。使用太阳光度计反演大气水汽含量是地基观测中一种新的方法,其太阳跟踪精度和时间分辨率较高,其936 nm通道测得的太阳辐射数据可以反演大气水汽含量。Thome等[2]总结了许多科学家利用水汽吸收率与水汽量的关系反演水汽量的工作。Reagan[3]等采用改进的兰勒法反演了大气水汽含量。为利用太阳光度计936 nm通道的观测数据反演大气柱水汽总量提供了基本理论和方法。近年来利用太阳光度计反演大气柱水汽总量的研究,国内有不少的成果[4-6]。但这些研究主要集中在中东部地区,而对半干旱地区的研究较少,同时半干旱地区是气候变化的敏感地区,随着全球气候加剧变暖,缺水日益严重,合理开发空中水资源对半干旱地区缺水有一定缓解作用。大气水汽含量是产生大气降水的必要条件,要合理开发空中水资源,必须对大气水汽含量进行一定研究。

本文采用兰州大学半干旱气候与环境观测站太阳光度计晴空观测资料,采用改进的兰勒法反演出大气水汽含量,开展对半干旱地区大气水汽含量研究,对于半干旱地区农业生产区及生态区人工增雨(雪)作业具有科学的指导。

1　站点概况、资料来源与方法

1.1　站点概况与资料来源

兰州大学半干旱气候与环境观测站(SACOL站)地理坐标为35.946°N,104.137°E,属于典型的温带半干旱气候,因此,利用该站点太阳光度计反演的大气水汽总量能代表方圆几百千米半干旱地区的大气水汽状况。资料为SACOL观测站2006年7—12月和2007年1—4月的CE-318型太阳光度计晴空日观测资料及同期降水资料。

1.2 改进的兰勒法

由于地面测得的太阳辐射信号在 936 nm 附近水汽吸收带不符合比尔定律，依据 Bruegge 等[7]和 Halthore 等[8]的研究，水汽透过率用两个参数表达式来模拟：

$$T_w = \exp(-aw^b) \tag{1}$$

式中，T_w是通道上的水汽平均透过率，w 是大气路径水汽总量，a 和 b 是常数，分别为 0.585 和 0.573。

在 936 nm 水汽吸收通道，太阳光度计通过大气到达地面的太阳直射辐射度的响应可表示为：

$$V = V_0 R^{-2} \exp(-m\tau) T_w \tag{2}$$

式中，V 为太阳光度计的电压输出，V_0为大气外界的电压输出，R 为测量时刻的日地距离校正量，m 为大气质量数，T_w为水汽平均透过率，τ 是 Rayleigh 散射和气溶胶散射光学厚度之和。将(1)式代入(2)式同时两边取对数：

$$\ln V + m\tau = \ln(V_0 R^{-2}) - am^b P_w^b \tag{3}$$

在稳定和无云的大气条件下，以 m^b 为 X 轴，以 $\ln V + m\tau$ 为 Y 轴画直线，Y 轴截距为 $\ln(V_0 R^{-2})$，斜率为$-aP_w^b$，从而求出大气水汽含量。

2 结果分析

2.1 半干旱地区大气水汽总量月变化

图 1 为半干旱地区 2006 年 7—12 月及 2007 年 1—4 月大气水汽含量月变化。从图 1 可以中看出，2006 年 7—12 月及 2007 年 1—4 月半干旱地区大气水汽含量月均值分别为：2.08 g/cm²、1.90 g/cm²、1.44 g/cm²、0.92 g/cm²、0.73 g/cm²、0.39 g/cm²、0.29 g/cm²、0.46 g/cm²、0.71 g/cm²、0.81 g/cm²，呈现出季节变化特征，夏季最为丰富，秋、春季次之，冬季最少，这是由于半干旱地区夏季受东亚季风环流和青藏高原的影响，春季地面温度开始从零下升高到零上，积雪开始融化，土壤解冻[6,9]。

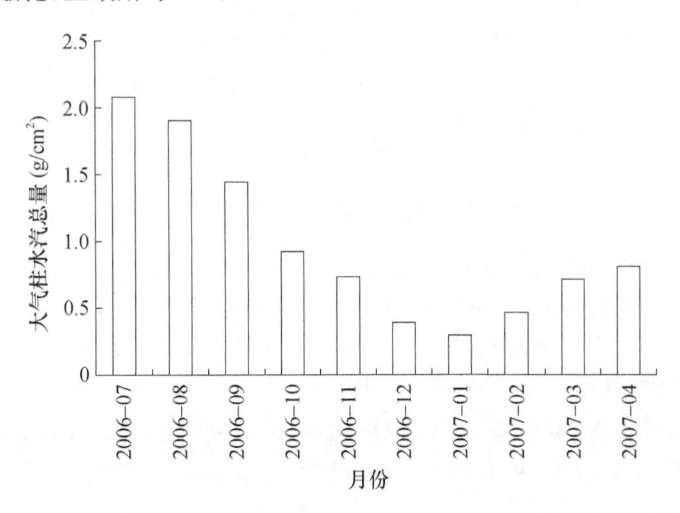

图 1　半干旱地区 2006 年 7 月—2007 年 4 月大气水汽总量月变化

2.2 半干旱地区不同季节典型晴空日大气柱水汽总量的日变化

图 2 为半干旱地区四季典型晴空日大气水汽含量日变化。从图 2 中可以看出,半干旱地区四季晴空日大气水汽总量的日变化总体为夏季最为剧烈,秋季次之,冬、春季最小,主要为太阳辐射的季节变化造成[12];春季水汽含量的日变化范围为 0.47~0.53 g/cm²;夏季水汽含量日变化范围为 0.75~1.26 g/cm²,呈现出中午前后低、早晚高的特征,原因为中午前后强的太阳照射;秋季水汽含量日变化范围为 0.57~1.00 g/cm²,呈现出早晨低、晚上高的缓慢渐变状;冬季水汽总量日变化范围为 0.11~0.17 g/cm²,呈现出中午前后稳定、早晨和晚上轻微变化的特征,原因可能为半干旱地区冬季全天逆温层形成的变化和气溶胶的加热效应所引起[9,11]。

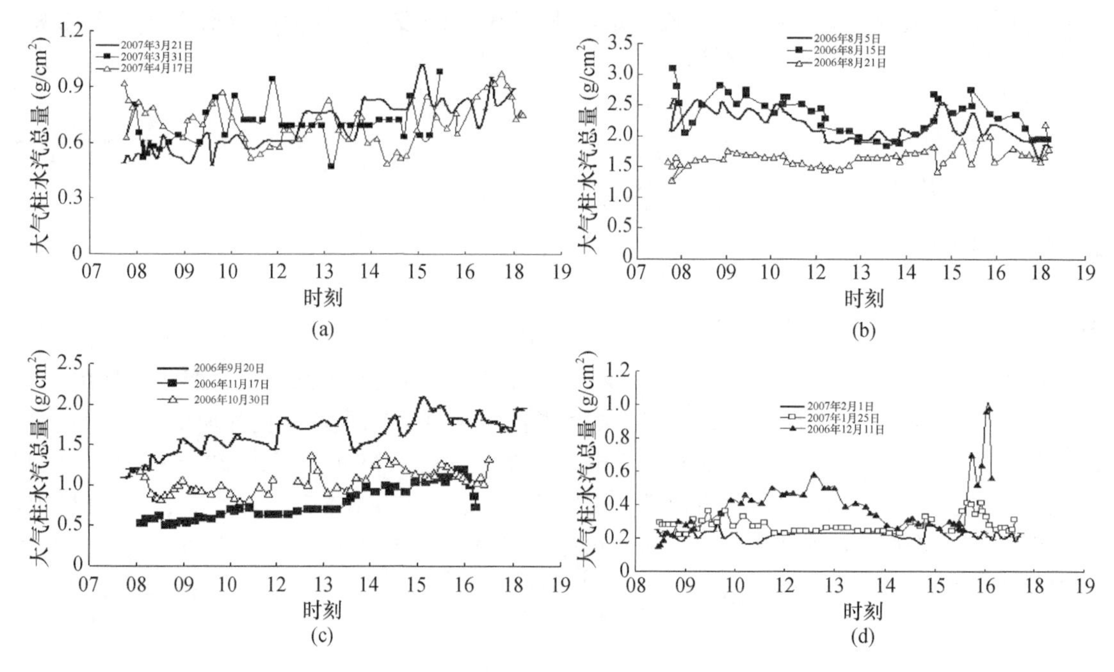

图 2 半干旱地区四季典型晴空日大气柱水汽总量的日变化

(a)春季,(b)夏季,(c)秋季,(d)冬季

2.3 半干旱地区降水转化率月变化

大气可降水量是指单位面积内从地表到大气顶层气柱内水汽全部凝结所能形成的降水量,是评价空中云水资源的一个重要物理量[13]。图 3 为半干旱地区 2006 年 7—12 月及 2007 年 1—4 月的大气水汽总量月均值、月降水量与月降水转化率,从图中可以看出半干旱地区月降水转化率秋季最高,其中 10 月份最高,为 14.4%,夏季 7 月、8 月大气水汽含量虽然较高,但降水转化率较低,其中 7 月份最低,为 0.87%,冬季大气柱水汽含量和降水转化率最低,春季降水转化率相对夏、冬季较高,相对秋季较低。同时可以看出半干旱地区大气水汽含量变化与降水量变化不成正比,这说明降水还与水汽、动力抬升和不稳定量有关[4]。以上讨论说明半干旱地区夏、冬季具有人工增雨(雪)的潜力,7 月、8 月、12 月、2 月份是人工增雨(雪)最佳月,1 月份虽然降水转化率较低,但人工增雪的水汽条件很差,合理开发云水资源对后期及翌年的

农业生产和生活有很大的影响。

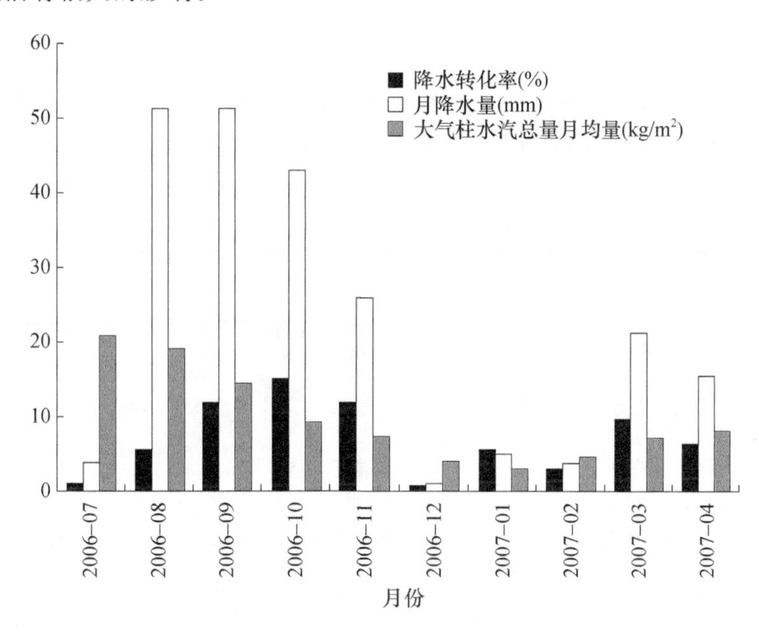

图 3　半干旱地区 2006 年 7—12 月及 2007 年 1—4 月的大气水汽总量月均值、月降水量与月降水转化率

3　结论

(1)半干旱地区大气水汽含量夏季最丰富,秋季次之,冬春季最小。半干旱地区四季典型晴空大气水汽含量日变化总体为:夏季最为剧烈,秋季次之,冬春季最小。春季、夏季、秋季和冬季水汽含量的日变化范围分别为 0.47～0.53 g/cm^2、0.75～1.26 g/cm^2、0.57～1.00 g/cm^2、0.11～0.17 g/cm^2。

(2)半干旱地区夏、冬季具有人工增雨(雪)的潜力,7 月、8 月、12 月、2 月是人工增雨(雪)最佳月,1 月份虽然降水转化率较低,但人工增雪的水汽条件很差,合理开发云水资源对后期及翌年的农业生产和生活有很大的影响。

参考文献

[1] 李国平,黄丁发. GPS 遥感区域大气水汽总量研究回顾与展望[J]. 气象科技,2004,**32**(4):201-205.

[2] Thome K J, Herman B M, Reagan J A. Determination of precipitable water from solar trasmission [J]. J Appl Meteor,1992,**31**:157-165.

[3] Reagan J, Thome K J, Herman B M. A simple instrument and technique for measuring columnar water vapor via near IR differential solar transmission measurements [J]. IEEE Trans Geosci Remote Sens, 1992, **30**: 825-831.

[4] 张文煜,高润祥,刘洪韬,等. 利用太阳光度计反演渤海湾西岸大气柱水汽总量[J]. 南京气象学院学报,2006,**29**(12):839-843.

[5] 张海鸥,郑有飞,蔡子颖,潘超. 利用太阳光度计反演郑州地区的水汽含量[J]. 气象科技,2009,**39**(5):576-579.

[6] 张玉香,李晓静,顾行发. 利用太阳光度计测值估算北京上空水汽含量[J]. 遥感学报,2006,**10**(5):

749-755.

[7] Bruegge C J, Conel J E, Green R O, ct al. Water vapor column abundance retriceals during FIFE[J]. J Geophys Res, 1992, **97**(D17):18759-18768.

[8] Halthore R N, Rck T F, Holben B N, et al. Sun photometric measurements of atmospheric water vapor-column abundance in the 940 nm band[J]. 1997, **102**(D17):4343-4352.

[9] 刘世祥,王遂缠,刘碧,等. 兰州市空中水汽含量和水汽通量变化研究[J]. 干旱气象,2006,**24**(1):18-22.

[10] 梁宏,刘晶淼,张人禾,等. 拉萨河谷大气水汽日变化特征[J]. 水科学进展,2010,**21**(3):335-342.

[11] 张玉洁,张武,陈艳,等. 黄土高原半干旱地区气溶胶光学厚度变化特征的初步分析[J]. 高原气象,2008,**27**(6):1416-1422.

[12] 李帅,谢国辉,何清,等. 阿勒泰地区降水量、可降水量及降水转化率分析[J]. 冰川冻土,2008,**30**(4):675-680.

[13] 张良,王式功,尚可政,杨德保. 中国人工增雨研究进展[J]. 干旱气象,2006,**24**(4):73-81.

内蒙古中部地区飞机人工增雨概念模型

苏立娟[1] 达布希拉图[1] 毕力格[1] 郑旭程[1] 巴特尔[1] 邓晓东[2]

（1. 内蒙古气象科学研究所，呼和浩特 010051；2. 内蒙古生态与农业气象中心，呼和浩特 010051）

摘 要 本文针对内蒙古中部地区2005—2010年212次飞机人工增雨作业个例中的65架次作业条件及作业效果较好的个例，利用多种资料进行了飞机人工增雨概念模型的分析研究。结果表明：在河套气旋、蒙古低涡系统影响下，在天气系统的前部发展中的高层云和层积云云系中作业。云底高度在4—5月应低于2250 m，6—10月低于1850 m；云厚在2 km以上。在春季积分水汽要达到10 mm以上，夏季达到25 mm以上；700 hPa温度露点差≤2℃。其雷达回波形态为大面积的片状、片絮状和片带状；回波面积在扫描范围的1/4以上；主体回波强度达到或超过25 dBZ，主体回波顶高大于等于4～5 km。

关键词 内蒙古中部 飞机人工增雨 概念模型

1 引言

飞机人工增雨概念模型就是最适宜实施飞机人工增雨作业的目标云系的各项宏微观指标。包括天气系统的类型、水汽状态、云底高度、雷达回波情况等。研究目的在于找出适宜实施人工增雨的各种判别指标，从而达到早预报、科学决策、高效益实施人工增雨作业的目的。辽宁省田广元等[1]筛选出影响辽宁省并产生降水的天气系统，建立了4种有利于辽宁省人工增雨作业的天气概念模型。周毓荃[2]建立了冷锋层状云系多尺度人工增雨概念模型。江西省的段军等[2]建立了包括人工增雨气候分析论证、天气形势模型、作业云层模型三部分组成的宜春市人工增雨作业天气概念模型。但是由于空中云降水机制的复杂性以及地形、气候条件等因素各地的云系都不尽相同，各地区差异较大。内蒙古自治区是全国人工影响天气规模最大的省份，尽管规模大、历史长，但人工影响天气作业决策的判据指标、概念模型始终是该领域难以解决的问题，因此非常有必要建立适宜在内蒙古应用的飞机人工增雨概念模型以提供有效的科学依据，进而提高人工增雨的效果。

2 数据来源与计算方法

利用了内蒙古人工增雨基地2005—2010年212次人工增雨飞行作业的实时观测的云的宏（微）观观测记录，结合当时实际地面降水量资料，经过多次筛选，共选出65架次作业条件及作业效果较好的例子，针对这65架次进行了飞机增雨概念模型的分析研究。应用这65架次增雨作业效果较好的个例相应的历史天气图、每天4次（北京时间02时、08时、14时、20时）水平分辨率为1°×1°的NCEP再分析资料、探空资料以及呼和浩特多普勒天气雷达等资料。

其中，水汽的分析采用可降水量计算公式：

$$W=\frac{1}{g}\int_{p_0}^{0} q\mathrm{d}q \tag{1}$$

式中,q 为水汽混合比。

假相当位温计算公式:

$$\theta_{se}=T\left(\frac{1000}{p-e}\right)^{0.286}\exp\left(\frac{Lq}{c_pT_L}\right) \tag{2}$$

3 结果与分析

3.1 天气系统条件

根据 700 hPa 天气图的环流特征将天气形势划分为北槽南涡、贝加尔湖系统、河套气旋、西来槽、蒙古低涡、暖湿切变和冷切变等七种类型,分析了筛选出的 65 架次作业效果较好的个例的天气形势。

分析结果表明:作业条件和作业效果较好的个例中有 38.7%效果较好的作业是受河套气旋的影响,25.8%是受蒙古低涡的影响,这两种系统影响的比例达 64.5%,在各种影响系统中最多。并且,这两种天气系统条件好、维持时间长,经常持续 2 天甚至更长,多数时候能作业 2～3 架次。

河套气旋对内蒙古的影响主要以降水为主,并且在 6—9 月出现的概率最大,该天气系统对内蒙古中部地区的影响最大。特别是在夏季,河套气旋往往与副热带高压配合,建立起东南水汽通道,源自太平洋的源源不断的水汽沿着副热带高压外围输送至内蒙古中部地区,能够给内蒙古中部地区带来大到暴雨。蒙古低涡也是影响内蒙古的重要天气系统之一,一般伴随有大风、降温、降水、冰雹等天气。在夏季,当与南边北上或东移的低涡或低槽相结合时就会建立起南、西南水汽通道,会伴随南部来自孟加拉湾和印度洋的大量水汽沿通道输送至内蒙古中部地区,能够给内蒙古中部地区带来大到暴雨,同时也经常伴随不稳定降水出现。

3.2 中尺度湿热力结构

针对筛选出的 65 架次作业条件及效果较好的个例,以大气可降水量和 700 hPa 温度露点差代表水汽的条件,用 500 hPa 与 900 hPa 的假相当位温差表征云的热力和稳定度状态,分析得出飞机增雨的中尺度湿热力结构。

可降水量是指从地面直到大气层顶的单位面积大气柱中所含水汽总量全部凝结并降落到地面的降水量,它能够直接反映水汽条件,因此,利用探空资料计算了所选取的飞机增雨有效个例的可降水量情况,分析其水汽条件。从图 1 中可以看出,4 月、5 月效果较好的个例其水汽大多为 10～20 mm,4—9 月呈现明显的水汽渐升的变化趋势,6—9 月水汽明显比春季(4 月、5 月)高,大多在 20 mm 以上,7 月份甚至在 30 mm 以上,9 月份略减。

本文分别采用了 NCEP 和探空和资料分析温度露点差,其中 NCEP 数据利用了 2005—2010 年每天 4 次水平分辨率为 1°×1°(02 时、08 时、14 时、20 时)的 fnl 资料,垂直方向选取 900 hPa、850 hPa、700 hPa、500 hPa 四个高度层,物理量有温度、比湿、风场等。温度露点差是根据饱和水汽压计算公式用迭代法反推得到:

$$e_s=e_{s0}10^{\frac{at}{b+t}} \tag{3}$$

式中,t 为摄氏温度;a 和 b 为常数,对水面:$a=7.5$,$b=237.3$;对冰面:$a=9.5$,$b=265.5$。

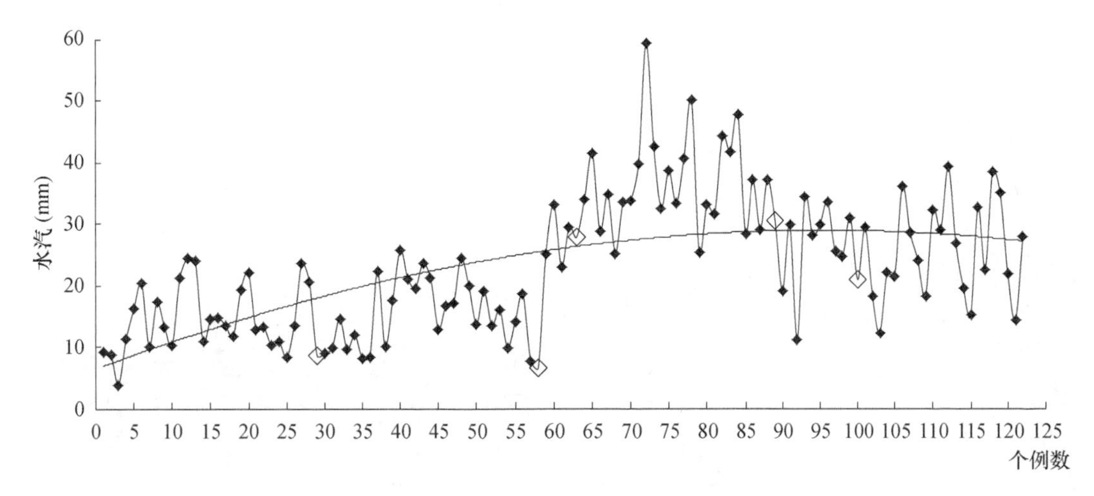

图 1 利用探空资料计算的水汽含量(空心点是月份间隔点 4—9 月)

分析结果表明:99.42%作业效果较好的个例其温度露点差都小于 2℃,其中 30%达到了饱和状态。从趋势线看出,4—9 月温度露点差呈现减小的趋势,说明夏季水汽条件比春季好。

另外,分析了 65 个有效作业个例内蒙古中部地区乌拉特中旗、临河、呼和浩特、东胜四个探空站的 700 hPa 的温度露点差资料,从 302 个有效数据分析发现有 60.9%的个例其 $T-T_d \leqslant 2$℃,其中 $T-T_d \leqslant 1$℃的占 18.63%,有 0.13%达到了饱和状态 $T-T_d=0$℃,这说明 $T-T_d$ 是个很有指示意义的因子(图 2)。

当 700 hPa 温度露点差($T-T_d$)≤2℃时说明云中存在着深厚的准饱和区以及有利于冰晶增长的“冰水转化区”,有一定含量的过冷水和过饱和水汽,此时有利于触发冷云的贝吉隆效应。

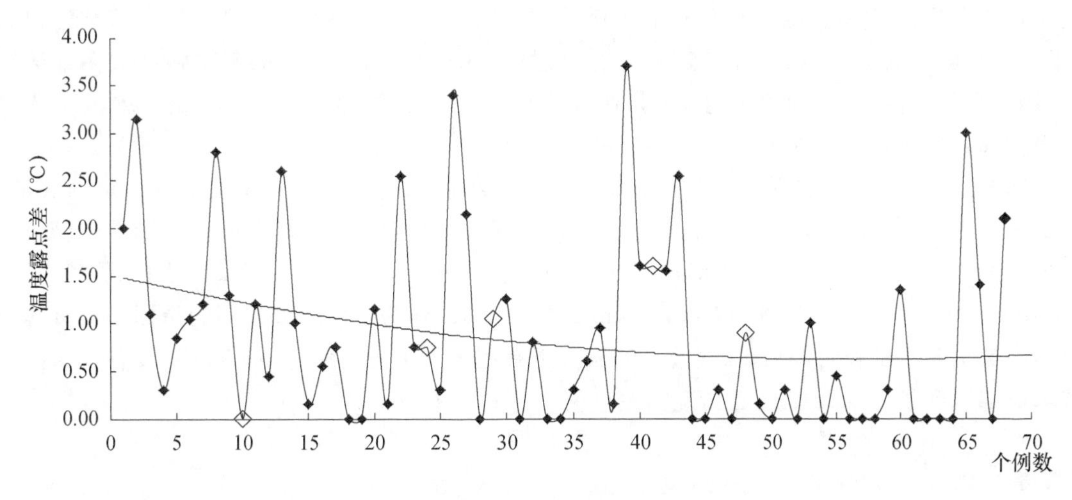

图 2 温度露点差(空心点是月份间隔点 4—9 月)

从图 3 中可以看出,4—7 月,500 hPa 与 900 hPa 假相当位温差逐渐降低,而后逐渐增高。这说明 4—7 月大气对流不稳定性逐渐增强,8 月以后大气对流不稳定性逐渐减弱,同时,增雨作业效果好的例子中大部分都是条件不稳定的、在发展中的天气系统。

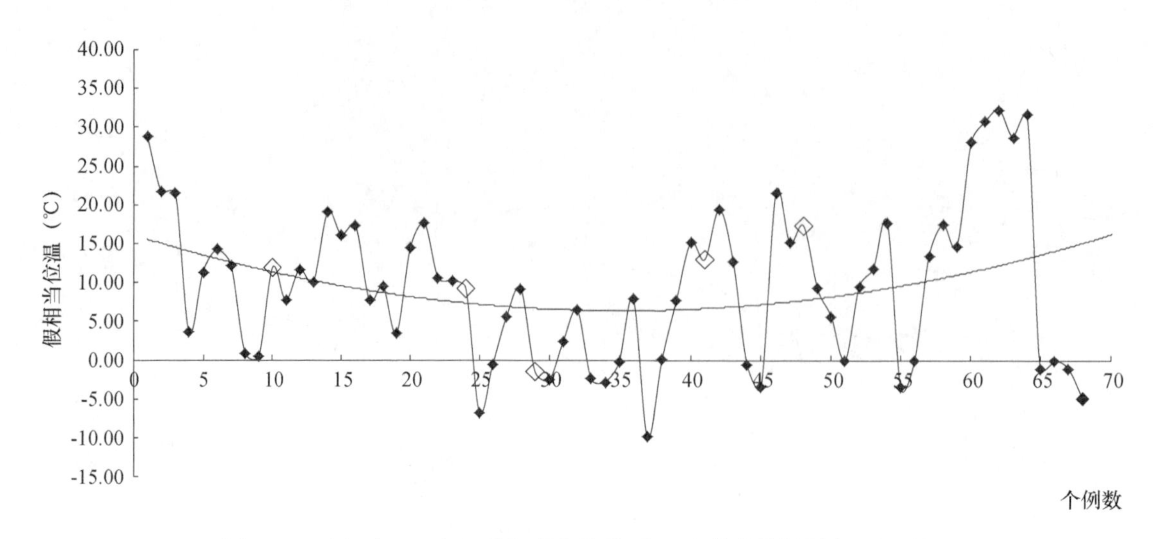

图 3　500 hPa 与 900 hPa 假相当位温差(空心点是月份间隔点 4—9 月)

3.3　中尺度回波结构指标

分析 65 个有效个例飞机增雨作业前 3 小时直至作业结束后 2 小时的体扫描数据,并且对比分析了作业效果不好的个例。在分析时,把部分雷达回波参数分为基本值、主体值和最大值,其中,主体值基本与作业区或影响区相对应。统一采用 150 km 作为雷达扫描半径,回波强度 PPI 图像的扫描仰角选为 0.5°,回波顶高和垂直液态含水量图像的扫描仰角范围为 0.5°～19.5°。

分析表明,作业条件和效果较好的个例其雷达回波形态多为大面积片状、大面积片絮状和大面积片带状,条件和效果较好的作业个例的雷达回波面积都比较大,一般都能覆盖雷达扫描(半径 150 km)范围的 1/4 以上,条件和效果较好的作业日,雷达回波的基本强度大多都达到 15 dBZ,另外关注了主体回波强度,在作业条件和效果较好的个例中,有 2/3 的个例其主体回波强度都达到或超过 25 dBZ。

回波顶高代表云层的垂直发展程度,考虑到 AgI 催化剂成核对云体温度有一定的要求,因此适宜的作业云回波顶高应该满足这个要求。回波顶高随地区、季节的不同会有一定变化,就平均情况而论,回波基本顶高都达到 3 km 以上;主体回波顶高在 4 km 以上的占 93.5%,5 km以上的占 67.7%。因此,以大于 4 km 或大于 5 km 作为主体回波顶高的指标。分析其垂直累积液态含水量表明,液态水含量高的云层更有利于人工增雨作业,垂直累积液态含水量的基本值都达到了 3 kg/m^2,多数情况其主体值均达到 5 kg/m^2。

3.4　云底高度

抬升凝结高度代表云底高度,针对选出的作业效果较理想的 65 个个例再次筛选出在 08 时或 20 时对应地面观测中有降水出现的作业架次作为最终利用的有效作业时次。利用有效作业时次的临河、乌拉特中旗、东胜、呼和浩特 4 个探空站的 122 个数据作为样本,求算有效作业时次的抬升凝结高度(图 4)。

从图 4 中可以看出,4—9 月间抬升凝结高度也呈现渐渐降低的趋势,4—5 月(春季)抬升凝结高度明显高于夏季和秋季，平均值为 2249 m，夏季 6—8 月平均值为 1861 m，9—10 月平均为 1821 m。夏、秋季差距不明显。云底越低，云下的蒸发越弱，云低层为暖云区，含水量较大，可以为冰晶在下落过程中碰并、凝结增长提供充足的水分，满足层状冷云人工增雨的“播撒—供给”机制。

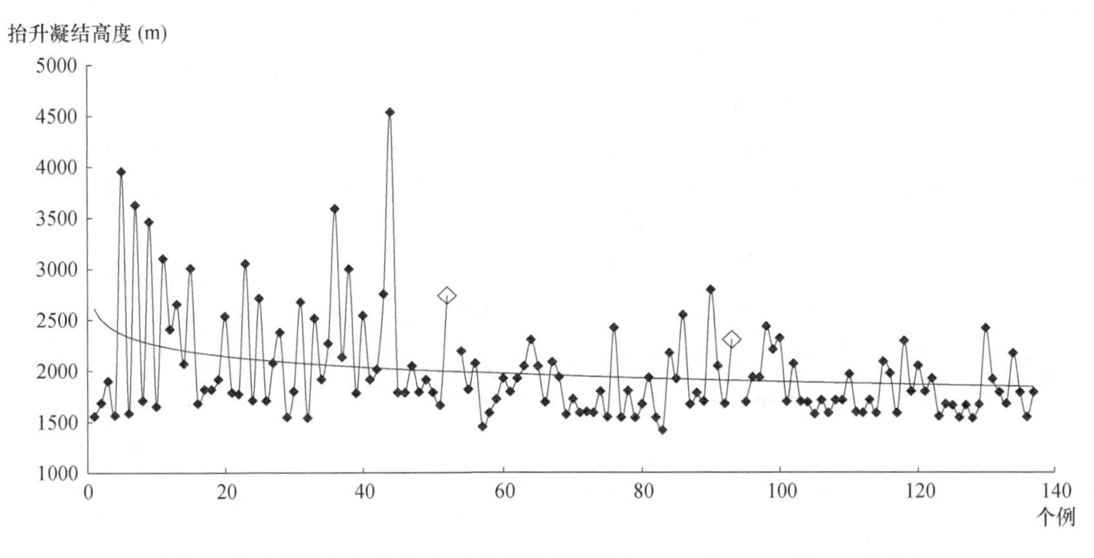

图 4 抬升凝结高度分布（空心点是月份间隔点 4—5 月、6—8 月、9—10 月）

4 讨论

国内外观测[5,7-11]表明，在降水层状云中，过冷水只在局部空间存在，垂直累计约为 0.1 mm，即使是全部转化为降水能增加的雨量也是有限的。胡志晋[4,6]认为水汽在层状云人工增雨机制中扮演了一个举足轻重的角色，可以通过催化播撒引入较多的人工冰晶把冰面过饱和水汽转化为降水，而水汽的垂直累计量远远大于层状云的过冷水含量。本文进一步证实了这一层状云人工增雨机制。河套气旋和蒙古低涡这两种天气系统当形成闭合的环流时往往会比较稳定，持续时间较长，特别是在夏季与西太平洋副热带高压和西南低涡配合能够建立起顺畅的水汽通道，形成有效的水汽补偿机制从而触发层状云人工增雨过程，大大增强和维持了层状云人工增雨的潜力，此时进行飞机人工增雨作业能够取得较好的效果。催化后水汽补充凝华加上过冷水冻结释放的潜热可以使空气加热 10^{-1} K 的量级，可以使云中的上升速度增加 $10^{-2}\sim10^{-1}$ m/s 的量级，进一步促使催化区云和降水的发展。同时，本文分析认为飞机人工增雨作业效果较好时应当在发展中的天气系统，云中有不稳定区域，云底较低，这一结论也与国内研究结果[2-4]一致。

另外，飞机飞行速度快、作业影响面积大，避光高层云和层积云云系是水平发展广阔的云层，其覆盖面积比较大，能够满足飞机始终在云中飞行，适合飞机人工增雨作业。雷达回波覆盖扫描范围的 1/4 以上也是为了满足飞机增雨作业始终在云中飞行的要求，回波强度与雨滴谱直径的六次方成正比，回波强度太小说明云中粒子尺度小不足以产生降水，尽管回波中心强度值越强，越有可能产生强的降水，但其中也更容易存在对流并产生颠簸，会威胁作业飞机的安全，因此，回波中心强度一般不应超过 35 dBZ，如果超过，其连续面积也不应太大，以便于作业飞机绕行。

5 结论

综合以上分析,内蒙古中部地区飞机人工增雨的概念模型包括以下内容。

(1)天气系统方面,在河套气旋、蒙古低涡系统影响内蒙古中部地区,并且建立了畅通的水汽通道条件下有较好的人工增雨作业条件。

(2)云宏观结构上,应该是避光高层云和层积云;其云底高度在 4—5 月应低于 2250 m,6—10 月低于 1850 m;云体厚度应在 2 km 以上。

(3)云中湿热力结构方面,在云中要有过饱和区,其水汽在春季要达到 10 mm 以上,夏季达到 25 mm 以上; 700 hPa 温度露点差($T-T_d$)≤2 ℃,降水量大条件好时甚至 $T-T_d$≤1.5 ℃,同时应当在天气系统的前部发展中的云层作业,云中有不稳定区域。

(4)雷达回波形态为大面积片状、片絮状和片带状;回波面积覆盖雷达扫描范围的 1/4 以上;回波的基本强度达到 15 dBZ,主体回波强度达到或超过 25 dBZ;回波基本顶高达到 3 km 以上,春秋季主体回波顶高大于等于 4 km,夏季主体回波顶高大于等于 5 km;垂直累积液态含水量基本值应达到 3 kg/m^2,主体值达到 5 kg/m^2。

参考文献

[1] 田广元,王永亮. 辽宁省人工增雨天气概念模型[J]. 气象科技,2007,**35**(2):264-268.

[2] 周毓荃. 河南典型层状降水云系物理概念模型研究——020405 低槽冷锋降水云系多尺度结构观测分析[C]//中国气象学会 2003 年年会会议文集,2003:273-275.

[3] 段军,张秋跃,沈举鹏,等. 人工增雨作业天气概念模型[J]. 现代园艺,2008(3):40-41.

[4] 胡志晋. 层状云人工增雨机制、条件和方法的探讨[J]. 应用气象学报,2001,**12**(增刊):10-13.

[5] 刘文,边道相,王以琳,等. 用 GMS 资料建立飞机增雨宏观作业模型[J]. 应用气象学报,2001,**12**(增刊):133-138.

[6] 胡志晋,秦瑜,王玉彬. 层状冷云的数值模式[J]. 气象学报,1983,**41**(2):194-203.

[7] Hobbs P V. The natural of winter clouds and precipitation in the Cascade Mountains and their modification by artificial seeding. Part I: Natural condition[J]. J Appl Meteor,1975(14):783.

[8] Heymsfield A J. Precipitation development in stratiform ice clouds, a microphysical and dynamical study[J]. J Atmos Sci, 1977(34):367.

[9] 孙可富,游来光. 1963 年 4—6 月吉林地区降水性层状冷云中冰晶和雪晶[J]. 气象学报,1965,**35**(2):265-272.

[10] 李宏宇,王华,洪延超. 锋面云系降水中的增雨潜力数值研究[J]. 大气科学,2006,**30**(2):341-350.

[11] 陈少勇,林纾,尚俊武,郑延祥. 黄河上中游流域夏季降水预测的概念模型[J]. 干旱区资源与环境,2012(12):119-123.

巴州地区水汽输送特征及降水潜力的研究

杨　柳　尹忠岭

（新疆巴州气象局，库尔勒 841000）

摘　要　利用2000—2014年NCEP/NCAR再分析逐日资料，分析了巴州地区、北部山区及南部山区对流层不同层次空中水汽输送特征，结果表明：地面—100 hPa每年平均有11123.53亿t水汽流入巴州地区，10868.16亿t水汽流出巴州地区，净水汽收入量为255.37亿t；北部山区地面—100 hPa每年平均有3085.83亿t水汽流入，3203.89亿t水汽流出，净水汽收入量为118.06亿t；南部山区地面—100 hPa每年平均有4163.20亿t水汽流入，3889.61亿t水汽流出，净水汽收入量为273.59亿t。北部山区的面雨量占整个巴州地区的20.2%，南部山区占58.2%，中部盆地只占全州的21.6%。北部山区虽然降水量最大，但降水转化率也只有5.3%，说明北部山区水汽资源非常丰富，还有很大的增水潜力。

关键词　巴州地区　水汽输送　净收支面雨量

1　引言

大气中水分含量和水汽输送不仅与大气环流有着密切的内在联系，而且作为能量和水分循环过程的重要一环，对区域水分平衡起着重要作用，此问题多年来备受国外气象学家的广泛关注。我国的气象学者对中国的水汽问题也开展了很多研究[1-5]，这些研究加深了对我国降水天气过程的理解，为提高预报准确率做出了重要贡献。

新疆具有独特的干旱半干旱气候，水资源极度匮乏，正确估算新疆空中水汽输送量对于深入认识新疆水文循环过程、合理开发利用新疆空中水资源具有十分重要的意义[6-7]。史玉光等利用NCEP/NCAR再分析逐日资料详细地分析了1961—2000年新疆地区四季和年大气中不用层次水汽输入、输出和收支情况及40年的变换趋势[8]；杨青等利用探空实测数据和地基GPS反演水汽对塔克拉玛干沙漠水汽含量进行了计算分析，这些研究加深了对新疆地区空中水汽输送的认识[9]。

巴州地区北邻天山山脉，南依阿尔金山脉，中部为塔里木盆地东部，按地形特征分为北部天山山区、中部盆地、南部阿尔金山区三个部分。巴州地区气候干旱，年降水量大多在100 mm以下，个别县仅有10～25 mm，北部天山山区是地区降水最丰富的区域，年降水量达到220 mm以上。巴州地区的河流都源于北部天山山区和南部阿尔金山区。随着地区经济的快速发展，用水量增长迅速，用水的供求矛盾日益明显，如何开发巴州地区特别是山区的空中水资源、增加降水就成为一个政府和人民群众关注并亟待解决的问题。要合理开发、利用巴州地区的空中水资源就必须研究该地区的空中水资源状况。本文利用NCEP/NCAR再分析逐日资料计算地区上空的水汽输送情况，将水汽输送量与区域降水量总和进行计算分析，得到水汽转换为降水的比例，使我们对巴州地区上空水汽资源的认识有了从定性到定量的转变，明确了人工增水到底还有多大的潜力。北部山区和南部山区是实施人工增水的重点区域，所以对这两个区域水汽输送情况进行单独计算分析。

2 资料和处理方法

利用2000—2014年NCEP/NCAR再分析逐日6 h 1°×1°资料1000—100 hPa的地面气压、温度、比湿、风场资料,取地面—700 hPa(对流层低层)、700—500 hPa(对流层中层)、500—100 hPa(对流层高层)以及整层(地面—100hPa)计算巴州地区、北部山区和南部山区的水汽输入、输出和收支量。对NCEP/NCAR再分析逐日2.5°×2.5°资料是否适用于西北地区气候的长期变率研究已有人用观测站探空资料做过检验,发现这两种资料变化趋势基本吻合,苏志侠等也对该资料集在青藏高原及其邻近地区做了比较全面的检验,认为该资料集与实际观测值比较一致;刘蕊等对NCEP/NCAR2.5°×2.5°与1°×1°再分析资料在新疆的适用性进行了分析,指出1°×1°再分析资料分析新疆水汽通量比NCEP2.5°×2.5°再分析资料更接近探空资料。

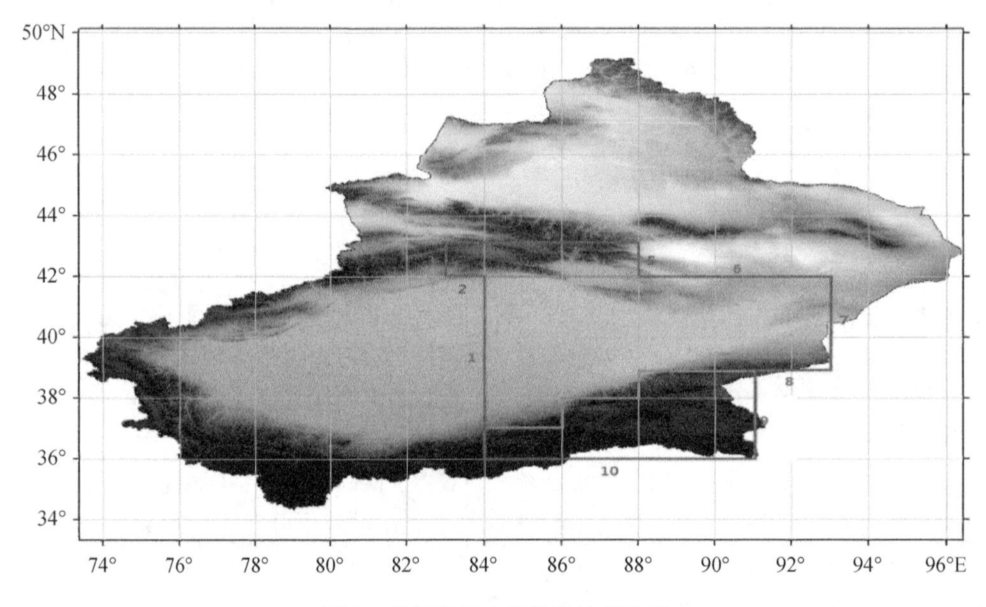

图1 巴州地区水汽输送边界示意

研究区域大体为包含巴州地区的一个多边区域,共10个边界(图1)。图1中1、3为西边界;4、6为北边界;5、7、9为东边界;2、8、10为南边界。东、南、西、北4个边界的水汽输送量为其对应的各小边界各层水汽输送量之和,当各个小边界各层的输送方向不一致时,取相互抵消后的结果作为该边界总的水汽输送量。每个小边界只要为输入就计入总输入量,只要为输出就计入总输出量,因此,10个小边界总输入、总输出量要大于4个边界的输入及输出之合。

单位边长整层大气的水汽输送通量矢量Q的计算公式为:

经向水汽输送通量:

$$Q_u = -\frac{1}{g}\int_{p_s}^{p_t} Vq\,\mathrm{d}q \tag{1}$$

纬向水汽输送通量:

$$Q_v = -\frac{1}{g}\int_{p_s}^{p_t} Vq\mathrm{d}q \tag{2}$$

式中，p_s为地面气压(即气柱底气压)，这样就去除了地形的影响；取气柱顶气压 p_t=100 hPa；u、v 分别为经向、纬向风速，单位为 m/s；q 为各层大气的比湿，单位为 g/kg；g 为重力加速度。Q 由经向水汽通量 Q_u 和纬向水汽通量 Q_v 组成，单位为 kg/(m·bs)，并规定由西向东、由南向北输送为正，反之为负。先由一日 4 次的资料得到各层各格点水汽通量，进行边长和垂直方向整层积分，然后进行一日 4 次时间积分得到日水汽输送量，因此，其中包含了瞬变扰动的贡献，其单位为 g，然后换算成 t，由此得到月、季、年水汽输送量。

北部山区和南部山区水汽输送量的计算方法与巴州地区相同，只是边界有所不同，见图 1 中绿色边界，在此不再累述。

3　年平均水汽输送特征

3.1　巴州地区

图 2 为巴州地区对流层各层 2000—2014 年年平均各边界、各层水汽输送量。对流低层 1009.97 亿 t、525.66 亿 t、125.93 亿 t 水汽分别从西边界、东边界、南边界流出巴州，2086.5 亿 t 水汽从北边界流入巴州。低层流入巴州的总水汽量为 3851.71 亿 t，总流出量为 3426.79 亿 t，净流入量为 424.93 亿 t。

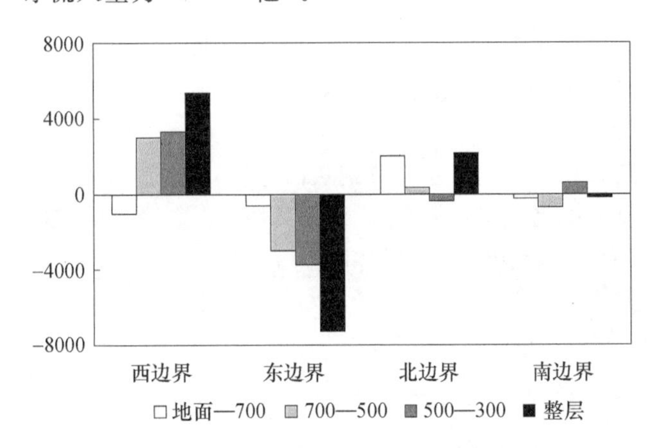

图 2　巴州地区对流层各层 2000—2014 年年平均各边界、各层水汽输送量(单位:亿 t)

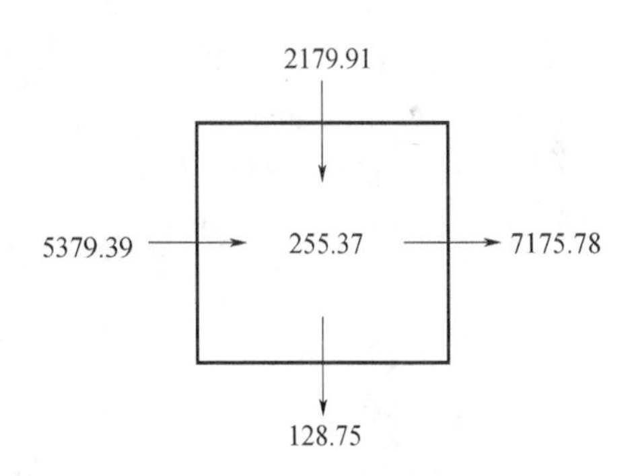

图 3　2000—2014 年巴州地区地面—100 hPa 各边界年平均水汽输送机水汽收支(单位:亿 t)

对流层中层 3036.75 亿 t、348.47 亿 t 水汽分别从西边界、北边界流入，2947.34 亿 t、658 亿 t 水汽分别从东边界、南边界流出。中层流入巴州的水汽总输入量为 5358.08 亿 t，占整个对流层流入量的 48.2%，总流出量为 5578.21 亿 t，占整个对流层总输出量的 51.3%，净流出量达 220.13 亿 t，对流层中层水汽流量最大。虽然水汽在对流层低层最多，但是巴州北部和南部都为山区，海拔较高，阻挡了低层水汽输送，而山脉在中层影响较小，故中层水汽输送量最大。

对流层高层 3352.62 亿 t、655.19 亿 t 水汽分别从西边界、南边界流入巴州，3702.17 亿 t、

255.06 亿 t 水汽分别从东边界、北边界流出巴州，表明对流层高层青藏高原上空有丰富的水汽流入巴州地区。高层流入巴州的水汽总输入量为 4979.76 亿 t，总输出量为 4929.19 亿 t，净流入量为 50.57 亿 t。

对流层整层(地面—100hPa)每年平均有 5379.39 亿 t、2179.91 亿 t 水汽分别从西边界、北边界流入巴州，7175.18 亿 t、128.75 亿 t 水汽分别从东边界、南边界流出巴州，水汽总输入量 7559.30 亿 t，总输出量 7303.93 亿 t，净流入量达 255.37 亿 t。史玉光等研究指出，每年平均有 26114.8 亿 t 水汽输入新疆区域，而巴州地区水汽总输入量达 11123.53 亿 t，占全疆水汽输入量的比例高达 42.6%，说明巴州上空拥有丰富的水汽资源。

巴州地处中纬度地区，天气气候受高、中、低纬环流系统的共同影响，尤其受西风带系统的影响，高纬度北方冷空气南下与低纬暖湿气流在新疆地区交汇，北方冷空气的进入会给巴州带来一部分水汽，同时，低纬度暖湿气流在一定环流条件下也为巴州地区输送了一定量的水汽。对流层高、中、低水汽输送路径有很大的差异，各个小边界在不同层次间存在一定的相互抵消，所以 12 个小边界的总输送量要远大于 4 个大边界的输送量。以上数据分析表明，西边界、北边界为主要水汽流入边界，东边界、南边界为主要的水汽流出边界，东、西边界的水汽输送量远大于南、北边界。巴州北部、南部均为山区，地势阻拦了大量的中、低层水汽。巴州南侧为 3500 m 以上的青藏高原，因此南边界的水汽输送量最小，特别是 700 hPa 以下，南边界的对流层中、高层的水汽输送量较低层明显增大；东边界海拔较低，故水汽输送量最大。

3.2 北部山区

图 4 为北部山区对流层各层 2000—2014 年年平均各边界、各层水汽输送量。从对流层各层的水汽输送量来看，对流层中层的总输入量占到了整层的 63.3%，总输出量占到了整层的 52.7%，中层的水汽为净流入，高层和低层均为流出。

地面—100hPa 每年平均有 1251.03 亿 t、434.54 亿 t 水汽分别从西边界、北边界流入北部山区，1257.37 亿 t、546.27 亿 t 水汽分别从东边界、南边界流出，具体见图 5。各边界的总输入量为 1685.57 亿 t，总输出量为 1803.64 亿 t，净流出量为 118.07 亿 t。

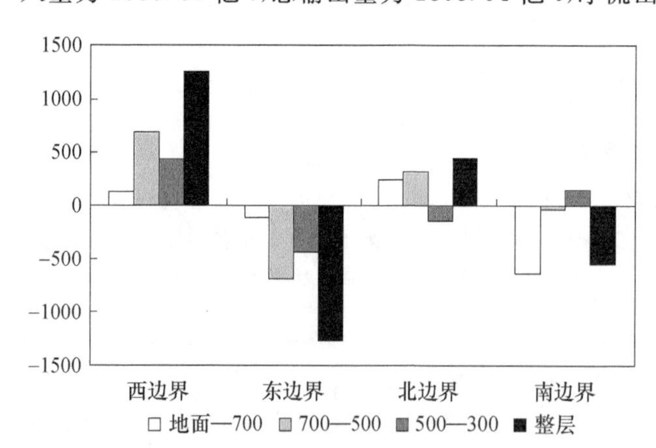

图 4　北部山区对流层各层 2000—2014 年年平均各边界、各层水汽输送量(单位:亿 t)

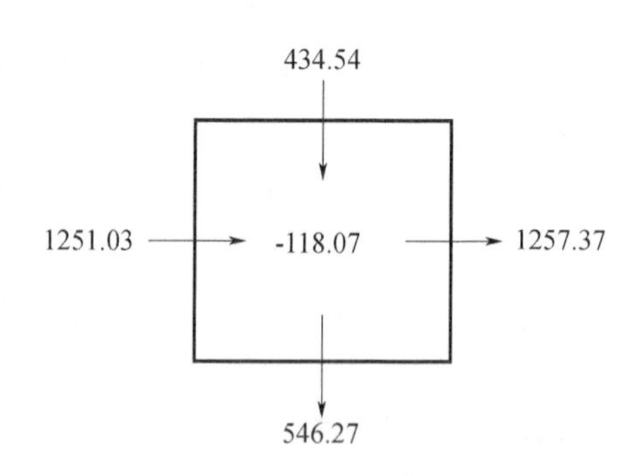

图 5　2000—2014 年北部山区地面—100 hPa 各边界年平均水汽输送机水汽收支(单位:亿 t)

3.3 南部山区

图 6 为南部山区对流层各层 2000—2014 年年平均各边界、各层水汽输送量。从对流层各层的水汽输送量来看，南部山区对流层高层的水汽输入量占整层的 66.6%，总输出量占整层的 75.2%。南部山区海拔较高，中低层的水汽输送被山脉阻挡，所以对流层高层的水汽输送量最大，同时也说明了青藏高原有丰富的水汽流入巴州。

地面—100 hPa 每年平均有 2171.59 亿 t、153.55 亿 t、296.08 亿 t 水汽分别从西边界、北边界、南边界流入北部山区，2347.63 亿 t 水汽从东边界流出，具体见图 7。各边界的总输入量为 2621.22 亿 t，总输出量为 2347.63 亿 t，净流入量为 273.59 亿 t。

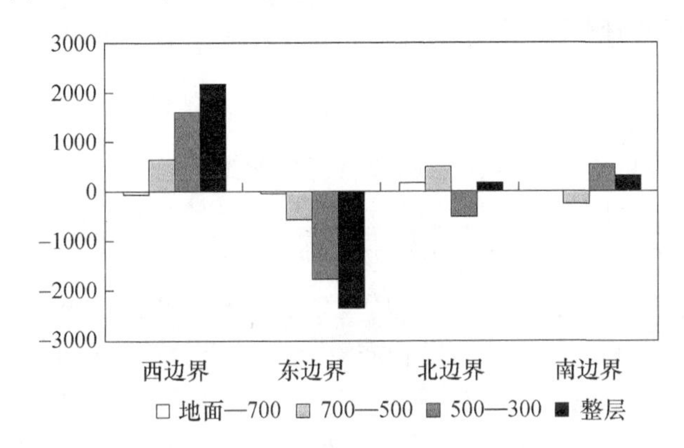

图 6 南部山区对流层各层 2000—2014 年年平均各边界、各层水汽输送量(单位:亿 t)

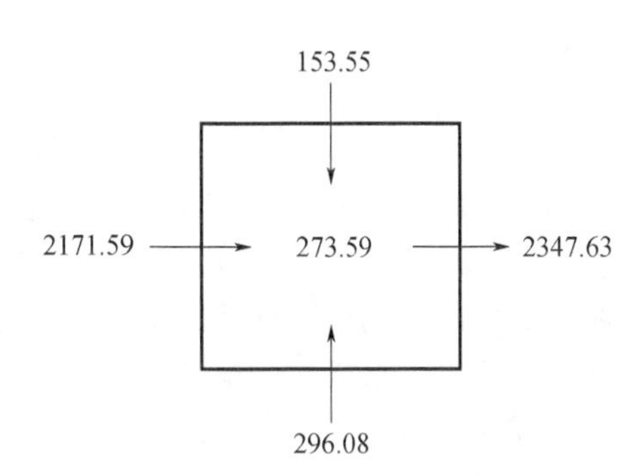

图 7 2000—2014 年南部山区地面—100hPa 各边界年平均水汽输送机水汽收支(单位:亿 t)

4 面雨量及降水转化率

面雨量是一个区域的降水量总和，通常以立方米为单位，它比传统的单点降水量能更加全面客观地描述该区域的实际降水资源状况。使用巴州地区的降水资料，结合 DEM 数据 GTOPO30(global digital elevation model)，使用水平空间分辨率为 30 d，近似 1 km×1 km 的网格资料，对巴州地区面雨量进行计算。

计算得到巴州地区降水分布如图 8 所示，北部山区降水量最大，南部山区稍小，中部盆地降水最少。北部山区面积只占整个巴州地区的 9%，但面雨量却占整个巴州地区的 20.2%；南部山区面积占巴州的 29.3%，面雨量占 58.2%；中部盆地所占面积最大，占 61.7%，面雨量只占全州的 21.6%，具体数值见表 1。由表 1 可见，虽然中部盆地大气可降水量较大，但北部山区和南部山区的降水量远大于中部盆地。

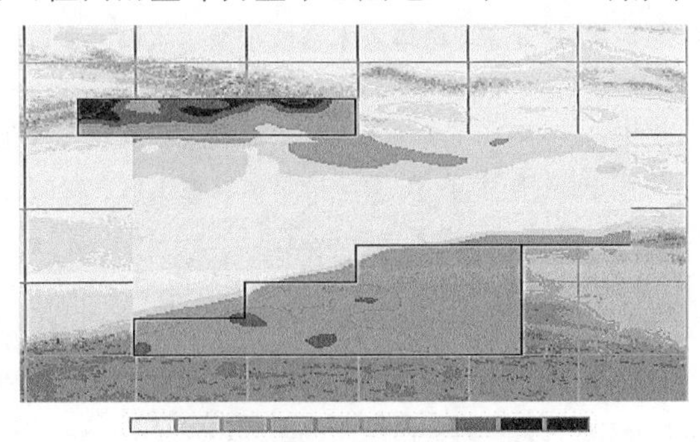

图 8 巴州地区降水分布图(单位:mm)

这里，把降水转化率定义为：降水转化率=面雨量/水汽总输入量×100%，水汽总输入量只取易于进行降水转化的对流层中低层(地面—500 hPa)的水汽输入量，计算降水转化率如表 1 所示。

表1 巴州各区域面雨量及降水转化率

区域	面雨量(亿 m^3)	总输入量(亿 t)	降水转化率(%)	面积(万 km^2)
巴州	704.6	9209.79	7.7	50.7722
北部山区	142.6	2691.4	5.3	4.5932
南部山区	410.1	2388.6	17.2	14.8758
平原	151.9	8320.95	1.8	31.3032

由表1可知,北部山区虽然降水量最大,但降水转化率也只有5.3%,说明北部山区水汽资源非常丰富,还有很大的增水潜力。南部山区的气象资料较少,可能导致面雨量的计算误差较大,造成降水转化率较高,需要进行进一步的研究和验证。

5 小结

利用2000—2014年NCEP/NCAR再分析逐日资料详细地分析了巴州地区、北部山区及南部山区大气不同层次的年平均水汽输入、输出和收支情况;将水汽总输入量与面雨量相比较,得到各个区域的降水转化率,从而来衡量巴州地区、北部山区及南部山区的增水潜力。

本文中的水汽输送量是通过计算完成的,必然存在一定的误差,要对其准确性进行验证,就必须需要空中水资源情况的实测值。在巴州北部山区的巴音布鲁克和巴仑台已建成地基GPS遥感水汽观测站,可以直接观测到实时的大气可降水量数据。下一步计划利用地基GPS遥感水汽观测数据对本文研究结果进行验证,同时对该数据进行进一步的研究,希望能够对北部山区的人工增水工作有更加明确、直接的指标作用。

参考文献

[1] 杨茜,李轲,高阳华. 重庆地区空中水资源的时空分布特征[J]. 气象,2010,**36**(8):100-105.
[2] 黄玉霞,王宝鉴,王鹏祥. 青海高原夏季降水异常及其水汽输送特征分析[J]. 气象,2006,**32**(1):18-23.
[3] 王宝鉴,黄玉霞,陶健红,等. 西北地区大气水汽的区域分布特征及其变化[J]. 冰川冻土,2006,**28**(1):15-21.
[4] 何金海,刘芸芸,常越. 西北地区夏季降水异常及其水汽输送和环流特征分析[J]. 干旱气象,2005,**23**(1):10-16.
[5] 俞亚勋,王劲松,李青燕. 西北地区空中水汽时空分布及变化趋势分析[J]. 冰川冻土,2003,**25**(2):149-156.
[6] 林振耀,郑度. 新疆塔里木盆地东缘水汽输送探讨[J]. 干旱区研究,1992,**9**(2):1-7.
[7] 王旭,王铁,马禹. 新疆对流层中上部水汽输送特征研究[J]. 新疆气象,2001,**24**(2):1-3.
[8] 史玉光,孙照渤. 新疆水汽输送的气候特征及其变化[J]. 高原气象,2008,**27**(2):310-318.
[9] 杨青,刘晓阳,崔彩霞,等. 塔里木盆地水汽含量的计算与特征分析[J]. 地理学报,2010,**65**(7):853-862.
[10] 刘蕊,杨青. 新疆大气水汽通量及其净收支的计算和分析[J]. 中国沙漠,2010,**30**(5):1221-1228.
[11] 张俊岚,刘勇达,杨柳,等. 2008年初南疆持续性降雪天气过程水汽条件分析[J]. 气象,2009,**35**(11):55-63.
[12] 杨莲梅,史玉光,汤浩. 新疆春季降水异常的环流和水汽特征[J]. 高原气象,2010,**29**(6):1464-1473.
[13] 苏志侠,吕世华,罗四维. 美国NCEP/NCAR全球再分析资料及其初步分析[J]. 高原气象,1999(2):84-93.
[14] 史玉光. 新疆降水与水汽的时空分布及变化研究[M]. 北京:气象出版社,2014.

巴音布鲁克山区降水特征及人工增水作业条件分析

迪丽拜尔·艾买提　张克云

(巴音郭楞蒙古自治州气象局,库尔勒 841000)

摘　要　利用巴音布鲁克气象站 2000—2013 年常规地面观测资料中天气现象、降水量、云等分析资料,对巴音布鲁克降水特征及云类特征等进行综合分析,结果表明:巴音布鲁克山区年降水日较多,暖季降水日比冷季多,冷季白天降水日及降水量多于夜间、暖季则夜间多于白天;当天空总云量为 10 或 10^-,才有可能实施人工增水作业,天空低层出现层云等云系时人工增水作业概率较小,出现积雨云等对流云时作业概率大;冷季增雪作业的云结构一般是天空中层出现高层云并且中低层出现层积云,暖季增雨作业一般是中低层出现层积云并有积雨云在发展。

关键词　巴音布鲁克　降水特征　人工增水

巴音布鲁克山区位于天山山脉中部,和静县西北部,是典型的高山高寒草甸草原,也是天山南麓重要的畜牧生产基地。巴音布鲁克山区全年无夏,春秋相连,冷期长,严寒,多冰雪,暖期短,多降水。巴音布鲁克山区还是开都河、孔雀河、伊犁河、渭干河、库车河、库米什河的源头,巴州经济总量和人口总数的 80%以上都在开都河、孔雀河流域,近年来该流域经济建设飞速发展,对水的需求与日俱增,迫切需要在巴音布鲁克山区开展人工增水。巴州人工影响天气办公室自 1996 年开始在巴音布鲁克山区实施人工增水作业,刚开始只是在暖季进行人工增雨,近年来,随着人工影响天气作业规模的扩大,逐步发展到在冷季利用飞机及地面烟炉、火箭进行人工增雪作业。因此,根据不同季节、不同时段的降水出现特点,合理安排作业人员,更大程度的发挥人工增水的作用,是气象部门面临的一个重要问题。杨青等[1]研究了气候变化对巴音布鲁克地表水的影响,陶辉等[2]分析了开都河源区气候变化及径流响应,王维霞等[3]分析了开都河流域上下游过去 50a 气温降水变化特征。以上研究主要从气候变化的角度分析巴音布鲁克山区降水特征,杨柳等[4]分析了天山山区水汽输送气候特征,周雪英等[5]分析了巴音布鲁克山区降水特征。本文利用巴音布鲁克气象站 2000—2013 年地面常规观测资料中的天气现象、降水量、云等资料,分析巴音布鲁克山区的降水分布、形成降水的云状分布的特征,研究产生降水概率最大的时间段及云类,以期减少组织人工增水作业方面存在的盲目性,进一步提高人工增水作业效率。

1　资料与方法

利用巴音布鲁克国家基本气候站 2000—2013 年逐日常规地面观测资料,选取降水量、云状等资料。根据巴音布鲁克山区实际季节特征,分为暖季和冷季,5 月、6 月、7 月、8 月、9 月为暖季,10 月、11 月、12 月及翌年 1 月、2 月、3 月、4 月为冷季。降水时段分为:日降水(20 时—20 时)、夜间降水(20 时—08 时)、白天降水(08 时—20 时)。文中分别统计降水量 0.1 mm 以上为降水日,1.0 mm 以上为具有经济效益的人工增水作业日,10.0 mm 以上为大降水日,24.0 mm 以上为暴雨日。

2 降水特征分析

2.1 降水时段特征

统计2000—2013年巴音布鲁克气象站逐日降水资料,分别统计各级降水年平均日数及每次降水平均降水量,见表1。

表1 2000—2013年巴音布鲁克气象站年平均降水日数及日平均降水量统计

降水等级(R)(mm)	日降水(20—20时)		夜间降水(20—08时)		白天降水(08—20时)	
	降水日数(d)	降水量(mm)	降水日数(d)	降水量(mm)	降水日数(d)	降水量(mm)
$R\geqslant0.1$	124.2	2.4	84.5	1.7	79.0	2.0
$R\geqslant1.0$	59.6	4.7	33.7	3.9	33.7	4.2
$R\geqslant10.0$	6.4	16.4	2.1	14.7	2.6	15.7
$R\geqslant24.0$	0.9	28.9	0.07	25.2	0.07	27.6

由表1可知:巴音布鲁克站日降水量≥0.1 mm年平均降水日数为124.2 d,平均每次降水量达2.4 mm。其中,夜间出现降水的次数略多于白天,但白天降水量大于夜间。降水量≥1.0 mm的降水日数年平均为59.6 d,白天与夜间降水概率相差不大,10 mm以上大降水天气日数年平均6.4 d,大降水出现次数白天略多于夜间,但暴雨天气日数较少,年平均只有0.9 d。

2.2 降水季节特征

2.2.1 冷季降水特征

巴音布鲁克山区冷季时间长,冷季以降雪为主,冷季年平均降水量只有45.0 mm,占全年总降水量的15%。

表2 2000—2013年巴音布鲁克气象站冷季各量级降水统计

项目		日降水(20—20时)				夜间降水(20—08时)				白天降水(08—20时)			
$R\geqslant$		0.1	1.0	10.0	24.0	0.1	1.0	10.0	24.0	0.1	1.0	10.0	24.0
降水日数	1月	6.9	1.4	0	0	4.4	0.6	0	0	4.6	0.6	0	0
	2月	7.9	1.1	0	0	5.0	0.4	0	0	5.1	0.8	0	0
	3月	6.5	1.6	0	0	3.3	0.4	0	0	4.6	1.1	0	0
	4月	7.8	3.2	0.1	0	4.4	1.5	0	0	5.4	1.9	0	0
	10月	5.7	2.4	0	0	3.7	0.8	0	0	4.1	1.6	0	0
	11月	5.4	2.1	0.1	0	3.4	0.6	0.1	0	3.8	1.6	0	0
	12月	7.9	1.4	0	0	4.9	0.4	0	0	5.2	0.9	0	0
	平均	48.1	13.2	0.2	0	29.2	4.7	0.1	0	32.8	8.4	0	0
降水量	1月	0.6	1.8	0	0	0.5	1.6	0	0	0.5	1.7	0	0
	2月	0.5	2.0	0	0	0.3	1.4	0	0	0.5	1.8	0	0
	3月	0.7	2.0	0	0	0.4	1.5	0	0	0.8	2.0	0	0
	4月	1.5	3.2	12.7	0	1.1	2.1	0	0	1.3	3.0	0	0

续表

项目		日降水(20—20时)				夜间降水(20—08时)				白天降水(08—20时)			
$R\geq$		0.1	1.0	10.0	24.0	0.1	1.0	10.0	24.0	0.1	1.0	10.0	24.0
降水量	10月	1.4	2.7	0	0	0.8	2.5	0	0	1.2	2.4	0	0
	11月	1.4	3.2	18.1	0	0.9	3.7	18.1	0	1.2	2.5	0	0
	12月	0.6	1.8	0	0	0.5	1.6	0	0	0.5	1.7	0	0
	平均	0.9	2.6	14.5	0	0.6	2.3	18.1	0	0.8	2.3	0	0

从表2可知，2000—2013年平均每年冷季有48.1 d出现降水，平均每次降水量只有0.9 mm，其中，降水量≥1.0 mm只有13.2 d，平均每月不到2 d；整个冷季只有2 d出现≥10.0 mm降水量，没有出现24 mm以上降水。冷季白天降水次数略多于夜间，白天平均降水量也多于夜间；降水量≥1.0 mm的降水日白天明显多于夜间，白天年平均为8.4 d，夜间只有4.7 d，但平均降水量白天与夜间相同；冷季降水量≥10.0 mm的大降水天气只有夜间出现了1 d，冷季每年2月、4月、12月的平均降水日相对较多，但降水量除4月份相应的偏多外，其他月份偏少，4月份人工增水潜力好于其他月份。以上分析表明，巴音布鲁克冷季能够实施人工增雪作业概率较小，白天比夜间略好。

2.2.2 暖季降水特征

巴音布鲁克山区暖季短，暖季以降雨为主，但暖季降水量比冷季多，暖季年平均降水量为259.3 mm，占全年总降水量的85%。

从表3可知，平均每年暖季的降水日76.1d，平均每次降水量3.4 mm，其中降水量≥1.0 mm有46.4 d，暖季年平均大降水日为6.2 d，24 mm以上暴雨日每年平均只有0.9 d。暖季夜间降水次数略多于白天，降水量≥1.0 mm的降水日也是夜间多于白天，降水量10 mm以上大降水日白天多于夜间，24 mm以上降水白天夜间各出现1d。暖季夜间比白天的降水次数多，但白天降水量大于夜间。暖季降水集中出现在6月、7月、8月，各量级降水的平均降水量也多于其他月份，大降水天气出现次数相对较多，人工增水潜力大、效果最佳。

以上分析表明，暖季人工增水潜力比冷季大、条件比冷季好、其中暖季的6月、7月、8月最佳，暖季夜间人工增水作业降水的概率大于白天，但作业效果白天好于夜间。

表3 2000—2013年巴音布鲁克气象站暖季各量级降水统计

项目		日降水(20—20时)				夜间降水(20—08时)				白天降水(08—20时)			
$R\geq$		0.1	1.0	10.0	24.0	0.1	1.0	10.0	24.0	0.1	1.0	10.0	24.0
降水日数	5月	12.9	6.6	0.2	0	9.4	3.5	0.1	0	7.5	3.1	0	0
	6月	18.0	11.3	1.6	0.2	13.5	7.6	0.8	0	10.4	5.4	0.6	0
	7月	19.5	13.2	2.3	0.4	14.8	9.0	0.6	0.1	12.4	7.2	0.9	0
	8月	15.4	9.4	1.6	0.3	10.6	5.8	0.5	0	9.9	5.7	0.7	0.1
	9月	10.4	5.8	0.6	0	6.9	3.0	0.1	0	6.1	3.7	0.4	0
	平均	76.1	46.4	6.2	0.9	55.3	28.9	2.1	0.1	46.2	25.4	2.6	0.1

续表

项目		日降水(20—20时)				夜间降水(20—08时)				白天降水(08—20时)			
$R\geqslant$		0.1	1.0	10.0	24.0	0.1	1.0	10.0	24.0	0.1	1.0	10.0	24.0
降水量	5月	1.8	3.2	11.7	0	1.3	2.9	10.4	0	1.5	2.8	0	0
	6月	3.6	5.5	17.5	31.2	2.7	4.6	14.9	0	2.7	4.8	15.9	3.6
	7月	4.1	5.8	16.0	27.2	2.7	4.2	14.6	25.2	3.2	5.3	15.5	4.1
	8月	3.9	6.2	16.9	27.1	2.7	4.7	16.1	0	3.2	5.3	15.9	3.9
	9月	2.9	4.9	15.8	0	1.8	3.7	12.3	0	2.9	4.5	15.3	0
	平均	3.4	5.3	16.4	28.2	2.4	4.2	14.8	25.2	2.8	4.8	15.7	3.4

3 云特征分析

云是降水的前提条件,不同云量、云类、云状形成的降水也不同。巴音布鲁克山区由于缺乏雷达观测资料,实时观测云的特征对人工影响天气作业指挥较为重要。

3.1 降水的云量特征

云量>9成,即总云量为10或10^-,表示天空完全为云所遮蔽或仅从云隙中可见晴天。2000—2013年巴音布鲁克气象站总云量资料统计,出现云量>9成的日数占72.4%,云量≤9成的日数只占27.6%,从云量条件来看巴音布鲁克山区有利于开展人工增水作业。

从表4可以看出,当总云量>9成时,总计出现0.1 mm以上降水日数1645 d,占全部降水日数的94.6%,降水量1.0 mm以上降水日数809 d,占97%;当总云量>9成时,在冷季出现降水的概率30.7%,达到1.0 mm以上降水的概率仅为8.6%,暖季有60.6%的概率能够出现降水,达到1.0 mm以上降水的概率仅为38.1%;当总云量≤9成时,出现1.0 mm以上降水的概率仅为1.8%,而且多出现在暖季,一般是局地对流性降水。

因此,巴音布鲁克山区实施人工增水作业前提条件一般是要求云量布满全天。在暖季当天空出现云量>9成时,能够成功实施人工增雨作业的概率较大,为38.1%,冷季较小,仅为8.6%。

表4 2000—2013年巴音布鲁克气象站总云量及降水统计

项目	云量>9			云量≤9		
	日数(d)	降水≥0.1mm日数(d)	降水≥1.0mm日数(d)	日数(d)	降水≥0.1mm日数(d)	降水≥1.0mm日数(d)
冷季	2113	648	182	859	25	3
暖季	1644	997	627	498	69	22
合计	3557	1645	809	1357	94	25

3.2 降水的云类特征

人工影响天气作业大多是针对中低云系实施催化,巴音布鲁克山区形成1.0 mm以上降水大多是总云量达到10或10^-成,因此,统计巴音布鲁克气象站2000—2013年总云量>9成的中、低云类特征。

从表5可以看出，中高云类高积云(Ac)及高层云(As)出现不多，主要是当低云量为10或10⁻成，下层的云遮盖上层的云，无法判别上层的云状，中高云的云底距地面往往很高，一般难以产生降水。

层云(St)产生1.0 mm以上降水的概率极小，碎层云(Fs)出现1.0 mm以上降水共计204次，其中203次是碎层云与层积云同时出现。层积云是出现最多的云类，冷季能够形成1.0 mm以上降水的概率为10%，暖季降水概率达41%。

积雨云(Cb)和积云(Cu)属对流云，是暖季主要降水云系，冷暖季节转换时也有积云或积雨云出现降水；积雨云形成1.0 mm以上降水的概率为44%，是人工增雨的主要目标云系。

表5　2000—2013年巴音布鲁克气象站总云量>9成的中、低云类特征

云类	冷季		暖季		合计	
	日数(d)	降水≥1.0mm日数(d)	日数(d)	降水≥1.0mm日数(d)	日数(d)	降水≥1.0mm日数(d)
As	308	97	109	41	417	138
Ac	188	9	252	93	440	102
St	121	6	9	2	130	8
Fs	501	36	324	169	825	205
Sc	1639	171	1446	597	3085	768
Cb	155	40	1133	530	1288	570
Cu	297	42	1373	466	1670	508
As-Sc	272	89	102	40	374	129
Ac-Sc	169	9	238	92	407	101
Fs-Sc	425	36	315	168	740	204
Cb-Sc	138	38	1026	503	1164	541
Cb-C	116	24	961	406	1077	430

3.3　降水云的演变特征

由表5可知，中高云出现1.0 mm以上降水共计240次，其中有230次是中高云下有层积云(Sc)，中高云出现时随着云系的发展与加强，当中低层出现层积云，形成As-Sc或Ac-Sc云层结构，才能够实施人工增水作业；积雨云大多由积云发展形成或积雨云消散时形成积云，积雨云还多与层积云同时出现，积雨云没有层积云相伴形成1.0 mm以上降水的概率只有5%。冷季形成的182次1.0 mm以上降水，其中，As-Sc云结构89次，占49%；暖季形成的627次1.0 mm以上降水，其中，Cb-Sc云结构503次，占80%。

以上分析表明，冷季人工增雪作业主要针对的云类是中层出现高层云并且中低层出现层积云；暖季人工增雨作业主要针对的云类是中低层出现层积云并有积雨云在发展。

4　小结

(1)巴音布鲁克山区降水日较多，年平均降水日达124.2 d，有利于人工增水作业的1.0

mm 以上降水天气日数达 59.6 d,云量>9 成的日数占 72.4%,巴音布鲁克山区开展人工增水作业条件较好。

(2)巴音布鲁克山区冷季时间长,降水少,冷季适宜人工增雪作业天气日数少,年平均只有 13.2 d,冷季白天适宜人工增雪作业概率明显大于夜间,有利于人工影响天气作业安全;暖季适宜人工增雨作业天气日数年平均为 46.4 d,暖季增雨作业机会夜间多于白天,但作业效果白天好于夜间。

(3)巴音布鲁克山区实施人工增水作业要求天空总云量为 10 或 10^-;低层出现层云(St)等云系人工增水作业概率较小,出现积雨云(Cb)等对流云作业概率大。

(4)冷季增雪作业的有利云条件一般是天空中层出现高层云并且中低层出现层积云,暖季增雨作业一般是中低层出现层积云并有积雨云在发展。

参考文献

[1] 杨青,崔彩霞. 气候变化对巴音布鲁克高寒湿地地表水的影响[J]. 冰川冻土,2005,**27**(3):397-403.

[2] 陶辉,王国亚,等. 开都河源区气候变化及径流响应[J]. 冰川冻土,2007,**29**(3):413-417.

[3] 王维霞,王秀君,姜逢清,等. 开都河流域上下游过去 50a 气温降水变化特征分析[J]. 干旱区地理,2012,**35**(5):746-753.

[4] 杨柳,杨莲梅,汤浩,等. 天山山区水汽输送气候特征[J]. 沙漠与绿洲气象,2013,**7**(3):21-25.

[5] 周雪英,段均泽,李晓川,等. 1960—2011 年巴音布鲁克山区日降水变化趋势与突变特征分析[J]. 沙漠与绿洲气象,2013,**7**(5):19-24.

[6] 陈豫英,李艳春. 宁夏三类降水云的时空分布及环流特征分析[C]//中国气象学会 2006 年年会人工影响天气作业技术专题研讨会分会场论文集. 2006.

人工增雨、防雹效益评估

近10年甘肃春季飞机人工增雨经济效益评估

尹宪志[1] 徐启运[1] 张丰伟[1] 庞朝云[1] 张建辉[2] 张 龙[2]

(1. 中国气象局兰州干旱气象研究所、甘肃省干旱气候变化与减灾重点实验室/
中国气象局干旱气候变化与减灾重点实验室,兰州 730020;
2. 甘肃省人工影响天气办公室,兰州 730020)

摘 要 分析了我国人工增雨效益评估现状,在对甘肃空中云水资源及人工增雨潜力评估的基础上,根据2004—2013年春季(3—5月)甘肃省飞机人工增雨作业资料,采用静态评价指标,重点评估了飞机人工增雨的直接经济效益。研究表明,随着甘肃人工增雨作业科技水平的不断提高,2004—2013年春季飞机人工增雨作业平均增水量为4.07亿t,经济效益为3 649.89万元,10年年平均投入产出比为1∶30。为甘肃发展现代农业,促进农民增收和保护生态环境等方面发挥了重要作用。

关键词 飞机 云水资源 人工影响天气 经济效益 评估

1 引言

水是地球生物赖以生存的物质基础。我国水资源总量为2.8亿 m^3,占全球水资源的6%,是全球13个人均水资源最贫乏的国家之一。目前,我国仅灌区每年就缺水300亿 m^3 左右。20世纪90年代年均农田受旱面积耕地面积0.27亿 hm^2,年平均粮食减产逾200亿kg,占总产量的比例则达到4.7%,干旱缺水成为影响农业发展和粮食安全的主要制约因素[1]。甘肃省平均每年因气象灾害造成的经济损失占GDP的4%～5%,高于全国平均水平。平均每年气象灾害造成农业受灾面积113.3万 hm^2,占播种面积的32%,成灾面积80万 hm^2,占播种面积的23%。在气象灾害中,干旱灾害占气象灾害受灾面积的56%,居首位。20世纪90年代以来,在全球气候变暖的背景下,全省降水量呈偏少趋势,干旱发生频率加快,尤其是大旱发生的次数更加频繁。如果说能源安全是当今主要的全球问题之一,那么在气候变暖背景下水资源安全将上升到首位。水是战略资源,水安全是整个国家安全体系中的重要一环[2]。

人工影响天气是人类运用现代科学技术,在适宜的地理环境和天气条件下,经由人工干预,在云体的适当部位、适当的时机,采取科学的人工催化作业,使天气过程向期望方向发展,可以获得增加降水量、预防或减轻干旱等灾害损失[3]。开展人工影响天气工作,不仅是农业抗旱减灾的需要,也是水资源安全保障、生态建设的需要,对促进经济社会的可持续发展,具有十分重要的意义。

我国人工影响天气始于20世纪50年代。1958年4月顾震潮教授在祁连山筹建地形云催化降水试验及综合考察,7月中科院兰州寒旱所(原高原大气所)与甘肃省气象局共同进行了18次飞机观测与催化试验,同年8—9月吉林省遇到60年未遇的特大干旱,为缓解旱情进行了20架次飞机人工增雨试验作业。另外,武汉、南京和河北等地也开展了飞机人工增雨、消雾等试验,从而揭开了我国人工影响天气的序幕[4]。50多年以来,我国人工增雨有了很大的发展,取得了许多成果[5-6]。特别是人工增雨和防雹概念模型、云模式、探测和作业技术、关键装备研发(如飞机云雨粒子探测系统、多种雷达和微波辐射计系统、卫星和地面测云和测雨系统等)等科研成果投入业务应用,有效提升了人工增雨等的监测预报和科学作业能力。随着高性能飞机的投入使用,播撒技术和催化剂配方的不断研发改进,人工影响天气作业装备整体水平有了明显的发展和提高[7]。我国人工增雨(雪)等作业规模已居世界前列,已成为各级政府气象防灾减灾重要而有效的手段之一,每年取得的经济效益十分显著。

由于自然降水变率很大,自从人工影响天气开展以来,人工催化作业的效果评估一直是科学难题。人工增雨效益评估包括人工增雨效果检验评估和经济效益评估[8]。其中科学客观的人工增雨效果检验评估是经济效益评估的基础,是检验人工增雨效果的重要内容,它对提高催化剂(碘化银、干冰和液氮等)的播撒水平、验证及改进人工增雨理论和方法都非常重要。目前,我国人工增雨效果评估成果较多,但是对人工增雨经济效益评估研究较少。鉴于经费投入是人工增雨事业发展的基础,本文分析了人工增雨效益评估现状,在对甘肃空中云水资源及人工增雨潜力评估的基础上,采用 2004—2013 年春季(3—5 月)甘肃省飞机人工增雨作业的实时资料,结合国内有关经济效益评估方法,分析得出甘肃春季飞机人工增雨减灾经费投入产出比,为推动我国人工增雨等业务的发展提供了科学依据。

2 人工增雨效益评估现状

2.1 人工增雨效果检验评估

人工增雨效果检验的主要评估对象是地面降水。由于人工增雨效果评估的主要困难源于天气特别是降雨的巨大自然变差,播云产生的效果往往小于自然变化引起的起伏变动,要把增雨效果从这些自然噪声中检验出来就变得极为困难。所以,对于人工增雨效果检验就不可避免地要求助于统计检验。

现有人工增雨作业效果检验评估中,非随机化试验方案是建立在自然降水的统计上,采用对比区或历史相似天气的降水,应用统计学方法,来检验作业区的增雨效率。如曾光平等[9]利用区域对比试验、历史回归试验、古田水库人工增雨随机试验等,并取得了很好的检验效果;姚展予等[10]用区域控制法对该地区 1997 年的人工增雨效果进行了评估,均取得了较好效果;高子毅等[11]研究表明,乌鲁木齐河流域在 9a 试验期内,以 0.05 的统计显著性水平检测出仅为历史期平均流量 4.3%的人工增雨效果,明显提高了统计检验的功效;常有奎[12]根据 2001 年秋季青海湖环湖地区秋季人工增雨的综合效果分析表明,秋季降水越多,环湖区土壤水分贮存量越多,翌年土壤墒情越好、牧草返青越早且牧草产量越高;张阳等[13]对 1997 年黄河上游地区龙羊峡水库人工增雨效果,采用垂向混合产流模型进行效果评估;钱莉等[14]采用非随机试验,运用序列试验法、区域对比试验法、区域双比试验法和区域回归试验法,分析了 1997—2004 年 5—9 月河西走廊东部武威市的人工增雨作业效果表明,实施人工增雨作业后,8a 平均累计增加降雨量 131.5 mm,平均相对增雨率为 26%。

2.2 人工增雨经济效益评估

经济学意义的效益,是指在经济社会活动中投入与产出的比较。主要包括资金占用、成本支出与有用生产成果之间的比较。经济效益评价指标主要为 2 类:第一类是静态评价指标,如静态投资回收期、投资收益率等;第二类是动态评价指标,考虑资金的时间因素,如动态投资回收期、净现值、内部收益率等。

近年来,我国气象服务(包括天气预报、人工增雨等)的投入产出比从1982—1984年的1∶15～1∶20,到2006年已经扩大到1∶30～1∶51,对GDP的贡献率也达到1.07%～1.17%。由于人工增雨作为一种减灾措施虽然已在我国广泛开展,但是人工增雨经济效益评估研究比较少,现有分析大多根据实际需要进行,重点以人工抗旱增水的经济效益为主。主要包括人工增雨中增加的地表水效益、水库蓄水灌溉及发电的经济效益、人工增雨后农作物增产获得的经济效益等。李南声[15]提出了人工增水效益评估改进方法,薛晓萍等[16]通过分析山东降水与主要农作物产量的关系,得到降水对作物产量的动态定量贡献,并定量评估人工增雨对农作物的直接经济效益;张春红等[17]在新安县人工增雨效益评估中,根据人工增雨增加的地表水、受益耕地和其他行业受益统计数据,计算了高炮人工增雨的经济效益;张维祥等[18]利用浙江省新昌县人工增雨资料,根据降水对茭白产值的贡献,计算了农业抗旱型人工增雨作业的经济效益;唐林等[19]通过对湖南省夏季7次大型水库人工增雨作业期库区增水总量,采用水电耗水率计算法对效益进行评估;余芳等[20]采用"区域雨量对比法"进行人工增雨作业效益评估;刘丹丹等[21]在义乌市人工增雨经济价值的估算中,从水资源经济价值的角度,采用效益分摊系数法,得到人工增雨对种植业、工业、建筑和第三产业经济效益的分摊系数分别为0.345、0.058、0.022和0.083。其中人工增水的受益种植业为第一,其次是第三产业,工业和建筑等行业为第三。所以,人工增雨经济效益评估应当重点考虑种植业和第三产业。

人工增雨效益,主要通过趋利和避害两方面的功能对经济、社会、生态环境和人类活动起作用[22]。因此,人工增雨作业的总效益为:

$$y=\sum_{i=1}^{n}(E_i+S_i+P_i+O_i) \tag{1}$$

式中,y为人工增雨的总效益,E_i为经济效益,S_i为社会效益,P_i为生态效益,O_i其他效益。从人工增雨效益的属性来看,社会效益和生态效益不易量化,一般只做定性分析,而经济效益则可通过数学方法进行定量分析。公式(1)可以简化为:

$$y_{\mathrm{p}}=\sum_{i=1}^{n}E_i=\sum_{i=1}^{n}(\Delta r_i\times\Delta s_i)L \tag{2}$$

式中,y_{p}为人工增雨经济效益评估结果,Δr_i为某次人工增雨作业所增加的雨量(mm),Δs_i为该次人工增雨作业面积(hm^2);i为作业序号,共作业n次;L为水的价格(元/m^3)。

如果各次增雨作业效果相差不大,则可简化为:

$$y_{\mathrm{p}}=G_1+G_2+30\% \tag{3}$$

式中,G_1为人工增雨中增加的地表水效益;G_2为其他受益效益(含增加水库蓄水、保障城镇和工农业用水、改善生态环境、降低病虫害发生率等),30%为水利和统计部门用于计算其他受益效益常用的统计值[17]。

3 甘肃空中云水资源及人工增雨潜力

3.1 天气气候特点

甘肃省地处青藏高原、黄土高原以及蒙古高原交汇地带,是气候变化的敏感区和生态环境的脆弱区。甘肃气象灾害种类繁多,损失严重,干旱、冰雹、高温和局地暴雨等气象灾害占全省自然灾害的88.5%以上,高出全国平均状况的18.5%。其中干旱灾害占气象灾害受灾面积的56%,居首位;大风和冰雹造成的灾害占气象灾害受灾面积的17%,位居第二。甘肃是国家“两屏三带”生态安全屏障的重要组成部分,在全国稳定大局和生态安全战略格局中具有重要的地位。

甘肃水资源匮乏,年均降水量300 mm左右,但各地降水量差异很大(为42～760 mm),冬春季降水最少(约占全年降水的23%左右),降水主要集中在6—9月,全省干旱区降水量小于300 mm的面积占到全省面积的46.6%[23]。甘肃春季平均降水量具有明显的空间差异,最少的是敦煌气象站为0.7 mm,最多的是康县气象站为169.8 mm,其空间分布特征是东南部多,西北部少。在时间分布上,其年际间变化振幅十分明显,最小值出现在1995年为38.9 mm,最多年是1998年为134.2 mm,是最少年的3倍多。王位泰等[24]通过对甘肃陇东黄土高原夏半年降水及对作物产量的影响研究表明,干旱地区适时的降水与农作物增产呈正相关,上年7—10月和当年4—6月多雨使冬小麦产量增加420～720 kg/hm^2,相反,少雨会减产180～660 kg/hm^2。特别是近54年来甘肃河东地区气温呈明显的上升趋势,年平均气温倾向率为0.26 ℃/(10a),相反年平均降水量呈减少趋势(平均减少12.01 mm/(10a)的背景下[25],干旱和半干旱地区降水量的变化直接关系到农业产量的丰歉。

多年来,频繁发生的干旱、高温等气象灾害,成为制约甘肃经济发展的重要因素。因此,春季开展飞机人工增雨是气象为农业抗旱服务的一个重要手段,也是补充自然降水不足,开展抗旱春播,保障农业生产、植树造林和城市供水等的有效措施。

3.2 云水资源利用潜力评估

水资源虽然是一种再生性资源,但人类可利用的淡水资源十分有限,只占全球总水量的2.57%。云水资源是指贮存在云体中通过天然降水或人工降水可利用的水分资源。云对大气起着重要的动力和热力作用。云的含水量多少因云的种类、发展阶段和在云中所处的部位的不同有很大差异,不同降水性云体中转化成自然降水的水量占凝结水量的20%～80%。通过人工改变云的微结构可增大云中降水所占的比例,从而增大降水量。

飞机人工增雨就是开发利用空中云水资源、缓解水资源短缺的一种有效新途径。人工增雨方法是向云雾中播撒干冰(固体二氧化碳)、碘化银等催化剂,使云层中产生很多人工冰晶,从而让细小的水滴能围绕“人工冰晶”凝结长大,最终成为雨水降落地面。史月琴等[26]指出,人工冰晶的引入使得大量过冷雨滴快速转变为霰粒,霰粒通过淞附云水和碰并雨滴过程增长,使降水提前发展,之后霰粒的融化使地面雨量增加。由于自然云系的多变性和复杂性,因此准确识别冷云催化潜力,有助于提升人工影响天气作业的科学水平。多年来,我国飞机人工增雨率的试验表明,北京为6%～25%,吉林、陕西、河北和江西等为24.1%～51.8%,其中积状云比层状云高。

云水含量的计算公式为:

$$W = \frac{1}{\rho g}\int_{H_b}^{H_t} q\mathrm{d}h \tag{4}$$

式中,W为云水含量(kg/m^2),q为比湿(g/kg),h为高度(m),ρ为液态水密度(g/m^3),g为重力加速度(m/s),H_b为云底高度(m),H_t为云顶高度(m)。

云水含量在空中的分布和云的降水潜力与天气过程有密切的关系，了解云水含量对提高我国人工增雨能力具有重要的意义。同时，云中含水量分布还是判断人工增雨潜力的重要指标。研究表明，我国平均年云水资源约为 22×10^{12} t，是年平均降水量的近4倍，降水效率仅28%左右(西北地区仅15%左右)，正是由于云中降水的形成受很多因子制约，凝结出的云水不能全部转化成自然降水，每年有72%云水资源流出我国上空[27]。崔玉琴[28]计算了1981—1986年西北地区云水资源表明，西北地区暖季(4—10月)云水资源为1 011.01亿 m^3，寒季(11月—翌年3月)为399.19亿 m^3，其中6—8月是云水资源输入的最大季节，年均为1 560.56亿 m^3；而9—10月是输出季节(年均−858.45亿 m^3)。

甘肃各地空中平均水汽含量(图1)，夏季最多(6—8月分别为17.8 kg/m^2、23.5 kg/m^2 和22.3 kg/m^2)，秋季和春季次之，冬季最少(为3.5～4.0 kg/m^2)。从地理分布看西南部最多(武都区为19.5 kg/m^2)，西北部最少(马鬃山为2.7 kg/m^2)。其中2—7月是水汽含量的增长期，8月—翌年1月是递减期，空中云水资源潜力平均为72.8%[29]。甘肃大云滴含水量占对云中总液态水的80%以上，小云滴的贡献为10%，降水效率的时空变化较大，平均降水率仅11%，因此有较大的人工增雨潜力。

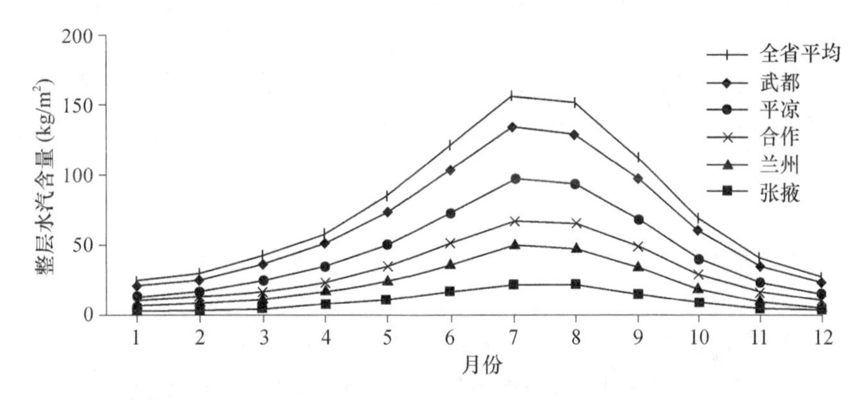

图1 甘肃省各地各月整层水汽含量(kg/m^2)

3.3 人工增雨潜力分析

研究表明，人工增雨潜力(η)的大小是影响人工增雨效益高低的关键因素。人工增雨潜力，是指空中云水资源可能形成降雨的潜力。计算公式为：

$$\eta=1-e \tag{5}$$

式中，e 为降水效率，指地面总降水量与空中云水含量之比。e 的计算公式为：

$$e=\frac{P_w}{P_v} \tag{6}$$

式中，P_w 为降水量(mm)，P_v 为云水含量(mm)。

我国各地云液水(liqud water content，LWC)含量在低层均最为丰沛[30]，随高度增加而减小，平均值小于0.35 g/m^3；液相粒子有效半径平均值整层都在10 μm左右。云冰水含量的平均值小于0.1 g/m^3，层状云随高度呈增加趋势，对流云随高度先增加后减小，两类云中最大的云冰水含量分别在中高层和7 km高度附近；冰相粒子有效半径的平均值为60～90 μm。其中层状云中过冷水多的区域是丰水区，丰水区的分布是人工增雨催化作业关注的云微观特征之一。

甘肃春夏秋季节分布在0~2 km的低云所占比例超过34.9%[31],不透明云出现的频率高达33.5%以上;而冬季主要以4~6 km的云分布居多(35.1%)且不透明云较少(7.8%);所有高度云的色比呈单峰分布且峰值集中在1.8~2.6范围内;所有高度云的退偏比呈双峰结构,结合6 km以上云退偏比的单峰结构,可将0.2~0.25区间的退偏比值作为区分水相云和冰相云的判断依据。

通过2000—2009年夏季西北地区整层大气水汽的时空分布分析表明[32],西北地区夏季大气可降水量和水汽通量分布呈两头多、中间少。700—200 hPa的水汽通量值比地面—700 hPa的大;西北地区整层水汽通量呈线性增加,整层水汽通量的年变化趋势基本上可以指示地面降水的年变化趋势。利用美国NASA Langley研究中心提供的云和地球辐射能量系统(CERES)[33],单个卫星视场大气顶/地面通量和云(SSF)的Aqua卫星2002年7月至2004年6月的云水路径和冰水路径资料,分析中国西北地区降水效率和人工增雨潜力表明,西部干旱区降水与高层云相关较好,而东南部季风区则与低层云相关好。整个西北区以低云的云水路径与降水量相关系数最高,平均$R^2=0.8459$。西北地区春季云系的垂直结构宏微观特征表明[34],西北地区春季降水性层状云中,低云(Sc)平均云厚(为1990 m)、云底高度(为3230 m)、云粒子浓度(为86.4 cm^{-3})、含水量(为0.07g/m^3)、有效半径(为12.9 μm);中云(As、Ac)平均云厚(为4920 m)、云底高度(为1810 m)、云粒子浓度(为22.4 cm^{-3})、含水量(为0.03g/m^3)、有效半径(为31.8 μm)。对比分析降水云和非降水云系的微物理特征量,两者存在显著的差异,降水性层状云有效半径要达到10~16 μm。

对2004年6月12日甘肃河西地区层状云的云物理飞机探测分析表明[35],此次云系为Ac-Sc结构,云中微物理量的垂直和水平变化均具有明显的不均匀性,整个探测过程中,FSSP-100所测云粒子的浓度和平均直径变化范围分别为0.1~232.6 cm^{-3}和3.5~45.5 μm,OAP-2D-GA2所测云粒子浓度及平均直径变化范围分别为0.01~116.7 cm^{-3}和32.2~995.7μm。通过2006、2007年7月、8月甘肃13架次不同天气系统云系的粒子浓度、尺度和云液态含量特征分析表明,FSSP-100探测的小粒子浓度平均值为4.43×10^7 m^{-3},平均直径为7.6线μm,2DC探测的大粒子和冰晶浓度平均值为2.19×10^4 m^{-3},直径平均值为186 μm,2DP探测的降水粒子浓度平均值为1.10×10^3 m^{-3},直径平均值为611 μm。其中河西云系中液态水含量最少,陇东最大,中部云系含水量大小主要受西南气流的影响。

甘肃层状云中液态水含量变率较大,其中夏季过冷水含量最大值和平均值都较大,最大值达0.482 g/m^3(2006年8月17日),仅次于河北,平均值范围为0.007~0.172 g/m^3,大于其他省份,可见,甘肃省夏季层状云中过冷水含量比较丰富。其中13架次观测中最大含水量大于0.1 g/m^3的有12架次(为92%),平均含水量大于0.05 g/m^3的有9架次(为69%),说明大部分云系都有较丰富的过冷水,有较大的人工增雨潜力。

总之,按照现有人工增雨技术水平,如果能够充分开发我国的空中云水资源,每年人工增雨的潜力约为2 800亿t,西北地区仅暖季(4—10月)的人工增雨潜力约为151.65亿t。近15年来祁连山和青海所在的高原气候区云水资源呈上升趋势[36],其中总光学厚度和总云水路径分别约上升了0.8 g/m^3和16.4 g/m^3。因此,加大黄土高原、祁连山和天山等高云水资源地区的人工增雨(雪)作业水平,不仅能够改变当地水资源短缺现状,保障粮食和国家生态安全的同时,有利于促进国家生态屏障保护建设和地方经济社会发展。

3.4 人工增雨效率及作业临界指标

甘肃降水的天气系统主要有低槽、冷锋、低涡、切变线等，其中低槽、冷锋是主要影响系统。由于不同天气系统对降水量的贡献不同。大范围层状云系内部具有非均匀性结构特征，造成地面降水的不均匀分布。西北区域云系多以冷云为主，兼有部分冷暖混合云。甘肃云水资源转化为有效降水的天气过程分析结果表明(表1)，适合飞机人工增雨作业的天气类型主要包括高原低槽型、西南气流型、北方低槽型、西北气流型、平直气流型(图2)。其中高原低槽型(占28.7%)，在人工增雨区内平均日降水时间为6.3～8.8 h，在西峰、天水地区的降水率为90%～96%，平均飞行高度5388 m，飞机入云率为74%，因此，最适合在陇东及陇南地区进行人工增雨作业。另外，西南气流型(降水率最高为69%～99%)和平直气流型(降水率最低为75%～81%)，最适合在兰州以东地区进行人工增雨作业；而北方低槽型，最适合在甘肃河西及中部地区进行人工增雨作业。

表1 甘肃飞机人工增雨作业天气分型与降水率

环流分析	占比(%)	平均日降水时间(h)	降水率(%)	平均飞行高度(m)	飞机入云率(%)	适应人工增雨区域
高原低槽型	28.7	6.6～8.8	90～96	5388	74	陇东及陇南
西南气流型	19.0	6.2～8.9	65～99	5421	95	兰州以东
平直气流型	12.9	4.5～6.9	75～81	5346	56	兰州以东
西北气流型	18.1	4.6～5.7	79～89	5346	79	陇东及陇南
北方低槽型	21.6	3.8～7.0	65～96	5457	95	河西及中部

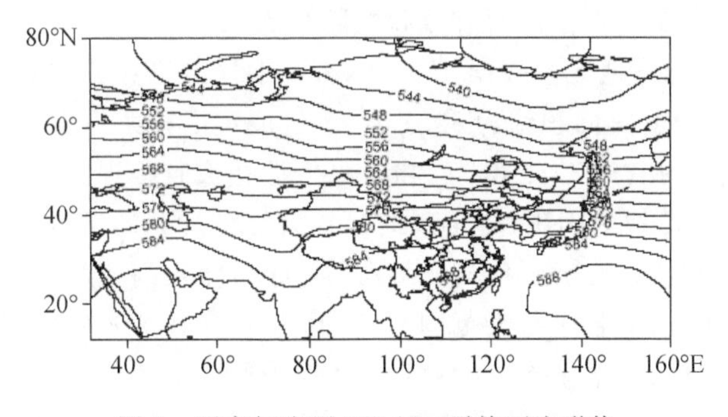

图2 西南气流型500 hPa平均环流形势

甘肃5类天气类型中以高原低槽型和西南气流型为主(占47.7%)、西北气流型和北方低槽型次之(占39.7%)、平直气流型最少(占12.9%)。在甘肃2006年、2007年7月和8月夏季13架次飞机人工增雨作业中，西南气流型为7次(占54%)，高原低槽型为2次，西北气流型为4次。各天气分型的云粒子分布不均衡，其中2007年8月23日FSSP探测的云粒子浓度最大(为$1.33\times10^{8}\ m^{-3}$)，比大部分架次高一个量级；西南气流型的2006年8月12日FSSP探测的云粒子浓度最小(为$1.36\times10^{6}\ m^{-3}$)比大部分架次低一个量级，平均直径也较小。总之，在5类不同分型的天气系统背景下，云粒子结构分布不均匀，但粒子尺度和浓度量级相当。高原低槽型天气过程云层中含水量相对丰富，平均值为$0.151\ g/m^{3}$，比西北气流型和西南气流型观测的平均值大一个量级;西北气流型云层中小云粒子数量相对较多,平均直径较大,而冰晶粒子数量较少;西南气流型云层中小云粒子的浓度和尺度均相对均较小。

由于空中云降水机制的复杂性以及受地理环境、气候条件等因素影响,各地的云系都不尽相同,因此,要提高飞机人工增雨效果,就必须在天气系统发展过程中探寻合适的云降水结构,建立适宜的飞机人工增雨作业临界指标,提前24小时为人工增雨作业区域的选择和航线设计提供监测依据,从而达到早预报、科学决策、高效益实施人工增雨作业的目的。

根据多年飞机人工增雨作业天气预报、卫星云图、雷达和数值预报等分析经验,结合甘肃人工影响天气综合业务平台系统,通过不断完善建立了人工增雨作业临界指标,当满足以下指标时,飞机人工增雨作业的效率较高。甘肃人工增雨作业临界指标:

(1)短期或旬天气预报有小雨天气过程时,启动飞机人工增雨作业综合指挥系统;

(2)当700 hPa的温度露点差($T-T_d$)<2.0 ℃,云底高度<2 km,0 ℃层高度<4.0 km;

(3)当天气雷达回波强度>20 dBZ,回波顶高>4 km,>20 dBZ回波半为5 km,垂直累积液态水含量(VIL)>0.3 kg/m^2;

(4)国家人工影响天气中心的数值预报产品中,当云水含量(q_c)>0.05 g/kg,冰晶浓度<50 L^{-1},3 h降水量>0.5 mm。

4 飞机人工增雨经济效益评估

甘肃总土地面积为4 544.02万hm^2。根据2008年土地利用现状变更调查,农用地2 541.66万hm^2(包括耕地、园地、林地、牧草地和其他农用地),耕地面积占陆地面积的11.9%。从水资源供需情况看,甘肃省平均年可供水121.1亿m^3,但需求量为138亿m^3,缺口为16.9亿m^3,缺水主要集中在黄河流域和内陆河流域的定西、天水、庆阳、平凉、武威、金昌和嘉峪关市等干旱和半干旱地区。根据1950—2000年甘肃旱灾受灾和成灾面积统计资料分析[37],全省多年平均干旱受灾面积约为63.1万hm^2(成灾面积约为50.5万hm^2),约占播种总面积的18%。干旱缺水对甘肃工农业生产和人民生活造成直接损失,有70%以上的城镇供水水源不足,250万农村人口饮水困难,严重制约了甘肃经济社会的发展。

飞机人工增雨作业具有安全性好、机动性强、飞行高度较高、载重量较大、巡航时间较长、除冰性能良好等技术条件,适合进行大范围、长时间人工增雨催化作业。由于自然云系的多变性和复杂性,要确保飞机人工增雨作业的效益,就必须采用气象卫星、雷达、多种通信和计算机设备等手段来获得尽可能多的云和降水信息,根据不同的人工增雨天气模型来选择作业区和作业方法,提高飞机人工增雨的科学性和效益。

甘肃飞机人工增雨主要属于抗旱性非随机化作业,具有作业范围广、作业路线和区域不固定等特点。甘肃飞机人工增雨作业的范围主要为张掖、武威、金昌、白银、兰州、临夏、定西、天水、平凉、庆阳10个市(州)的51市县(图略),飞机人工增雨东西距离约850 km(从张掖到庆阳市),南北相距为550 km(从武威市民勤县到天水市麦积区),飞机人工增雨作业可覆盖面积为23万km^2。近年来,甘肃作为西北区域气象中心,还牵头开展了青海、宁夏、陕西和甘肃跨区联合飞机人工增雨作业,取得了良好增雨效果。

甘肃每年飞机人工增雨(雪)作业时间,一般开始于3月1日,结束于10月31日。特殊情况提前到2月下旬。如2011年2月26—27日,飞机人工增雨(雪)作业范围为兰州、天水、庆阳、平凉市等，累计作业时间为7分41秒，航程4 402 km，增雨面积10.4万 km^2，增雨量为0.45亿t。

4.1 人工增水量的计算

将甘肃行政地图根据飞机人工增雨作业划分成6个区域，采用区域雨量对比法对每次作业进行效益计算，得出每次作业影响区降水、对比区降水和增雨量等(图略)。

$$\Delta R = \frac{1}{n}\sum_{i=1}^{n}(R'_i - R_i) \tag{7}$$

式中，R'_i为影响区降雨量(mm)，R_i为对比区降雨量(mm)，ΔR 为平均增水量(mm)。增雨率=($\Delta R/R$)100%。

甘肃人工影响天气综合业务系统，利用飞机人工增雨作业所携带的GPS定位仪，通过空地数传系统向地面指挥中心实时传输飞机作业信息，包括飞机作业状态、经纬度、飞行高度、飞行时间、增雨作业起止点等，计算出该增雨区面积(S)，并将每次人工增雨作业的增水量乘以影响面积，可计算出影响区不同时间和区域的总增水量(M)：

$$M = \Delta R \times S = \frac{1}{n}\sum_{i=1}^{n}(R'_i - R_i)S \tag{8}$$

式中，ΔR 为平均增水量(mm)，S 为飞机人工增雨影响面积(km^2)。

2004—2013年春季(3—5月)，甘肃省飞机人工增雨作业平均为11.5架次，累计作业时间39.09 h，航程为14 819 km，增水量为4.07亿t。10年春季累计总增水量为40.69亿t；除2006年、2007年飞机人工增雨作业架次较少外(表2)，2009年以来，每年平均飞机人工增雨作业13架次，增水量为5.98亿t。

表2 2004—2013年春季(3—5月)甘肃省飞机人工增雨作业效益

年份	作业架次	累计作业时间(分:秒)	航程(km)	增水量(亿t)
2004	14	54:52	20 862	3.19
2005	12	37:56	14 406	2.34
2006	7	23:12	8 816	2.54
2007	8	18:32	7 062	1.43
2008	7	16:03	6 086	1.3
2009	12	27:28	10 450	5.23
2010	12	33:24	12 631	5.47
2011	15	63:56	23 762	7.88
2012	11	51:38	19 587	4.92
2013	15	64:32	24 142	6.39
平均	11.5	39.09	14 819	4.07

另外，2006年、2008年同样进行了7个架次的作业，但2006年的飞机人工增雨作业时间、航程、增水量分别比2008年多7小时9分钟、2 275 km、1.24亿 m^3。相反，在多年飞机人工增雨作业经验积累、科研水平提升和业务能力增强的保障下，2011年甘肃增雨作业科技人员充分利用有利时机，科学实施飞机人工增雨作业15架次(图2)，累计作业时间为63小时56分

钟,航程达 23 762 km,增雨面积达 95.2 万 km^2,增雨量为 7.88 亿 m^3,取得了春季甘肃飞机人工增雨作业的历史最好水平。

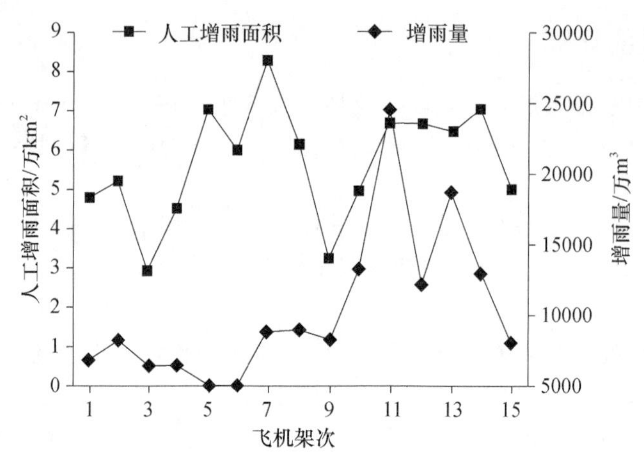

图 3　2011 年春季(3—5 月)甘肃省飞机人工增雨作业面积(km^2)和增水量($\times 10^3 m^3$)

4.2　人工增雨经济效益评估方法

把气象服务(包括人工增雨)看作是一个生产要素,通过计算气象服务对产量、成本和利润等的影响,可直接运用货币价格来观察和度量效益的变化。根据《水利经济计算规范》,经济价值费用比(Q)为:

$$Q = Y_P/(K+C) \tag{9}$$

式中,Y_P表示经济价值总值,K 表示工程投资总值,C 表示工程运行费总值[38]。从经济价值费用比的角度来看,希望 $Q \geqslant 1$,且 Q 值越大,说明经济价值越好。

本文采用静态评价指标,在计算甘肃飞机人工增雨直接济效益时,重点计算人工增加的地表水和其他受益行业的经济效益。应用式(3)$y_p = G_1 + G_2$,将(8)式代入后,得到:

$$Y_P = G_1 + G_2 = ML + (ML + 30\%) \tag{10}$$

式中,M 为总增水量,L 为平均水价(元/m^3),甘肃省农业供水平均水价为 0.069 元/m^3,2009 年地表水水价为 0.11 元/m^3。将每年春季各月飞机人工增水量和水价代入式(10),计算出 2004—2013 年春季甘肃省飞机人工增雨的经济效益(表 3)。

表 3　春季(3—5 月)甘肃飞机人工增雨作业效益评估

年份	增水量(亿 t)	直接经济效益(万元)
2004	3.19	2 861.43
2005	2.34	2 098.98
2006	2.54	2 278.38
2007	1.43	1 282.72
2008	1.3	1 166.10
2009	5.23	4 691.31
2010	5.47	4 906.59
2011	7.88	7 068.36

续表

年份	增水量(亿 t)	直接经济效益(万元)
2012	4.92	4 413.24
2013	6.39	5 731.83
平均	4.07	3 649.89

4.3 人工增雨经济效益评估结果分析

由表 3 可知,2004—2013 年春季飞机人工增雨每年平均经济效益为 3 649.89 万元,其中 2008 年最低(为 1 166.10 万元),2011 年最高(为 7 068.36 万元)。飞机人工增雨以 2009 年为转折点,前 5a 和后 5a 每年平均人工增雨的经济效益分别为 1 937.52 万元和 5 362.27 万元。近 10a,甘肃省飞机人工增雨累计总经济效益为 36 498.94 万元。

2004—2013 年春季,甘肃省每年平均经济总效益(G)为 3 649.89 万元,飞机人工增雨投资(如飞机租赁费、油料和维护费等)和运行费(人工增雨物资及消耗器材费、后勤基地及作业保障费等)为 187.50 万元,由公式(8)计算的投入产出比为 1∶20。该结果略低于其他省份,但和世界公认的人工增雨投入产出比 1∶5～1∶30 相一致。

如果按照 2009 年地表水水价 0.11 元/m^3 计算,甘肃飞机人工增雨经济效益投入产出比则为 1∶30,该结果接近国内有关省份的评估结果。如朱云霞等[39]根据江西省发电销售电价 0.38 元/(kW·h)计算,人工增雨投入产出比为 1∶46;胡祖权等[40]通过对广西武宣一次人工增雨效益评估及对甘蔗生长的影响分析,得到投入产出比约为 1∶30。事实说明,人工增雨是低投入高产出的现代高科技的气象人工防灾减灾事业,已成为我国各级政府气象防灾减灾的一项重要而有效的科技手段。

另外,王静等[41]利用社会效益、经济效益和生态效益 3 个方面 25 项指标,建立了空中云水资源开发利用综合效益的评价体系,分析表明,祁连山空中云水资源开发利用对山前走廊的社会、经济、生态等效益均显著增加。祁连山区通过人工增雨,降水每增加 10%时,河西地区综合效益将提高 5.3%;降水每增加 20%时,综合效益提高 12.5%。研究表明,甘肃开展人工增雨作业降水每增加 1%,河西地区的综合效益将提高 0.53%。由此可见,甘肃云水资源的开发潜力巨大,人工增雨作业对缓解当地工农业和生活用水,促进农业现代化和国家生态安全屏障综合试验区等建设,保障甘肃省经济社会健康发展具有重要的现实意义。

5 小结

(1)人工增雨效益评估包括人工增雨效果检验评估和经济效益评估。科学客观的人工增雨等作业效益评估,是人工增雨检验的重要环节,它对提高人工催化播撒水平、验证和改进人工增雨等理论和方法非常重要。

(2)甘肃各地空中平均水汽含量夏季最多(7 月为 23.5 kg/m^2),秋季和春季次之,冬季最少(为 4.0 kg/m^2)。从地理分布看西南部最多(武都区为 19.5 kg/m^2),西北部最少(马鬃山为 2.7 kg/m^2)。其中 2—7 月是水汽含量的增长期,8 月—翌年 1 月是递减期,空中云水资源潜力平均为 72.8%。

(3)通过 2006 年、2007 年 7 月和 8 月甘肃 13 架次不同天气系统云系的粒子浓度、尺度和云液态含量特征分析表明,FSSP-100 探测的小粒子浓度平均值为 4.43×10^7 m^{-3},平均直径为 7.6 μm,最大含水量出现在 2006 年 8 月 17 日,其平均值和极大值分别为 0.172 g/m^3 和 0.482 g/m^3。在 5 类人工增雨天气分型中,高原低槽型平均含水量最高(为 0.151 g/m^3),西南气流型平均含水量次之(为 0.078 g/m^3),西北气流型平均含水量最低(为 0.050 g/m^3);河西云系中液态水含量最少,陇东最大,中部云系含水量大小主要受西南气流型的影响。

(4)人工增雨效益评估包括人工增雨作业的经济效益、社会效益和生态效益评估等。本文采用静态评价指标,分析了 2004—2013 年春季(3—5 月)甘肃飞机人工增雨的直接经济效益。结果表明,随着甘肃省人工增雨作业科技水平的不断提高,2004—2013 年春季甘肃省飞机人工增雨作业的年均增水量为 4.07 亿 t,经济效益为 3 650.79 万元,按照 2009 年地表水水价 0.11 元/m^3 计算,甘肃飞机人工增雨经济效益投入产出比为 1∶30。近 10a 春季,甘肃飞机人工增雨累计总增水量为 40.69 亿 t,总经济效益为 36 498.93 万元。人工增雨是低投入高产出的现代高科技的气象人工防灾减灾事业,已成为我国各级政府气象防灾减灾的一项重要而有效的科技手段。

(5)我国的空中云水资源丰富,西北地区仅暖季(4—10 月)每年人工增雨的潜力约为 151.65 亿 t。人工增雨研究证明,祁连山区人工增雨降水每增加 10%,甘肃河西地区综合效益将提高 5.3%。因此,加强西北地区人工影响天气能力建设,有利于提高黄土高原、祁连山等高云水资源地区的人工增雨(雪)作业水平,有利于改变当地水资源短缺现状,有利于发展现代农业,有利于保障粮食和生态环境安全,有利于促进国家生态安全屏障综合试验区建设和地方经济社会的发展。

参考文献

[1] 张利平,夏军,胡志芳. 中国水资源状况与水资源安全问题分析[J]. 长江流域资源与环境,2009,**18**(2):116-120.

[2] 王浩. 中国水资源问题与可持续发展战略研究[M]. 北京:中国电力出版社,2010:4.

[3] 毛节泰,郑国光. 对人工影响天气若干问题的探讨[J]. 应用气象学报,2006,**17**(5):643-646.

[4] 李大山. 人工影响天气现状与展望[M]. 北京:气象出版社,2002:325-355.

[5] 黄美元,沈志来,洪延超. 半个世纪的云雾、降水和人工影响天气研究进展[J]. 大气科学,2003,**27**(4):536-551.

[6] 雷恒池,洪延超,赵震,等. 近年来云降水物理和人工影响天气研究进展[J]. 大气科学,2008,**32**(4):967-974.

[7] 邵洋,刘伟,孟旭,王广河. 人工影响天气作业装备研发和应用进展[J]. 干旱气象,2014,**32**(4):649-658.

[8] 张维祥,娄伟平. 农业抗旱型人工增雨效益评估[J]. 中国农学通报,2007,**23**(4):453-455.

[9] 曾光平,方仕珍. 福建省古田水库人工降雨试验效果的多元回归分析[J]. 热带气象学报,1986,**2**(4):336-342.

[10] 姚展予,许晨海,肖辉,等. 用区域控制法评估 1997 年青海省河南县人工增雨效果[J]. 气象学报,2005,**63**(增刊):100-104.

[11] 高子毅,张建新,廖飞佳,等. 新疆天山山区人工增雨试验效果评价[J]. 高原气象,2005,**24**(5):734-740.

[12] 常有奎. 青海湖环湖地区秋季人工增雨的综合效果分析[J]. 气象,2005,**31**(2):43-47.

[13] 张阳,包为民,王浩,等. 基于地形影响的龙羊峡库区人工增雨效果评估[J]. 西北水力发电,2006,**22**(1):24-27.

[14] 钱莉，王文，张峰，等．河西走廊东部冬春季人工增雪试验效果评估[J]．干旱区研究，2007，**24**(5)：679-685.

[15] 李南声．人工增雨经济效益评估方法讨论与改进[J]．中国减灾，1993，**3**(3)：29-31.

[16] 薛晓萍，陈文选，陈延玲．山东主要农作物人工增雨效益评估[J]．南京气象学院学报，1999，**22**(2)：254-259.

[17] 张春红，杨仕贤，仝文伟．新安县人工增雨效益评估办法[J]．气象与环境科学，2007，**30**(9)：151-153.

[18] 张维祥，娄伟平．农业抗旱型人工增雨效益评估[J]．中国农学通报，2007，**23**(4)：453-455.

[19] 唐林，蔡荣辉，王治平，等．湖南省夏季大型水库人工增雨效果效益评估方法[J]．长江流域资源与环境，2008，**17**(1)：20-24.

[20] 余芳，刘东升，何奇瑾，等．2009年飞机人工增雨作业抗春旱效益评估[J]．高原山地气象研究，2010，**30**(1)：72-75.

[21] 刘丹丹，冯利华．义乌市人工增雨的经济价值估算[J]．自然资源学报，2010，**25**(3)：465-474.

[22] 姚秀萍，吕明辉，范晓青，等．气象服务效益评价研究进展[J]．气象，2011，**37**(6)：749-755.

[23] 张旭东，辛吉武，王润元，等．基于DEM的甘肃省降水资源分析[J]．干旱地区农业研究，2009，**27**(5)：1-5.

[24] 王位泰，张天锋，姚玉璧，等．黄土高原夏半年降水气候变化特征及对作物产量的影响[J]．干旱地区农业研究，2008，**26**(1)：154-159.

[25] 赵一飞，张勃，汪宝龙，等．近54a来甘肃省河东地区气候时空变化特征[J]．干旱区研究，2012，**29**(6)：956-964.

[26] 史月琴，楼小凤，邓雪娇，等．华南冷锋云系的人工引晶催化数值试验[J]．大气科学，2008，**32**(6)：1256-1275.

[27] 王守荣，郑水红，程磊．气候变化对西北水循环和水资源影响的研究[J]．气候与环境研究，2003，**8**(1)：43-51.

[28] 崔玉琴．西北内陆上空水汽输送及其源地[J]．水利学报，1994(9)：79-87.

[29] 刘世祥，王遂缠，陈学君，等．甘肃省空中水资源潜力气候研究[J]．甘肃科学学报，2005，**17**(1)：44-47.

[30] 蔡淼．中国空中云水资源和降水效率的评估研究[D]．中国气象科学研究院，2013.

[31] 周天，黄忠伟，黄建平，等．黄土高原地区云垂直结构的激光雷达遥感研究[J]．干旱气象，2013，**31**(2)：246-253.

[32] 李江林，李照荣，杨建才，等．近10年夏季西北地区水汽空间分布和时间变化分析[J]．高原气象，2012，**31**(6)：1574-1581.

[33] 陈乾，陈添宇，张鸿．用Aqua/CERES反演的云参量估算西北区降水效率和人工增雨潜力[J]．干旱气象，2013，**24**(4)：1-8.

[34] 赵增亮，毛节泰，魏强，等．西北地区春季云系的垂直结构特征飞机观测统计分析[J]．气象，2010，**36**(5)：71-77.

[35] 党娟，王广河，刘卫国．甘肃省夏季层状云微物理特征个例分析[J]．气象，2009，**24**(4)：1-8.

[36] 陈勇航，黄建平，陈长和，等．西北地区空中云水资源的时空分布特征[J]．高原气象，2005，**24**(6)：905-912.

[37] 王燕，王润元，张凯．干旱气候灾害及甘肃省干旱气候灾害研究综述[J]．灾害学，2009，**24**(1)：117-121.

[38] 杨文和，王水毅．厦门市一次人工降雨减灾效益评估[J]．水利经济，1992(2)：38-41.

[39] 朱云霞，吴慧荣．论人工增雨与水电厂的增效[J]．江西水利科技，2004，**30**(3)：163-165.

[40] 胡祖权，吴凤莹．广西武宣一次人工增雨效益评估及对甘蔗生长的影响分析[J]．广西农学报，2009，**24**(1)：33-35.

[41] 王静，尉元明，郭铌，等．祁连山空中云水资源开发利用效益预测与评估[J]．自然资源学报，2007，**22**(3)：463-470.

新疆阿克苏地区人工防雹作业效果的统计评估

李　斌　郑博华　史莲梅　朱思华

(新疆维吾尔自治区人工影响天气办公室,乌鲁木齐 830002)

摘　要　为了客观评估新疆阿克苏地区科学开展人工防雹作业前后年雹灾面积系统性差异,以分析该地区人工防雹作业效果。本文利用阿克苏地区 1978—2013 年的年雹灾面积资料,以 1996 年作为科学开展人工防雹作业开始年,运用序列检验、不成对秩和检验以及 Welch 检验等统计学方法,对科学开展人工防雹作业前后各 18a 的年雹灾面积系统性差异进行分析。结果表明:阿克苏地区科学开展人工防雹作业后冰雹灾害明显减少,非参数性不成对秩和检验显著性水平为 0.05,参数性 Welch 检验显著性水平高达 0.01,平均年雹灾面积减少 15063 hm^2,相对减少率为 43.14%。结合农业经济数据,年平均减少雹灾损失 28109 万元,年投入产出比为 1∶6,统计显著性水平达到 0.1。因此,阿克苏地区通过科学开展人工防雹作业后,减灾效益显著。

关键词　人工防雹　统计检验　效果评估　阿克苏

1　引言

【研究意义】新疆是我国西北地区冰雹灾害多发地区之一[1]。阿克苏地区地处天山山脉中段南麓、塔里木盆地北缘,气候暖温干旱,降雨量少、蒸发量大、光热资源丰富。境内有山地、平原、沙漠、河流、湖泊等多种地形分布,地貌类型复杂。主要特点为:北部为山地,南部为沙漠,中间是平原、河流、湖泊等。全地区地表条件不均,起伏不平,极易形成冰雹天气。该地区的渭干河流域和阿克苏河流域是新疆 9 个主要冰雹发生区域中的 2 个区域[2]。每年因冰雹、洪水等自然灾害造成的经济损失达数千万元甚至亿元之多,对该地区经济社会发展造成了严重影响。

随着近年全球气候变暖,阿克苏地区的强冰雹天气呈现增多趋势[3]。从 1994 年开始,利用世界银行贷款项目,阿克苏地区在沙雅县开始建设了新疆第一部中频相参的 C 波段多普勒天气雷达,并于 1996 年正式投入业务运行。随后相继引进了新型人工影响天气作业火箭发射系统 148 套、新一代天气雷达 1 部、X 波段双偏振天气雷达 1 部等装备,建立了科学人工防雹作业体系。

【前人研究进展】近年来,国内很多学者对各地冰雹天气的气候特征、时空分布、灾情分析[4-6],预报预警方法[7-11]和冰雹形成机制、防雹催化原理及防雹减灾效应[12-14]等方面开展了许多研究。但是,由于强对流性天气系统形成、演变在科学上的复杂性,以及对其开展人工催化作业在技术上的复杂性,尚缺少科学、实用的人工防雹效果检验方法。

【本研究切入点】本文基于阿克苏地区 1996 年科学开展人工防雹作业前、后各 18a(分别称为历史期、作业期)的雹灾面积资料,利用非参数性和参数性统计检验方法确定年雹灾面积减少率,进一步结合农业经济数据,初步得出人工防雹作业投入产出比。

【拟解决的关键问题】为科学定量评估人工防雹作业效果提供一定的技术方法和科学依据,以进一步提高促进人工防雹科学作业水平。

2 材料与方法

1978—2013年年雹灾面积资料由新疆维吾尔自治区气象局气候中心提供，相应耕地面积和农业产值数据来源于历年的《新疆统计年鉴》。以上数据均为阿克苏地区八县一市每年相应数据的总和，并进行严格的审定核实，其中个别异常、重复数据进行分析、咨询、审核后剔除。

文中面积为耕地面积。未使用播种面积作为基准的原因是考虑到诸如开春的霜冻、大风灾害等因素，会使一些已播种的耕地复播或重播，播种面积因而会加大。产值采用去除林业、畜牧业产值后的农业产值作为标准，是考虑到冰雹灾害主要是对种植业作物造成损失。

2.1 材料

阿克苏地区1978—2013年雹灾面积年际变化见图1。1978—1995年18a历史期年均耕地面积约31.5万hm^2，年均雹灾面积4.94万hm^2，占每年总耕地面积的15.68%；1996—2013年18a作业期，由于人口规模扩张，对耕地需求不断增加[15-16]，陆续开荒增加耕地，地区年均耕地面积约增加到43.3万hm^2，年均雹灾面积1.98万hm^2，占每年总耕地面积的4.59%。科学开展人工防雹作业后比之前平均年受灾率降低了11.09个百分点。

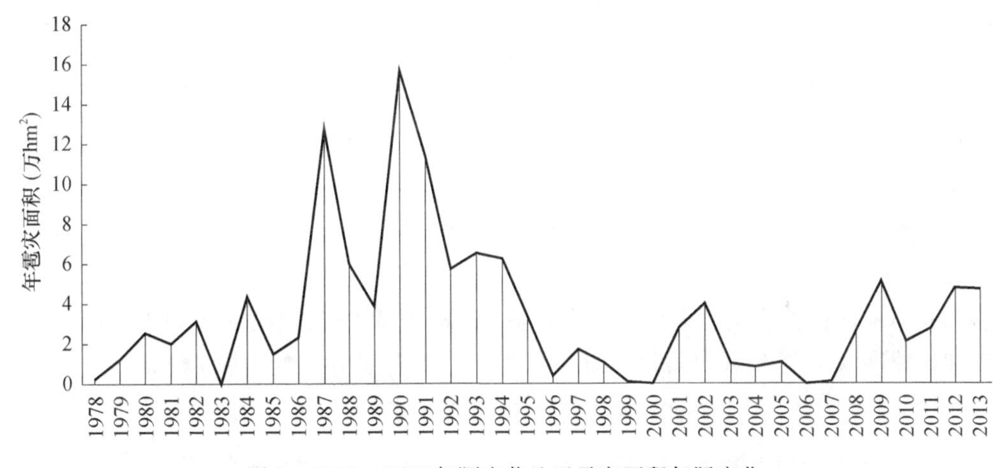

图1 1978—2013年阿克苏地区雹灾面积年际变化

从经济损失看，在历史期18a年均雹灾损失4638.1万元，而作业期18a年均雹灾损失15951.9万元，作业期比历史期年均雹灾损失多11313.8万元。其原因是近年来种植业作物结构调整、附加值更高的棉花、瓜果、红枣等经济作物种植面积扩大，各种农资、水电、人力等价格上涨，投入增加。但是，按照雹灾损失占年平均农业产值来看，历史期全地区年平均农业产值约93000万元，年雹灾损失占4.99%；作业期年平均农业产值约808000万元，年雹灾损失占1.97%。相比较，科学开展人工防雹作业后，冰雹灾害对农业产值造成的损失比例减小了3.02个百分点。

2.2 方法

人工防雹作业效果的检验主要有统计检验、物理检验和数值模拟检验三种方法。本文采用统计检验方法是以数理统计为基础进行显著性检验，其又分为非参数性检验和参数性检验两种。非参数性检验采用了不成对秩和检验法进行显著性检验。参数性检验根据检验条件，采用了 Welch 检验法进行显著性检验。检验结果均为显著，显著性水平为 0.05 以上。在变量分布形式检验中采用了非参数检验法中的柯尔莫哥洛夫配合适度检验法；对于作业期和历史期两个正态总体的方差相等的检验，采用了参数性检验法中的 F 检验法进行检验。

3 结果与分析

3.1 序列试验法

根据目标区雹灾面积的历史资料，统计得到该目标区雹灾面积的历史平均值作为作业期自然降雹雹灾面积的期待值，然后与实测值比较，得出人工防雹减灾面积效果的估计值[17]。

阿克苏地区历史期 18a 平均年雹灾面积 $\overline{x}_2=49398\ \mathrm{hm}^2$，防雹作业期 18a 平均年雹灾面积 $\overline{x}_1=19854\ \mathrm{hm}^2$，则防雹作业效果的绝对值和相对值分别为：

$$\Delta R=\overline{x}_1-\overline{x}_2=-29544\ (\mathrm{hm}^2)$$

$$E=\frac{|\overline{x}_1-\overline{x}_2|}{\overline{x}_2}=59.81\%$$

即防雹作业期比防雹历史期平均年减少雹灾面积 $29544\ \mathrm{hm}^2$，相对平均年雹灾减少率为 59.81%。

3.2 非参数性检验

不成对秩和检验法是一种非参数性检验法。在有些情况下，人工防雹历史期资料记录的时间较短，所选的统计变量服从何种分布不确定，总体的平均值和标准差未知，因此，采用非参数检验，如秩和检验法等，对人工防雹历史期和作业期统计指标变化的显著性进行检验[18]。

将阿克苏地区人工防雹历史期 18a 和作业期 18a 的雹灾面积按从小到大秩序列于表 1。历史期和作业期秩和 T 分别为其相应的秩次之和。取 T 值小的作业期的秩和 $T=257$。已知人工防雹作业期和历史期的样本容量分别为 $n_1=18$，$n_2=18$。

表 1　阿克苏地区以年雹灾面积为统计变量的防雹效果秩和检验表（hm^2）

秩次	2	2	2	4	5	6	7	8	9	10	11	12	13	14
年份	1983	2000	2006	1999	2007	1978	1996	2004	2003	2005	1998	1979	1985	1997
历史期	0					3004						12974	14906	
作业期		0	0	913	1336		3804	8952	10642	10950	11121			17976
秩次	15	16	17	18	19	20	21	22	23	24	25	26	27	28
年份	1981	2010	1986	1980	2008	2011	2001	1982	1995	1989	2002	1984	2013	2012
历史期	19749		23445	25995				31622	31844	38388		43880		
作业期		21251			27541	27866	28309				40096		47116	47755
秩次	29	30	31	32	33	34	35	36	秩和 T					
年份	2009	1992	1988	1994	1993	1991	1987	1990						
历史期		57477	59917	62731	65069	113772	127521	156862	409					
作业期	51750								257					

当 $n_1, n_2 > 10$ 时，秩和 T 近似于正态分布 $N\left(\frac{n_1(n_1+n_2+1)}{2}, \sqrt{\frac{n_1 n_2(n_1+n_2+1)}{12}}\right)$，其中 n_1 为计算秩和的那个量的样本容量。此时可用正态分布来检验：

$$u = \frac{T-\text{均值}}{\text{标准差}} = \frac{T - \frac{n_1(n_1+n_2+1)}{2}}{\sqrt{\frac{n_1 n_2(n_1+n_2+1)}{12}}} \tag{1}$$

对双边检验，若 u 值落在（-1.96，$+1.96$）之内，差异不显著；若 u 值落在（-1.96，$+1.96$）之外，差异显著，显著性水平为 0.05。单边检验时，若 $u \geqslant 1.64$（或 $u \leqslant -1.64$）；则差异显著；否则不显著，显著性水平为 0.05[8]。

将 $n_1=18$，$n_2=18$，秩和 $T=257$ 代入(1)式计算得 $u \approx -2.41$。因此，对于单边检验 $u < -1.64$，表明阿克苏地区人工防雹作业期及科学开展人工防雹作业后，比历史期年雹灾面积明显减小，说明人工防雹作业取得明显效果，显著性水平为 0.05[19]。

3.3 参数性检验

3.3.1 参数性检验条件

在参数性检验法中，常用的 t 检验法要求对于历史期统计变量服从正态分布，并要求作业期和历史期两个正态总体的方差相等，以及作业前后不改变统计变量的方差。对于历史期统计变量是否服从正态分布，可用柯尔莫哥洛夫配合适度检验法进行检验；对于作业期和历史期两个正态总体的方差相等的检验用 F 检验法进行检验。

采用柯尔莫哥洛夫配合适度检验法，对 1978—1995 年历史期年雹灾面积进行正态分布检验，结果 $y_0 = \sqrt{n} D_n \approx 0.5821$，小于给定信度 $\alpha = 0.5$ 时的 $y_{0.5} = 0.83$，表明历史期年雹灾面积符合正态分布。根据对应于 $y_0 = 0.5821$ 的 $k(y_0) = 0.11$，得到其配合适度为：

$$P(\sqrt{n} D_n \geqslant y_0) \sim 1 - k(y_0) = 0.89$$

利用 F 检验法，对历史期和作业期年雹灾面积方差的变化进行显著性检验。计算得 $F = \frac{S_2^2}{S_1^2} \approx 6.16$，$S_2{}^2$ 和 $S_1{}^2$ 分别为历史期和作业期年雹灾的面积方差。对于自由度 $n_2-1=17$、$n_1-1=17$，在给定信度 $\alpha=0.05$ 时，$F_{0.05}=3.24$，存在 $F > F_{0.05}$。这表明人工防雹作业期和历史期统计变量总体方差存在明显差异，因而不符合使用 t 检验法检验的要求，不能采用 t 检验法进行统计检验。

在作业期和历史期统计变量——年雹灾面积服从正态分布，但两个样本的方差存在明显差异的情况下，可以采用 Welch 检验法进行检验。

3.3.2 Welch 检验

检验统计量 z 值由下式计算：

$$z = \frac{\overline{x}_2 - \overline{x}_1}{\sqrt{\frac{s_2^2}{n_2} + \frac{s_1^2}{n_1}}} \tag{2}$$

自由度 ν' 计算如下：

$$\nu' = \frac{\left(\frac{s_2^2}{n_2} + \frac{s_1^2}{n_1}\right)^2}{\frac{1}{n_2{}^2}\frac{(s_2^2)^2}{n_2-1} + \frac{1}{n_1{}^2}\frac{(s_1^2)^2}{n_1-1}} \tag{3}$$

以上公式中，$\overline{x}_1$ 和 $\overline{x}_2$ 、S_1^2和 S_2^2、n_1和 n_2分别是人工防雹作业期和历史期统计变量的平均值、方差和样本容量(表 2)。将有关数据代入式(2)计算得 $z\approx 2.664$，带入式(3)得 $\nu'\approx 22.377$。根据自由度ν'和给定的显著性水平 α 值，由 t 分布表，在信度 $\alpha=0.01$ 时(单边检验)，得 $t_{0.01}=2.503$。由于 $z>t_{0.01}$，因此，可以认为，人工防雹作业期平均年雹灾面积比人工防雹历史期有了显著减少，显著性水平为 $\alpha=0.01$。

表 2 阿克苏地区以年雹灾面积作为统计变量的样本差值的显著性检验计算表

	年份	x_2(hm²)	$(x_{2i}-\overline{x}_2)^2$		年份	x_1(hm²)	$(x_{1i}-\overline{x}_1)^2$
历史期	1978	3004	2152361997	作业期	1996	3804	257613200.1
	1979	12974	1326675399		1997	17976	3528136.1
	1980	25995	547679606.5		1998	11121	76271111.1
	1981	19749	879036846.5		1999	913	358774108.4
	1982	31622	315970375.3		2000	0	394194552.1
	1983	0	2440118495		2001	28309	71481388.4
	1984	43880	30443419.3		2002	40096	409725069.4
	1985	14906	1189667405		2003	10642	84867085.4
	1986	23445	673535139.9		2004	8952	118860872.1
	1987	127521	6103272572		2005	10950	79287152.1
	1988	59917	110658711.4		2006	0	394194552.1
	1989	38388	121210313.5		2007	1336	342928669.4
	1990	156862	11548606820		2008	27541	59084844.4
	1991	113772	4144069098		2009	51750	1017333552
	1992	57477	65277422.5		2010	21251	1950677.8
	1993	65069	245594171		2011	27866	64186802.8
	1994	62731	177780740.8		2012	47755	778447200.4
	1995	31844	308127312.6		2013	47116	743198469.4
	$n_2=18$				$n_1=18$		
	$\overline{x}_2=\frac{1}{n_2}\sum_{j=1}^{n_2}x_{2j}=49397.6$				$\overline{x}_1=\frac{1}{n_1}\sum_{j=1}^{n_1}x_{1j}=19854.3$		
	$s_2^2=\frac{1}{n_2-1}=\sum_{j=1}^{n_2}(x_{2j}-\overline{x}_2)^2=1904710932.3$				$s_1^2=\frac{1}{n_1-1}=\sum_{j=1}^{n_1}(x_{1j}-\overline{x}_1)^2=309172202.6$		

由于人工防雹作业期与历史期样本容量相等，方差相差不是很大，因此，Welch 检验法与 t 检验法所得结果基本一致，故可利用下式进行区间估计[19]：

$$\overline{x}_{01} > \overline{x}_2 - t_{2\alpha}S\sqrt{\frac{1}{n_1}+\frac{1}{n_2}} \tag{4}$$

其中
$$s=\sqrt{\frac{(n_1-1)s_1^2+(n_2-1)s_2^2}{n_1+n_2-2}}$$
式中，$\bar{x}_{01}$ 为如果不进行科学的人工防雹作业，阿克苏地区作业期年平均雹灾面积。式(4)成立的概率为$(1-\alpha)$。

取置信水平$(1-\alpha)=0.9$，根据自由度 $\nu=n_1+n_2-2$，由 t 分布表得 $t_{0.2}=1.307$。将有关数据代入式(4)，计算得 $\bar{x}_{01}>34917.2\ \text{hm}^2$。即作业期如果不科学开展人工防雹作业，年平均自然雹灾面积将超过 34917.2 hm^2，其可信概率为 90%。

由此可得，科学开展人工防雹作业使得平均年雹灾面积的减少值为 $\Delta R=|\bar{x}_1-\bar{x}_{01}|\approx 15062.91(\text{hm}^2)$，相对减少率为 $E=\frac{|\bar{x}_1-\bar{x}_{01}|}{\bar{x}_{01}}\approx 43.14\%$。

根据阿克苏地区作业期 18a 农业产值和年耕地面积，可估计每公顷产值约为 18661 元。因此，科学开展人工防雹后，平均年减少雹灾损失 28109 万元，占年平均农业产值的 3.49%。而阿克苏地区科学开展人工防雹作业后，每年投入人工防雹作业经费在 4500 万元左右，因此，平均年投入产出比为 1∶6。

4 讨论

由于云、降水自然变差太大，导致降雹时空分布变化很大，从而使得雹灾面积变化起伏也很大。人工防雹作业效果的统计检验相当于从这些高的“噪声”中提取人工防雹作业效果的“信号”，因此，统计检验方法的功效往往不高[18,19]。但是，就目前的人工防雹作业技术和检验方法，统计检验方法是检验人工防雹作业效果的主要方法之一。从统计学和人工影响天气角度考虑，序列试验法方法简单，但可信度有限；不成对秩和检验法只能对效果进行可信度的定性检验，无法进行区间估计；t 检验法和 Welch 检验法相对于以上两种检验方法对效果检验较准确可信，但对样本数量、质量以及计算过程要求较高。如能找到相应的对比区，采用区域回归试验法，检验功效、准确度会较高[18]。在采用统计检验的同时，还应注重利用天气雷达回波变化等信息开展物理检验，以体现人工防雹作业效果的物理机制和效应。

5 结论

通过人工防雹作业效果统计评估检验，对阿克苏地区科学开展人工防雹作业效果进行了初步评价，可得出如下初步结论。

(1)阿克苏地区科学开展人工防雹作业后比之前平均年受灾率降低了 11.09 个百分点。年冰雹灾害对农业产值造成的损失比例减小了 3.02 个百分点。

(2)统计评估检验表明，阿克苏地区科学开展人工防雹作业减灾效果显著，显著性水平在 0.05 以上。其中 Welch 检验法检验得到的显著性水平高达 0.01。

(3)进行区间估计的科学开展人工防雹作业后的效果为：平均年雹灾面积减少 15062.9 hm^2，相对减少率为 43.14%，平均年减少雹灾损失 28109 万元，占年平均农业产值的 3.49%，平均年投入产出比为 1∶6。统计显著性水平为 $\alpha=0.1$。

今后在开展人工防雹作业效果评估时，应进一步充分利用雷达、雨量、降雹等资料，开展物理或物理统计检验工作。

参考文献

[1] 刘德祥,白虎志,董安祥. 中国西北地区冰雹的气候特征及异常研究[J]. 高原气象,2004,**23**(6):795-803.

[2] 热苏力·阿不拉,牛生杰,王红岩. 新疆冰雹时空分布特征分析[J]. 自然灾害学报,2013,**22**(2):158-163.

[3] 张俊兰,张莉. 新疆阿克苏地区50a来强冰雹天气的气候特征[J]. 中国沙漠,2011,**31**(1):236-241.

[4] 王瑛,王静爱,吴文斌,等. 中国农业雹灾灾情及其季节变化[J]. 自然灾害学报,2002,**11**(4):30-36.

[5] 龙余良,金勇根,刘志萍,等. 江西省冰雹气候特征及冰雹灾害研究[J]. 自然灾害学报,2009,**18**(1):53-57.

[6] 蔡义勇,王宏,余永江. 福建省冰雹时空分布与天气气候特征分析[J]. 自然灾害学报,2009,**18**(4):43-48.

[7] 王正旺,庞转棠,姚彩霞,等. 长治市冰雹气候特征及预报研究[J]. 自然灾害学报,2007,**16**(2):34-39.

[8] 纪晓玲,马筛红,丁永红,等. 宁夏40年灾害性冰雹天气分析[J]. 自然灾害学报,2007,**16**(3):24-28.

[9] 殷雪莲,董安祥,丁荣. 张掖市降雹特征及短期预报[J]. 高原气象,2004,**23**(6):804-809.

[10] 李耀东,高守亭,刘建文. 对流能量计算及强对流天气落区预报技术研究[J]. 应用气象学报,2004,**15**(1):10-20.

[11] 刘玉玲. 对流参数在强对流天气潜势预测中的作用[J]. 气象科技,2003,**31**(3):147-151.

[12] 洪延超. 冰雹形成机制和催化防雹机制研究[J]. 气象学报,1999,**57**(1):30-44.

[13] 许焕斌,段英. 冰雹形成机制的研究并论人工雹胚与自然雹胚的“利益竞争”防雹假说[J]. 大气科学,2001,**25**(2):277-288.

[14] 王柏忠,王广河,高宾勇. 人工防雹的农业减灾效应[J]. 自然灾害学报,2009,**18**(2):27-32.

[15] 马丽娟,张永福,罗江燕. 新疆阿克苏地区耕地变化趋势及驱动力研究[J]. 干旱区资源与环境,2009,**23**(1):29-33.

[16] 王莉,王万禹. 阿克苏地区耕地资源变动与其影响因素的相关性研究[J]. 资源开发与市场,2013,**29**(1):32-36.

[17] 中国气象局科技教育司. 人工影响天气岗位培训教材[M]. 北京:气象出版社,2003:231-232.

[18] 陈光学,段英,吴兑,等. 火箭人工影响天气技术[M]. 北京:气象出版社,2008:193,198-199,316-317.

[19] 叶家东,范蓓芬. 人工影响天气的统计数学方法[M]. 北京:科学出版社,1982:137-152,161-162,339.

陕西省人工增雨效果评估系统的设计与应用

宋嘉尧　罗俊颉　左爱文　李　燕　王　瑾　李金辉

（陕西省人工影响天气办公室，西安 710014）

摘　要　随着人工影响天气技术科学水平的提高，建成一套符合陕西气候、地形特征的效果评估系统势在必行。本文结合人工影响天气工作需求，详尽介绍了陕西省人工增雨效果评估系统的算法设计，从作业条件的定性评估以及作业效果的定量评估入手，对系统的参数和功能进行了详细阐述。目前该系统已实现业务化运行。

关键词　人工影响天气　效果评估　业务系统

1　引言

人工增雨效果评估是体现人工增雨技术科学水平和量化经济效益的重要环节，也是各级领导决策的重要依据。然而，由于云和降水自然变化很大，并受不同时期气候、天气制约，以及探测技术和仪器设备的局限性，现阶段人们对云、降水微物理过程还没有完全了解，因此，进行严格的效果检验在国内外都是一个极为困难的问题。目前科学界应用较多的非随机化人工增雨作业效果评估主要采用统计学及物理学的方法进行检验[1]。夏彭年等[2]在 20 世纪 70 年代末，提出“移动目标区人工降水效果检验法”，在 1998 年进一步完善。叶家东等[3]根据区域趋势控制协变量和气象一物理协变量相关，采用对比双比分析、相关回归分析、气象一物理协变量多元回归分析三种非随机化人工增雨作业效果评估方案。汪学林等[4]提出“历史回归窜渡法-固定目标区法”对 1997 年两次江淮气旋天气过程的人工增雨效果进行了评估。肖辉等[5]利用聚类分析，引入物理协变量作为控制因子和雨量网格插值计算降水量，提出了一种新的试验方案：基于聚类的浮动对比区历史回归人工增雨效果统计检验方法(CA-FCM)。此外，还有很多学者[6-7]利用机载粒子探测仪器，对作业前后云粒子的物理变化进行分析。

陕西人工影响天气科技工作者一直以来都非常重视作业效益效果的评估工作。梁谷等[8]利用胡志晋的一维非定常参数化层状云模式，对 1989 年 8 月 16 日的单次层状混合云降水的人工影响效果进行了评估；贾玲等[9]针对陕西省的飞机人工增雨作业特点，设计出一种适用于作业后即时分析的区域回归统计方案，并对 2002 年、2003 年陕西省飞机人工增雨进行了效果检验。然而，如何避免作业后人为因素对评估结果的影响、建成一套符合陕西气候、地形特征的效果评估系统，对每次作业都能进行较为科学的、及时的效果评估，是社会及人工影响天气事业发展对陕西人工影响天气提出的新要求。

2　系统总体设计

陕西省人工增雨效果评估是基于 ArcGIS 技术，系统采用 C/S、B/S 混合架构，即 PC 端程序、浏览器页面和服务器模式，操作人员可以通过 PC 端程序使用系统，也可以通过浏览器使用该系统,满足了资料共享、方便操作的需求。系统根据气象资料数据,利用现代统计学原理和聚类分析方法,开展基于聚类的分散对比区历史回归人工增雨效果统计检验方法,对作业效果进行定量评估;系统同时可以选取一定参数指标,对作业条件进行定性分析,最终实现作业前定性评估与作业后定量评估相结合的增雨效果评估模式。

3 系统数据库

系统整理入库了陕西省及相邻 7 省共 164 个气象站 50 年日雨量数据和 10 年自动站的小时雨量数据。目前数据库中有 1961—2011 年 08—08 时日降水、1993 年以来自动站小时降水等资料。对错报、漏报数据进行插值补充、保证所有样本时间序列的一致性。同时,读入全省研究范围内地面人工影响天气作业点经纬度数据;探空站点当日 500 hPa 和 700 hPa 的 08 时、20 时温度露点差 $T-T_d$;500 hPa 的 08 时高空风向数据;T213 数值预报模式降雨量预报结果;人工影响天气潜势预报过冷水含量产品。

4 算法及流程

4.1 计算方法

该系统的算法设计吸取了众多评估方法的经验,通过对气候区划、雨量值的聚类分析和建立历史回归关系,采用不同计算方案将对比区的概念分散到不同站点,不仅更符合陕西气候条件,更避免了人为因素对评估结果的影响。

4.1.1 作业条件定性分析

读入 500 hPa 和 700 hPa 温度露点差 $T-T_d$,选取该值小于某一阈值的闭合区域,叠加数值预报降雨量及人工影响天气潜势预报过冷水含量产品,三者重合区域为作业条件最佳区域。

4.1.2 基于聚类分析的相关分析

先从空间上,将陕西省及其相邻 7 省共 164 个气象站根据地理分布归入陕西气候区划的 9 个气候区中;再从时间序列上,将 50 年日雨量数据按月按雨量级别进行划分,在一定程度上对不同降水类型的雨量资料进行了分类,尽可能减小大样本历史资料对不同降水类型各站间降水关系特征的平滑,通过正态分布的检验及变换后,利用现代统计学原理,分析时间、空间属性一致的雨量资料两两之间的相关关系并建立一元线性回归方程,进行显著性检验。

4.1.3 作业区及影响区范围设置

对地面作业扩散区域、飞机航线扩散区域及水平输送区域进行参数设置:考虑作业后 3 h 持续有效,按扩散速率 1 m/s,飞机 3 h 扩散范围为 10 km;高炮作业点半径 5 km 为作业区,影响扩散区域为 10 km;火箭作业点半径 10 km 为作业区,影响扩散区域为 10 km。

水平输送假设 1 h 有效,按输送速率 65 km/h,以航线闭合区域几何中心(或地面作业点)最近探空站风向为方向,水平输送范围为 65 km。

4.1.4 全省降水总量算法

利用当日自动站及区域站的雨量数据作为原始离散点数据,进行常规克里金插值,通过构建不规则三角网 TIN,得到插值后的等值面。根据面积比和等值面雨量值,计算得到总降水量。

4.1.5 作业影响区增雨量的计算

(1)方案一

确定出作业影响区的站点 A 后,查找所有与 A 站建立相关关系且不在作业影响区内的站点。选择与 A 站相关系数最好的站点,通过回归方程得到 A 站的理论降水量。

(2)方案二

确定出作业影响区的站点 A 后,找到所有与 A 站建立相关关系且不在作业影响区内的站点;利用回归方程,计算多个 A 站的理论降水量;采用加权平均的方法,以相关系数作为权重,得到平滑后的 A 站理论降水量;理论降雨量同实际降雨量的差值即为 A 站增雨量。

4.2 系统计算流程

聚类分析后的计算流程如图 1 所示。

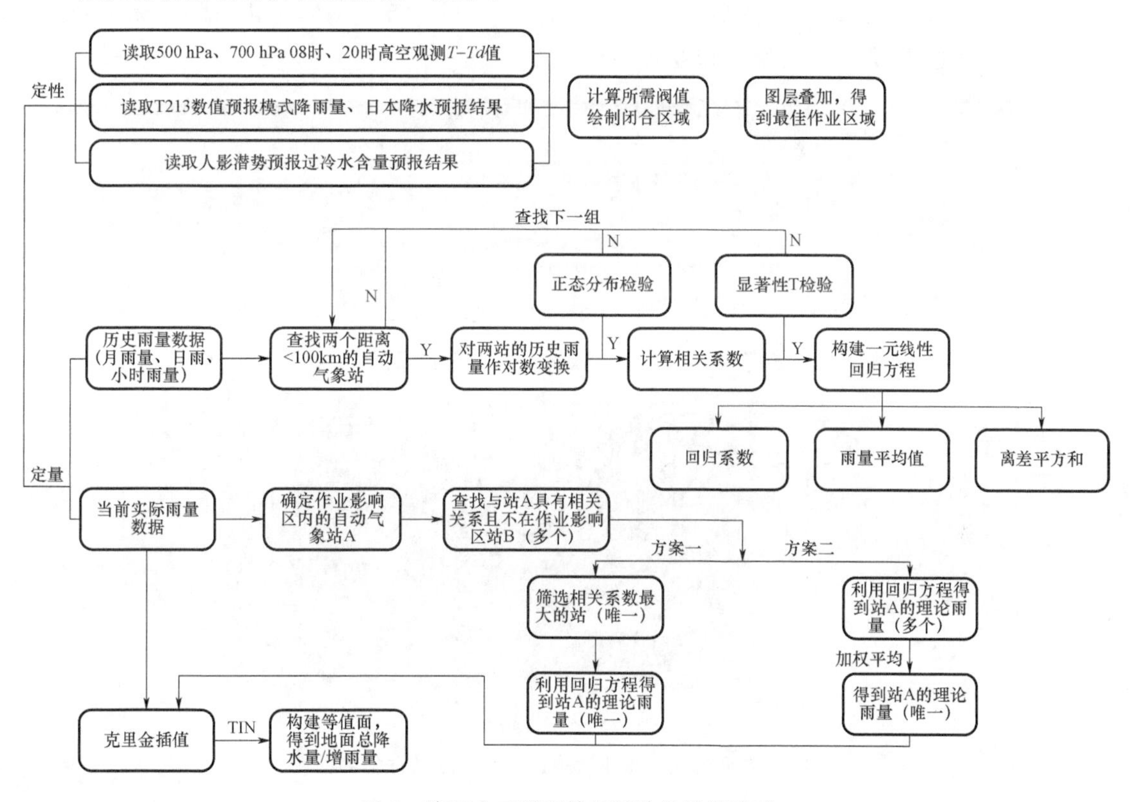

图 1 陕西人工增雨效果评估的计算流程

5 系统功能设计

如图 2 所示,系统功能设计如下。

(1)综合叠加分析,能以点、线及面的形式实现 MICAPS 数据、模式预报产品、作业信息和地理信息的精确叠加分析。通过 MICAPS 数据、模式预报产品的叠加进行作业条件的分析,实现对作业方案的质量评估。

(2)可以根据不同气候条件,对温度露点差阈值、地面作业扩散系数、航线扩散系数、水平扩散系数以及雨量等值面绘制间隔进行修改及定义。

(3)可以综合考虑作业高度的风向、风速等因素,直接计算出作业影响区的面积。

(4)对于较大规模的地面作业,所有的作业点信息可以实现一键输入。

(5)系统输出产品包括增雨作业的作业影响区域面积,过程总降水量,作业区域理论降水量及实际降水量,作业总增雨量、增雨率及置信区间。

6 系统功能应用举例

6.1 人工增雨作业条件定性评估

2015 年 8 月 4 日,受副热带高压外围暖湿空气和北部南下冷空气共同影响,陕西省关中及陕南出现了一次大范围对流性天气过程。应用效果评估系统对该过程进行了定性评估(图 2)。

根据天气形势温度露点差阈值分析,8 月 4 日 08 时关中及陕南地区处于高空场和中低空场作业条件重叠区,具备人工增雨作业条件。

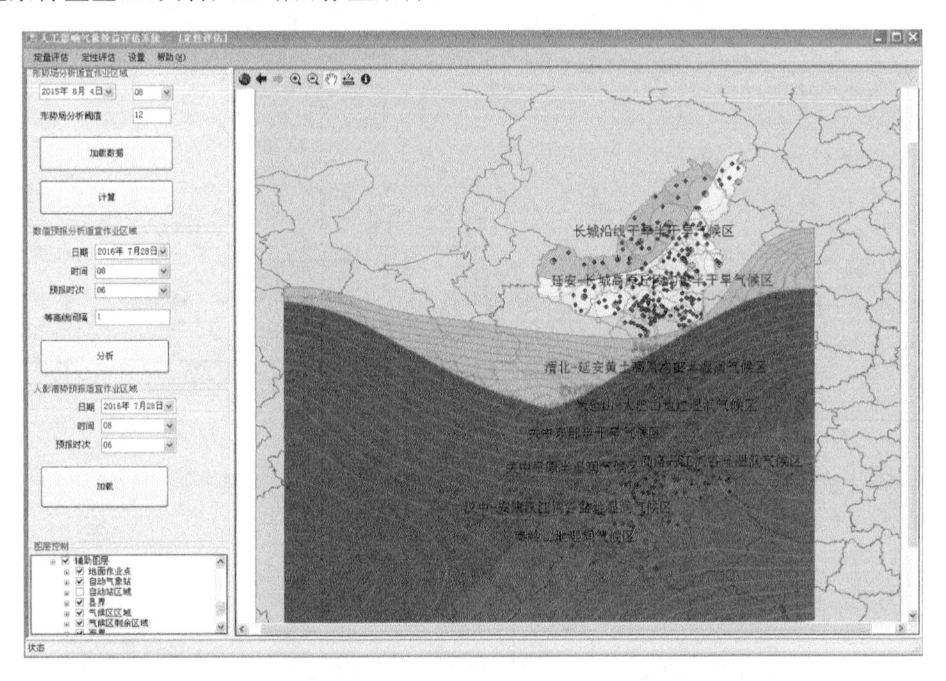

图 2 陕西省人工增雨效果评估系统定性评估界面

6.2 飞机增雨作业效果定量评估

2016 年 5 月 7 日,受西风槽东移影响,陕西省关中及陕南有一次降水天气过程,陕西省人工影响天气办公室提前发布了人工增雨作业指令,制定了飞机增雨作业方案。当日陕西驻咸阳机场增雨作业飞机共飞行 2 架次,作业航线及影响区见图 3。输入飞行航线后,根据当日雨量,系统即刻计算出当日增雨作业效果(图 3)。

评估结果显示,5 月 7 日全省实际降雨量 46146.4 万 t;本次过程作业总面积 28242.74 km^2,总降水量 24804.42 万 t,理论降雨量 21126.8 万 t,总增雨量 3677.62 万 t,增雨率 17.41%;影响区内各站点显著性概率区间为[0.75,1]。

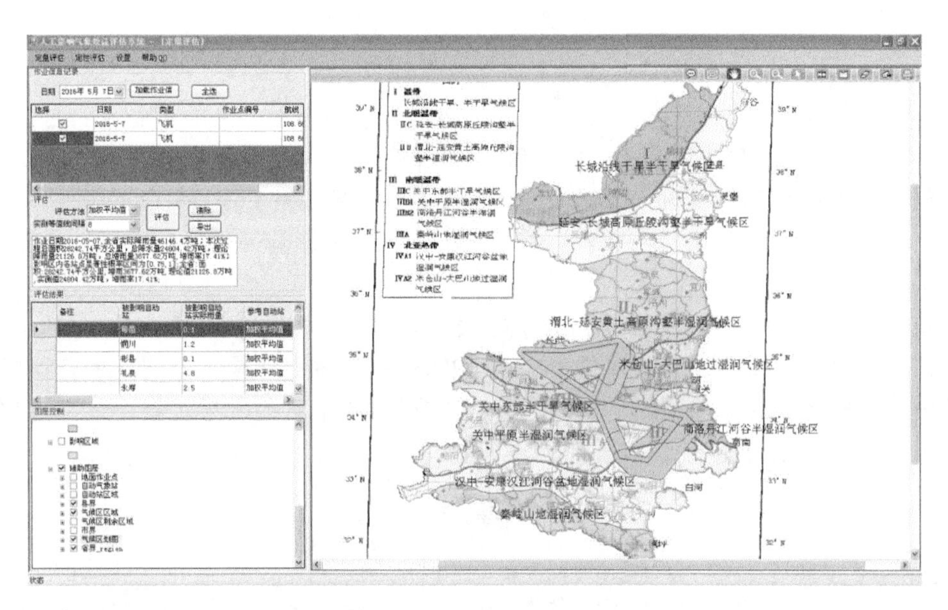

图 3　陕西省人工增雨效果评估系统飞机增雨作业定量评估界面

6.3　地面增雨作业效果定量评估

2016 年 5 月 14 日，受西风槽和西南急流的共同影响，陕西省有一次明显降水天气过程。当日陕西驻咸阳机场增雨作业飞机作业 1 架次，地面增雨作业区域覆盖延安、铜川、渭南、咸阳、商洛及汉中 6 市。作业航线、作业点分布及影响区见图 4。

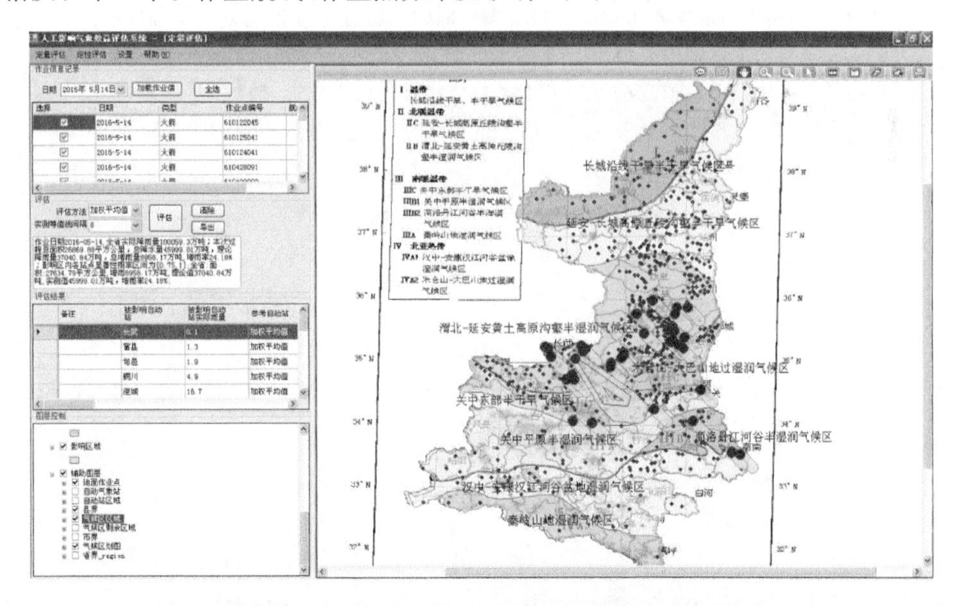

图 4　陕西省人工增雨效果评估系统地面增雨作业定量评估界面

评估结果显示，5 月 14 日全省实际降雨量 100059.3 万 t；本次过程总面积 26869.88 m^2，总降水量 45999.01 万 t，理论降雨量 37040.84 万 t 总增雨量 8958.17 万 t，增雨率 24.18%，影响区内各站点显著性概率区间为[0.75，1]。

7 结论

陕西省人工增雨效果评估系统的设计方法,吸取了众多评估方法的经验,结合气候带、雨量值的聚类分析和建立历史回归关系,将对比区的概念分散到不同站点,使之更符合陕西气候条件。该系统的运用,为陕西省人工影响天气作业效益效果提供了较为科学的依据,填补了陕西省人工影响天气效果评估系统建设空白,显著提高了人工影响天气指挥、决策、业务评估的科学水平。

目前,该系统已投入业务使用近三年时间,并应用于2013年、2014年、2015年的年度增雨效果评估。与此同时,系统也出现了需要完善解决的技术问题:在较长时间序列背景下,小时雨量数据质量控制需要进一步提高。目前系统只能针对作业日的效果进行评估,后期会增加以小时为单位,针对作业过程的精确评估,不断对系统进行升级完善。

参考文献

[1] 李大山,张澄昌,许焕斌,等. 人工影响天气现状与展望[M]. 北京:气象出版社,2002:80-107.

[2] 夏彭年. 内蒙古地区层状云催化的条件和效果——介绍“移动目标区”人工增雨效果评估方法[C]//人工影响天气(十一). 北京:气象出版社,1998:33-40.

[3] 叶家东,李铁林. 区域趋势控制回归变量回归分析效果评估方法研究[J]. 气象科学,2001,**21**(1):64-72.

[4] 汪学林,刘健. 吉林省1986—1987年播云降雨的效果检验及其判据[J]. 应用气象学报,1992,**3**(4):418-423.

[5] 房彬,肖辉,王振会,等. 聚类分析在人工增雨效果检验中的应用[J]. 南京气象学院学报,2005,**28**(6):739-745.

[6] 曾光平,方仕珍. 福建古田水库人工增雨效果的多元回归分析[J]. 热带气象,1986,**2**(4):337-342.

[7] 吴兑. 关于人工增雨的一些国内外概况[J]. 广东气象,2005(1):25-29.

[8] 秦莹,梁谷,孙旭东. 用数值模拟方法评估人工影响层状云的增雨效果[J]. 陕西气象,1993(1):51-54.

[9] 贾玲,陈争旗,余兴. 2002年陕西秋季人工增雨效果统计分析[J]. 陕西气象,2003(6):13-15.

南疆阿克苏地区人工防雹作业效果的区域回归分析

李　斌　郑博华　史莲梅　朱思华

（新疆维吾尔自治区人工影响天气办公室，乌鲁木齐 830002）

摘　要　【目的】为了进一步评估南疆阿克苏地区科学开展人工防雹作业前后年雹灾面积的差异性，以分析该地区人工防雹作业效果。【方法】本文利用喀什和阿克苏地区 1978—2013 年的年雹灾面积资料，以 1996 年作为阿克苏地区科学开展人工防雹作业开始年，采用统计学的区域回归分析法，将喀什地区作为对比区，分析阿克苏地区科学开展人工防雹作业前后各 18a 的年雹灾面积差异性。【结果】结果表明：阿克苏地区科学开展人工防雹作业后，平均年雹灾面积减少 23802 hm^2，相对减少率为 54.5%。结合农业经济数据，年平均减少雹灾损失 44417 万元，年投入产出比接近 1∶10，统计显著性水平高达 0.01。【结论】因此，阿克苏地区通过科学开展人工防雹作业后，冰雹灾害损失显著减小，取得的社会、经济效益显著。

关键词　人工防雹　区域回归　效果评估

1　引言

【研究意义】西北地区的新疆是冰雹灾害多发地区之一[1]。南疆的喀什和阿克苏地区分别地处天山山脉西部及中段南麓、塔里木盆地西北至北缘，夏季炎热干旱，降雨量少、蒸发量大、光热资源丰富。两地区境内有山地、平原、沙漠、绿洲、河流、水库等多种下垫面分布，地貌类型复杂。地形主要特点为：北部为山地，南部为沙漠，中间是平原、绿洲、河流、水库等。地表条件不均，起伏不平，极易形成冰雹天气。两地区的叶尔羌河流域、渭干河流域和阿克苏河流域是新疆 9 个主要冰雹发生区域中的 3 个区域[2]。每年因冰雹、洪水等自然灾害造成的经济损失达数亿元之多，对南疆经济社会发展造成了严重影响。

随着近年全球气候变暖，喀什及阿克苏地区的强冰雹天气呈现增多趋势[2-3]。从 1994 年开始，利用世界银行贷款项目，阿克苏地区在沙雅县开始建设了新疆第一部中频相参的 C 波段多普勒天气雷达，并于 1996 年正式投入业务运行。随后相继引进了新型人工影响天气作业火箭发射系统 148 套、新一代天气雷达 1 部、X 波段双偏振天气雷达 1 部等装备，建立了先进的人工防雹作业体系。

【前人研究进展】近年来，国内很多学者对各地冰雹天气的气候特征、时空分布、灾情分析[4-6]，预报预警方法[7-11]和冰雹形成机制、防雹催化原理及防雹减灾效应[12-14]等方面开展了许多研究。由于新疆是冰雹灾害的多发区；面对雹灾严重威胁新疆农牧业经济发展形势，新疆气象学者开展有针对性的科研工作，王秋香等[15]系统地分析了新疆雹灾损失的分布特征，指出阿克苏地区为新疆雹灾的最严重区域，须进行重点防御；陈洪武[16]、王旭等[17]研究了新疆降雹出现的时间，并统计分析了系统性冰雹天气的环流形势；杨莲梅等[18]在新疆冰雹的气候特征及防御对策方面得出了有意义的结论；李丽华等[19]借助 ArcGIS 完成了阿克苏地区冰雹灾害 5 个风险区的风险区划。这些研究成果基本上揭示了新疆冰雹天气的发生规律和变化特征。但是,由于强对流性天气系统形成、演变在科学上的复杂性,以及对其开展人工催化作业在技术上的复杂性,尚缺少科学、实用的人工防雹效果检验方法。

【本研究切入点】本文基于阿克苏地区1996年科学开展人工防雹作业前、后各18年(分别称为历史期、作业期)的雹灾面积资料,以及喀什地区1978—2013年的雹灾面积资料,将喀什地区作为对比区,阿克苏地区作为目标区,利用统计学的区域回归分析方法确定阿克苏地区雹灾面积减少率,同时结合阿克苏地区的农业经济数据,得出人工防雹作业投入产出比。

【拟解决的关键问题】为利用统计学不同评估方法,较科学定量评估人工防雹作业效果提供一种技术方法和科学依据,进一步提高人工防雹科学作业水平。

2 资料与方法

阿克苏、喀什两个地区1978—2013年年雹灾面积资料来自新疆维吾尔自治区气象局气候中心,相应耕地面积和农业产值数据来源于历年的《新疆统计年鉴》。以上数据均分别为喀什地区十一县一市和阿克苏地区八县一市每年相应数据的总和,并进行严格的审定核实,其中个别异常、重复数据进行分析、咨询、审核后剔除。

文中面积为耕地面积。未使用播种面积作为基准。原因是考虑到诸如开春的霜冻、大风灾害等因素,会使一些已播种的耕地复播或重播,播种面积因而会加大。产值采用去除林业、畜牧业产值后的农业产值作为标准,是考虑到冰雹灾害主要是对种植业作物造成损失。

使用喀什地区作为对比区和阿克苏地区作为目标区的有关年雹灾面积资料(单位 hm^2),设对比区的年雹灾面积为 x_i',目标区年雹灾面积为 y_i',对比区年雹灾面积开四次方为 x_i,目标区年雹灾面积开四次方为 y_i,即 $x_i'=x_i^4$,$y'=y_i^4$,相关计算结果见表1。

表1 阿克苏地区年雹灾面积目标-对比回归统计分析计算表

时期	年份	x'_i	y'_i	x_i	y_i	$(x_i-\bar{x})^2$	$(y_i-\bar{y})^2$	$(x_i-\bar{x})(y_i-\bar{y})$
历史期	1978	0	3004	0.0000	7.4033	56.6338	36.0315	45.1730
	1979	120	12974	3.3098	10.6726	17.7729	7.4712	11.5233
	1980	50507	25995	14.9912	12.6976	55.7364	0.5017	−5.2879
	1981	5533	19749	8.6247	11.8546	1.2082	2.4066	−1.7052
	1982	1000	31622	5.6234	13.3351	3.6181	0.0050	0.1346
	1983	0	0	0.0000	0.0000	56.6338	179.7185	100.8868
	1984	78	43880	2.9690	14.4733	20.7624	1.1392	−4.8635
	1985	0	14906	0.0000	11.0494	56.6338	5.5530	17.7338
	1986	14933	23445	11.0545	12.3741	12.4535	1.0647	−3.6413
	1987	28240	127521	12.9633	18.8971	29.5694	30.1532	29.8599
	1988	28972	59917	13.0465	15.6454	30.4811	5.0154	12.3643
	1989	16107	38388	11.2656	13.9974	13.9883	0.3499	2.2124
	1990	2667	156862	7.1861	19.9012	0.1152	42.1888	−2.2048

续表

时期	年份	x'_i	y'_i	x_i	y_i	$(x_i-\bar{x})^2$	$(y_i-\bar{y})^2$	$(x_i-\bar{x})(y_i-\bar{y})$
历史期	1991	65847	113772	16.0189	18.3658	72.1374	24.6000	42.1258
	1992	12053	57477	10.4780	15.4837	8.7167	4.3170	6.1343
	1993	980	65069	5.5951	15.9714	3.7267	6.5818	−4.9526
	1994	0	62731	0.0000	15.8260	56.6338	5.8567	−18.2123
	1995	23140	31844	12.3337	13.3585	23.1182	0.0023	−0.2281
	合计	250177	889156	135.4598	241.3065	$S_x=5.5303$	$S_y=4.5566$	$S_{xy}=13.3560$
	平均	13899	49398	7.5255	13.4059			
作业期	1996	20000	3804	15.8260	7.8534			
	1997	15000	17976	11.0668	11.5791			
	1998	140000	11121	19.3434	10.2692			
	1999	0	913	0.0000	5.4969			
	2000	694	0	5.1334	0.000			
	2001	0	28309	0.000	12.9712			
	2002	908	40096	5.4891	14.1506			
	2003	157	10642	3.5415	10.1568			
	2004	8432	8952	9.5827	9.7270			
	2005	9825	10950	9.9560	10.2295			
	2006	0	0	0.0000	0.0000			
	2007	1631	1336	6.3546	6.0458			
	2008	3000	27541	7.4008	12.8823			
	2009	70491	51750	9.1630	15.0826			
	2010	544181	21251	15.2734	12.0738			
	2011	334511	27866	13.5239	12.9202			
	2012	316951	47755	13.3429	14.7827			
	2013	38076	47116	13.9689	14.7330			
	合计	407069	357378	158.9662	180.9542			
	平均	22615	19854	8.8315	10.0530			

3 方法

区域回归分析是借助于一个或一个以上的对比区，根据历史资料建立目标区与对比区的历史时间序列对应统计变量的统计回归方程，假定作业期两个区域的统计变量满足上述回归关系，则利用统计回归方程由作业期对比区的统计变量值可推算出作业期目标区的统计变量自然值，它也称为作业期目标区自然统计变量的期待值，再与作业期目标区的实际统计变量值相比较，即可得到作业期目标区统计变量的评估结果。

4　结果与分析

4.1　目标区与对比区的确定

根据目标区与对比区的选定要求:受人工催化影响的目标区应位于作业点的下风方向;不受人工催化影响的对比区要求:一是要在作业区的上风方向或垂直于风向的侧面,不受人工催化影响;二是地形、地貌、面积等应与作业区大体相当;三是两区样本的相关系数显著性水平应达到 0.05 以上[20]。

喀什地区位于阿克苏地区西部,而新疆的天气系统均是自西向东移动,因此,就天气系统移动而言,其位于阿克苏地区的上游。喀什地区和阿克苏地区均在天山南麓,塔里木盆地北缘,地形地貌相近(图 1)。

因此,喀什地区作为对比区,阿克苏地区作为目标区,符合对比区与目标区的选取要求。

图 1　目标区与对比区选择示意图

Ⅰ为对比区(喀什地区);Ⅱ为目标区(阿克苏地区)

4.2　统计变量的选择

统计变量的选择要求为:目标区和对比区要有作业期前 10a 以上的相应资料;其次目标区与对比区的统计变量的区域相关性要较好,统计变量本身的自然变差较小,样本相关系数的显著性水平应达到 0.05 以上,且适合进行统计检验。若采用 t 检验法,则要求统计变量具有或接近正态分布[21]。

4.2.1　样本条件

本例目标区与对比区均有 18 年的非作业期资料。非作业期样本数量满足要求。

4.2.2　统计变量分布条件

采用柯尔莫哥洛夫分布函数配合适度检验法进行两个区域的历史雹灾面积正态分布检

验。由于雹灾面积数值自然变差较大，为了使统计变量更接近于正态分布，在进行正态分布检验前，对两个区域的雹灾面积做了数值变换处理。经试验分析，将目标区和对比区的雹灾面积均取了四次方根。经计算，目标区、对比区历史值的拟合度分别为 0.73 和 0.84，均大于要求的 0.5。由此可以认为，目标区和对比区的雹灾面积均满足四次方根正态分布。根据数理统计原理，可以对两个区域的雹灾面积进行变换建立回归方程并做统计检验[21]。

4.2.3 样本相关性及显著性条件

进行相关性及其显著性检验。对于目标区和对比区四次方根服从正态分布的历史雹灾面积资料，利用下式计算两区的统计变量相关系数 r：

$$r=\frac{\sum_{i=1}^{n}(x_i-\overline{x})(y_i-\overline{y})}{\sqrt{\sum_{i=1}^{n}(x_i-\overline{x})^2\sum_{i=1}^{n}(y_i-\overline{y})^2}}=\frac{S_{xy}}{S_x S_y}$$

其中

$$S_x=\sqrt{\frac{1}{n-1}\sum_{i=1}^{n}(x_i-\overline{x})^2}$$

$$S_y=\sqrt{\frac{1}{n-1}\sum_{i=1}^{n}(y_i-\overline{y})^2}$$

$$S_{xy}=\frac{1}{n-1}\sum_{i=1}^{n}(x_i-\overline{x})(y_i-\overline{y})$$

经计算 $r=0.53$。利用 $t=r\times\sqrt{\frac{n-2}{1-r^2}}$ 得到 $t=2.5$，单边检验接近于 $t_{0.01}=2.583$。因此，相关系数显著性水平 α 接近 0.01，远大于要求的 0.05。相关性满足要求。

因而统计变量的选择满足要求。

4.3 区域回归分析

4.3.1 建立历史回归方程

按照历史回归统计原理，采用最小二乘法计算出两个区域雹灾面积四次方根之间的线性拟合关系 $y=a+bx$，系数由下式计算：

$$b=\frac{S_{xy}}{S_x^2},\ a=\overline{y}-b\overline{x}$$

经计算得 $b\approx0.4367$，$a\approx10.1196$。所以建立的作业期目标区依对比区的历史回归方程为：

$$\hat{y}_k=10.1196+0.4367\ \overline{x}_k$$

式中，$\hat{y}_k$ 是作业期目标区年雹灾面积四次方根的期待值，$\overline{x}_k$ 是对比区在作业期实际年雹灾面积四次方根值。

历史回归方程与样本分布结果见图 2。样本基本均匀分布在回归线附近两侧，经变换后的两区域年雹灾面积基本满足线性关系。

4.3.2 线性回归方程的显著性检验

在目标区与对比区历史年雹灾面积四次方根均总体服从正态分布且二者相关性较好的条

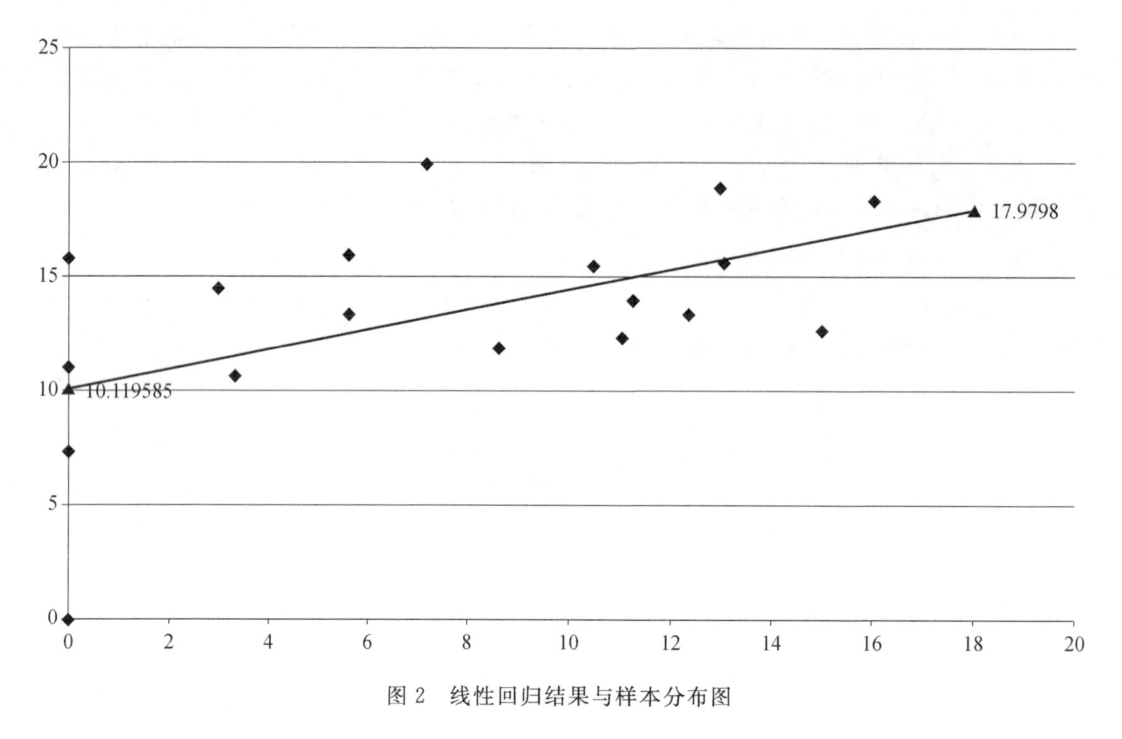

图 2　线性回归结果与样本分布图

件下,运用方差分析的 F 检验法,检验确定回归方程的显著性[22]。

$$F = \frac{Q_{回}/1}{Q_{剩}/(n-2)}$$

其中
$$Q_{回} = b^2 \sum_{i=1}^{n} (x_i - \bar{x})^2 \;;\; Q_{剩} = \sum_{i=1}^{n} (y_i - \bar{y})^2 - Q_{回}$$

服从自由度为 1 和$(n-2)$的 F 分布。当 $F > F_{\alpha}(1, n-2)$时,线性回归方程显著;反之为不显著。

经计算,$F \approx 6.25 > F_{0.05} = 4.49$。因此,线性回归方程显著,经查表可信程度达到 96%。可通过此线性回归方程估算作业期作业区的自然年雹灾面积四次方根的期待值。

4.3.3　效果评估与统计检验

由作业期对比区实际年雹灾面积,经四次方根变换后代入上述线性方程,可计算得出对应的目标区年雹灾面积四次方根的估计值 $\hat{y}_k$,经与目标区实际年雹灾面积比较,便可评估出作业期目标区年雹灾面积的变化值:$\Delta y = y_k - \hat{y}_k$ 。若 $\Delta y < 0$,则人工防雹作业有效,有效性须进一步进行显著性检验。

为减少自然变差的影响,采用多个事件的 t 检验法定量估计人工防雹作业效果[22]。

$$t = \frac{\bar{d}_k}{\sqrt{\frac{1-r^2}{n-2}\sum_{i=1}^{n}(y_i - \bar{y}_n)^2\left[\frac{1}{k} + \frac{1}{n} + \frac{(\bar{x}_k - \bar{x}_n)^2}{\sum_{i=1}^{n}(x_i - \bar{x}_n)^2}\right]}}$$

其中
$$\bar{d}_k = \frac{1}{k}\sum_{k=1}^{k}(y_i - \hat{y}_i) = \bar{y}_k - \bar{\hat{y}}_k$$

式中,n 和 r 分别是建立线性回归方程时的样本容量和对比区与目标区统计变量的相关系数;

$\bar{x}_n$，$\bar{y}_n$ 分别为对比区和目标区年雹灾面积四次方根的历史平均值；k 是作业期样本容量；$\bar{x}_k$，$\bar{y}_k$ 分别为对比区和目标区年雹灾面积四次方根 k 次试验的平均值；$\hat{y}_k$ 为目标区年雹灾面积四次方根估计值 k 次试验平均值。

将有关数据：$\bar{d}_k=-3.83$，$r=0.53$，$n=18$、$k=18$，$\bar{x}_n=7.53$，$\bar{x}_k=8.61$，$\sum_{i=1}^{n}(x_i-\bar{x}_n)^2=519.94$，$\sum_{i=1}^{n}(y_i-\bar{y}_n)^2=352.96$ 代入上式计算得 $t\approx-2.858$，其服从自由度 $\nu=n-2=16$ 的 t 分布。经查分布表，$t<-t_{0.02}=-2.583$，表明作业期目标区年雹灾面积的减少值显著，单边显著度水平 $\alpha<0.01$。

4.3.4 雹灾损失减少量估计

作业期目标区实测年平均雹灾面积为 19 854 hm^2，而经线性回归方程计算估计的年平均雹灾面积为 43 656 hm^2。因此得出年平均雹灾面积绝对减少值为 23 802 hm^2，相对减少率为 54.5%。单边显著性水平超过 0.01。

根据阿克苏地区作业期 18a 年农业产值和年耕地面积，可估计每公顷产值约为 18 661 元。因此，科学开展人工防雹后，平均年减少雹灾损失 44 417 万元，占年平均农业产值的 5.51%。而阿克苏地区科学开展人工防雹后，每年投入人工防雹经费在 4500 万元左右，因此平均年投入产出比为 1∶10。

5 讨论

在人工防雹作业效果统计检验过程中，由于云、降水自然变差太大，导致降雹时空分布变化很大，从而使得雹灾面积变化起伏也很大。人工防雹作业效果的统计检验相当于从这些高的“噪声”中提取人工防雹作业效果的“信号”，因此，统计检验方法的功效往往不高[18,19]。但是，就目前的人工防雹作业技术和检验方法，统计检验方法是检验人工防雹作业效果的主要方法之一。从统计学和人工影响天气角度考虑，相对于序列试验法、不成对秩和检验法、t 检验法和 Welch 检验法等，本文采用的区域回归试验法，检验功效、准确度较高[20]。在采用统计检验的同时，还应注重利用天气雷达回波变化等信息开展物理检验，以显现人工防雹作业效果的动力效应等物理机制。

6 结论

通过对阿克苏地区科学开展人工防雹作业效果的区域回归评估检验分析，可得出如下初步结论。

(1)区域回归分析，阿克苏地区科学开展人工防雹作业后，平均年雹灾面积减少 23 802 hm^2，相对减少率为 54.5%，平均年减少雹灾损失 44 417 万元，占年平均农业产值的 5.51%，平均年投入产出比为 1∶10。统计显著性水平高达 0.01。

(2)在统计学检验法中，相对于序列试验法、不成对秩和检验法、t 检验法和 Welch 检验法等，本文采用的区域回归试验法，检验功效、准确度较高。但对取样相似性、样本数量、质量以及计算过程要求较高。

今后在开展人工防雹作业效果评估时，应充分利用天气雷达、雨量、降雹等资料，开展物理或物理统计检验工作。

参考文献

[1] 刘德祥,白虎志,董安祥.中国西北地区冰雹的气候特征及异常研究[J].高原气象,2004,**23**(6):795-803.

[2] 热苏力·阿不拉,牛生杰,王红岩.新疆冰雹时空分布特征分析[J].自然灾害学报,2013,**22**(2):158-163.

[3] 张俊兰,张莉.新疆阿克苏地区50a来强冰雹天气的气候特征[J].中国沙漠,2011,**31**(1):236-241.

[4] 王瑛,王静爱,吴文斌,等.中国农业雹灾灾情及其季节变化[J].自然灾害学报,2002,**11**(4):30-36.

[5] 龙余良,金勇根,刘志萍,等.江西省冰雹气候特征及冰雹灾害研究[J].自然灾害学报,2009,**18**(1):53-57.

[6] 蔡义勇,王宏,余永江.福建省冰雹时空分布与天气气候特征分析[J].自然灾害学报,2009,**18**(4):43-48.

[7] 王正旺,庞转棠,姚彩霞,等.长治市冰雹气候特征及预报研究[J].自然灾害学报,2007,**16**(2):34-39.

[8] 纪晓玲,马筛红,丁永红,等.宁夏40年灾害性冰雹天气分析[J].自然灾害学报,2007,**16**(3):24-28.

[9] 殷雪莲,董安祥,丁荣.张掖市降雹特征及短期预报[J].高原气象,2004,**23**(6):804-809.

[10] 李耀东,高守亭,刘建文.对流能量计算及强对流天气落区预报技术研究[J].应用气象学报,2004,**15**(1):10-20.

[11] 刘玉玲.对流参数在强对流天气潜势预测中的作用[J].气象科技,2003,**31**(3):147-151.

[12] 洪延超.冰雹形成机制和催化防雹机制研究[J].气象学报,1999,**57**(1):30-44.

[13] 许焕斌,段英.冰雹形成机制的研究并论人工雹胚与自然雹胚的"利益竞争"防雹假说[J].大气科学,2001,**25**(2):277-288.

[14] 王柏忠,王广河,高宾勇.人工防雹的农业减灾效应[J].自然灾害学报,2009,**18**(2):27-32.

[15] 王秋香,任宜勇.51a新疆雹灾损失的时空分布特征[J].干旱区地理,2006,**29**(1):65-69.

[16] 陈洪武,马禹,王旭,等.新疆冰雹天气的气候特征分析[J].气象,2003,**29**(11):25-28.

[17] 王旭,马禹.新疆冰雹天气过程的基本特征[J].新疆气象,2002,**25**(1):10-14.

[18] 杨莲梅.新疆的冰雹气候特征及其防御[J].灾害学,2002,**17**(4):26-31.

[19] 李丽华,陈洪武,毛炜峄,等.基于GIS的阿克苏地区冰雹灾害风险区划及评价[J].干旱区研究,2010,**27**(2):221-229.

[20] 陈光学,段英,吴兑,等.火箭人工影响天气技术[M].北京:气象出版社,2008:193,198-199,317-318.

[21] 叶家东,范蓓芬.人工影响天气的统计数学方法[M].北京:科学出版社,1982:301.

[22] 邓北胜.人工影响天气技术与管理[M].北京:气象出版社,2011:146-147.

综合技术系统及应用

WRF 模式物理过程参数化方案对酒泉地区暴雨模拟的影响

王田田[1,2]　高晓清[1]　尹宪志[2]　王研峰[2]　王　蓉[2]

(1. 中国科学院寒区旱区环境与工程研究所 寒旱区陆面过程与气候变化重点实验室/
甘肃省干旱气候变化与减灾重点实验室,兰州 730000;
2. 甘肃省人工影响天气办公室,兰州 730020)

摘　要　本文利用区域气候站逐小时降水实况资料和 NCEP 1°×1°的 6h 全球再分析格点资料,运用 WRFV3.2,采用不同积云对流和微物理参数化方案组合对 2012 年 6 月 4—5 日发生在酒泉地区的暴雨过程做了敏感性试验。从降水量和降水落区等方面对各方案组合的模拟效果进行了对比分析,发现:选择不同的方案组合,可以不同程度地模拟这次暴雨过程的落区范围和降水量,微物理方案的选择对模拟结果的影响较积云对流方案更敏感。18 km 水平分辨率下,BMJ-WSM5 方案组合模拟效果最优。通过对垂直速度、涡度、散度和雨水混合比等物理量的诊断分析,可以更好地理解不同积云对流和微物理参数化方案对暴雨预报的影响。

关键词　酒泉地区　暴雨　参数化方案　数值模拟　敏感性试验

1　引言

研究表明[1],20 世纪 60 年代以来,西北地区西部中等及以上强度的降水在逐渐增加,其中,强降水的增幅最大。近 30 年来,甘肃省,特别是河西地区的暴雨呈明显增加趋势[2-3]。酒泉地区位于河西走廊东端,地貌形态多种多样,生态环境非常脆弱;自然降水稀少且变率大,年降水量仅为 39.9～152 mm,蒸发过程强烈,年平均蒸发量为 2000～3000 mm,属典型的干旱气候区。由于处于内陆典型干旱区,该地区普遍缺乏防御暴雨灾害、抵抗洪灾的基础设施,一旦发生暴雨或大暴雨天气,往往造成山洪、泥石流等自然灾害,影响工农业生产和人民生命财产安全,造成严重的经济损失。例如,1981 年的南疆大暴雨,导致山洪暴发,若羌站 14 h 降水量达 73.5 mm,打破了该站及新疆地区多站的降水极值记录;2010 年 7 月,甘肃中东部出现大暴雨天气,累计降水量极值出现在灵台县,达 319.4 mm,造成 16 人死亡,多人受伤;2010 年 8 月甘肃舟曲县大暴雨,引发了特大泥石流灾害,导致 1400 多人遇难,直接经济损失上亿元人民币;再如,本文所研究的 2012 年 6 月甘肃酒泉地区大暴雨,最大降水量在玉门农机中心农场站,达 96.4 mm,是玉门市气象站自建站以来检测到的最大降水过程,此次暴雨对道路交通、基础设施和农牧业生产造成严重破坏,累计经济损失近 2 亿元人民币。但是,目前对干旱区暴雨发生的认识还很不足,对其的预报还有很大难度。

暴雨的产生是不同尺度天气系统相互作用的结果。目前主要受常规观测资料时空分辨率的限制,很难揭示暴雨中尺度系统的结构特征及演变过程[4]。于是,运用大气数值模式进行模拟试验分析暴雨过程成为一种重要手段。

湿物理过程在中尺度天气模式中扮演着重要的角色。湿物理过程通过潜热、感热的释放或吸收等影响大气的温度、湿度的垂直分布,进而影响着大气的动力、热力结构。数值模式中将湿物理过程分为显式云方案(微物理方案)和积云对流参数化方案两种。其中对流参数化方案处理的是次网格尺度的降水,而显式云方案主要处理网格尺度的降水[5]。评估不同参数化方案在暴雨预报中的作用,有利于提高暴雨数值预报的精确度。

Isidora 等[6]发现,不同的组合方案对不同量级不同个例的降水模拟存在差异,积云对流参数化方案的选择对模拟结果的影响最大,KF 积云方案对于强降水的模拟结果相对于其他方案较优。Isidora 等[6]还指出积云对流参数化方案是局地降水预报的关键。Rao 等[7]模拟了印度的三次暴雨过程后发现,使用 BMJ 积云方案及 Ferrier 微物理方案模拟暴雨的位置和强度较其他方案更好。伍华平等[8]的研究结果表明,采用网格嵌套技术的模拟结果较未采用的更优,KF 积云对流方案模拟的强降水位置、强度与实况最为接近。闫之辉等[9]对比分析了 WRF 模式中三种积云对流方案对降水的模拟效果后发现:KF 方案的预报效果相对较好;GD 方案和 BMJ 方案预报的最大降水中心强度偏强。李安泰等[10]发现三重嵌套的 WRF 模式对 2010 年舟曲"08·08"特大泥石流暴雨天气具有良好的模拟能力。

由于气候、地理环境等的差异,不同物理方案对不同地区的降水数值模拟结果具有明显的差异,而同物理方案对同一地区的不同降水过程也有明显差别。但是对于西北地区尤其是河西地区暴雨的数值模拟相对较少,本文利用 WRFV3.2.1,采用三层网格嵌套技术,分别选用不同的积云对流和微物理参数化方案,对 2012 年 6 月 4—5 日发生在酒泉地区的一次夏季暴雨过程进行敏感性试验,结合模拟效果与实况的对比分析,为该地区合理地选择和利用积云对流和微物理参数化方案提供一定的依据。

2 WRF 模式物理方案简介

2.1 微物理过程参数化方案

(1)Kessler。是一个来自于 COMMAS 模式的简单的暖云方案,包括了三种水物质:水汽、云水和雨,忽略水的液态与固态之间的相变过程;其相应的物理过程有:雨水的产生、降落以及蒸发,云水的增长及凝结过程。

(2)Lin。来自于 Purdue 云模式[11],考虑了六种水物质,分别是:水汽、云水、雨水、云冰、雪和霰。该方案是 WRF 模式微物理方案中比较复杂、成熟的方案,很适合于理论研究工作。

(3)WSM3[12]。是从旧 NCEP3 方案[13]修订而来的一个简单冰方案,考虑了简单冰相过程。包括三种水物质:水汽、云水/冰和雨/雪,云水和云冰,雨和雪的区分标准为:温度是否低于 0℃。

(4)WSM5。来自于 NCEP5 的修订。较 WSM3 复杂,WSM3 方案的融化、冻结只发生在冻结层的相邻层,相变潜热在冻结层附近可能会出现温度反馈的不连续;WSM5 方案允许过冷水的存在,考虑了雪在融化层以下一定厚度的模式大气中的缓慢融化过程,温度反馈也更加连续、合理[13]。

(5)Ferrier。也叫做 new Eta Ferrier 方案[14],它改变了模式中水汽和冷凝物的平流输送。在雪、霰或者冰雨形成中,它可以提取局地云水、雨、云冰和冰水密度变化的第一猜测信息。这样能够快速调整微物理过程,以适应大时间积分步长[15]。

2.2 积云对流参数化方案

(1)Kain-Fritsch(KF)。是对旧的 Kain-Fritsch 方案的改进。利用一个简单云模式,考虑了气流的上升、下沉和卷入、卷出，以及浅对流过程。

(2)Betts-Miller-Janjic(BMJ)[16]。是 Betts-Miller 方案的调整和改进，新方案中深对流特征廓线及松弛时间随积云效率变化，积云效率取决于云中熵的变化、降水及平均温度；浅对流水汽特征廓线中熵的变化较小且为非负值[17-19]。

(3)Grell-Devenyi(GD)。是从 A-S 质量通量方案发展而来的集成积云方案，该方案是在每个格点运行多种积云方案和变量，再将结果平均反馈到模式中。云质量通量由静力及动力条件共同控制[20]。

3 试验方案设计

为了检验在一定分辨率情况下，不同微物理和积云对流过程在西北干旱区暴雨过程中的不同作用，并选择出适用于酒泉地区暴雨模拟的微物理和积云对流参数化方案组合，选取了 2012 年 6 月 4—5 日发生在酒泉地区的暴雨过程进行了模拟试验。

3.1 降水过程概况

2012 年 6 月 4—5 日，甘肃省酒泉地区遭遇暴雨袭击，局部地区暴发山洪。这次降雨过程从 4 日 20:00 时(北京时，下同)开始到 5 日 20:00 时共持续 1 天。区域站降水资料经插值处理后得到相应时段 24 h 累积降水量分布(图 1b)，可以看出，此次降水分布得比较不均匀，强降水主要集中在酒泉地区南部，有两个降雨量超过 40 mm 的强降水区域：其中一个位于玉门市，玉门市农机中心农场站的最大降水量为 96.4 mm，达甘肃省河西地区大暴雨标准，此次降雨也是玉门气象站自 1952 年建站以来监测到的最大降水过程；另外一个位于酒泉地区南部的肃北蒙古族自治县境内；此外还有三个降水量在 50～60 mm 的范围较小强降水中心(图 1 中▲表示)，以及四个较小范围的降水量为 40～50 mm 的强降水中心(图 1 中●表示)。

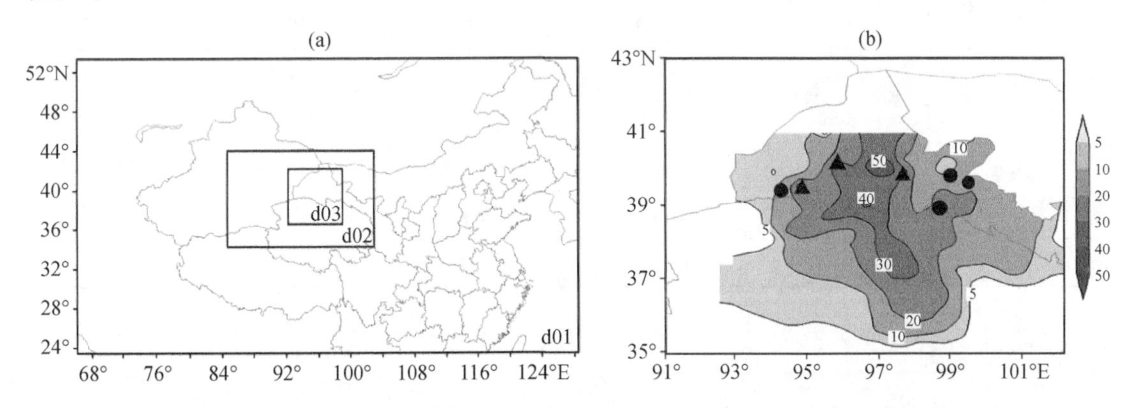

图 1 (a)WRF 模拟选区示意图；(b)2012 年 6 月 4 日 20 时—5 日 20 时 24h 累积降水量实况分布图(单位：mm)。图中▲表示降水量在 50～60 mm 的站点，●表示降水量在 40～50 mm 的站点

此次暴雨过程发生在典型的“西低东高”型环流背景下。在 500 hPa 高度上，这次降水形成初期为两槽一脊的天气形势，河套到内蒙古西部地区形成了一个西北—东南向的歪脖子高压，低压槽东移时受到歪脖子高压的阻挡，在其西侧形成上升气流，导致了暴雨天气的发生[21]。

3.2 试验方案设计

选择不同的微物理和积云对流方案相组合对此次暴雨过程进行敏感性试验,分析不同方案组合的模拟性能,进而为利用微物理和积云对流方案做暴雨预报提供参考。

选取 WRFV3.2.1 做数值模拟敏感试验,模式所用初始资料为 NCEP 1°×1°分辨率的全球再分析格点资料,时间间隔为 6 h。试验中采用初始场和侧边界条件。模式框架选用欧拉质量坐标,采用双向三层嵌套,水平分辨率分别为 54 km,18 km 和 6 km,水平格点数分别为 d01(92×56)、d02(85×67)、d03(124×88)(图 1a),模式区域中心位置为(39.5°N,94.9°E),垂直方向分为 28 层,模式层顶为 50 hPa。模式积分初始时刻为 2012 年 6 月 4 日 02 时,共积分 78 h,每小时输出一次结果,网格的积分步长为 300 s。长波辐射采用 RRTM 方案,短波辐射采用 Dudhia 方案,陆面过程采用 Noah 陆面过程方案,近地面层采用 MYJ 方案,边界层采用 YSU 方案。

一般认为,对于 WRF 模式,积云对流参数适用于大于 10 km 的粗网格,对于分辨率小于 5 km 情况下,不使用积云参数[22]。

在其他物理过程完全相同的条件下,分别选定 Kessler、Lin、WSM3、WSM5、Ferrier 5 个微物理方案,以及 KF、BMJ、GD3 个积云对流方案,对此次暴雨过程进行了 15 次降水敏感性试验模拟,具体的模拟试验方案设置如表 1;再通过 ETS 评分以及基本物理量的诊断分析来评定不同方案组合的模拟效果,并选择出最优方案组合。

表 1 模拟试验物理过程参数化方案设置

试验方案	微物理	积云对流	试验方案	微物理	积云对流
方案 1	Kessler	KF	方案 9	WSM3	GD
方案 2	Kessler	BMJ	方案 10	WSM5	KF
方案 3	Kessler	GD	方案 11	WSM5	BMJ
方案 4	Lin	KF	方案 12	WSM5	GD
方案 5	Lin	BMJ	方案 13	Ferrier	KF
方案 6	Lin	GD	方案 14	Ferrier	BMJ
方案 7	WSM3	KF	方案 15	Ferrier	GD
方案 8	WSM3	BMJ			

4 试验结果分析

各方案组合对高度场的模拟差异较小;对暴雨发生阶段的柴达木低涡及歪脖子高压模拟得很好,甚至较 NCEP 更接近于实况(国家气候中心所提供的 2012 年 6 月 4 日 20 时 500 hPa 高空图),576(dagpm)线的位置也与实况拟合得很好;模拟结果也能很好地再现暴雨结束后流场的演变情况,低值系统消失,转为弱高压脊。总的来说,对于环流形势演变的模拟效果很好。模拟的位势高度场较 NCEP 更为细致一些。

4.1 不同参数化方案组合对模拟降水量和降水落区分布的影响

54 km 水平分辨率下(图略),各方案组合均能模拟出此次降雨过程。同一积云对流参数化过程下,不同的微物理方案模拟的结果差异较明显,相同微物理方案下,不同积云对流方案模拟的结果差异较小,此次暴雨过程模拟结果对积云对流方案的选择不如微物理方案的选择更敏感,这可能是由于此次暴雨过程是在大尺度环流背景下驱动的对流子系统,由大尺度系统的强迫来维持对流发展,此时,模式选用何种积云对流方案对模拟结果的影响不是很大,这也说明该地区降水物理过程的特殊性。

所有方案组合模拟的雨带范围和强降水中心均略微偏南,这与再分析资料对西北地区气象场的刻画有关,模拟雨带雨量均略微偏小。由于分辨率较低的缘故,并未明显突出强降水中心的范围。

分辨率为 18 km 和 6 km 的模拟结果与实况较接近,同样,模拟效果对选择哪种积云对流方案与选择哪种微物理方案相比不甚敏感。这里我们着重讨论水平分辨率为 18 km 下,模拟的 4 日 20:00 至 5 日 20:00 时的 24 h 累计降水量(图 2)与实况(图 1)的对比。可以看出,第二重嵌套下,各组合方案均很好地模拟出了此次降雨过程。方案 1—3(kessler 与每个积云对流方案组合,图 2a—c)所模拟出的降水雨带明显偏小,强降水中心明显偏少,模拟效果最差,由于 Kessler 方案仅包含云水和雨水两种水凝物粒子,只考虑云滴凝结、云雨自动转化、云滴同雨滴的碰并等基本过程,由此可见,kessler 方案所描述的微物理过程并不适用于此次降水过程[23];其他所有方案组合的模拟结果均与实况接近,基本都模拟出了强降水中心,强降水中心的位置略有偏差。其中,方案 4—6(Lin-KF,Lin-GD,Lin-BMJ)(图 2d—f)模拟的雨带范围较实况略偏南,在雨带北部模拟出了 5～10 mm 的降水区域,符合实际降水情况,强降水中心的位置略偏西南方向,雨量与站点实测值接近;方案 7—9(WSM3-KF,WSM3-GD,WSM3-BMJ)(图 2g—i)所模拟的雨带与实况较为接近,同样,强降水中心位置略有偏移,且在 39.5°N 以北几乎未模拟出降水,方案 10—12(WSM5-KF,WSM5-GD,WSM5-BMJ)(图 2j—l)模拟的雨带走向和雨量均与方案 7—9(WSM3-KF,WSM3-GD,WSM3-BMJ)基本一致,不同之处在于模拟出了 39.5°N 以北 5～10 mm 的降水区域,这与实况更为接近,方案 13—15(Ferrier-KF,Ferrier-GD,Ferrier-BMJ)(图 2m-o)模拟的雨带与实况较为接近,但是在 39.5°N 以北几乎未模拟出降水,且模拟的强降水中心的界限模糊。

可以看出,在 18 km 分辨率下,所有方案模拟的雨带走向均与实况拟合较好;方案 4—6(Lin 方案组合)和方案 10—12(WSM5 方案组合)很好地模拟出了雨带以北 5～10 mm 的降水,且模拟的强降水中心雨量与实况接近,总体与实况拟合相对更好。

水平分辨率为 6 km 时(图 3),方案 1—3(Kessler 方案组合)模拟的雨带范围明显偏小。由于第三层嵌套分辨率较高,使可分辨尺度上的辐散辐合作用加强,再加上小尺度地形的影响较大,容易出现较多局地强对流[24],各方案组合均模拟出了很多细小的强降水中心,与第一层和第二层嵌套模拟的结果相比,各方案组合模拟的雨带范围变化不大,雨量均有不同程度的偏大。随着网格距的减小,容易造成低层潜热释放与较大尺度水汽辐合和地面降压之间的正反馈,从而造成虚假的强涡旋和过量地面降水[25-28]。

依然只有方案 4—6 和 10—12(Lin 和 WSM5 方案组合)模拟出了雨带以北的 5～10 mm 降水区,但方案 4—6(Lin 方案组合)模拟的雨量偏大较多;总体来说,仍是方案 4(KF-Lin)和方案 11(BMJ-WSM5)模拟的结果与实况较为接近。

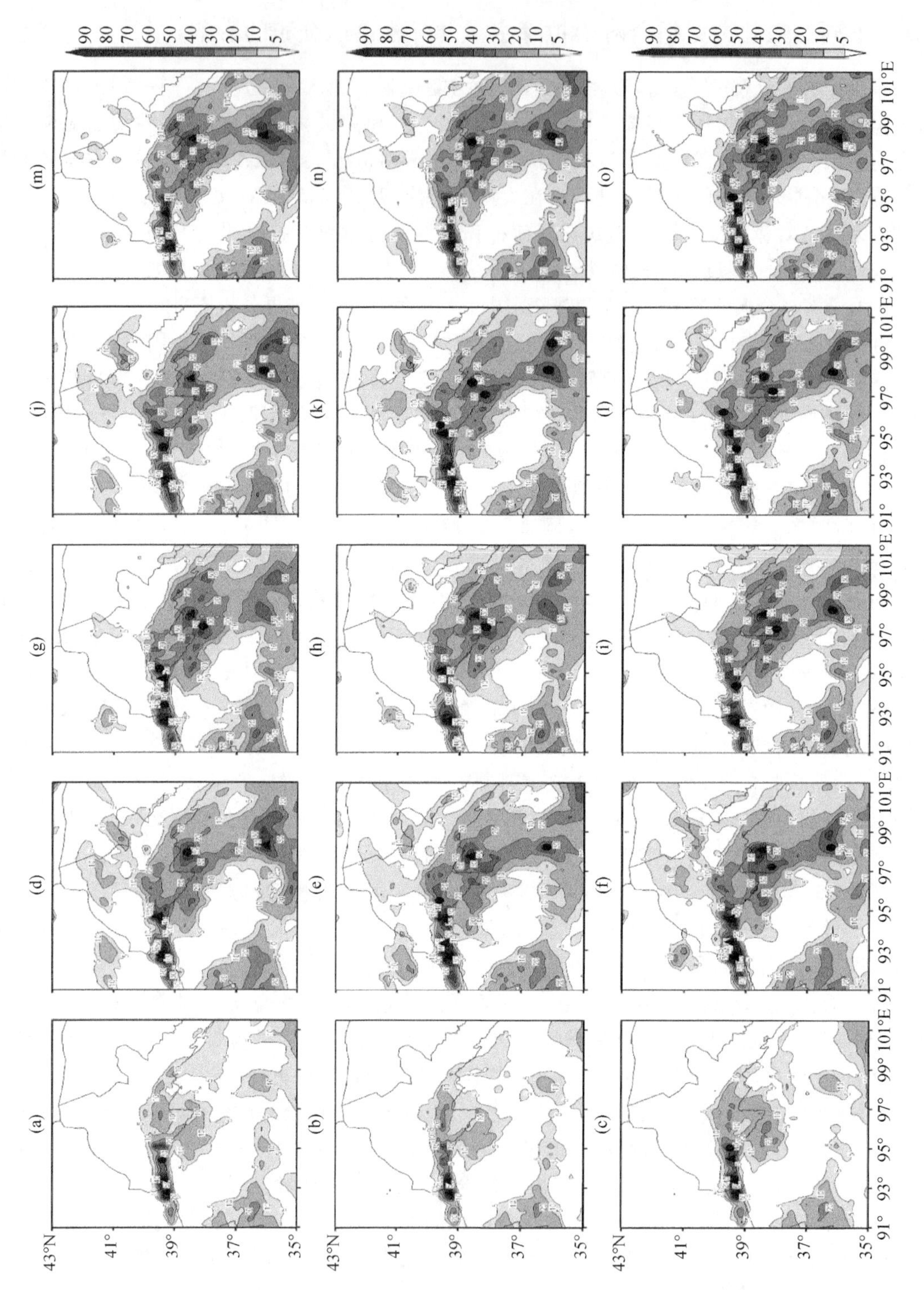

图 2 水平分辨率为 18 km 时中层嵌套模拟的 2012 年 6 月 4 日 20:00—5 日 20:00(北京时) 24 h 累积降水量(单位:mm)。(a-o)依次为方案 1-15(图中▲表示降水量在 50 mm 以上的站点,●表示降水量在 40～50 mm 的站点)

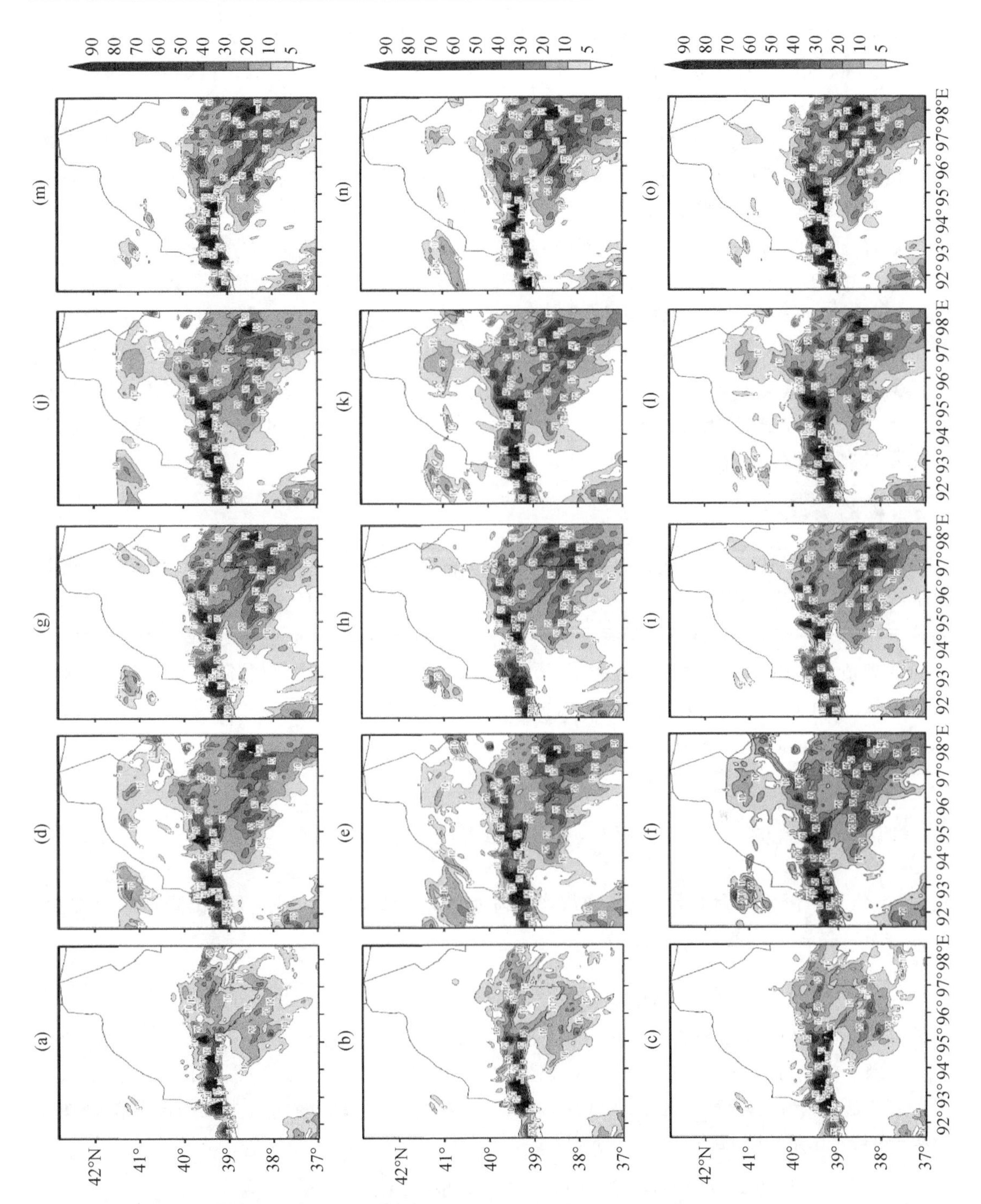

图 3　水平分辨率为 6 km 时内层嵌套模拟的 2012 年 6 月 4 日 20:00—5 日 20:00 时(北京时) 24 h 累积降水量(单位:mm)。(a-o)依次为方案 1-15(图中▲表示降水量在 50 mm 以上的站点)

4.2　分辨率对模拟结果的影响

对比不同水平分辨率下不同方案组合的模拟降水量及落区分布(图 2,图 3),可以发现,与第二层嵌套(分辨率为 18 km)的模拟结果相比,第三层嵌套(分辨率为 6 km)模拟的强降水中心降雨量明显增大,而且各方案组合均模拟出了很多细小的强降水中心。而随着分辨率的提高,雨带的走向和范围的变化却很小,主要表现为雨强的增大。与现有台站密度相对应,18 km 的格点分辨率能更好地模拟出此次强降水的位置和强度。对于类似此次酒泉暴雨这样的强降水过程而言,第二层嵌套(18 km 分辨率)的模拟效果是较好的。提高模式的水平分辨率,能够明显提高大到暴雨的模拟精度,但是一味地提高模式分辨率却并未带来最优的模拟效果。

随着分辨率的提高,模拟的降水量增幅最为明显是方案 4—6(Lin 方案组合),至少偏大了 30 mm;其次是方案 7—9(WSM3 方案组合),雨量偏大 20～30 mm 左右;方案 7—9 和方案 10—12(WSM3 和 WSM5 方案组合)模拟出了较多小的强降水中心,模拟的雨量均偏大 20 mm左右;方案 1—3(Kessler 方案组合)的模拟效果最差,模拟的雨带范围比较细网格下模拟的偏大,且雨量偏大 20 mm 左右。因此可以得知,Lin、WSM3 方案组合对分辨率比较敏感,Kessler、WSM5 方案组合次之,Ferrier 方案组合对分辨率的敏感程度最低,这与各方案所刻画的降水物理过程有关。

4.3 检验方法

为了定量地分析不同方案组合对降水的模拟效果,选取 37°—42.5°N,92°—98.5°E 区域内 73 个台站,检验它们 6 月 4 日 20:00—5 日 20:00 24 h 累积降水量的预报情况,其中甘肃省的站点包括了一级站和二级站,青海省与新疆维吾尔自治区的台站均为一级站。模式格点数据插值到站点采用了双线性插值方法[29],采用累加量级的检验方法(累积降水量≥5 mm 及累积降水量≥10 mm),统计此次暴雨的 ETS 评分。

ETS 评分的计算公式为:

$$ETS=\frac{N_{fc}-CH}{N_f+N_o-N_{fc}-CH}$$

$$CH=\frac{N_f}{N}\times N_o$$

式中,N_f为预报降水的台站数,N_o为实况产生降水的台站数,N_{fc}为准确预报出降水的台站数,N 为评分区域范围内的台站总数($N=73$)。

与 TS 评分$\left(TS=\frac{N_{fc}}{N_f+N_o-N_{fc}}\right)$相比,$ETS$ 评分消除了参加统计的台站数量对 TS 评分结果的影响,因而又被称为公平的 TS 评分[30-31]。

$ETS>0$ 时为有技巧预报,$ETS\leqslant 0$ 时为无技巧预报,$ETS=1$ 时为最佳预报[5]。表 2 给出了第二层嵌套水平分辨率为 18 km 时,此次暴雨模拟中 3 种积云对流方案与 5 种微物理方案组合的 24 h 累积降水的 ETS 评分结果。

表 2 水平分辨率为 18 km 时各方案组合对暴雨预报的 ETS 评分

方案组合	KF		GD		BMJ	
	≥5 mm	≥10 mm	≥5 mm	≥10 mm	≥5 mm	≥10 mm
Kessler	0.0384	0.0242	0.0384	0.0439	0.0230	0.0138
Lin	**0.1468**	0.0365	0.0672	0.0371	0.0853	0.0869
WSM3	0.0305	0.0519	0.0818	0.0603	0.0560	0.0603

续表

方案组合	KF		GD		BMJ	
	≥5 mm	≥10 mm	≥5 mm	≥10 mm	≥5 mm	≥10 mm
WSM5	0.1191	0.0371	0.0672	0.0614	0.1101	0.1267
Ferrier	0.0871	0.0371	0.0386	0.0603	0.1061	0.0603

从表 2 可以看出，不同积云对流方案的 ETS 评分差距较小，不同微物理方案的 ETS 评分差距较大，对于类似此次酒泉暴雨的斜压影响下的大范围强降水过程而言，积云对流参数是影响模拟效果的敏感性因子，但是模拟效果对积云对流方案选择的敏感性不及微物理过程方案选择敏感，三种积云对流方案中 KF 方案的模拟效果相对较优，BMJ 方案次之；Lin 和 WSM5 微物理方案的模拟效果优于 Kessler、WSM3 和 Ferrier 方案，其中，Lin 方案的 ETS 评分最高，Kessler 方案的 ETS 评分最低；与不同微物理方案组合时，KF 方案的 ETS 评分高于另两种积云方案 3 次，其中方案 4(KF-Lin 方案组合)的 ETS 评分最高，达 0.1468。累积降水量≥10 mm 的 ETS 评分可以看出，BMJ 方案的模拟效果相对较优，同样，三种积云对流方案与 Kessler 微物理方案组合的 ETS 评分最低，方案 11(BMJ-WSM5 方案组合)的 ETS 评分最高，达 0.1267。

由于 KF 积云对流方案主要是为水平分辨率在 20 km 左右的中尺度模式而设计的，其预报效果优于其他方案的原因可能是，方案中考虑了积云对流将所有对流有效位能耗尽，从而增加了降水效率。而 Lin 等微物理方案与其他方案相比，则更为细致地刻画了云中水汽、云水、降水云冰等微物理过程，而且进行了饱和调整等工作，其相对复杂的过程为降水模拟研究提供了更为科学的物理机制[32-33]。

5 物理量诊断

暴雨的产生需要源源不断的水汽、强烈并持久的上升运动以及大气垂直不稳定结构。为了更好地理解各方案组合对暴雨模拟的影响，选取 18 km 水平分辨率下，垂直速度、涡度、散度及雨水混合比等基本物理量来做具体的诊断分析。由前面的分析可知，方案 4(KF-Lin)与方案 11(BMJ-WSM5)对降水的模拟明显较好，故以下只分析这两组方案的模拟情况。

5.1 垂直速度对比分析

在暴雨发展的强盛阶段，96°E 和 100°E 上空分别存在一支发展非常强盛的上升气流(图 4c)，最大上升速度分别达到了 2.1 Pa/s 和 1.5 Pa/s，上升气流延伸到 200 hPa 附近[21]。

方案 4 和方案 11 模拟的垂直速度剖面图(图 4)上可以看出，两种方案均模拟出了降水区域上空强烈的上升运动，但最大垂直上升速度均不同程度大于实况，这也印证了模拟雨量大于实际雨量的结果；两种方案模拟的垂直速度剖面图上，均在 98°E 附近出现垂直上升大值区，这也与降水范围及强降水中心的模拟相符。其中方案 4(图 4a)模拟的 96°E 和 100°E 上空垂直速度分别为 1.8 Pa/s 和 3.6 Pa/s，方案 11(图 4b)模拟的 96°E 和 100°E 上空垂直速度分别为 1.5 Pa/s 和 3Pa/s，与 NCEP 相比，96°E 上空的垂直速度略微偏小，100°E 上空的垂直速度略微偏大，这与雨量的模拟情况相吻合。

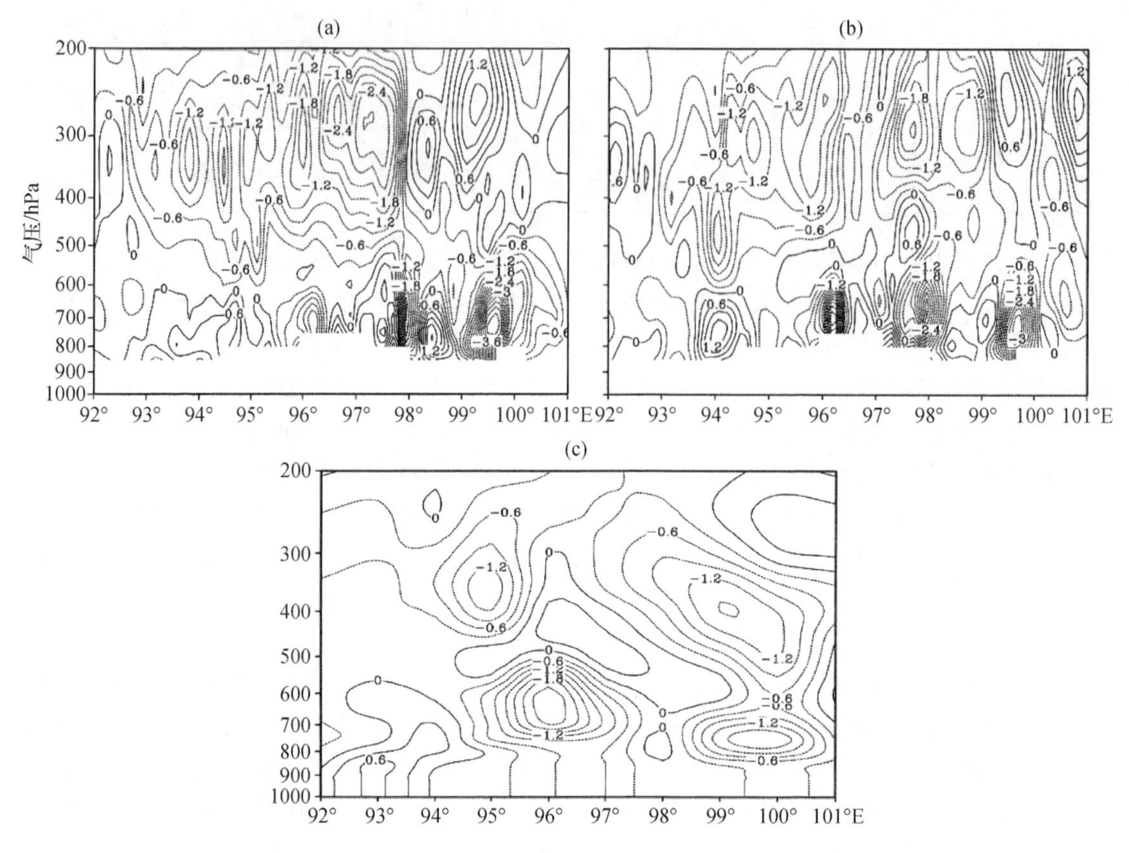

图 4　2012 年 6 月 5 日 02 时垂直速度沿 40°N 线垂直剖面图(单位:Pa/s)

(a)方案 4 的模拟结果;(b)方案 11 的模拟结果;(c)NCEP

不同方案组合所模拟的垂直速度场存在一定的差异,这可能是导致模拟降水结果差异的一个原因,这反映了选取合适的积云对流方案和微物理方案组合对于降水模拟预报的重要性[34]。

5.2　涡度、散度对比分析

此次暴雨过程中,酒泉地区存在着高层负涡度、低层正涡度、高层辐散、低层辐合的配置[21]。

两种方案组合模拟的负涡度(图 5)范围及大小均与实况[21]相符;同时,均模拟出了 200 hPa 的正散度区域(图 6),不过模拟结果偏大,这与模拟的雨量较实况雨量偏大是一致的,可以看出各方案组合模拟的散度大值区域与图 2 中的模拟强降水中心对应很好,但较实况均略微偏南。

由于 NCEP 资料的分辨率为 1°× 1°(100 km 左右),而模拟图所采用的较细网格资料的水平分辨率为 18 km,故各个方案组合所模拟的涡度和散度都更为细致,能识别出更为细小的局部对流活动。

这表明,不同方案组合对涡度和散度场模拟的差异也是导致对雨量和落区模拟差异的另一个可能原因。也充分说明了,高层的强辐散作用引起抽吸作用引发强烈的上升运动及低层

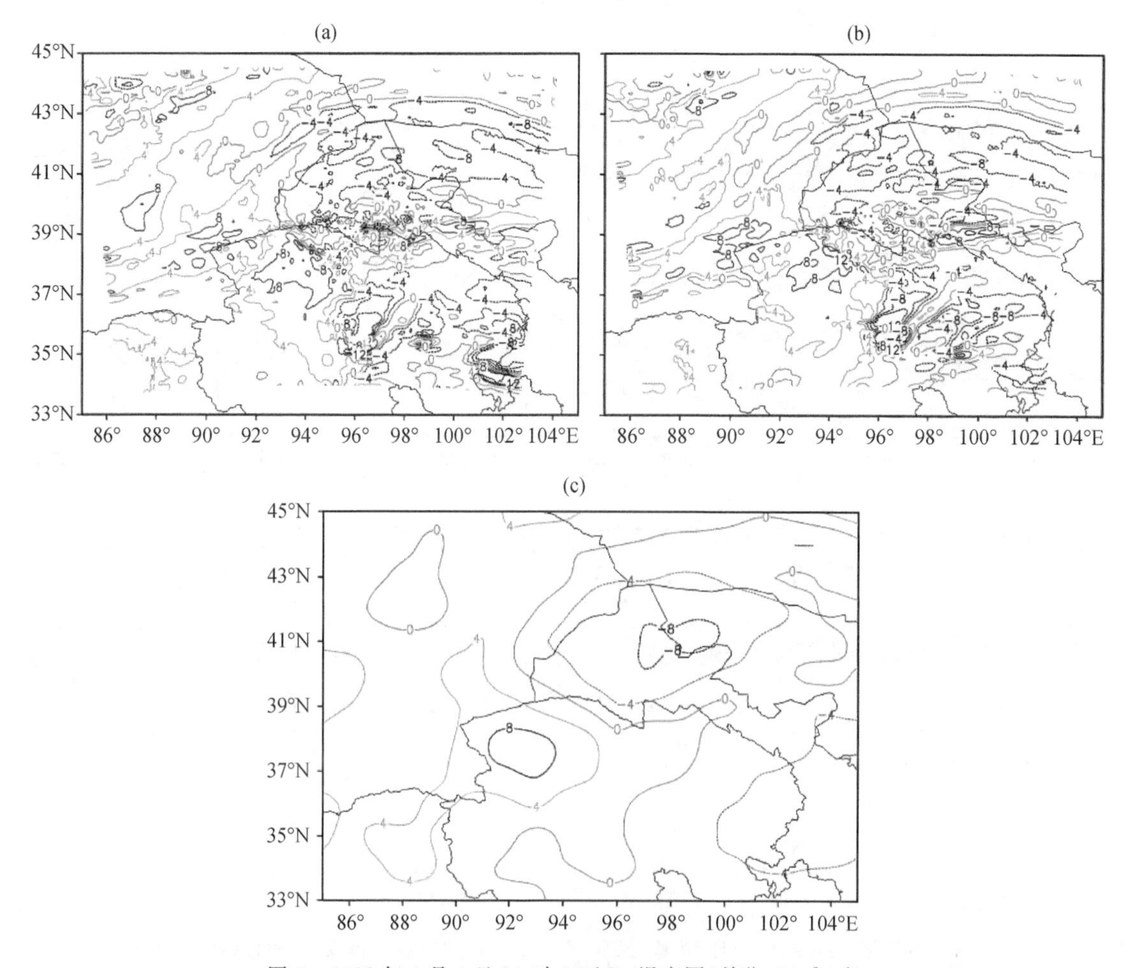

图5　2012年6月4日20时200hPa涡度图(单位:$10^{-5}s^{-1}$)
(a)方案4模拟的涡度图;(b)方案11模拟的涡度图;(c)NCEP涡度图

强辐合作用的发展,有利于形成低空急流并维持,为暴雨落区输送暖湿气流,形成强降水[35]。

5.3　云微物理特征对比分析

沿40°N线做各方案组合模拟的雨水混合比垂直剖面图(图7),相同积云对流方案不同微物理方案模拟的雨水混合比差异较大,相同微物理方案不同积云对流方案的模拟结果差异较小,雨水混合比对微物理方案的选择比较敏感,这是由于雨水混合比主要表征雨区的云微物理过程,不同的微物理方案中包含的水成物的定义存在差异,以及对云微物理过程的表述不尽相同所导致的[5]。

其中方案4、10、13(KF-Lin、KF-WSM5和KF-Ferrier方案组合)(图7b,d,e)模拟的雨水混合比在700 hPa左右达最大值,约为0.1 g/kg;方案1、7(KF-Kessler和KF-WSM3方案组合)(图7a,c)模拟的雨水混合比分别在94.5°E和97°E附近各为一个大值中心,方案1(KF-Kessler方案组合)模拟的雨水混合比在94.5°E和97°E的极大值分别为0.14 g/kg和0.08 g/kg;方案7(WSM3方案组合)模拟的雨水混合比在94.5°E和97°E的极大值均为0.24 g/kg左右。

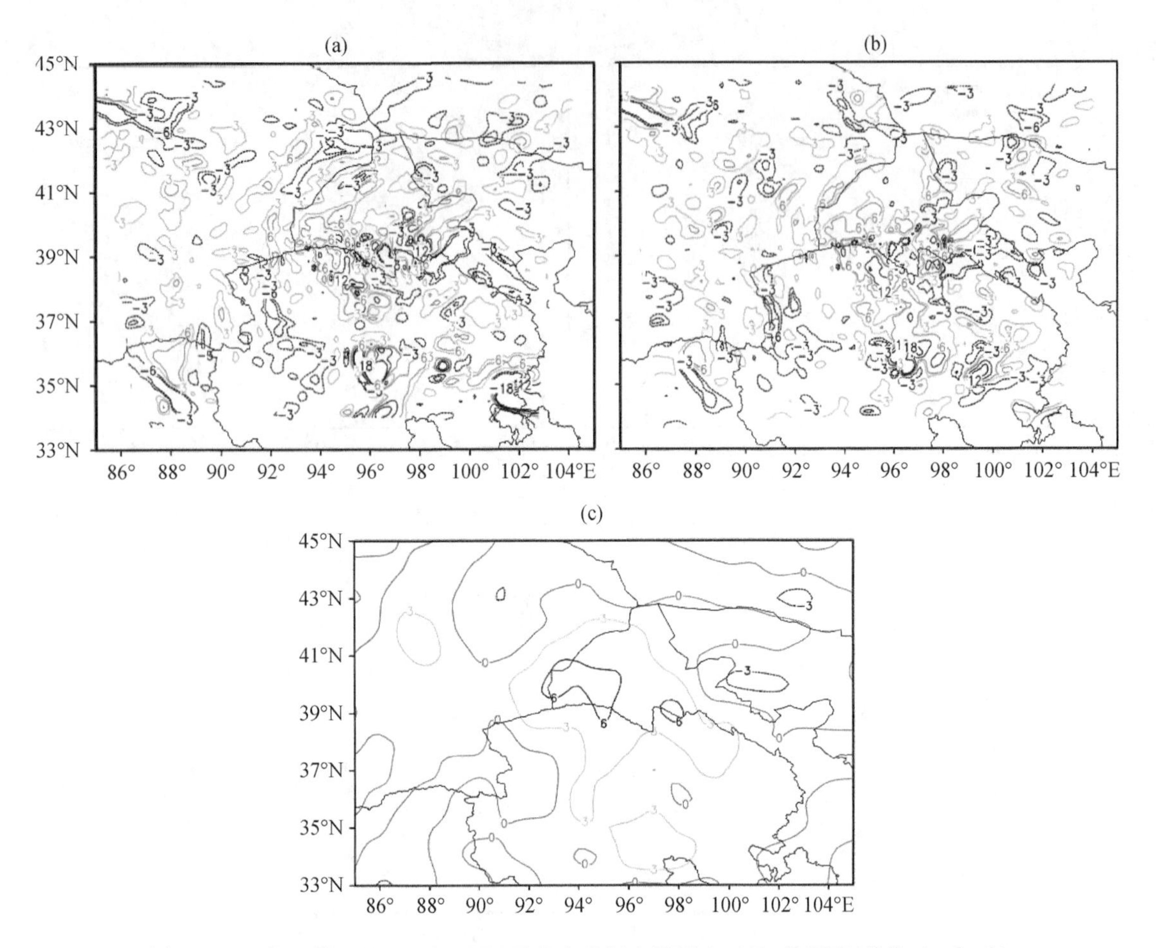

图 6　2012 年 6 月 4 日 20 时 NCEP 及各方案组合模拟 200hPa 散度图(单位:$10^{-5}s^{-1}$)

(a)方案 4 模拟的散度图;(b)方案 11 模拟的散度图;(c)NCEP 散度图

另外,对比同一微物理方案不同积云对流方案下的模拟结果(图略)发现,GD 与不同微物理方案组合的模拟结果较 KF 和 BMJ 偏小。

分析不同方案组合模拟的降水中心随时间演变的云水、雨水垂直剖面图(图略)发现,不同云微物理方案模拟的云微物理特征存在很大差异,WSM3 和 WSM5 方案能成功地模拟出此次降水过程中云滴和雨滴之间的相互碰并转化的过程,基本再现了此次暴雨发生发展的云微物理过程, Lin 方案虽也基本模拟出了此次暴雨过程的云微物理特征,但是模拟的云微物理过程较简单,Kessler 和 Ferrier 方案的模拟结果均不够理想。

以上分析表明,不同方案组合对雨水混合比模拟的差异可能是导致对降水模拟差异的另一个可能原因。

6　结论

本文利用区域气候站逐小时降水实况资料和 NCEP 1°×1°的 6 h 全球再分析格点资料,运用 WRFV3.2,采用不同积云对流和微物理参数化方案组合对 2012 年 6 月 4—5 日发生在酒泉地区的暴雨过程做了敏感性试验,探讨了不同物理过程参数化方案对暴雨模拟的影响。得到如下认识。

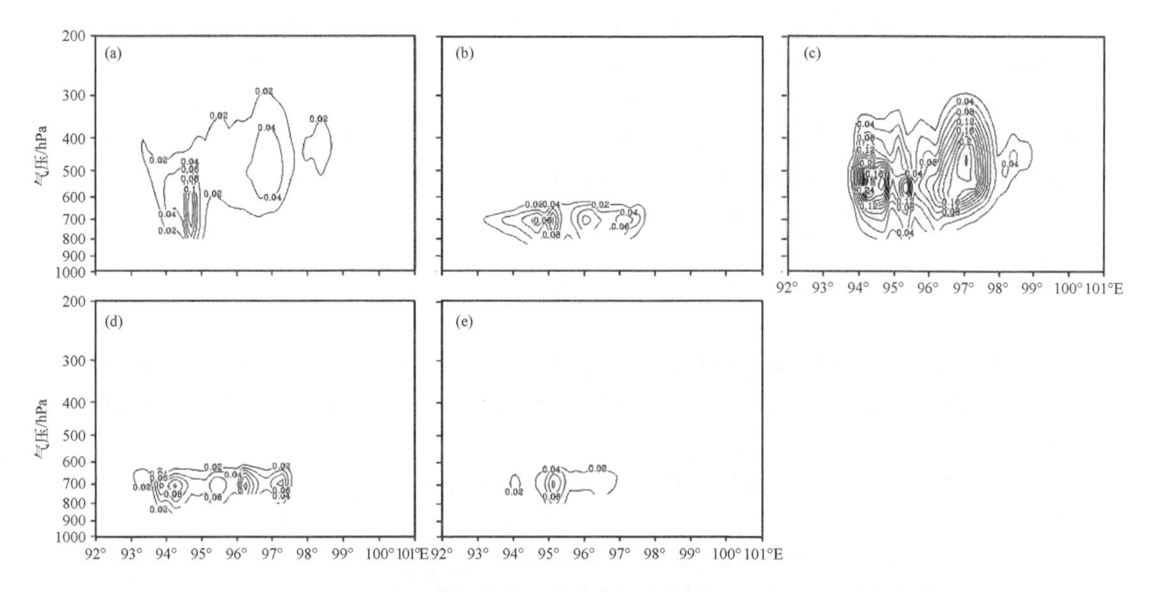

图 7　2012 年 6 月 5 日 02 时各方案组合模拟的雨水混合比沿 40°N 线的垂直剖面图(单位:g/kg)
(a—e)分别为方案 1(KF-Kessler),4(KF-Lin),7(KF-WSM3),10(KF-WSM5),13(KF-Ferrier)

(1)微物理方案的选择对暴雨落区和强度的模拟结果的影响较积云对流方案更敏感。

(2)粗网格(54 km)下,各方案组合基本都能模拟出此次暴雨过程的雨带走向和落区范围,模拟的雨带雨量均略微偏小,强降水中心不突出。较细网格(18 km)下,除了方案 1—3(Kessler 方案组合)以外,其他方案组合的模拟结果都与实况接近,雨带位置略微偏南,基本都模拟出了强降水中心。其中,方案 4—6、10—12(Lin、WSM5 方案组合)模拟的降雨落区更符合实际降水情况,方案 4—6(Lin 方案组合)模拟的雨量与站点实测值最为接近。细网格(6 km)下,各方案组合模拟的雨带范围有不同程度偏小,雨量均不同程度偏大,且模拟出了很多细小的强降水中心。

(3)对同一方案组合而言,随着模式水平分辨率的提高,模拟的降水中心强度都有不同程度的增加,但是雨带走向和范围变化不大。

(4)由 ETS 评分得知,预报≥5 mm 的降水时,方案 4(KF-Lin 方案组合)的 ETS 评分最高;预报≥10 mm 的降水时,方案 11(BMJ-WSM5 方案组合)的 ETS 评分最高;综合考量,BMJ-WSM5 方案组合更适用于模拟此次酒泉暴雨过程。

(5)模式能很好地模拟出暴雨阶段及暴雨结束后流场的演变情况,对垂直速度、涡度和散度等物理量的模拟也与实况基本一致,但模拟的最大垂直上升速度和散度均不同程度大于实况,这说明了模拟雨量大于实际雨量的结果。

(6)不同方案组合对垂直速度、涡度和散度的模拟结果都存在一定差异,尤其是雨水混合比存在较大差别,这种差异可能正是它们对暴雨模拟效果产生差异的原因。

参考文献

[1] 陈冬冬,戴永久. 近五十年我国西北地区降水强度变化特征[J]. 大气科学,2009,**33**(5):923-935.

[2] 刘新伟. 甘肃暴雨天气气候特征及其成因研究[D]. 兰州大学,2013.

[3] 翟盘茂,任福民,张强. 中国降水极值变化趋势检测[J]. 气象学报,1999,**57**(2):208-215.

[4] 倪允琪．中尺度灾害天气监测与预报技术中的基本科学技术问题[R]. 2006-02-14.

[5] 陈赛男．北京“6·23”暴雨天气形成特征及云物理过程的影响研究[D]. 中国气象科学研究院，2013.

[6] Jankov I, Gallus W A Jr, Segal M, et al. The impact of different WRF model physical parameterizations and their interactions on warm season MCS rainfall[J]. Weather & Forecasting, 2005, **20**(6)1141-1151.

[7] Rao Y V R, Hatwar H R, Salah A K, et al. An experiment using the high resolution Eta and WRF models to forecast heavy precipitation over India [M]//Atmospheric and Oceanic. Birkhauser Basel, 2007: 1593-1615.

[8] 伍华平，束炯，顾莹，等．暴雨模拟中积云对流参数化方案的对比试验[J]. 热带气象学报，2009，**25**(2)：175-180.

[9] 闫之辉，邓莲堂．WRF 模式中的微物理过程及其预报对比试验[J]. 沙漠与绿洲气象，2007，**1**(6)：1-6.

[10] 李安泰，何宏让，张云．WRF 模式对舟曲“0808”特大泥石流暴雨的数值模拟[J]. 气象与环境学报，2012，**28**(2)：54—59.

[11] Chen S H, Sun W Y. A one-dimensional time dependent cloud model [J]. J Meteo Soc of Japan Series 2, 2002, **80**(1): 99-118.

[12] Hong S Y, Dudhia J, Chen S H. A revised approach to ice microphysical processes for the bulk parameterization of clouds and precipitation [J]. Monthly Weather Review, 2004, **132**(1)103-120.

[13] Dudhia J. Numerical study of convection observed during the winter monsoon experiment using a mesoscale two-dimensional model [J]. Journal of the Atmospheric Sciences, 1989, **46**(20): 3077-3107.

[14] Zhao Q, Carr F H. A prognostic cloud scheme for operational NWP models [J]. Monthly weather review, 1997, **125**(8): 1931-1953.

[15] 刘佳．一次西南地区暴雨的诊断分析和数值模拟[D]. 南京信息工程大学，2011.

[16] Janjic Z I. The step-mountain eta coordinate model: Further developments of the convection, viscous sublayer, and turbulence closure schemes [J]. Monthly Weather Review, 1994, **122**(5): 927-945.

[17] Janjic Z I. Comments on “Development and evaluation of a convection scheme for use in climate models” [J]. Journal of the Atmospheric Sciences, 2000, **57**(21): 3686-3686.

[18] Betts A K. A new convective adjustment scheme. Part I: Observational and theoretical basis [J]. Quarterly Journal of the Royal Meteorological Society, 1986, **112**(473): 677-691.

[19] Betts A K, Miller M J. A new convective adjustment scheme. Part II: Single column tests using GATE wave, BOMEX, ATEX and arctic air-mass data sets[J]. Quarterly Journal of the Royal Meteorological Society, 1986, **112**(473): 693-709.

[20] Grell G A, Dévényi D. A generalized approach to parameterizing convection combining ensemble and data assimilation techniques [J]. Geophysical Research Letters, 2002, **29**(14): 38-1-38-4.

[21] 王田田，高晓清，高艳红，等．酒泉地区 20120604 暴雨的诊断分析[J]. 高原气象，2014，**33**(2)：504-514.

[22] 廖镜彪，王雪梅，夏北成，等．WRF 模式中微物理和积云参数化方案的对比试验[J]. 热带气象学报，2012，**28**(4)：461-470.

[23] 尹金方，王东海，翟国庆．区域中尺度模式云微物理参数化方案特征及其在中国的适用性[J]. 地球科学进展，2014，29(2)：238-249.

[24] Zhang D L, Hsie E Y, Moncrieff M W. A comparison of explicit and implicit predictions of convective and stratiform precipitating weather systems with a meso-β-scale numerical model[J]. Quarterly Journal of the Royal Meteorological Society, 1988, 114: 31-60.

[25] 张大林．各种非绝热物理过程在中尺度模式中的作用[J]. 大气科学，1998，**22**(4)：548-561.

[26] 王春明，王元，伍荣生．模式水平分辨率对梅雨锋降水定量预报的影响[J]. 水动力学研究与进展：A 辑，2004，**19**(1)：71-80.

[27] 王建捷,周斌,郭肖容. 不同对流参数化方案试验中凝结加热的特征及对暴雨中尺度模拟结果的影响[J]. 气象学报,2005,**63**(4):405-417.

[28] 黄海波,陈春艳,朱雯娜. WRF 模式不同云微物理参数化方案及水平分辨率对降水预报效果的影响[J]. 气象科技,2011,**39**(5):529-536.

[29] 张冰,魏建苏,裴海瑛. 2006 年 T213 模式在江苏的降水和温度检验评估[J]. 气象科学,2008,**28**(4):468-472.

[30] 刘清,沈桐立. 风云 2 号卫星红外资料在暴雨数值预报中的应用研究[J]. 热带气象学报,2006,**22**(1):101-104.

[31] 王晨稀. MM5 模式中不同对流参数化方案对降水预报效果影响的对比试验[J]. 气象科学,2004,**24**(2):168-176.

[32] 林文实,黄美元. 积云参数化方案研究的现状[J]. 热带气象学报,1998,**14**(4):374-379.

[33] 程麟生. 中尺度大气数值模式和模拟[M]. 北京:气象出版社,1994:182-196.

[34] 李兴良,陈德辉,沈学顺. 不同垂直坐标台系对垂直速度计算的影响[J]. 热带气象学报,2005,**21**(3):265-276.

[35] 林文实,黄美元. 积云参数化方案研究的现状[J]. 热带气象学报,1998,**14**(4):374-379.

青海省东北部冰雹云提前识别及预警研究

康晓燕　马玉岩　韩辉邦　张博越

(青海省人工影响天气办公室,西宁 810001)

摘　要　利用2008—2012年西宁雷达资料和探空资料对冰雹和强降水天气的物理量和雷达参数特征进行了对比分析。结果表明,(1)较强的低空垂直风切变有利于降雹天气生成,较低的0℃层和−20℃层高度也是利于冰雹云形成的重要参数。(2)所有冰雹云的组合反射率均≥55 dBZ,占75%在60～65 dBZ之间;降雹时回波顶高均在9 km以上,其中回波顶高≥11 km的冰雹云占90%;当冰雹天气出现时,大部分雹云的最大垂直液态含水量≥25 kg/m²,其比例为80%,最高可达40 kg/m²。(3)利用45 dBZ回波顶高可较好地识别冰雹云,当强回波高度达到8.0 km时预示有冰雹出现,其临界成功指数达85%。

关键词　冰雹　探空资料　雷达参数　预警

1　引言

冰雹是世界范围内的气象灾害之一,在青海省尤其如此。及时准确地识别雹云对于适时作业、提高防雹效果、减少经济损失具有重大的现实意义。因此,在现有设备和技术条件下,如何更有效和充分地利用探空、雷达资料实时、有效地识别雹云一直是人工防雹的首要任务。叶笃正早在1997就初步阐述过利用探空资料可以寻找对流发展的有利条件[1-2];20世纪70年代以来,国内外气象工作者也利用雷达资料建立了很多冰雹云的识别技术和方法。目前,随着探测技术水平的发展,探空、雷达等先进仪器的应用,对冰雹天气特征的认识不断深入,已有很多成熟的研究成果应用于冰雹预测。雷蕾等利用探空资料详细分析了2007年和2008年5—9月冰雹、雷暴大风以及暴雨强对流天气过程下物理量的差异,结果表明,0℃层、−20℃层、低空风切变能比较显著地区分冰雹和暴雨天气[3];廖晓农等也用探空资料计算了CAPE、风切变等物理量,分析了北京历史上一次严重的大雹事件,分析发现,对流层中下层较强的环境风垂直切变有利于多单体风暴或超级单体等强风暴云的发展,从而增加了冰雹出现的概率[4];李秀林等对2005—2006年渭南19个典型冰雹日的雷达产品进行统计分析得出,冰雹云的垂直积分液态水含量(vertically integrated liquid,VIL)值明显大于雷雨云,*VIL*值的变化可以应用于预测降雹[5];朱平等研究结果表明,当降雹单体出现*VIL*的跃增量≥6 kg/m²、垂直积分液态水含量峰值VIL_{max}≥15 kg/m²、垂直积分液态水含量密度VIL_d>2.2 g/m²时,即有冰雹天气发生[6];汤兴芝等利用雷达回波参量来判别宜昌地区冰雹云,发现用45 dBZ回波顶高可较好地识别冰雹云[7];李金辉等对降雹造成灾害的雷达回波分析表明,雷达强回波的45 dBZ平均底部越高、提前识别的时间越长,顶部越高距离降雹时间越短[8]。

青海省位于青藏高原东北部,由于高原地形起伏大,高山众多,沟壑相连,使得青藏高原局地的强对流天气频频发生[9]。据统计,青海省南部和东北部是两个降雹中心。成灾冰雹主要分布在青海省东北部(农业区),此时这一地区的主要农作物处于抽穗至成熟的发育阶段,遭雹灾后损失较大[10]。因此,本文旨在找出适合该地区雹云的识别参量,为人工防雹消雹提供有价值的参考依据。

2 资料与方法

本文利用2008—2012年6—9月西宁二十里铺探空站的探空资料、西宁南山雷达站观测的雷达基数据资料以及所辖各县(市)气象局地面冰雹灾情资料。对其中的30个对流云团的探空和雷达资料进行分析,由于收集到的地面降雹时间多为估计时间,同时冰雹降落到地面上也需一定时间,所以在进行参量分析时,对冰雹云主要取冰雹发生前4个体扫、冰雹发生时各次体扫和冰雹发生后4个体扫的参量变化特征,非降雹云团则取其整个生存期内各次体扫的参量变化,找出体扫过程中这些参量的最大值[7]。

30个对流云资料包括20个产生冰雹的资料和10个强降水资料。其中既出现冰雹又有强降水的天气过程归为冰雹天气资料,强降水资料系无雹日过程。

本文主要分析了云体的组合反射率、回波顶高、垂直液态含水量及45 dBZ回波顶高等雷达特征参数,并参考分析了探空资料垂直风切变、0℃层高、－20℃层高等,统计学检验采用SPSS 17.0软件。

3 物理量分析

冰雹和强降水等中小尺度天气的产生需要有利的大尺度环境。该研究利用探空资料,选取垂直风切变、0℃层高、－20℃层高等参数,分别分析了冰雹和强降水天气对应的环境参数。

3.1 垂直风切变

环境中存在垂直风切变与强对流单体的发展和维持存在密切的联系[11]。强切变有利于对流性不稳定层结形成,是冰雹增长的重要条件。图1、图2分别为两类对流天气多个个例的垂直风切变散点分布图,可以看出,冰雹700—500 hPa最小垂直风切变为2 m/s,最大为24 m/s,平均垂直风切变达到11 m/s;强降水700—500 hPa最小垂直风切变为2 m/s,最大为15 m/s,平均垂直风切变达到5 m/s;500—400 hPa最小垂直风切变为4 m/s,最大为25 m/s,平均为17m/s,强降水500—400 hPa最小垂直风切变为2 m/s,最大为16 m/s,平均为10 m/s。利用独立样本t检验对其均值进行比较,冰雹两层垂直风切变均大于强降水,通过0.01显著性检验。这表明,冰雹形成的环境中,较强的垂直风切变是必要条件,而强降水形成时垂直风切变相对较弱。这与相关研究结果是一致的[3],较大的垂直风切变能维持或加强风暴的垂直结构,有利于冰雹的形成。

3.2 0℃层高度和－20℃层高度

0℃层是云中水分冻结高度的下限,也是影响融化效应的因素之一。而－20℃层是大水滴自然成冰温度,因此,这两个温度层的高度是判断环境大气是否有利于冰雹云形成的参数[4]。从图3统计结果来看,冰雹的0℃层最小高度为3130 m,最大高度5675 m,平均高度约4700 m,强降水的0℃层最小高度为3953 m,最大高度5655 m,平均高度约4962 m。冰雹的－20℃层最小高度为7128 m,最大高度8726 m,平均高度约7800 m,强降水的－20℃层最小高度为7150 m,最大高度9045 m,平均高度约8226 m。冰雹这两个特性层的平均高度都要低于强降水300～400 m。

0℃层低使冰雹不容易在落地前融化,而强降水的0℃偏高使得固态物出云后融化形成雨滴到达地面。这也与相关的研究结果是一致的[3],但统计检验结果未通过0.05显著性检验。

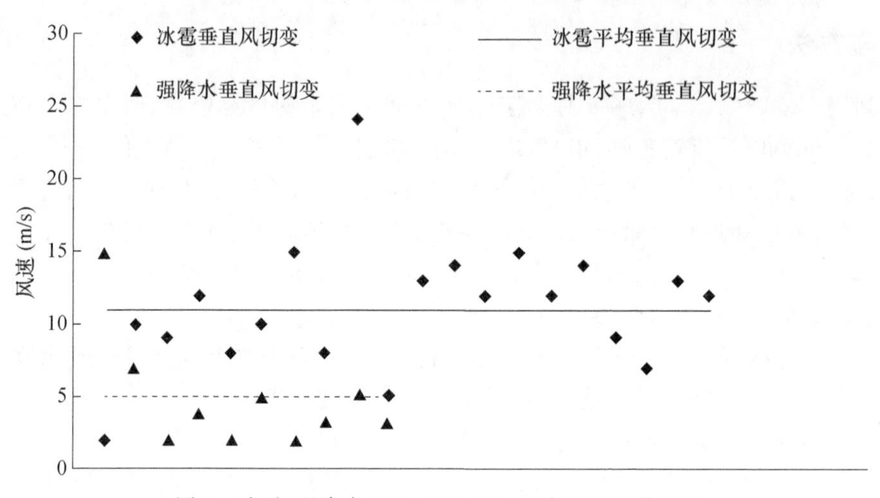

图1 冰雹、强降水700～500 hPa垂直风切变散点图

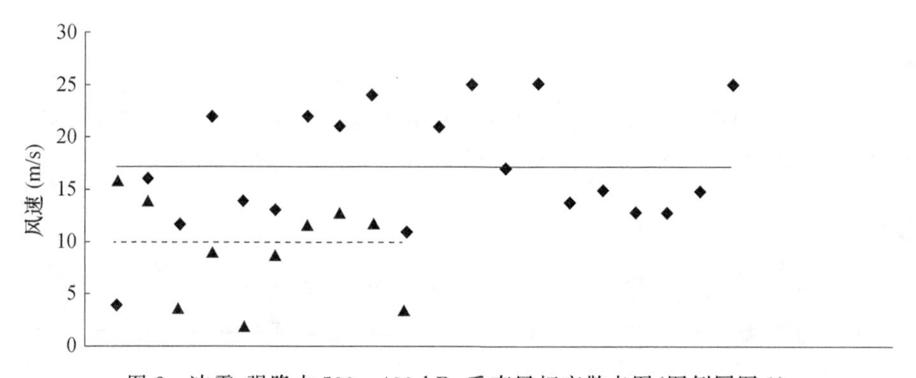

图2 冰雹、强降水500—400 hPa垂直风切变散点图(图例同图1)

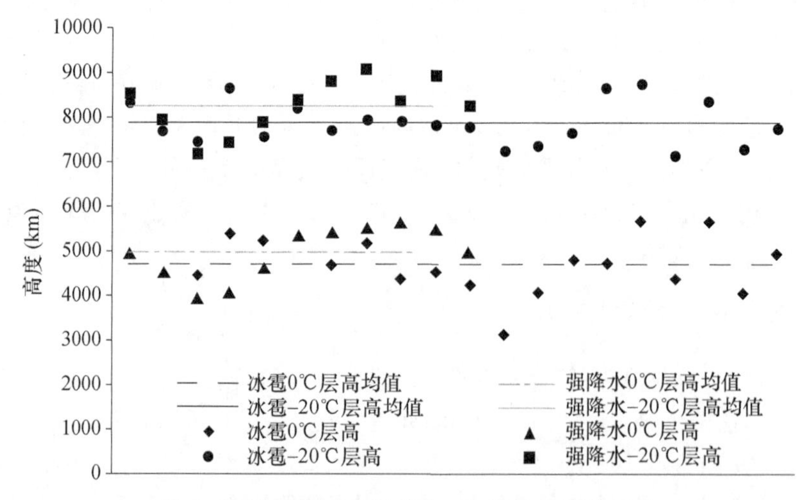

图3 冰雹、强降水0℃层和－20℃层高度散点图

4 雷达参数分析

4.1 雷达基本特征参数

组合反射率反映的是雷达体扫垂直气柱中对所有回波强度进行比较在对应格点上显示最大反射率因子值[12]。垂直积分液态水含量是将雷达体积扫描资料中的反射率因子值转换成等价的液态水值,反映了降水云体中在某一确定底面积的垂直柱体内液态水的总量[7]。回波顶高是在≥18 dBZ 反射率因子被探测到时,显示以最高仰角为基础的回波顶高度。本文为了便于分析研究,回波顶高采用≥15 dBZ 反射率因子的最高高度。通过对雷达反射率因子做垂直剖面分析,可近似地得到雷达回波的顶高[13]。

由表 1 和表 2 可知,所有冰雹云个例的组合反射率均≥55 dBZ,最小的为 55 dBZ,最大的为 70 dBZ,其中 15 个组合反射率在 60～65 dBZ,占 75%,1 个组合反射率>65 dBZ,另有 3 个组合反射率<60 dBZ。而强降水的组合反射率均≥50 dBZ,且 90%集中在 50～55 dBZ。降雹时回波顶高均在 9 km 以上,其中回波顶高≥11 km 的冰雹云占 90%。50%强降水云的回波顶高>9 km,50%<9 km。当冰雹天气出现时,大部分雹云的最大垂直积分液态水含量≥25 kg/m^2,其比例为 80%,最高可达 40 kg/m^2,个别发生降雹的雹云甚至低于 20 kg/m^2。在无冰雹的对流云团中,大部分最大垂直积分液态水含量≤25 kg/m^2,其比例为 70% ,其中最大的也可达 35 kg/m^2。独立样本 t 检验结果也表明冰雹过程与强降水雷达基本特征参数存在明显差异,通过 0.05 显著性检验。总而言之,利用组合反射率、回波顶高、垂直积分液态水含量等雷达基本特征参数,可以用于冰雹云和强降水云的判别,即组合反射率≥55 dBZ,回波顶高>9 km,最大垂直积分液态水含量≥25 kg/m^2,可作为有利于青海省东部地区降雹的参考条件。

表 1 冰雹过程雷达基本特征参数

序号	发生时间	组合反射率(dBZ)	垂直积分液态水含量(kg/m^2)	回波顶高(km)
1	2008-08-04	65	25	12
2	2008-08-09	65	30	12
3	2008-08-10	65	30	12
4	2009-06-18	70	30	13
5	2009-08-04	60	30	12
6	2009-08-06	65	25	11.8
7	2009-08-15	60	20	11.5
8	2010-07-06	55	30	14
9	2010-07-18	55	30	12
10	2010-08-30	65	20	12
11	2010-08-31	65	25	11

续表

序号	发生时间	组合反射率(dBZ)	垂直积分液态水含量(kg/m²)	回波顶高(km)
12	2010-09-06	65	25	12
13	2011-07-08	55	25	12
14	2011-07-24	65	35	15
15	2011-08-13	65	45	15
16	2011-08-24	65	25	12
17	2012-05-20	65	40	12
18	2012-06-05	60	10	9
19	2012-07-13	65	25	11
20	2012-08-01	55	20	9.5

表 2　强降水过程雷达基本特征参数

序号	发生时间	组合反射率(dBZ)	垂直积分液态水含量(kg/m²)	回波顶高(km)
1	2009-08-18	50	15	8.8
2	2010-05-25	60	10	7.1
3	2010-06-02	55	20	8.7
4	2010-06-07	50	15	8.1
5	2011-07-27	55	15	7.4
6	2011-08-15	55	25	12
7	2011-08-17	50	20	10.6
8	2011-08-30	50	25	11.5
9	2011-09-09	50	20	10.8
10	2012-07-29	50	35	12

4.2　45 dBZ 回波顶高提前识别冰雹

根据 Smith 等提出的云内最初冰雹增长为中数体积水汽凝结体的直径是 0.4～0.5cm 的理论,相关专家得出“冰雹云初期等效雷达反射率因子为 44 dBZ”的结论[8]。西宁雷达以 5 dBZ分档,为方便使用,以 45 dBZ 作为冰雹预报的临界值。

45 dBZ 回波区对应于云中含水量集中区,在 0℃层以下出现 45 dBZ 时,该强回波区由中数体积直径大于 0.4 cm 的大水滴组成,地面只能出现降雨,在 0℃层以上出现 45 dBZ 值,是由中数体积直径大于 0.4 cm 的冰粒子和水粒子混合存在,当云内具有的上升气流较强,45 dBZ出现较高时,就有利于地面降雹发生[7-8]。

从图 4 可见,在 20 个冰雹个例中,45 dBZ 回波顶高在 8 km 以上的有 17 块,占 85%。在 10 个强降水个例中 45 dBZ 回波顶高均小于等于 9 km。其中仅有 1 个强降水个例 45 dBZ 回波高度在 8 km 以上，占 10%，统计检验结果也证实冰雹 45 dBZ 回波顶高显著高于强降水。因此，选择 45 dBZ 回波顶高为 8 km 时作为冰雹预警指标。

为了检验该参量的性能，定义 *POD* 为探测概率，*FAR* 为误报率，*X* 为雷达探测到的 45 dBZ 回波顶高≥8 km 且地面有降雹报道的个例数，*Y* 为地面有降雹报道而 45 dBZ 回波顶高＜8 km 的个例数，*Z* 为雷达探测到的 45 dBZ 回波顶高≥8 km 而地面无冰雹报道的个例数。得到，$POD=X/(X+Y)$，$FAR=Z/(X+Z)$。在 30 块对流云中，符合上述降雹判据的雷达回波为 18 个，实况降雹 17 次，漏报 3 次，空报 1 次，根据上述评分标准得到对应的 *POD* 为 85%、*FAR* 为 6%。

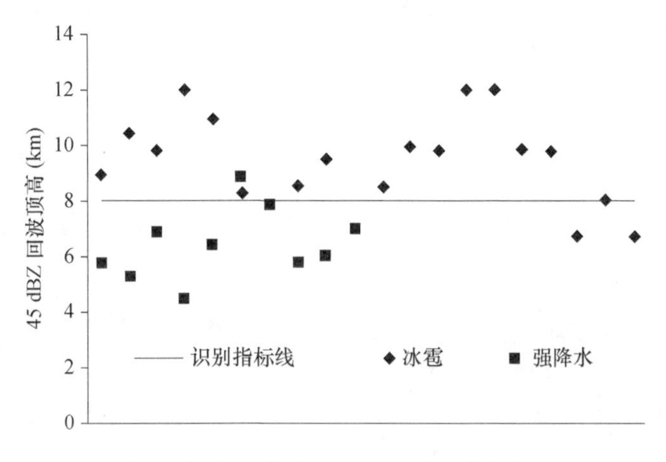

图 4　冰雹、强降水 45 dBZ 回波顶高散点图

5　提前识别及预警个例

本文以发生在青海省海东市乐都县境内的一次冰雹天气过程为例，说明各参量的变化过程。2014 年 7 月 25 日，位于西宁东部的乐都县 17:19—17:26、17:39—17:56 两时段出现冰雹，造成该区内受灾 980 hm^2。西宁多普勒雷达较好地监测到这次冰雹天气的演变过程。

7 月 25 日 16:03([彩]图 5a)，在乐都县境内有多个对流单体生成，其组合反射率为 35 dBZ，回波顶高达到 12 km，垂直积分液态水含量(VIL)值达到 15 kg/m^2。

16:10([彩]图 5b)，对流单体发展旺盛，单体在水平尺度和回波强度上都明显增大，其组合反射率达到 50 dBZ，回波顶高超过 12 km，VIL 值达 25 kg/m^2，45 dBZ 回波顶高已达 9 km。

17:18([彩]图 5c)，由于单体的迅速发展，单体强回波面积、高度和强度均明显增大，组合反射率达到 65 dBZ，VIL 值增至 35 kg/m^2，45 dBZ 回波顶高已达 9.3 km。据报道，地面 17:19—17:26 出现降雹。

17:39([彩]图 5d)，单体持续旺盛发展，回波强度持续不变，保持在 65 dBZ 水平，VIL 值增至 40 kg/m^2，45 dBZ 回波顶高已达 11.2 km。此时地面出现第二次降雹。

18:06([彩]图 5e)，随着降雹的发生，回波强度和尺度明显减弱。强回波中心移出乐都县境内，向民和县方向移动。从 16:10 对流云在乐都境内生成发展达到预警指标到 17:18 首次降雹，可提前约 1 h 识别(预警)冰雹云，这段时间为冰雹酝酿阶段，属防雹最佳时机。

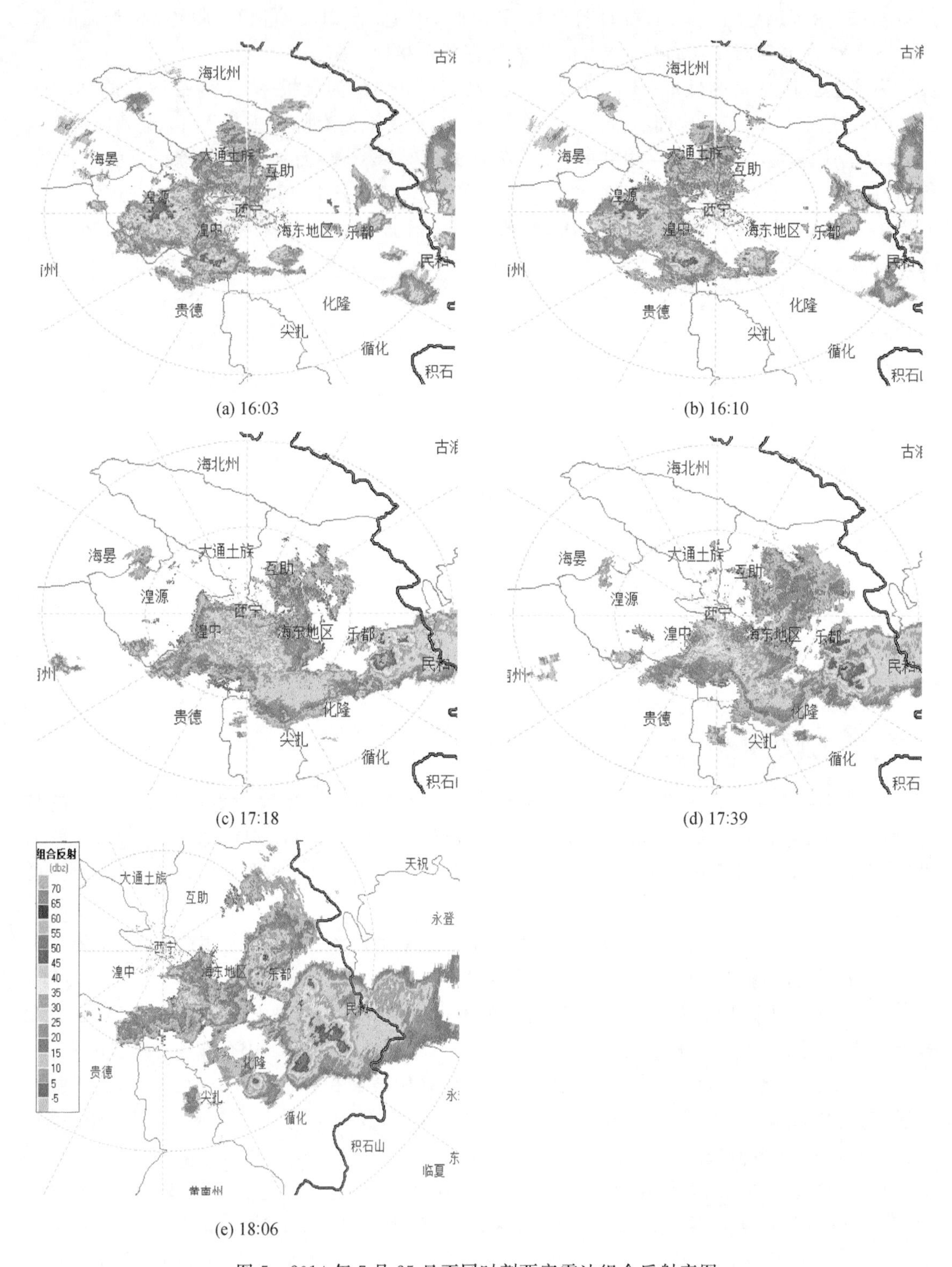

图 5　2014 年 7 月 25 日不同时刻西宁雷达组合反射率图

6 结论

(1)本文利用探空资料，分析了冰雹和强降水天气对应的环境参数，得到冰雹和强降水0 ℃层高度、−20 ℃层高度以及700—500 hPa、500—400 hPa垂直风切变的变化规律与相关研究结论基本一致。然而受探空时空分辨率的限制，从物理量方面区分冰雹和强降水难度较大，可将探空资料作为对流发生的初判条件。

(2)通过分析雷达资料发现，仅利用组合反射率、回波顶高、垂直积分液态水含量等雷达基本特征参数，不能很好地辨别冰雹云和强降水云，但组合反射率≥55 dBZ，回波顶高>9 km，VIL_{max}≥25 kg/m^2，可作为有利于青海省东部地区降雹的一个基本参考条件。

(3)利用45 dBZ雷达强回波高度可较好地识别冰雹云，当回波顶高达到8 km时预示有冰雹出现，其成功概率达85%，临界成功指数达81%。

(4)通过个例验证，综合以上指标，可以很好地识别冰雹云，并具有一定的提前量。这一结论对人工防雹作业的进行具有一定的指导作用。

参考文献

[1] 叶笃正．探空资料的应用(一)[J]. 气象，1977，**2**(11)：12-19.

[2] 叶笃正．探空资料的应用(二)[J]. 气象，1977，**2**(12)：24-26.

[3] 雷蕾，孙继松，魏东．利用探空资料判别北京地区夏季强对流的天气类别[J]. 气象，2011，**37**(2)：136-141.

[4] 廖晓农，俞小鼎，于波．北京盛夏一次罕见的大雹事件分析[J]. 气象，2008，**34**(2)：12-19.

[5] 李秀琳，贾金海．VIL产品在人工防雹中的应用[J]. 陕西气象，2008(3)：13-15.

[6] 朱平，肖建设，伏洋．青藏高原东北部冰雹和雷雨预警的风暴单体识别特征对比分析[J]. 干旱区研究，2012，**29**(6)：941-948.

[7] 汤兴芝，黄兴友．冰雹云的多普勒天气雷达识别参量及其预警作用[J]. 暴雨灾害，2009，**28**(3)：261-265.

[8] 李金辉，樊鹏．冰雹云提前识别及预警的研究[J]. 南京气象学院学报，2007，**30**(1)：114-119.

[9] 王静爱，史培军，刘颖慧，等．中国1990—1996年冰雹灾害及其时空动态分析[J]. 自然灾害学报，1999，**8**(3)：45-153.

[10] 靳世强，徐亮，傅生武，韦淑侠．青海省东北部地区冰雹天气形势及多普勒雷达资料统计分析[J]. 青海科技，2008(2)：34-37.

[11] 陈金敏，刁秀广．冰雹与对流性强降水天气的物理量和雷达参数对比分析[J]. 安徽农业科学，2010，**38**(5)：2451-2453.

[12] 段艺萍，刘寿东，刘黎平，等．新一代天气雷达三维组网产品在人工防雹的应用[J]. 高原气象，2014，**33**(5)：1426-1439.

[13] 肖艳姣，马中元，李中华．改进的雷达回波顶高、垂直积分液态水含量及其密度算法[J]. 暴雨灾害，2009，**28**(3)：210-214.

我国雷暴天气时空分布及预报预警研究的进展

张建辉[1,2]　徐启运[1,2]　尹宪志[1,2]　陈　祺[1,2]　杨增梓[1,2]

(1. 中国气象局兰州干旱气象研究所、甘肃省干旱气候变化与减灾重点实验室/
中国气象局干旱气候变化与减灾重点实验室,兰州 730020;
2. 甘肃省人工影响天气办公室,兰州 730020)

摘　要　雷暴天气是指伴有雷电、冰雹、大风和强降水的局地强对流性天气。我国夏季雷电灾害占全年雷电灾害的66%,严重威胁到飞机人工增雨、高炮防雹作业的安全。本文首先分析了我国雷暴天气的时空分布特征;其次,在回顾国内外雷暴天气研究进展、雷暴天气成因和预报预警方法的基础上,探讨了雷暴天气防灾减灾的途径及方法。分析表明,雷暴天气的强弱与近地层大气不稳定、地气温差高低、相对湿度大小等关系密切,而特殊的地理环境和天气气候背景是我国雷暴天气多发、易发的重要条件,同时也是建立雷暴天气预报预警模型的着眼点;而雷达、云图和闪电定位仪等探测资料是提高雷暴天气短临预报预警水平的重要依据。

关键词　雷暴　气象灾害　预报预警　进展

1　引言

1990 年,联合国有关组织统计的 1947—1980 年全球造成死亡人员最严重的前 4 种自然灾害,依次分别为热带气旋(包括台风和飓风)、地震、洪水和雷暴(包括龙卷风)。除地震外,热带气旋、洪水和雷暴导致的死亡人数分别为 49.9 万、19.4 万和 2.9 万。

雷暴(thunderstorms)天气是指伴有雷电、冰雹、大风和强降水的局地强对流性天气。雷暴天气是大气不稳定状况的产物,是积雨云及其伴生的各种强烈天气的总称。

据统计,全球平均每年因雷电灾害造成的直接损失就超过 10 亿美元。雷电具有极大的破坏性,严重威胁着我国 50 多架人工增雨飞机、6 900 门高炮和 7 000 门火箭发射架作业的安全。所以,加强雷暴的气候变化规律、雷暴天气成因和预报方法等研究,具有十分重要的意义。

全球每天约有 44 000 个雷暴发生,其影响面积占全球面积的 1%[1]。雷暴天气也是航空安全的严重威胁因素之一。美国国家运输安全委员会(NTSB)对 1996—2006 年所有飞行事故的统计数据显示,恶劣天气导致的飞行事故占所有飞行事故的 47.5%。近 20 年来,我国民航因飞机进入雷暴区而导致的飞机失事占气象事故的 1/6。

我国每年雷击伤亡人数超过 1 万多人,其中死亡 3 000 多人。我国雷害事故呈现逐年增加的趋势[2]。全国每年因雷暴造成的财产损失达到 50 亿～100 亿元人民币[3]。由此可见,加强雷暴天气研究和防灾减灾工作,已成为保障我国经济社会可持续发展的紧迫问题。

本文首先分析了我国雷暴天气的时空分布特征;其次,在回顾国内外雷暴天气研究进展、雷暴天气成因和预报预警方法的基础上,探讨了雷暴天气防灾减灾途径及方法,其目的旨在提高我国雷暴灾害的预报预警水平,最大限度地防御和减轻雷暴天气的灾害损失。

2 我国雷暴天气时空分布特征

2.1 雷暴天气的季节变化

雷暴天气的季节性特征明显，热带地区一年四季雷暴活动频繁，其他地区一般出现在3—10月（初雷在惊蛰前后，终雷在寒露前后），主要集中在每年的6—8月，冬季仅在我国南方偶有出现。

我国年平均雷暴日为夏季多，冬季少。雷暴天气活动具有明显的日变化规律。1980—2010年我国南方20站逐日雷暴天气分析结果表明[4]：雷暴频次的日变化，午后到凌晨多，12:00频次最高(9%)，03:00最低(2%)；夏季频次高，冬季低。其中7—8月最高(>35%)，12月—翌年1月最低(<1%)。

通过全国1951—2005年743个站点的雷暴和冰雹日数研究[5]，结果表明：中国雷暴和冰雹等强对流天气发生的概率分布具有明显的地理和日变化差异，白天与夜间强对流天气分布变化很大。全年统计雷暴日降水占总降水的48%，而在夏季则为64%。全年和夏季雷暴日降水比率的变化与雷暴频次的变化有较好的一致性，相关系数分别达0.46和0.71。甘肃省1961—1990年为多雷暴期[6]，1991—2011年为少雷暴期，雷暴日数总体呈减少趋势。在春、夏、秋三季中，夏季雷暴日数减少的趋势最为明显，每10年减少3.4d，尤以6月最甚。

2.2 雷暴天气的空间分布特征

我国雷暴日数南方多于北方，山区多于平原。地形对雷暴发生发展及强度等有明显的影响作用。全国年平均雷暴日的地理分布为东南高发区、西南高发区、东北次高区和西北低发区。云南年平均雷暴日超过100 d；华南地区年平均雷暴日数可达80～120 d；西南地区年平均雷暴日数在24～80 d；青藏高原北缘和东缘（兰州为23.6 d）由于地形的抬升作用，雷暴日相对高于同纬度地区高达50～80 d，为次高值区；而最低值区在戈壁、沙漠地带或盆地，一般低于20 d，如新疆乌鲁木齐为9.3 d，和田最少为3.2 d。

我国雷暴日数的年际变化呈现出1980年代、2000年代2个相对多发期和1990年代相对少发期[7]。近30年中国北方地区的雷暴天气整体呈现出减少趋势，而南方则是先减后增，其距平场的年代际变化较为明显。其中南方地区1980年代至21世纪初，年际和夏季(7—8月)雷暴频次均呈下降的趋势，分别为−1.0%/(10a)和−3.5%/(10a)，2000年代后则有弱的增加趋势。

3 雷暴天气预报预警研究进展

3.1 国内外研究进展

目前，国内外专家学者分析研究了不同地区雷暴天气气候特征，表明不同地区雷暴有着不同的年际变化特征和周期性。美国国家强风暴实验室(National Severe Storm Laboratory, NSSL)在强风暴监测、预警、预报和理论研究等领域处于国际领先地位。Byers和Braham[8]通过分析在佛罗里达州的观测资料，揭示了对流云单体(cell)结构和演变的三个阶段，即积云、成熟和消散期。Curran等[9]使用1959—1994年美国的雷击事故数据，按雷击死亡人数和损失等将各州进行区划、排名等。

张家城[10]分析了全国雷暴、冰雹的地理分布、季节变化和初终日等。陶诗言等[11]研究发现,强风暴的形成必须具备明显的位势不稳定、上干下湿的水汽垂直空间分布和强的垂直风切变3个条件。

张敏锋等[12]认为,影响强对流天气的因素很多,地形、热力条件、大气环流等都会对雷暴和冰雹的发生有影响。冯民学等[13]分析了江苏省雷电时空分布特征;郭虎等[14]研究了北京自然雷电与雷电灾害的时空分布特征;张文龙等[15]对复杂地形下北京雷暴新生地点变化的加密观测研究;师正等[16]进行了气溶胶对雷暴云起电以及闪电发生率影响的数值模拟;杨仲江等[17]采用神经网络方法对雷暴天气进行潜势预报;孙凌等[18]对雷暴的潜势预报、雷暴的临近预报、雷电活动的观测信息在雷暴天气预警中的指示作用及雷暴云的数值模拟等方面进行了归纳和综述;俞小鼎等[19]通过雷暴与强对流临近天气预报技术进展研究,指出高分辨率数值预报模式的应用包括与雷达回波外推融合延长临近预报时效,与各种观测资料融合得到快速更新的三维格点资料,也为雷暴和强对流近风暴环境的判断提供重要参考。

3.2 雷暴天气成因

3.2.1 主要影响因子

雷暴等强对流天气预报是世界性技术难题。

姜麟等[20]通过对江苏一次夏季强雷暴天气过程的综合分析得出,强雷暴在垂直方向上与锋生函数、假相当位温、涡度散度的某些分布特征有较好的对应关系。

张廷龙等[21]通过分析西藏那曲、青海大通、甘肃中川和平凉4个不同海拔高度地区雷暴的电学特征发现,高原地区雷暴分为特殊和常规型两类。特殊型雷暴在当顶阶段地面电场呈正极性,即雷暴下部存在范围较大的正电荷区(LPCC),特殊型雷暴所占比例随海拔高度的增加有所增加;常规型雷暴在当顶阶段地面电场为负极性,与低海拔地区常规雷暴引起的地面电场类似。

通过复杂地形下北京雷暴新生地点变化的加密观测研究发现[15],复杂地形与雷暴冷池出流作用相结合,主导了雷暴新生地点的变化,进而影响γ中尺度强降水中心的变化;复杂地形使得冷空气在一定范围内流动,在边界层产生碰撞和辐合,起到触发和增强对流作用,并使得对流风暴的形态和走向与地形呈现出紧密相关性。

气溶胶对雷暴云起电以及闪电发生率影响的数值模拟表明[16],当气溶胶浓度从50 cm^{-3}增加至1000 cm^{-3}时,水成物粒子浓度上升,雷暴云电荷量和闪电发生率增加明显;气溶胶浓度在1000～3000 cm^{-3}范围时,云水竞争限制了冰晶的增长,导致雷暴云上部主正电荷堆电荷量降低闪电发生率保持稳定;当气溶胶浓度大于3000 cm^{-3}时,水成物粒子浓度稳定,云内的电荷量以及闪电发生率保持为一定量级。

通过雷暴频次的年际变化分析发现[4],东亚地区大气环流场表现出大尺度的异常变化。雷暴频次偏高时,西太平洋副热带高压异常偏弱,南方对流层中上层有异常的上升运动。同时,从热力不稳定指标上看,夏季异常偏高的全总指数、异常偏高的对流有效位能指数均与夏季雷暴频次显著相关,分别为0.58和0.76。

对流有效位能(convective available potential energy,CAPE),是潜在对流强度和强对流天气分析预报的一个常用参数[23]。其计算公式是:

$$\mathrm{CAPE} = \int_{p_{\mathrm{EL}}}^{p_{\mathrm{LFC}}} R_{\mathrm{d}}(T_{\mathrm{vp}} - T_{\mathrm{ve}})\,\mathrm{d}\ln p \tag{1}$$

式中，T_{v}为虚温，下标 e，p 分别表示与环境及气块有关的物理量；p_{LFC}为自由对流高度，是($T_{\mathrm{vp}}-T_{\mathrm{ve}}$)由负值转正值的高度；$p_{\mathrm{EL}}$为平衡高度，是($T_{\mathrm{vp}}-T_{\mathrm{ve}}$)由正值转负值的高度。通过比较地面温度变化与对流有效位能(CAPE)变化之间的关系，结果显示温度的变化与 CAPE 之间有显著的相关，相关系数高达 0.6(达到 99.9%的置信水平)，说明气温的变暖可导致高 CAPE 事件的增加，进而有利于雷暴的孕育(图 1)。

一般雷雨发生前 CAPE 的平均值达 1 455.2 J/kg，比无雷雨的平均值大一倍以上；雷雨大风前 CAPE 平均值高达 2500 J/kg。和沙氏指数的比较表明：对流有效位能在判别有无雷雨的能力上与沙氏指数相当，区分普通雷雨和雷雨大风天气的能力上超过沙氏指数。

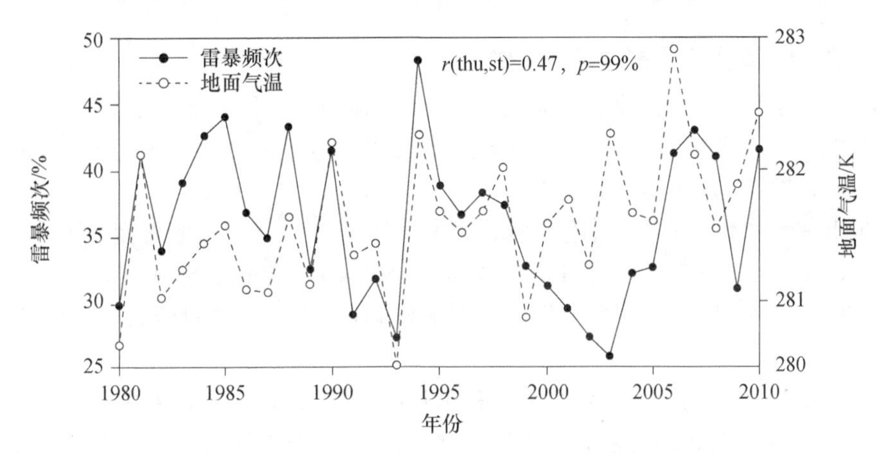

图 1　地面气温和雷暴频次的时间序列[4]

通过雷暴中雷电活动与 WRF 模式微物理和动力模拟量的对比研究表明[24]，−10～−20℃之间的电荷分离区域内，冰晶粒子与霰粒子质量混合比最大值与地闪频数随时间变化趋势基本保持一致。

3.2.2　雷暴与闪电的气候分布特征

近年来，全国雷电灾害次数呈逐年波动增长趋势[25]。其中，夏季是雷电灾害发生最多的季节，占全年雷电灾害的 66%。如天津地区西北路径和西南路径的雷暴云出现频率较高[26]，占到了 65.2%。雷暴云是闪电的主要产生源[27]，当云中局部电场超过约 400 kV/m 时，就能发生闪电放电。

闪电活动地域差异较大[28]，闪电活动与强对流天气密切相关，在冰雹大风天气过程中正闪电占优势，负闪电则与强降水相关。闪电密度平均值能够较精确的反映全年雷电活动的多少。通过对青藏高原闪电活动的时空分布特征分析[29]，结果表明：高原上的平均闪电密度为 3 $\mathrm{fl \cdot km^{-2} \cdot a^{-1}}$，在高原中部 (32°N，88°E)闪电密度峰值为 5.1 $\mathrm{fl \cdot km^{-2} \cdot a^{-1}}$。

3.2.3　闪电密度高值带(中心)与中尺度地形有关

马明等[30]通过卫星观测中国及周边地区闪电密度发现，喜马拉雅山系南北两侧平均闪电密度的比值达到 10 倍，而中国陆地东部和西部平均闪电密度的比值为 3.5 倍，闪电密度平均值随海陆距离和纬度呈现规律性的变化，与年平均降水量的相应变化趋势一致。

青藏高原中部闪电活动的峰值出现在7月份[31]，并在春季表现出明显的闪电活动；相关气象要素中，最能够准确描述闪电活动的季节变化及春季异常特征的只有地表总热通量；降水(或云功函数)与鲍恩比(感热通量和潜热通量之比)的乘积，能反映闪电活动的季节分布特征与春季的"异常"变化。广州地区的雷暴过程以负的云一地闪为主[32]，负云一地闪所占比例在90%以上。云一地闪发生频率与雷暴系统强度演变有直接联系，对于同一系统来说，随着系统回波强度的增强，云一地闪发生的频率也增高。但不同系统中，回波强(弱)的对流系统并不意味着云一地闪发生的频率就高(低)。有时雷暴移过城市后，强度可重新加强，云一地闪发生频率也会增大。

3.3 雷暴天气防灾减灾途径及方法

3.3.1 加强雷暴天气预报预警系统建设

目前，美国、英国、加拿大、澳大利亚、法国、日本、韩国和中国都建立了强对流天气短时临近预报系统，世界气象工作者正奋发努力探索，在加强雷暴监测站网建设的同时，积极研究攻克雷暴天气预报预警这一世界性难题上。

2002年由国家气象中心牵头，进行强对流灾害性天气临近预报的研发工作，并在北京市气象局进行试验；2005年随着气象部门的业务体制改革和"雷电监测预警网"的建设，雷电预报也在各地逐步开展[33]。2014年，国内首个平板电脑版《甘肃省强对流天气监测预警预报平台》正式运行。

实践证明，综合运用数值预报产品和多种预报技术方法，开发建设雷暴短临预警报业务系统，并根据实况变化及时滚动更新和订正预报结论，是提高强对流天气及其引发的次生灾害的预报预警水平的重要途径。

3.3.2 高度重视雷暴天气研究成果的应用推广

研究表明，不稳定条件越好(SI、LI值越小，CAPE值越大)，对流能量越高(热力指标K、TT越大)，水汽越多(DCI、PW越小，丰富的水汽供应是雷暴主要能量来源)，雷暴发生的可能性越大。另外，云图、雷达参数和地闪特征的分析也表明，冰雹、雷击和降水分别发生在强对流云团发展的不同时间和不同部位，其云团的形态、强度和范围等也不同。

通过雷达回波对比分析发现[34]，VWP产品对雷暴过程中大气的湿度条件有较好的指示作用，ND区的初始破坏时间往往早于雷暴中闪电的发生时间。闪电主要发生在雷达最大回波顶高度突破9 km之后，并且最大回波顶高度较闪电峰值有约12 min的提前量。在雷达平均垂直速度图中，出现强上升中心后的短时间内闪电将会突然增大。

多单体雷暴的形变与列车效应传播机制表明[35]，雷暴单体的传播方向与雨带的移动方向基本一致的多单体雷暴系统(如飑线系统)，如果雷暴前端的入流本身是暖湿的，并存在较强的水汽辐合现象时，雷暴单体发展更旺盛，传播速度更快，反之，则趋于减弱，传播速度减慢。

3.3.3 加强雷暴等灾害性天气防御方法的宣传

雷暴天气带积雨云逼近建筑物时，当积雨云底部与建筑物顶部之间的距离一旦符合每米300～500 kV的空气击穿场强，积雨云便对该建筑物进行放电。遇到雷暴天气时应当选择以下措施和方法进行防御：

首先，要选择安全地方，进行自我防护。如果你在户外时，就应尽快躲到有遮蔽的安全地方，远离山顶、楼顶及建筑物外露的水管、煤气管等金属物体及电力设施；雷雨天气千万不要站在大树、高塔、广告牌下躲雨；同时，尽量避免在空旷地带躲避雷雨。

另外，雷雨天气一定不要骑自行车、摩托车或开拖拉机；雷雨天气不宜进行户外运动。

其次，要注意关好门窗，防止球状闪电入室。尽量拔掉电器设备的电源、电话线、网络线等进出室内的金属线缆，不要使用固定电话和移动电话。

4 小结

(1)雷暴天气是指伴有雷电、冰雹、大风和强降水的局地强对流性天气，其危害程度仅次于台风和暴雨洪涝灾害。我国夏季雷电灾害占全年雷电灾害的 66%，严重威胁到飞机人工增雨、高炮防雹作业的安全。因此，加强雷暴天气研究和防灾减灾工作，已成为保障我国经济社会可持续发展的非常紧迫的问题。

(2)雷暴天气活动具有明显的日变化规律。其中 08:00—20:00 为雷暴易发期，13:00—19:00 为多发期。全国年平均雷暴日的地理分布为东南高发区、西南高发区、东北次高区和西北低发区。

(3)雷暴活动的强弱与近地层大气的不稳定、地气温差的高低、相对湿度的大小等关系密切。当不稳定条件越好(*SI*、*LI* 值越小，CAPE 值越大)，对流能量越高(热力指标 *K*、*TT* 越大)，水汽越多(*DCI*、*PW* 越小，丰富的水汽供应是雷暴的主要能量来源)，雷暴发生的可能性越大。因此，在建立雷暴等强对流天气预报预警模型时，重视不同地区雷暴天气影响因子权重的差异。

(4)日常雷暴天气预警预报方法中，特殊的地理环境和天气气候背景是我国雷暴天气多发易发的重要条件，同时也是建立雷暴天气预报研究模型的着眼点；而雷达、云图和闪电定位仪等探测资料是提高雷暴天气短临预报预警水平的重要依据。

参考文献

[1] 王晋岗. 飞行天敌——雷暴[J]. 中国民用航空，2010(10)：81-82.

[2] 梅贞，陈水明，顾勤炜，等. 1998—2004 年全国雷电灾害事故统计[J]. 高电压技术，2007，**33**(12)：173-176.

[3] 海涛. 雷电交加时该怎么办[J]. 中国减灾，2004，7：52-53.

[4] 李桑，龚道溢. 1980—2010 年中国南方雷暴频次的统计特征及其变化[J]. 高原气象，2015，**34**(2)：503-514.

[5] 陈思蓉，朱伟军，周兵. 中国雷暴气候分布特征及变化趋势[J]. 大气科学学报，2009，**32**(5)：703-710.

[6] 王宝鉴，刘维成，黄玉霞，等. 1961—2011 年甘肃雷暴气候分布特征及变化趋势[J]. 中国沙漠，2015，**35**(5)：1346-1352.

[7] 巩崇水，曾淑玲，王嘉媛，等. 近 30 年中国雷暴天气气候特征分析[J]. 高原气象，2013，**32**(5)：1442-1449.

[8] Byers H R，Braham R R Jr. Thunderstorm structure and circulation [J]. J Meteor，1948，**5**(3)：71-86.

[9] Curran E B，Holle R L，López R E. Lightning casualties and damages in the United States from 1959 to 1994[J]. J Climate，2000，**13**(19)：3448-3464.

[10] 张家诚. 中国气候总论[M]. 北京：气象出版社，1991：190-198.

[11] 陶诗言．中国之暴雨[M]．北京:气象出版社,1980:1-12.

[12] 张敏锋,冯霞．我国雷暴天气的气候特征[J],热带气象学报,1998,**14**(2):156-162.

[13] 冯民学,焦雪,韦海容,等．江苏省雷电分布特征分析[J]．气象科学,2008,**31**(2):151-157.

[14] 郭虎,熊亚军,付宗钰,等．北京市自然雷电与雷电灾害的时空分布[J]．气象,2008,**34**(1):12-17.

[15] 张文龙,崔晓鹏,黄荣．复杂地形下北京雷暴新生地点变化的加密观测研究[J]．大气科学,2014,**38**(5):825-837.

[16] 师正,谭涌波,唐慧强,等．气溶胶对雷暴云起电以及闪电发生率影响的数值模拟[J]．大气科学,2015,**39**(5):941-952.

[17] 杨仲江,蔡波,刘旸．利用双隐层 BP 网络进行雷暴潜势预报试验——以太原为例[J]．气象,2012,**38**(3):377-382.

[18] 孙凌,周筠珺,杨静．雷暴预警预报的研究进展[J]．高原山地气象研究,2009,**2**(2):75-80.

[19] 俞小鼎,周小刚,王秀明．雷暴与强对流临近天气预报技术进展[J]．气象学报,2012,**70**(3):311-337.

[20] 姜麟,王卫芳,韩桂荣,等．江苏一次夏季强雷暴天气过程的综合分析[J]．气象科学,2006,**26**(3):316-322.

[21] 张廷龙,郄秀书,言穆弘,等．中国内陆高原不同海拔地区雷暴电学特征成因的初步分析[J]．高原气象,2009,**28**(5):1006-1017.

[22] 张腾飞,尹丽云,张杰,等．云南两次中尺度对流雷暴系统演变和地闪特征[J]．应用气象学报,2013,**24**(2):207-218.

[23] 樊李苗,俞小鼎．中国短时强对流天气的若干环境参数特征分析[J]．高原气象,2015,**32**(1):156-165.

[24] 黄蕾,周筠珺,谷娟,等．雷暴中雷电活动与 WRF 模式微物理和动力模拟量的对比研究[J]．大气科学,2015,**39**(6):1095-1111.

[25] 胡先锋,刘彦章,肖稳安．1998—2004 年中国雷电灾害特征分析[J]．气象与减灾研究,2007,**30**(3):56-59.

[26] 宋薇,靳瑞军,孟辉,等．近年天津地区冰雹和雷暴天气特征研究[J]．气候与环境研究,2012,**17**(6):919-924.

[27] 高晓东,杨仲江,刘晓东．上海地区雷暴时空分布特征分析[J]．安徽农业科学,2010,**38**(21):11246-11249.

[28] 张腾飞,许迎杰,张杰,等．云南省闪电活动时大气相对湿度结构特征[J]．应用气象学报,2010,**21**(2):180-188.

[29] 郄秀书,袁铁,谢毅然,等．青藏高原闪电活动的时空分布特征[J]．地球物理学报,2004,47(6):997-1002.

[30] 马明,陶善昌,祝宝友,等．卫星观测的中国及周边地区闪电密度的气候分布[J]．中国科学 D 辑:地球科学,2004,**34**(4):298-306.

[31] 袁铁,郄秀书．青藏高原中部闪电活动与相关气象要素季节变化的相关分析[J]．气象学报,2005,**63**(1):123-128.

[32] 蒙伟光,易燕明,杨兆礼,等．广州地区雷暴过程云-地闪特征及其环境条件[J]．应用气象学报,2008,**19**(5):611-619.

[33] 徐启运．气象服务与防灾减灾[J]中国减灾,2002(3):37.

[34] 付志康,徐芬,顾松山．南京地区夏季雷暴的雷达雷电特征分析[J]．气象科学,2010(6):841-845.

[35] 孙继松,何娜,郭锐,等．多单体雷暴的形变与列车效应传播机制[J]．大气科学,2013,**37**(1):137-148.

宁夏人工增雨作业需求和分类作业条件等级计算方法初探

穆建华[1,2]　杨建玲[1,3]　常倬林[1,2]　翟　涛[1,2]　曹　宁[1,2]　田　磊[1,2]

(1. 中国气象局旱区特色农业气象灾害监测预警与风险管理重点实验室,银川 750002;
2. 宁夏气象灾害防御技术中心,银川 750002;3. 宁夏气候中心,银川 750002)

摘　要　农业生产是宁夏人工增雨作业的重要保障目标,根据农业生产需求采取合适的催化作业手段来开展增雨作业十分必要。本文利用实况降水资料、土壤分资料、宁夏主要农作物分布及其不同生长阶段需水情况,研究了逐日农业生产需求等级的估算方法,定量计算并输出图形产品,帮助业务人员了解实际需求,科学开展人影作业;利用 ECMWF 细网格模式预报产品,开展对未来 24 小时内地面增雨、飞机增雨、地面防雹三类人影作业条件等级的计算方法,初步输出了分类的人影作业条件等级预报产品。作业需求等级和分类作业条件等级的预报产品,在宁夏人影业务工作中开展了试运行,对科学开展人影作业有一定的指导意义。

关键词　人工影响天气　作业需求　作业条件　等级估算

1　引言

宁夏深居西北内陆高原,属典型的大陆性半湿润半干旱气候,具有干旱少雨、南凉北暖、南湿北干和气象灾害多等特点,多年平均降水量自北向南为 166.9～647.3 mm。根据自然特点和传统习惯,一般把宁夏分为引黄灌区、中部干旱带和南部山区三部分,三个区域的农业生产、生态环境、自然气候均有明显的差异。引黄灌区虽然降水最少,但由于有黄河水灌溉,农业生产发达、生态较好;中部干旱带降水量处于全区中等,但由于多为黄土丘陵沟壑区,虽然降水比引黄灌区多,但干旱却是全区之最;南部山区年降水量最多,由于南部山区位于黄土高原西部,多为山地,且中北部地区植被覆盖少,水土流失严重,自然降水对工农业生产和人畜饮水影响十分大[1-4]。

宁夏人工影响天气日常业务中,缺乏人影作业条件分析预报的技术支持,缺乏对不同时段宁夏对人工影响天气作业的需求分析,这严重制约了宁夏人影业务能力和服务能力。本文尝试从宁夏农业生产对人工增雨作业的需求和分类人影作业条件的定量计算入手,去解决上述业务中所面临的问题,通过开展人影作业条件分析预报方法研究和不同时段宁夏人影作业需求研究,并建立简单易操作的人影作业条件分析预报平台,弥补当前人影业务技术支撑的不足。

2　资料和方法

2.1　资料

增雨作业需求定量分析部分使用的资料主要为全区 25 个大监站小时雨量数据和 34 个土壤水分自动站土壤重量含水率、土壤相对湿度数据。

人影分类作业条件分析部分使用了 ECMWF 细网格模式(0.25°×0.25°)数值预报产品,主要有 T_{cc}(总云量)、T_{cw}(气柱总含水量)、3 小时间隔格点降水量以及 CAPE(对流有效位能)等。

2.2 方法

增雨作业需求定量分析通过计算连续未降水日数,并根据连续未降水日数数值进行旱情等级划分,利用宁夏气象科研所农气中心基于壤水分份自动站土壤重量含水率、土壤相对湿度的旱情监测指标对旱情等级进行划分,将土壤重量含水率、土壤相对湿度、连续未出现降水日数三个量作为最终增雨作业需求判别因子,每个量所占比重均为 1/3,最后综合给出增雨作业需求定量分析。

人影分类作业条件分析部分将 T_{cc}、T_{cw}、3 小时间隔格点降水量等产品根据业务应用经验,进行增雨条件等级划分,利用 CAPE 和 K 指数进行大气不稳定条件等级划分,飞机增雨条件等级由增雨条件等级减去不稳定条件等。

利用 Visual Basic 可视化编程语言,开发了宁夏人影作业条件分析预报平台,实时计算输出图形化的土壤水分、数值模式、增雨需求、作业条件等四类产品,供业务人员调用和分析。

3 增雨作业需求定量分析

3.1 基于土壤水分自动站资料的旱情监测

读取土壤水分自动站 10 cm、20 cm、30 cm、40 cm、50 cm 平均土壤相对湿度和重量含水率,计算出 10～30 cm 土壤平均相对湿度(SM_AverRH3)和土壤平均重量含水率(SM_Aver-WW3),然后引入农气中心基于土壤水分资料的旱情监测指标指标[5]。

(1)平均重量含水率(SM_Aver WW3)指标:

0≤SM_Aver WW3<6.0,　　重旱

6.0≤SM_Aver WW3<8.0,　　中旱

8.0≤SM_Aver WW3<12.0,　　轻旱

12.0≤SM_Aver WW3<16.0,　　较适宜

16.0≤SM_Aver WW3<24.0,　　适宜

24.0≤SM_Aver WW3<30.0,　　过湿

(2)土壤平均相对湿度(SM_Aver RH3):

0≤SM_AverRH3≤30.0,　　重旱

30.0<SM_AverRH3≤50.0,　　中旱

50.0<SM_AverRH3≤60.0,　　轻旱

60.0≤SM_AverRH3≤100,　　不旱

参考上述指标,将土壤重量含水率和土壤相对湿度分别分为 1、2、3、4 共 4 个等级。其中,1 级为不旱,2 级为轻旱,3 级为中旱,4 级为重旱。

3.2 基于连续未降水日数的旱情监测

宁夏大部分地区处于干旱和半干旱地区,连续不出现降水对农业生产、人畜饮水和生态恢

复有着十分显著的影响,因此,将连续未出现降水日数作为旱情监测指标之一十分有必要。

计算每日20时至20时降水量作为日降水量,并按照0.5 mm、1 mm、5 mm三个等级统计计算连续未出现大于等于上述三个等级降水的降水日数(nrd0.5 mm,nrd1 mm,nrd5 mm),并将连续未出现5 mm及以上降水日数作为作业需求判别量,判断增雨需求等级,判别指标根据经验制定如下:

90<nrd 5 mm,　　重旱,4级

60<nrd 0.5 mm≤90,　　中旱,3级

30<nrd 0.5 mm≤60,　　轻旱,2级

0≤nrd 0.5 mm≤30,不旱,1级

3.3 增雨作业需求综合等级计算

将土壤重量含水率、土壤相对湿度、连续未出现降水日数三个量作为最终增雨作业需求判别因子,每个量所占比重均为1/3,作业需求等级(StnNeedLevel)=wwLevel+rhLevel+nrdLevel。根据三个量的等级,将作业需求等级定义如下:

StnNeedLevel≤4,　　作业需求1级,不需要

4<StnNeedLevel≤8,　　作业需求2级,一般

8<StnNeedLeve≤12,　　作业需求3级,需要

12≤StnNeedLeve,　　作业需求4级,急需

3.4 作业需求等级检验

图1为2016年7月19日0~30 cm土壤平均重量含水率、平均相对湿度、连续未出现降水日数(5 mm以上)以及定量估算的增雨作业需求等级图。从图中可以看出19日全区0~30 cm土壤平均重量含水率较低的区域为中部干旱带、引黄灌区东部、南部山区西北部,土壤平均相对湿度只有中部干旱带较低,连续未出现5 mm以上降水日数来看,只有固原市西北部超过了10天,其余地区10天以内均有5 mm以上的降水,从增雨作业需求等级估算来看,中部干旱带大部、引黄灌区南部为作业需求3到4级,需要加强增雨作业。为了检验增雨作业需求等级估算是否合理,利用宁夏农业气象中心7月中旬旬报中的旱情分析来进行验证。

根据7月中旬旬报,受前期降水影响引黄灌区和南部山区旱情解除,中部干旱带旱情整体得到缓解,红寺堡南部、同心大部及盐池南部等地旱情缓解明显,中度干旱降为轻度干旱;海原东部旱情解除。

对比旬报中的旱情分析,增雨作业需求等级估算的需要开展的区域除引黄灌区西南部外,其余区域与实际作业需求较为吻合,因此作业需求等级定量估算产品可以作为合理开展增雨作业的参考。

4 分类人影作业条件的定量计算

根据对ECMWF细网格模式长期业务应用实践经验,该模式对天气形势、降水落区、降水量级等的预报能力较强,并且提供了丰富的预报产品,因此,可以利用ECMWF模式数值预报产品来进行宏观作业条件分析。本文挑选了部分与人影作业条件相关的预报产品来进行分类作业条件的计算,其中选取了T_{cc}(总云量)、T_{cw}(气柱总含水量)、Rain(12小时降水量预报)三

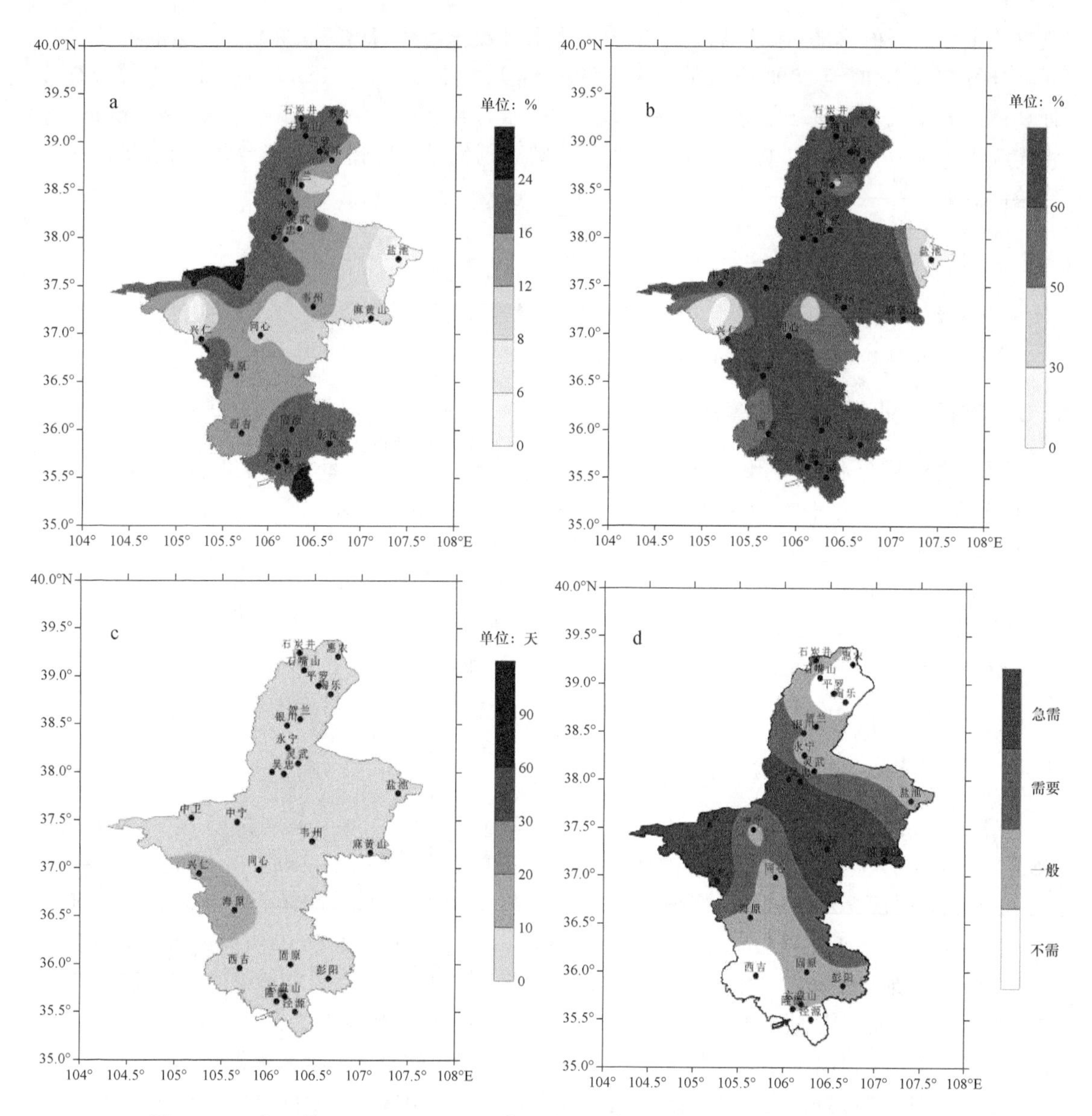

图 1　2016 年 7 月 19 日 0～30 cm 土壤平均重量含水率(a)，土壤平均相对湿度(b)，连续未出现 5 mm 以上降水日数(c)，增雨作业需求等级(d)

个产品来计算增雨作业潜力，利用 CAPE 和 K 指数)用来综合判断大气是否为稳定层结(图 2)，如果大气层结不稳定而增雨作业潜力大则适宜开展地面增雨防雹作业，若增雨作业潜力大而且大气层结稳定则适宜开展地面或飞机增雨作业，通过上述方法对分类人影作业条件的定量分析进行了尝试。

4.1　预报产品等级划分

4.1.1　总云量(T_{cc})

$T_{cc}<5$，作业条件 1 级，不适宜作业

$5\leqslant T_{cc}<7$，作业条件 2 级，较适宜作业

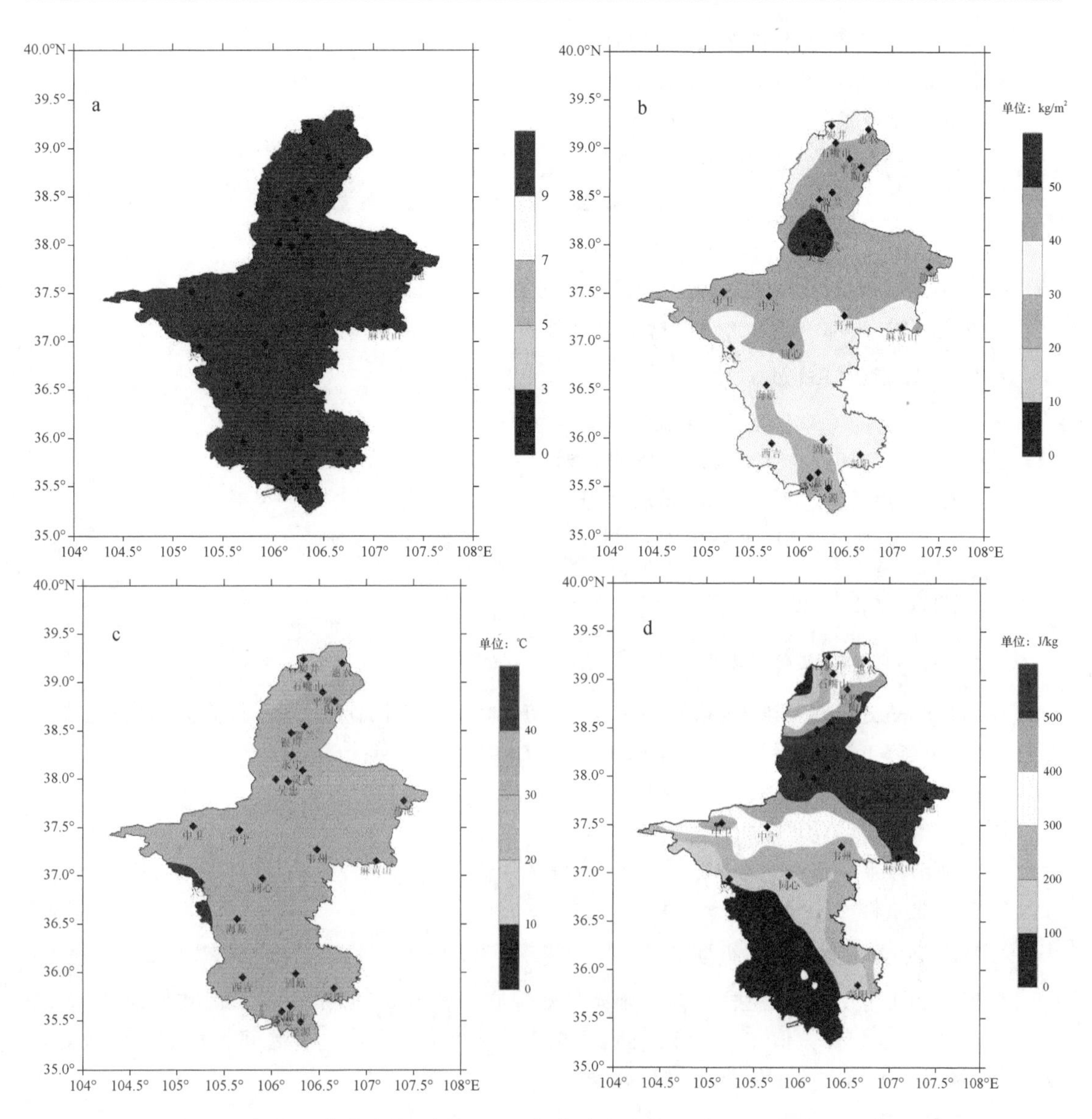

图 2　EMWF 细网格模式总云量 T_{cc}(a)，气柱总含水量 T_{cw}(b)，K 指数(c)，CAPE(d)

$7 \leqslant T_{cc} < 9$，作业条件 3 级，适宜作业

$9 \leqslant T_{cc}$，作业条件 4 级，很适宜作业

4.1.2　气柱总含水量(T_{cw})

$T_{cw} < 20$，作业条件 1 级，不适宜作业

$20 \leqslant T_{cw} < 30$，作业条件 2 级，较适宜作业

$30 \leqslant T_{cw} < 40$，作业条件 3 级，适宜作业

$40 \leqslant T_{cw}$，作业条件 4 级，很适宜作业

4.1.3　12 小时间隔降水量(Rain)

Rain<0.5，作业条件 1 级，不适宜作业

0.5≤Rain<2,作业条件2级,较适宜作业

2≤Rain<5,作业条件3级,适宜作业

5≤Rain,作业条件4级,很适宜作业

4.1.4 对流有效位能(CAPE)

CAPE<300,不稳定条件1级,不宜出现对流

300≤CAPE<400,不稳定条件2级,可能出现对流

400≤CAPE<500,不稳定条件3级,易出现对流

500≤CAPE,作业条件4级,极易出现对流

4.1.5 K指数(K-index)

$K<20$,不稳定条件1级,不宜出现对流

$20\leq K<30$,不稳定条件2级,可能出现对流

$30\leq K<40$,不稳定条件3级,易出现对流

$40\leq K$,作业条件4级,极易出现对流

4.2 分类作业条件定量分析

4.2.1 分类作业条件计算

在预报产品分级的基础上,按照增雨作业、防雹作业等不同作业目的,计算火箭增雨、飞机增雨、地面防雹、不稳定条件等4类作业条件指数。计算方法如下:

火箭增雨条件=T_{cc}等级+L_{cc}等级+T_{cw}等级+Rain等级

不稳定条件=CAPE等级+K指数等级

飞机增雨作业条件=火箭增雨条件-不稳定条件

防雹作业条件=Rain等级+不稳定条件

4.2.2 分类作业条件等级划分

根据4.2.1节中计算方法,火箭增雨条件数值在4～16之间,不稳定条件数值在2～8之间,飞机增雨作业条件数值在4～16之间,防雹作业条件数值在3～12之间。根据各物理量等级,最终将不同类别作业条件分成4个等级。

(1)火箭增雨条件等级

1级,无作业条件

2级,作业条件一般

3级,作业条件良

4级,作业条件优

(2)飞机增雨作业条件

1级,无作业条件

2级,作业条件一般

3级,作业条件良

4级,作业条件优

(3)防雹作业条件

1级,无防雹作业条件(无出现对流天气潜势)

2 级,防雹作业条件一般(可能会有弱对流天气)

3 级,防雹作业条件良(有可能出现冰雹等强对流天气)

4 级,防雹作业条件优(出现冰雹天气可能性很大)

4.3 典型应用个例分析

受东移冷空气和偏南暖湿气流共同影响,2016 年 7 月 24 日,宁夏全区自南向北出现了明显降水,其中,银川市大部、石嘴山市中南部、吴忠市东部、中卫市北部及固原市东部出现了大到暴雨,降水量普遍超过 30 mm,其他地区小雨或中雨。

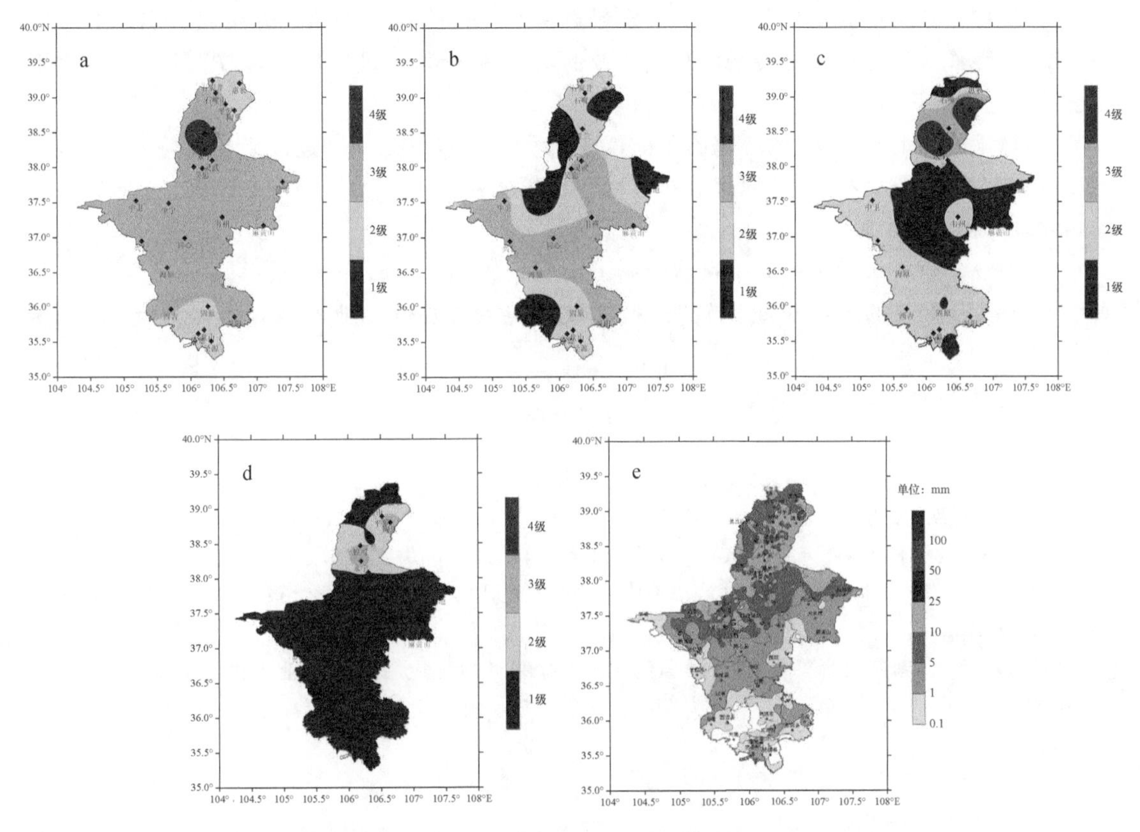

图 3　2016 年 7 月 24 日 08 时至 20 时火箭增雨作业条件等级(a),飞机增雨作业条件等级(b),大气不稳定条件等级(c),防雹作业条件等级(d),实况降水量(e)

从 2016 年 7 月 24 日 08—20 时分类人影作业条件等级预报以及天气实况对比(图 3)来看,本文中所尝试的分类作业条件等级预报方法较好地反映了当日的作业条件。

(1)24 日上午,宁夏引黄灌区自南向北出现了雷暴天气并伴有短时暴雨,从大气不稳定条件等级图(图 3 上右 1)来看,在引黄灌区大气不稳定条件等级为 4 级,为极不稳定,这与实际天气较为吻合。

(2)由于引黄灌区大气不稳定,而且从降水实况来看,南部山区大部降水弱,因此飞机增雨作业条件等级图中(图 3 上中),引黄灌区和南部山区为 1 级或 2 级,即不适宜飞机增雨或飞机增雨作业条件一般,只有中部干旱带较适宜开展,这与实际天气情况也较为吻合。

(3)从地面火箭增雨作业条件等级图(图 3 上左 1)来看,火箭增雨作业条件等级图与实际降水分布图较为吻合,除南北两头外,大部分地区地面增雨作业条件等级为3级及以上,很适宜开展火箭增雨作业也,由于地面增雨不受强对流限制,因此,在位于引黄灌区的银川一带还出现了一个4级区域,而该区域也位于本次降水过程的中心区域。

(4)防雹作业条件等级图(图3下左)中,可以看出,适宜开展防雹作业的区域只有引黄灌区,而从当日天气实况来看,也只有该区域出现了雷暴天气,因此,防雹作业条件等级预报也有较好的指示意义。

5 结论和讨论

(1)文中所给出的人影作业需求等级定量算法和分类作业条件预报方法通过实际业务应用证明,可以作为宁夏科学开展增雨防雹作业的指导和参考,为进一步加强人影业务科技水平打下了基础。

(2)增雨作业需求等级计算部分,目前仅考虑了土壤水分条件和连续未出现降水日数,下一步将引入宁夏主要农作物的地理分布数据和主要农作物不同时期的需水情况,这将进一步提高需求分析的科学性。

(3)作业条件等级预报产品中目前依据了宏观云水预报、降水量预报以及对流参数预报,对于当下较为粗放的人影作业比较实用,但缺乏定量客观的作业参数预报,还需要进一步改进。

参考文献

[1] 冯建民. 宁夏天气预报手册[M]. 北京:气象出版社,2012:281.

[2] 闫晓红,段汉明,吴斐. 宁夏水资源现状、问题及对策[J]. 地下水,2011,**33**(1):117-118.

[3] 吴洪相. 宁夏水资源情势分析及应对策略[J]. 水资源管理,2011(3):23-24.

[4] 安春华,马琨. 宁夏中部干旱带生态环境现状及发展策略研究[J]. 宁夏大学学报(自然科学版),2006,**27**(4):373-375.

[5] 张学艺,李剑萍,秦其明,等. 几种干旱监测模型在宁夏的对比应用[J]. 农业工程学报,2009,**25**(8):18-23.

利用温度层结特征预报冰雹

梁 谷 李 燕

(陕西省人工影响天气办公室,西安 710015)

摘 要 冰雹是一种中小尺度受地域条件影响的强雷暴天气,其冰水转化过程对大气的温度层结有一定的要求,通过对冰雹天气大气温度层结的研究,寻找其特征,预报冰雹的发生。利用延安市的气象探空资料,结合洛川县的降雹实况,得到洛川冰雹预报的方法和指标。在冰雹预报试验中没有出现漏报,空报率在10%左右,其中只有<2%的情况没有出现强对流云。

关键词 冰雹 温度层结 预报指标

冰雹是一种突发性灾害天气,高速下落的冰雹粒子可对人体、农作物、果树、交通工具、建筑物等造成物理性损伤,还易引发交通事故。在防灾减灾工作中,通过人工防雹作业减轻或消除冰雹的危害。因此,在防雹业务中,尽可能避免冰雹云的漏报,允许有少量冰雹空报。目前冰雹预报主要从天气预报的角度出发,预报区域范围广,对小区域降雹来说,预报准确度不高,空漏报率较高,预报的结果难以与预警等级相关联。冰雹是空气不均匀受热而引起的一种强对流天气现象,地域性强,多发生于山区及丘陵地带。对空中温度分布(温度层结)演变的研究,可从另一个角度预报冰雹的生成,作为目前冰雹预报方法的补充,为人工防雹作业服务。本文针对延安市洛川县冰雹灾害发生频繁的现象,选择2006年5月延安市气象探空资料,结合地面降雹实况和洛川县711数字化雷达的探测结果,寻找洛川县冰雹天气条件下温度层结的演变特征,研究人工防雹作业预警中冰雹预报新途径。

1 预报原理

对单位质量空气系统,不考虑空气夹卷的影响,由热力学第一定律得到的大气中水成物相态转化(汽态→液态→固态)的热量方程可写为:

$$c_p\,dT/dt-(1/\rho)\cdot(dp/dt)=dQ_1/dt+dQ_2/dt+dQ_3dt \tag{1}$$

式中,c_p为比定压热容,T为气块的温度,ρ为空气密度,p为气压,Q_1为凝结潜热,Q_2为冻结潜热,Q_3为凝华潜热[1]。

气块温度的下降将通过气块中水成物的相变释放潜热达到平衡,温度下降的值正比相变潜热的释放量。可见,气块中有冰雹生成,其潜热释放总量高。大气温度变化的另一种表述形式,即为大气温度等值线高度分布的变化:等值线高度下降,温度同比下降;反之,温度升高。因此,大气温度等值线高度的变化与降雹有着一定的关系。

气块中水成物粒子(水滴、冰晶)在静力条件下因重力的影响脱离云体。云外较干的空气将抑制水成物粒子的增长,环境温度的升高促使粒子蒸发。要使水成物粒子形成大雨滴或冰雹,需要上升气流将其悬浮在云中进行增长,故冰雹的产生是在特定大气环境条件下由大气的垂直运动所引发[2]。大气垂直运动主要受热力抬升的影响,这种影响力决定于大气的不稳定

能量,其表达式为:

$$dE = g\gamma(Z - Z_0)dZ/T \tag{2}$$

$$\gamma = (T' - T)/(Z - Z_0) \tag{3}$$

式中,dE 为不稳定能量,g 为重力加速度,γ 为垂直温度递减率,$(Z-Z_0)$表示气块由 Z_0上升到 Z 的移动距离,T为 Z_0高度上的温度,T 为 Z 高度上的环境温度[3]。

由式(2)可见,不稳定能量正比于垂直温度递减率。式(3)中,如果$(T'-T)$不变,则$|(Z-Z_0)|$为 T,T 两层温度等值线间的距离:$(Z-Z_0)$小,γ 大;反之,γ 小。当 γ 大于 0.6 ℃/100 m 时,由于热力抬升将引发大气的垂直运动。因此,两层温度等值线间距离的变化与此层冰雹的生长有着一定的关系。

冰雹只发生在负温区,即 0 ℃层高度以上。故在研究影响冰雹生成条件时主要考虑 0 ℃层高度以上的变化特征。

2 资料选择

洛川县地处黄土高原南缘,沟壑地貌,北部紧邻宝塔区,与设在宝塔区的延安市高空气象探测站相距约 80 km,并地貌条件相似,选择延安市高空气象探测站的资料作为洛川县的天气背景资料。洛川县冰雹主要发生在 07—19 时,为做当日预报,采用 08 时气象探空获取的温度层结,研究其变化特征。冰雹生长过程是在低层形成冰雹胚胎,在此高度上循环增长,冰雹生长的运动轨迹越高,其他条件同等情况下冰雹尺度越大,大多数雹块增长发生在－10～－25 ℃的温度范围内[2]。本次研究寻找 0～－25 ℃温度层结的变化规律,选取一组温度值 0 ℃、－10 ℃、－20 ℃,分别代表冰雹的初生层(0～－10 ℃层)和增长层(－10～－25 ℃层),描绘冰雹的生长环境,通过对初生层和增长层变化特征的研究,预测冰雹出现。获取的研究资料中,有 3 个冰雹日。

3 温度层结变化特征

2006 年 5 月洛川县气象站雷暴出现日数为 8 d(见表 1)。图 1 为 2006 年 5 月延安地区 08 时 0 ℃、－10 ℃、－20 ℃温度层高度的逐日演变。图 1 中可见,各温度层高度呈波浪形变化,有峰和谷,周期为 3～10 d。配合表 1,冰雹天气出现在某温度层高度下降段的谷或谷的前部,一般情况下强降雹后一日为谷底。

表 1 洛川县 2006 年 5 月雷暴天气观测

雷暴日期	5	16	18	19	21	26	28	29
天气现象	冰雹	雷暴	冰雹	雷暴	冰雹	雷暴	雷暴	雷暴

为定量描述温度层高度逐日演变的特征,引进温度层高度 24 h 变化量:

$$\begin{aligned} \Delta H^{0} &= H_{08}^{0} - H_{-24}^{0} \\ \Delta H^{-10} &= H_{08}^{-10} - H_{-24}^{-10} \\ \Delta H^{-20} &= H_{08}^{-20} - H_{-24}^{-20} \end{aligned} \tag{4}$$

式中,ΔH^i(i=0、－10、－20,分别代表 0 ℃、－10 ℃、－20 ℃)为 i 层的高度 24 h 变化量,H_{08}^i为 i 层 08 时的高度,H_{-24}^i为 i 层前一日 08 时的高度。$\Delta H^i>0$,表明此温度层升高;$\Delta H^i<0$,表明此温度层降低。

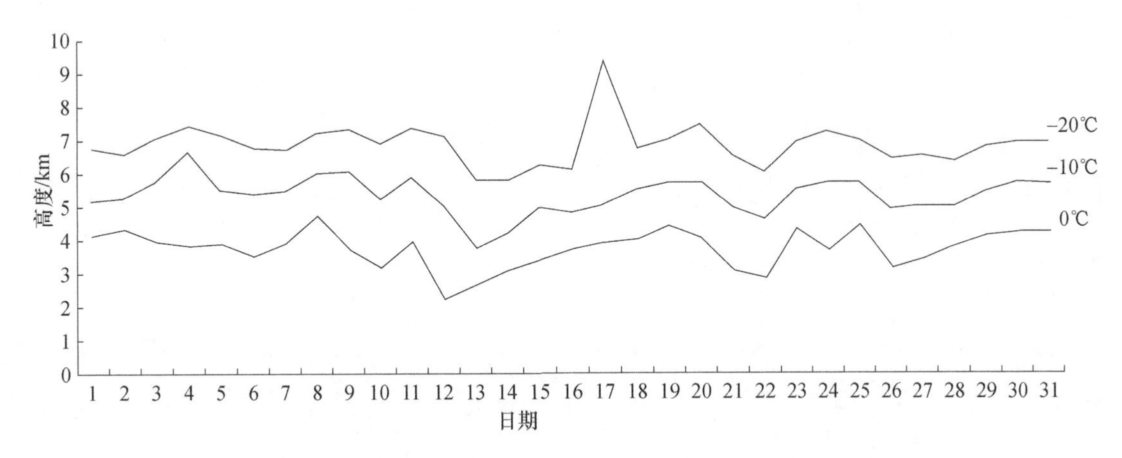

图 1　2006 年 5 月延安地区 08 时温度层高度逐日演变

为放大温度层高度 24 h 变化量的影响，对冰雹初生层和增长层而言，用三层温度层高度 24 h 变化量之和 ΔH 来描述(图 2)。

$$\Delta H = \Delta H^{0} + \Delta H^{-10} + \Delta H^{-20} \tag{5}$$

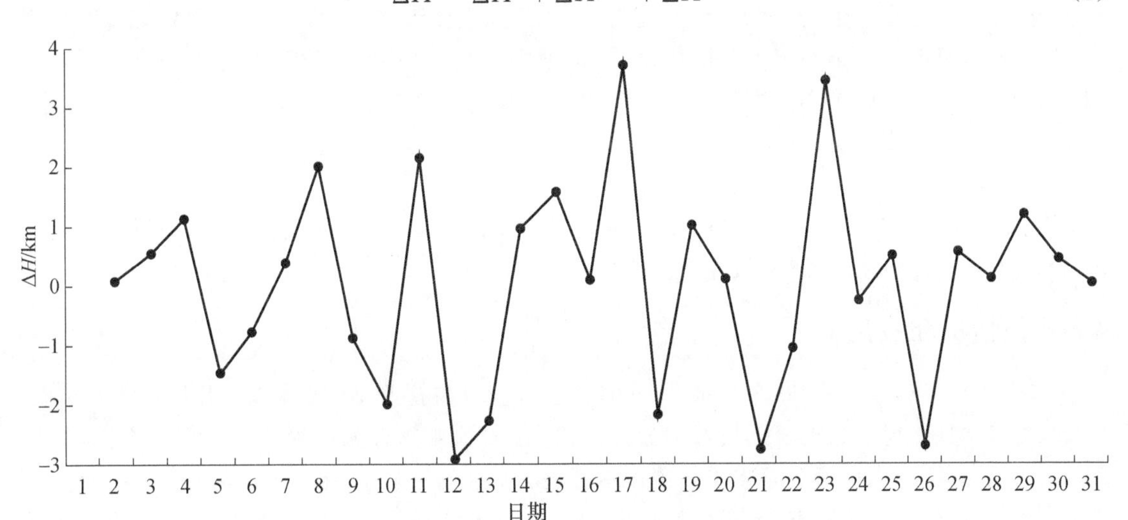

图 2　2006 年 5 月延安地区 08 时温度层高度 24 h 变量之和的演变

图 2 中降雹日 ΔH 的变化都＜－1470 m。

用冰雹初生层和增长层厚度的 24 h 变化量对不稳定能量进行描述(图 3)。降雹当日冰雹初生层、增长层其中之一的厚度 24 h 变化量＜－223 m。

5 日冰雹，－10 ℃层高度有很大的降低，0 ℃层高度变化不大，即 5 日在增长层有利于水成物发生相变，条件优于初生层；图 2 表明 0～－20 ℃层区域当日总体条件有利于水成物发生相变；图 3 中初生层不稳定能量增加较大，上升气流有利于雹胚生成。同期的雷达探测结果表明，强回波区中心高度在 6 km 左右，对流云发展不强，以阵性降水为主。

18 日冰雹，－20 ℃层温度高度剧烈下降，增长层的水成物释放相变潜热大，虽然初生层条件不利于冰雹的产生，但增长层强大的不稳定能量从中高层直接触发冰雹的发展。雷达探测到雹云的初始回波高度达 8 km，最大回波顶高＞12 km，45 dBZ 回波高度＞10 km，对流云发

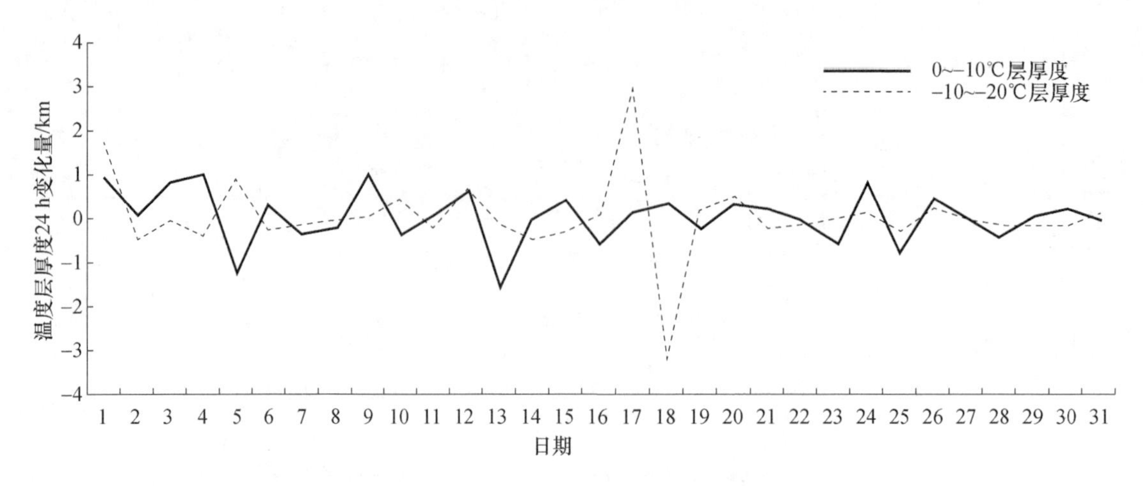

图 3　2006 年 5 月延安地区 08 时初生层、增长层的厚度 24 h 变化量的演变

展旺盛,降雹的同时伴有阵性强降水。

21 日冰雹,初生层、增长层温度高度持续下降,有利于水成物发生相变,图 3 中不稳定能量较弱,降雹发生在下午 16 时后,考虑到用 08 时的探空资料来替代全天的不稳定能量有局限性,在日出后可能出现不稳定带来的扰动,在预报中可加入地面温、湿度的订正因素。雷达探测结果表明,强回波区中心高度约 5 km,45 dBZ 回波高度约 7 km,强回波区的水平范围较小,即降雹区域小,强度较弱,以阵性降水为主。

其他日期出现的雷暴,虽然有的初生层、增长层温度高度有所下降,但不稳定能量不满足冰雹生长的要求;或不稳定能量虽然较强,但初生层、增长层的温度高度上升,水成物相变能力弱,终究不满足冰雹生长条件,最终引发阵性降水。

4　预报指标和应用

依据 2006 年 6—9 月和 2007 年 5—9 月延安高空气象探测站的资料,采用上节分析方法,以 2006 年 5 月获得的冰雹云预报指标为基础,进行逐日冰雹有无预报。每出现一个降雹日,用其温度层结的变化特征对原冰雹云预报指标进行修正,边总结、边完善冰雹云预报指标。由于目前气象观测为本站降雹,不能反映一个区域内的降雹实况,因此,在预报验证中采用雷达探测识别冰雹云为主,结合地面有明显证据证明的降雹资料为辅,在预报的当天,气象测站周边 60 km 范围内:出现≥1 个冰雹云,即为有冰雹正确;无冰雹云,即为无冰雹正确;反之为错误。统计 2006 年 6—9 月和 2007 年 5—9 月预报准确率。

预报洛川冰雹天气,准确率达 90%,没有漏报,有 10%的空报,其中只有<2%的情况没有出现强对流云。获得的洛川县冰雹云预报指标见表 2。

表 2　洛川县冰雹云预报指标

H^0_{08}/m	ΔH^0/m	ΔH^{-10}/m	ΔH^{-20}/m	ΔH/m	厚度 24 h 变化量/m		
					0~-10 ℃	-10~-20 ℃	0~-20 ℃
≤2800	≤-1 500		≤-300		≤-1 500		
		≤-1 000	≤-1 300				≤-1 610

续表

H_{08}^{0}/m	ΔH^{0}/m	ΔH^{-10}/m	ΔH^{-20}/m	ΔH/m	厚度 24 h 变化量/m		
					0～−10 ℃	−10～−20 ℃	0～−20 ℃
≤3 200	≤−200	≤−300	≤−450	≤−2 700		≤−223	
≤3 900	≤|100|	≤−1000	≤−250	≤−1 400	≤−1 291		
	≤−650	≥150					≤−414
≤4 100	≥140	≤−150	<0				≤−2900
		≥450	≤−2500	≤−2100			≤−2930
>4 100	≤−980	≤−920	≤−1 400	≤−3 378			≤−470
	≥390	≤−140	≤−160				≤−550

5 结语

采用温度层结特征预报冰雹的方法简单、方便，每一个气象站都能做到，可以进行业务化应用。这种预报方法，得到的预报指标有很强的地域性，各地可通过上述方法得到适合本地使用的冰雹预报指标。预报中发现，用 08 时的气象探空资料来表述一天温度层结的特征有缺陷，如能将 08—20 时的气象探空资料结合在一起进行分析将更加符合大气的实际状况；另外，日出后地面温、湿度的变化对冰雹的形成也有影响。今后，仍将继续开展这方面的研究工作。

参考文献

[1] 盛裴轩，毛节泰，李建国，等．大气物理学[M]. 北京：北京大学出版社，2003：359-366.
[2] 李大山．人工影响天气现状与展望[M]. 北京：气象出版社，2002：191-200.
[3] 李燕，梁谷，黄宝玲．雹暴发生的能量分析[J]. 陕西气象，1998(6)：16-18.

卫星云参数在人工增雨作业中的应用研究

韩辉邦　马玉岩　康晓燕　马学谦　林春英　张博越

(青海省人工影响天气办公室,西宁 810001)

摘　要　本文基于FY-2C静止卫星资料,反演云宏观物理特性产品,分析一次典型降水过程中,卫星云参数的时间序列变化及其与降水的关系,结果表明:降水发生前,云顶高度呈抬升趋势,在降水发生前2～3 h云顶高度出现明显跃增;雨强峰值出现前,云顶高度出现跃增,峰值较雨强峰值的出现有1～2 h提前量。云顶温度在降水发生前呈现下降趋势,并有2～3 h提前量。在降水发展过程中,云顶温度不断降低,并在降水接近结束时开始上升。过冷层厚度在降水发生前呈现抬升趋势,尤其在降水发生前2～3 h出现明显跃增。

关键词　卫星云参数　降水　人工增雨

1　引言

云是整个大气圈大气环境中很重要的组成部分,在整个地气系统当中充当很重要的角色。云的一些物理参数如云顶高度、云层光学厚度、云滴有效粒子半径,云顶温度等均是反映云的发展状况的重要指标[1],了解云的各种宏微观物理参数特性是进行有效的人工影响天气作业的前提和基础。由于常规的探测手段很难获得比较全面细致的云微物理信息,因此,卫星遥感对反演云的各种宏微观物理参量具有重要意义。遥感作为一种重要的观测手段,以其独特的空对地观测,对传统地面观测方式提供了强有力的补充[2]。获取了这些参数,可以进行降水量的预测和预报,对人工增雨或消雨作业进行参考和指导,还可以对某次天气系统特别是有降水出现的过程进行分析,探讨此过程中各物理参量的变化,可以对以后的人工影响天气作业进行指导。还可以获取云在全球范围内或者整个中国区域里的时空变化信息,对于分析区域内云的发展演变,是否进行人工影响天气作业,甚至云对整个气候系统的辐射调节分析都有很重要的意义[3]。

2　国内外研究概况

目前,利用各种卫星资料提取云特征参数已经做了不少工作,主要以极轨卫星的反演为多。Rosenfeld[4],刘健等人曾经利用NOAA卫星做过一些研究分析[5-6],Terra/Aqua卫星上的MODIS也有一些关于云参数的产品[7],虽然极轨卫星空间分辨率较高,但极轨卫星一天两个时次的资料,对于云降水监测分析特别是人工影响天气追云观测来说是远远不够的。李娟等[3]用较高时间分辨率(1小时1次)的GMS-5静止卫星反演了云顶高度、云顶温度和云粒子有效半径等三个参量,改善了低时间分辨率不能用于连续监测云变化的不足,但GMS-5缺乏对粒子大小十分敏感的中红外通道,对云微物理参量的反演存在一定的局限性。

FY-2C静止卫星是由我国自主研制并于2005年6月1日正式投入运行的业务卫星,拥有较高的时间频次,通常一个小时一次资料,6—9月的汛期加密至半小时一次,2007年FY-2D的发射使得卫星资料的时间间隔缩短至15分钟,十分有利于跟踪监测目标云系。其主要探测器VIS-

SR除可见光通道、两个长波红外窗区通道及水汽通道外，还有对粒子大小十分敏感的中红外通道(3.5～4.0 μm)，这些条件为反演获得高时间分辨率较高精度的云物理特性参量打下了基础[8]。

3 云参数产品简介

3.1 云宏微观物理特性参数产品

本文基于FY-2C静止卫星资料融合探空和地面观测等综合观测资料，反演了3种宏观物理特性产品，包括云顶高度、云顶温度和云过冷层厚度。

3.2 云参数产品的物理意义

反演的云参数产品的物理意义和作用分别为：(1)云顶高度(Z_{top})：云顶相对地面的距离，单位为(km)。有助于了解云系的发展程度和演变趋势。(2)云顶温度(T_{top})：云顶所在高度的温度，单位为(℃)。可用于进行人工增雨云系播云温度窗的选择。(3)云过冷层厚度(hh)：0℃层到云顶之间的厚度，单位为(km)。可用于了解云系冷暖云垂直结构配置。

3.3 产品时间分辨率和空间分辨率

云参数产品的时空分辨率主要依赖FY-2C静止卫星本身的精度，时间分辨率有两种情况，单星(FY-2C卫星)运行时段(非汛期)每隔30～60 min一组产品，双星(FY-2C星和D星)同时运行时段(汛期)，每隔15 min就可得到一组产品；空间分辨率系统采用0.05°× 0.05°资料反演计算，产品星下点空间分辨率可达为5 km；产品覆盖范围包括青海全省。

4 云参数产品的反演方法

4.1 宏观云参数反演方法

4.1.1 云顶温度和云顶高度的初步反演

采用平面平行辐射传输模式SB-DART2.2 (Santa Barbara DISORT Atmospheric Radiative Transfer)计算分析卫星红外两个通道的亮温与云顶温度之差随高度的变化。给出在两个红外通道拟合得到的卫星亮度温度和云顶温度的差值随着有效半径和云顶高度的变化。最后，拟合得到各个有效半径时温度差值随云顶高度变化的关系式。

红外通道1(a_1,b_1随有效半径变化)：

$$T_{top}-T_{b1}=a_1\log(Z_{top})+b_1 \tag{1}$$

红外通道2(a_1,b_1随有效半径变化)：

$$\log(T_{top}-T_{b2})=a_2\log(Z_{top})+b_2 \tag{2}$$

式中，T_{b1}，T_{b2}为卫星亮温，T_{top}为云顶温度，Z_{top}为云顶高度。a_1，a_2，b_1，b_2分别为有效半径的函数。三个方程联合求解，迭代计算得到云顶温度和云顶高度的初步计算值。

4.1.2 云顶温度和云顶高度的反演精度改进和云体过冷层厚度的反演计算

在上述计算中，使用了美国标准大气廓线温度和高度$T_{top}=b_3-a_3Z_{top}$的线性关系。为了提高反演精度，在反演计算中改用实时探空资料参与反演计算。利用根据局地探空资料建立

的温度和高度之间的相关关系式,代替美国标准大气廓线温度和高度关系式参与反演计算。其中,表达为:

$$T_{top}=a_4Z_{top}+b_4 \quad (3)$$

这里

$$a_4=\frac{n\sum Z_{top}T_{top}-\sum Z_{top}\sum T_{top}}{n\sum Z_{top}^2-(\sum Z_{top})^2}$$

$$b_4=\overline{T}_{top}-k_4Z_{top} \quad (4)$$

在反演计算中,使用所有站点的探空资料,按照空间对应的方法,通过站间资料内插处理,探空资料的质量控制、温度和高度关系式的拟合,逐一参与反演处理等,改进云顶温度和云顶高度的反演精度。在改进云顶温度和云顶高度的同时,由实时探空还得到了云的0℃层高度参数,结合反演的云顶高度,进而得到云过冷层厚度等云宏观参数。

5 卫星反演结果

2013年6月8日至9日,受东移冷空气和西南暖湿气流的共同影响,青海省全省出现了一次明显的降水天气过程,降水中心在互助,过程降水量达51.6 mm(图略)。利用FY-2C卫星资料,反演降水过程发生前后的云顶高度、云顶温度、云过冷层厚度参数,结合同时段的地面降水观测资料,分析各云参数与降水的关系。此次过程主要降水区域位于青海省东部地区,本文选取出现较强降水的互助、湟源、湟中、化隆四个站点为代表,分析整个降水过程中各云参数的时间序列变化。

5.1 云顶高度

[彩]图1为6月8日08时至9日08时云顶高度随时间的分布情况,从图1中可以看出,随着降水过程的推移,云顶高度高值区自西南向东北移动,主要影响青海省东部及东南部地区,但高值中心点并不在省内,在青海、甘肃、四川3省交界的黄河上游河曲地区。6月8日16时开始,在青海北部出现高值区并不断发展,最高值达10 km以上,随后向东北移动。海西地区一直处于云顶高度低值区,基本在3 km以下。

图2为整个降水过程中所选四个代表站降水和云顶高度的时间序列变化(6月8日00时至6月9日24时),从图2可以看出,降水发生前,云顶高度呈现抬升趋势,尤其在降水发生前2～3 h云顶高度出现明显跃增。互助站6月8日00时云顶高度开始升高,03时降水出现。6月8日23时云顶高度开始升高,24时云顶高度6 km,6月9日01时降水开始。在降水发展过程中,雨强与云顶高度均出现波动,在6月8日06时 (4.0 mm),08时(6.1 mm),20时(7.3 mm),6月9日03时(2.9 mm),16时(0.6mm),雨强峰值出现前,云顶高度均出现跃增,峰值较雨强峰值的出现有1～2 h提前量。在湟源站,6月8日21时云顶高度开始升高,6月9日00时降水出现,云顶高度较降水出现有3 h提前量。雨强峰值出现在6月8日03时(3.9 mm),07时(2.9 mm),6月9日02时(5.1 mm),16时(4.2 mm),雨强峰值出现前,云顶高度均出现跃增,峰值较雨强峰值的出现有1～2 h提前量。湟中站6月8日00时云顶高度开始升高,02时云顶高度达9 km,降水开始出现。雨强峰值出现在6月8日03时(5.0 mm),05时(2.1 mm),10时(3.3mm)和6月9日01时(3.8 mm),04时(3.1 mm),09时(1.3 mm),雨强峰值出现前,云顶高度均出现明显跃增,云顶高度峰值较雨强峰值的出现有1～2 h提前量。化隆站6月8日01时云顶高度开始升高,04时降水出现,降水发生前,云顶高度呈现明显抬升趋势。

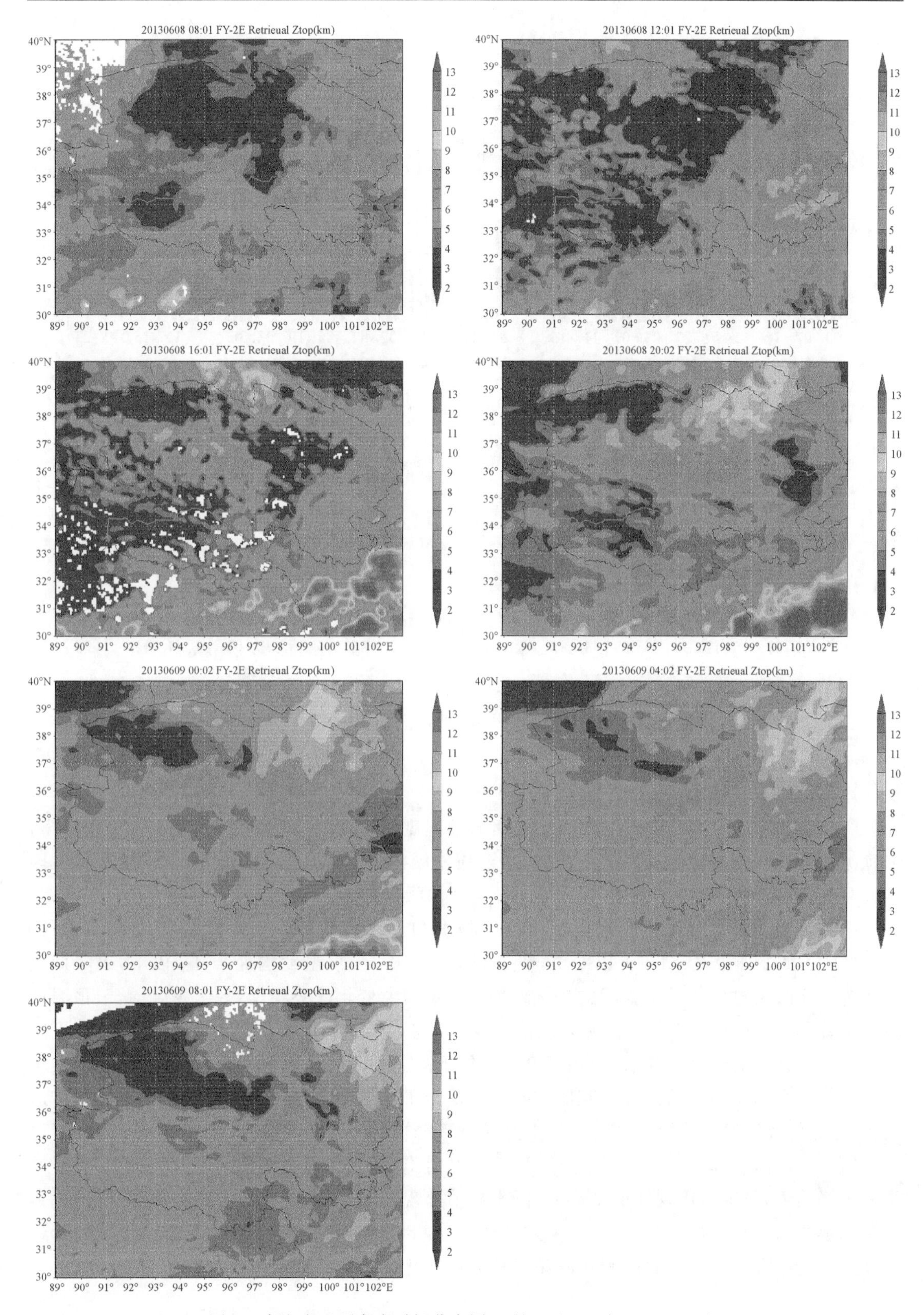

图 1　青海省云顶高度时间分布图(6 月 8 日 08 时—9 日 08 时)

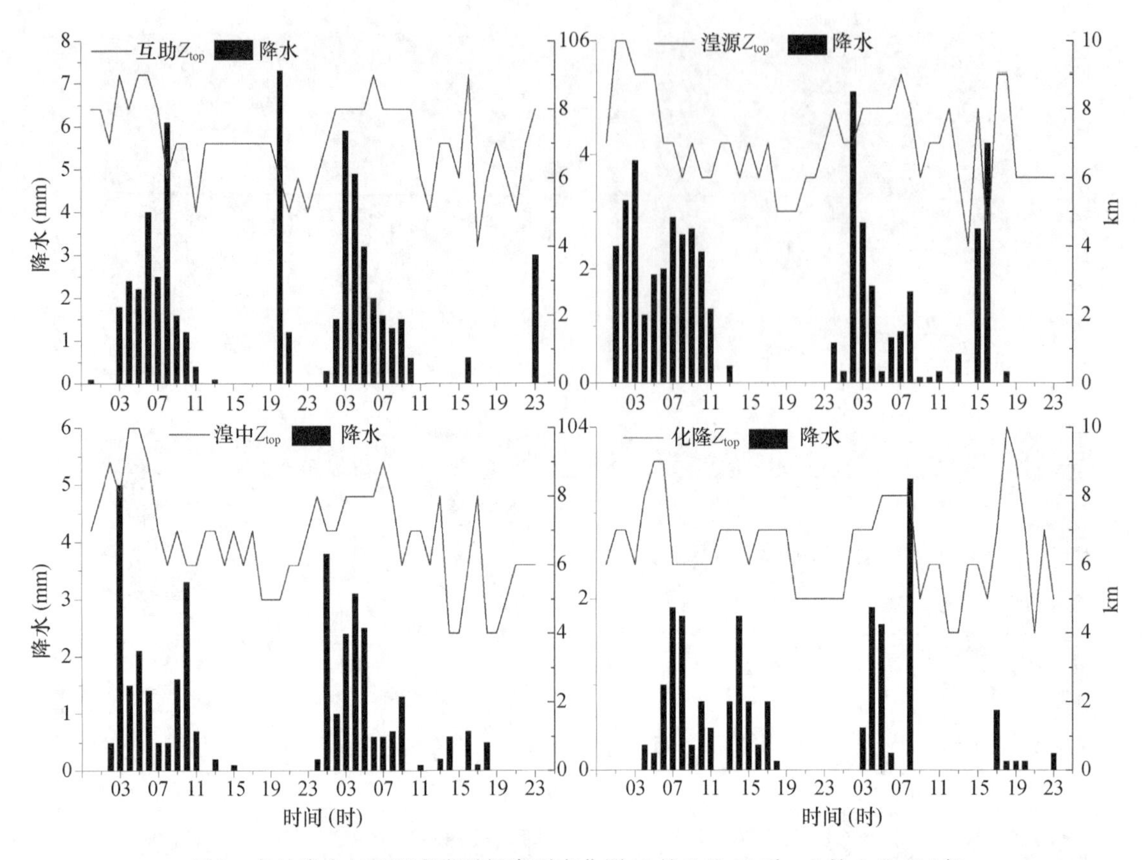

图 2　各站降水与云顶高度时间序列变化图(6 月 8 日 00 时—6 月 9 日 23 时)

5.2　云顶温度

[彩]图 3 为 6 月 8 日 08 时至 9 日 08 时云顶温度随时间的分布情况,从图 3 中可以看出,云顶温度低值区与云顶高度高值区相对应,云顶发展得越高,云顶温度越低,云顶温度低值区于 6 月 8 日 16 时出现并不断发展,6 月 9 日 00 时开始消散。

图 4 为整个降水过程中所选四个代表站降水和云顶温度的时间序列变化(6 月 8 日 00 时—6 月 9 日 24 时),从图 4 可以看出,整个降水过程中,云顶温度均处于 0℃以下,表明此次降水为冷云降水过程。云顶温度的变化趋势与云顶高度变化趋势相反,降水发生前,云顶温度呈现下降趋势,并有 2～3 h 提前量。在降水发展过程中,云顶温度不断降低,并在降水接近结束时开始上升。对于冷云降水,云顶温度的持续下降是判断降水出现的前兆,而云顶温度的缓步升高是降水趋于结束的标志。互助站 6 月 8 日 22 时云顶温度开始下降,6 月 9 日 01 时降水出现,云顶温度下降较降水出现有 3 h 提前量。降水峰值出现在 9 日 03 时(5.9 mm),峰值过后,云顶温度开始逐渐上升。湟源站 6 月 9 日 00 时降水出现,云顶温度自 6 月 8 日 21 时开始出现下降趋势,较降水出现提前 3 小时,降水峰值出现在 9 日 02 时(5.1 mm),降水峰值过后,云顶高度并未立刻开始上升,原因是降水持续并在 08 时出现第二次峰值,08 时峰值过后云顶高度开始呈上升趋势。湟中站和化隆站云顶温度变化情况与互助、湟源站相似。

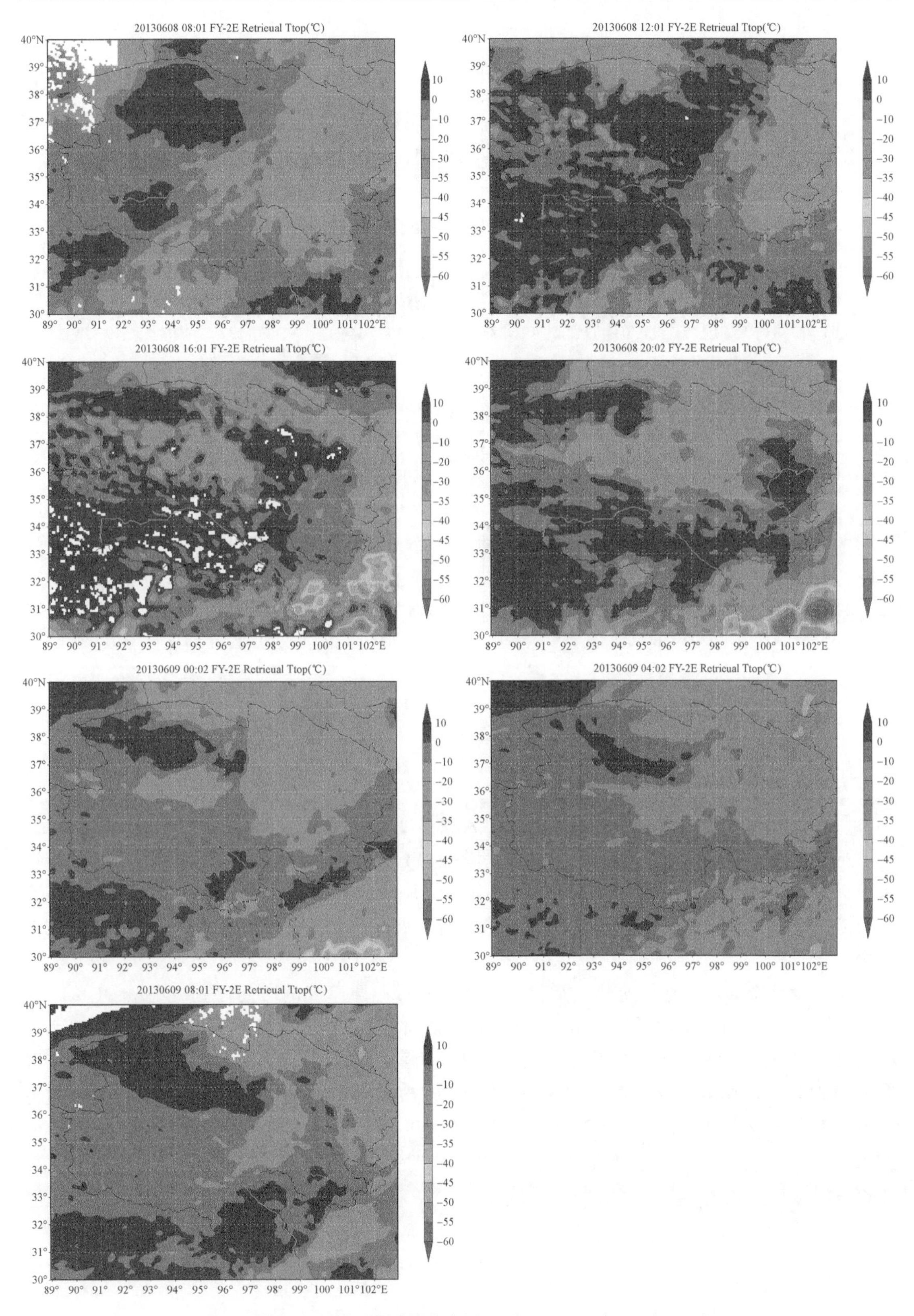

图3　青海省云顶温度时间分布图(6月8日08时—9日08时)

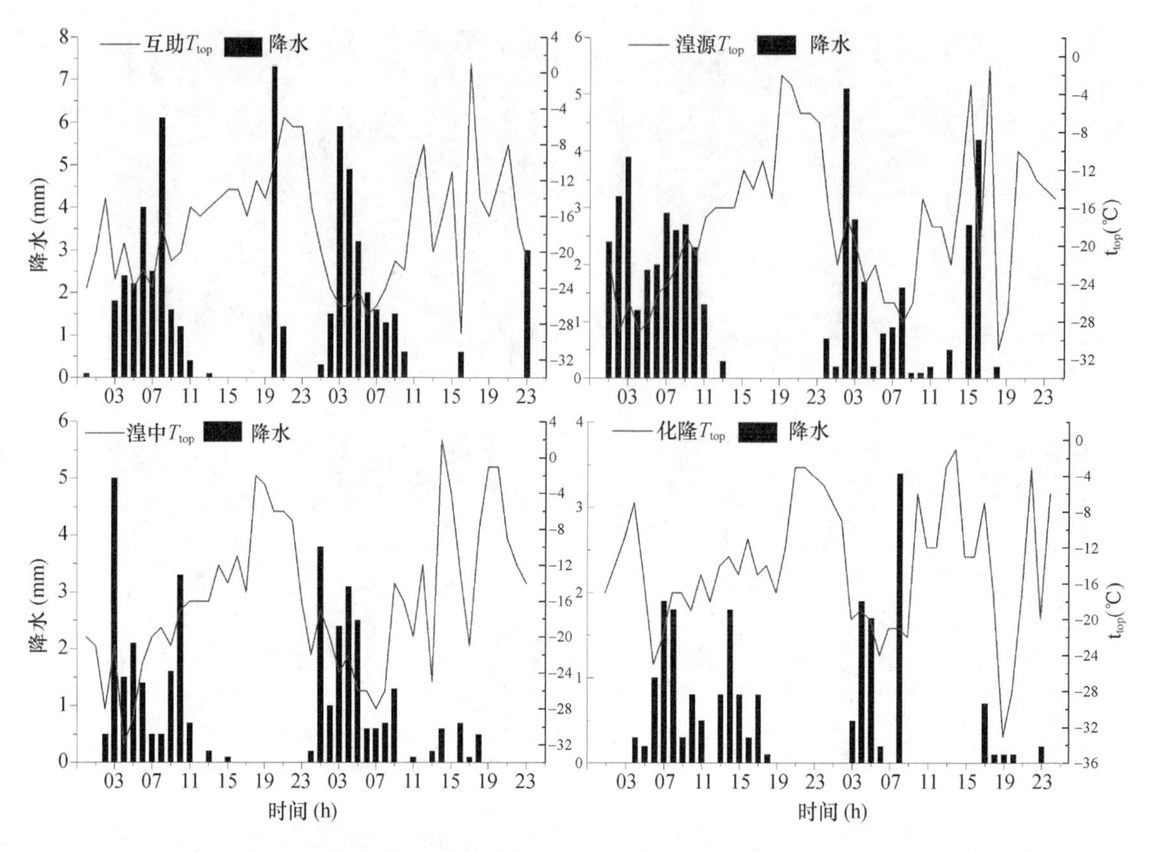

图 4　各站降水与云顶温度时间序列变化图(6 月 8 日 00 时—6 月 9 日 23 时)

5.3　过冷层厚度

[彩]图 5 为 6 月 8 日 08 时至 9 日 08 时云顶温度随时间的分布情况,从图 5 中可以看出,现有的卫星反演系统对过冷层厚度反演效果较差,出现大量反演缺失区域。从现有的反演结果可以看出,过冷层厚度高值区位于青海省东北部地区并一直持续。6 月 8 日 16 时开始,青海省东南部地区也出现过冷层厚度高值区并不断发展,6 月 9 日 04 时开始减弱,08 时已完全消失。

图 6 为整个降水过程中所选四个代表站降水和过冷层厚度的时间序列变化(6 月 8 日 00 时—6 月 9 日 24 时),从图 6 可以看出,降水发生前,过冷层厚度呈现抬升趋势,尤其在降水发生前 2～3 h 出现明显跃增。在降水发展过程中,雨强与过冷层厚度均出现波动。互助站 6 月 8 日 23 时过冷层厚度开始上升,6 月 9 日 01 时降水出现,03 时降水达到最大(5.9 mm)。过冷层厚度升高较降水出现有 2 h 提前量。湟源站 6 月 8 日 22 时过冷层厚度开始上升,9 日 00 时降水出现,过冷层厚度升高较降水出现同样有 2 小时提前量。湟中站和化隆站过冷层厚度变化也有类似提前量。

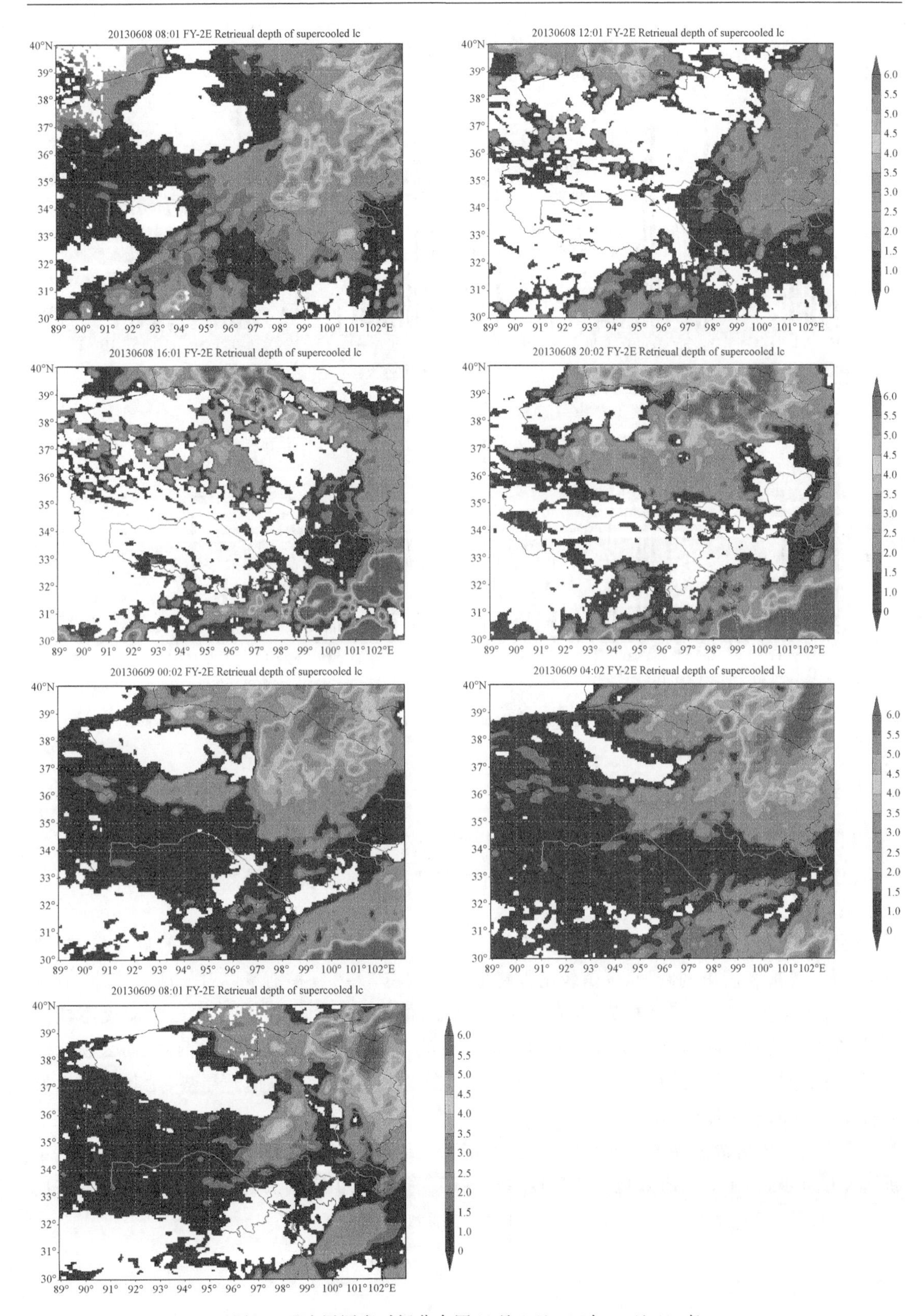

图5　过冷层厚度时间分布图(6月8日08时—9日08时)

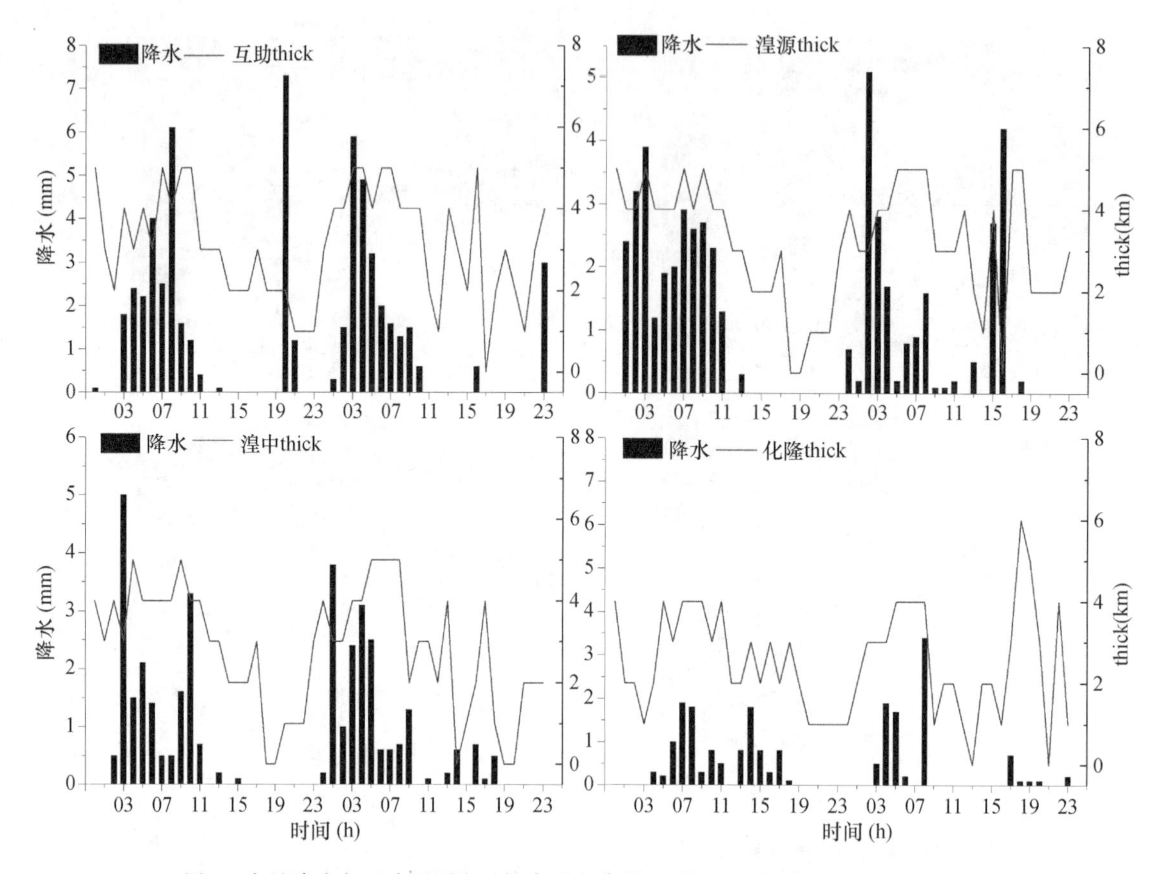

图 6 各站降水与过冷层厚度时间序列变化图(6 月 8 日 00 时—6 月 9 日 23 时)

6 总结和讨论

利用 FY-2C 卫星反演的云参数对地面降水有一定的指示意义。一般降水发生前,云系发展,云顶不断抬升,云光学厚度、过冷层厚度不断增加,云顶温度逐渐降低,云参数先于地面降水变化。

降水发生前,云顶高度呈抬升趋势,在降水发生前 2～3 h 云顶高度出现明显跃增;雨强峰值出现前,云顶高度出现跃增,峰值较雨强峰值的出现有 1～2 h 提前量。对于冷云降水,云顶温度在降水发生前呈现下降趋势,并有 2～3 h 提前量。在降水发展过程中,云顶温度不断降低,并在降水接近结束时开始上升。云顶温度的持续下降是判断降水出现的前兆,而云顶温度的缓步升高是降水趋于结束的标志。过冷层厚度在降水发生前呈现抬升趋势,尤其在降水发生前 2～3 h 出现明显跃增。

本文研究内容尚属初步,卫星及遥感技术不断发展,本文所采用的云参数反演方法也在不断完善和进步,为了更加有效地将卫星反演产品用于指导人工影响天气作业,今后须继续在反演算法的改进和产品的解释应用等方面开展深入细致的工作。

参考文献

[1] Luo Y, Zhang R, Wang H. Comparing occurrences and vertical structures of hydrometeors between east-

ern China and the Indian monsoon region using CloudSat/CALIPSO data[J]. Journal of Climate,2009,**22**(4): 1052-1064.

[2] 李宏宇,周嵬,周毓荃. 人工消(减)雨作业中卫星反演云特征参量变化[J]. 气象,2008,**34**(12):136-140.

[3] 李娟,毛节泰,姚展予. GMS-5 卫星资料反演云的物理特性及其在人工影响天气中的应用[J]. 气象学报,2005,**63**(增刊):47-55.

[4] Rosenfeld D, Gutman G. Retrieving micro-physical properties near the tops of potential rainclouds by multispectral analysis of AVHRR data [J]. Atmos Res,1994(34):259-283.

[5] 刘健,许健民,方宗义. 利用 NOAA 卫星 AVHRR 资料分析云的性质[J]. 应用气象学报,1998,**9**(4):449-455.

[6] 刘健,许健民,方宗义. 利用 NOAA 卫星的 AVHRR 资料试分析云和雾顶部粒子的尺度特征[J]. 应用气象学报,1999,**10**(1):28-33.

[7] King M D, Kaufman Y J, Menzel W P, et al. Remote sensing of cloud, aerosol, and water vapor properties from the Moderate Resolution Imaging Spectrometer (MODIS)[J]. IEEE Trans Geosci Remote Sensing, 1992,30:1-27.

[8] 周毓荃,陈英英,李娟,等. 用 FY-2C/D 卫星等综合观测资料反演云物理特性产品及检验[J]. 气象,2008,**34**(12):27-35.

[9] 何小东,周毓荃,胡志晋. 利用地面资料计算云底高度的一种新方法[C]//第十五届全国云降水与人工影响天气科学会议论文集(Ⅱ). 2008.

X 波段双偏振天气雷达在阿克苏防雹作业指挥中的应用

曹立新

(阿克苏地区人工影响天气办公室,阿克苏 843000)

摘 要 阿克苏 X 波段双偏振雷达除能测定云和降水的反射率因子、径向速度和谱宽外,还可探测出与云粒子特征关联的多项偏振参数,如差分反射率、差分传播相移、线性退极化比及零滞后相关系数等。阿克苏根据双偏振天气雷达观测资料的偏振参数进行计算和反演,对降水粒子进行逻辑分类识别,确定了 12 种水凝物粒子,同时导出 ZH-ZDR 分布特征,定义了该雷达的冰雹识别参量 HDR,推导出 HDR>0 表示有冰雹,HDR<0 表示无冰雹。将推导结论应用在阿克苏天气过程中防雹作业指挥对 HDR 的识别,反演结果与作业点实况对应较好。X 波段双偏振天气雷达相态识别系统对云中降水粒子的分布结构和相态进行准确识别,为阿克苏地区防雹增雨工作提供了科学的作业依据。

关键词 X 波段双偏振雷达 相态识别 防雹作业

新疆阿克苏地区位于天山南麓、塔里木盆地北缘,总面积 13.13 万 km^2。地势西北高、东南低,区域内有高山、沙漠、河流、盆地等地形复杂。由于独特的地形地貌特点,灾害性天气特别是大风、暴雨、洪水及冰雹等天气过程频繁。

据 1998—2015 年资料统计,全地区年平均冰雹日为 53 d,最多年份可达 75 d,是新疆冰雹最多的地区之一,降雹日占全疆 3 成以上,冰雹识别及科学防雹一直是阿克苏地区人工防雹工作的重要课题。由于阿克苏现有的新一代天气雷达属全国布网雷达,探测模式以体积扫描为主,不能随意改变扫描模式。鉴于防雹工作的需要,2012 年 8 月,阿克苏引进安徽四创电子股份有限公司的 X 波段 SCRXD-02P 型双偏振多普勒天气雷达,主要用于阿克苏地区西部开展人工防雹增雨作业指挥。该双偏振雷达可根据探测需要随时采用 PPI、RHI 扫描模式和 CAPPI 扫描模式进行观测,适用于对流天气过程的预警监测和跟踪探测,最重要的是可以更加详细地获取粒子在水平方向和垂直方向上的偏振参数。与新一代天气雷达相比,除同样能测定云和降水的反射率因子、径向速度和谱宽外,双偏振多普勒雷达可探测多项偏振参数,能获取更多相关降水粒子大小和相态等微观物理信息。这对阿克苏人工影响天气防雹增雨作业指挥工作特别是对冰雹云的识别提供了技术支持,在人工影响天气防雹作业指挥中发挥了重要的作用。对于提高灾害性天气的监测和预报预警能力、提高人工影响天气作业指挥能力等具有重要的意义。

1 雷达的主要参数

该雷达在信号处理方面有 MPPP,DMPPP,APRF,FFT,PPP 和 DPRF 等多种扫描模式可选择使用。在雷达探测应用中,特别是在识别冰雹云时,主要采用 MPPP 模式,即偏振模式进行扫描。探测范围则有 62.5 km、125 km 和 250 km 三个距离档供选择,而偏振模式在 125 km 内扫描准、数据相对真实。

表1 X波段SCRXD-02P型双偏振多普勒天气雷达主要技术参数

序号	项目	参数值	序号	项目	参数值
1	工作频率	9370+20 MHz	8	重复频率	400～2000 Hz
2	输出脉冲功率	≥50 kW	9	天线型式	圆旋转抛物面
3	距离范围	250 km(强度) 150 km(速度、谱宽、偏振参数)	10	极化方式	水平/垂直线极化
4	方位	0°～360°	11	天线口径	2.4 m
5	仰角	−2°～+90°	12	波束宽度	1°±0.05°
6	测高范围	0～24 km	13	天线增益	≥44 dBZ
7	强度范围	−10～+70 dBZ			

2 资料来源与处理方法

选取了阿克苏X波段双偏振天气雷达扫描的实时回波资料及基数据资料，经过对雷达采集获取的差分反射率 Z_{DR}、线性退极化比 L_{DR}、传播相移差 φ_{DP} 和共极化相关系数 $\rho_{HV}(0)$ 等偏振参数，经相态识别系统计算处理和反演显示等，生成融合数据质量控制系数、水凝物相态分类和冰雹识别等模块功能的应用软件，提高了雷达定量测量降水的精度。双偏振雷达相态识别系统通过雷达探测的多个极化参数对降水粒子进行逻辑分类识别，确定了12种水凝物粒子（毛毛雨、小雨滴、中雨滴、大雨滴、小雹、大雹、雨夹雹、霰、雪、冰晶、过冷水及地物等），可直接显示降水粒子的大小分布和相态特征等重要信息，并使用不同颜色值的色标直接显示。

3 冰雹识别参量 H_{DR}

双偏振雷达反射率差为 Z_{DR}，由于回波中水平和垂直极化电磁波的后向散射截面积存在差异，且不同降水粒子的反射率差不同，故反射率差 Z_{DR} 可以用来识别不同的降水粒子。由于雨滴与冰雹的 Z_H 值和 Z_{DR} 值存在明显的差异，这对雨滴和冰雹的区分提供了主要的识别依据。刘黎平等[1]对冰雹识别参量 H_{DR} 进行了推导和定义，曹俊武[2]等引用 H_{DR} 方法对冰雹识别进行了研究，识别结果符合实际天气过程。苏德斌、马建立等[3]对X波段双偏振雷达冰雹识别初步研究，将冰雹参量 H_{DR} 方法运用到X波段双偏振雷达，将 $H_{DR}=Z_H-f(Z_{DR})$ 定义为冰雹识别的主要参量，当 $H_{DR}>0$ 时，判定为有冰雹存在。

4 冰雹识别个例分析

4.1 识别结果：无冰雹

天气过程时间为：2014年6月9日18:00—19:20，当日0℃层高度为2900 m。当日本站西北山区不断生成复合对流单体，由西北路径进入温宿县防区。在进入防区前沿时，云顶高度已达到12 km，30 dBZ高度达10 km，云体的发展已达到冰雹云初始回波特征，但在双偏振雷达相态识别系统RHI上显示，云体内无冰雹，且云内霰粒子分布较松散，表明云内凝聚核量级不足，冰雹识别系统显示无冰雹，见[彩]图1和[彩]图2。当云体达到作业点时，云顶高度虽然没有变化，但云体强中心已下降至8 km上下，表明云体内对流运动上升动能不足。随后作业点附近出现降水,云体开始减弱。相态识别系统中0℃层以下出现的冰雹色标标示,表示近地面空中由于粒子加速度增大,碰并概率大,粒子形状会发生改变或增大,系统根据粒子形状识别其为冰雹,通常实际为大水滴,此阶段降水量可达到极大值。

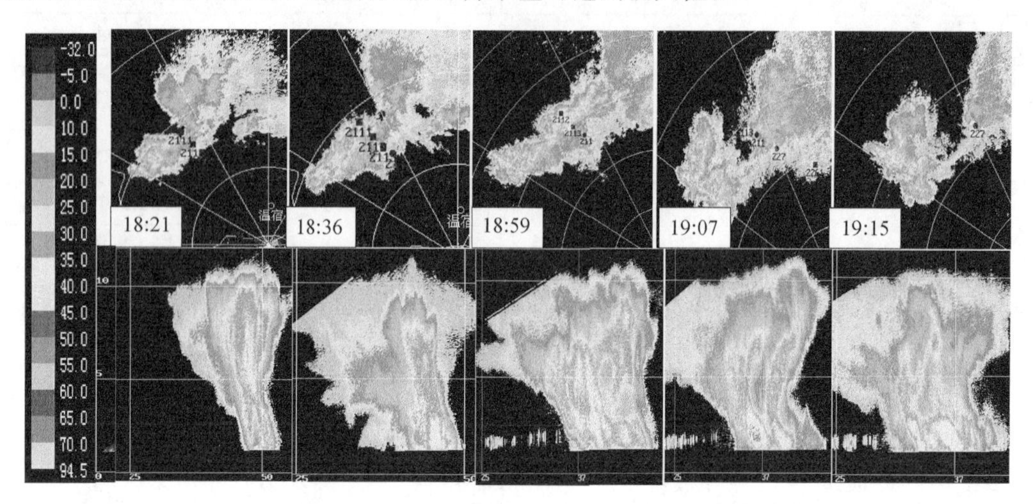

图1　2014年6月9日回波强度PPI(上)和RHI(下)显示图

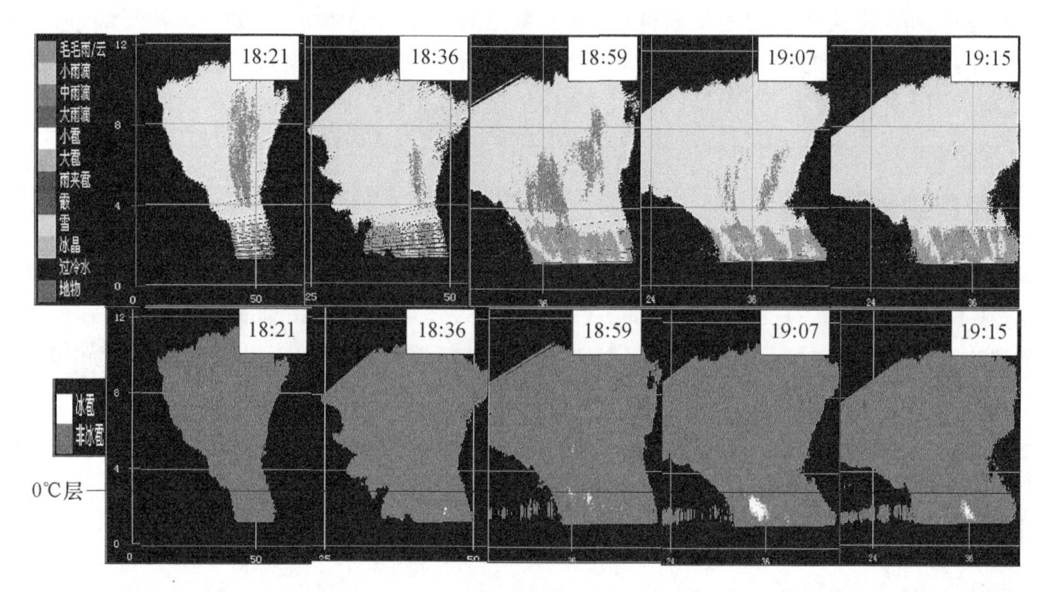

图2　2014年6月9日回波相态识别和冰雹识别的RHI显示图

4.2　识别结果:出现冰雹

2014年6月9日19:20—20:30,防区前沿出现对流云体,并不断发展加强,当云体进入防区射程时,作业点进行了防雹作业([彩]图3和[彩]图4)。19:27云体初始回波虽然顶高超过10 km,但强中心反射率因子只有30 dBZ,且在5 km以下。19:40,当云体接近防区时,云体正处于跃增阶段,40 dBZ强中心高度在8km上下。相态识别显示,0℃层高度以上霰粒子分布高度较高且轮廓紧实,其中有少许冰雹粒子生成。由于在冰雹云形成早期作业点就进行了提前作业,因此作业效果较好。天气过程中地面实况为降雨夹软雹没有灾情。

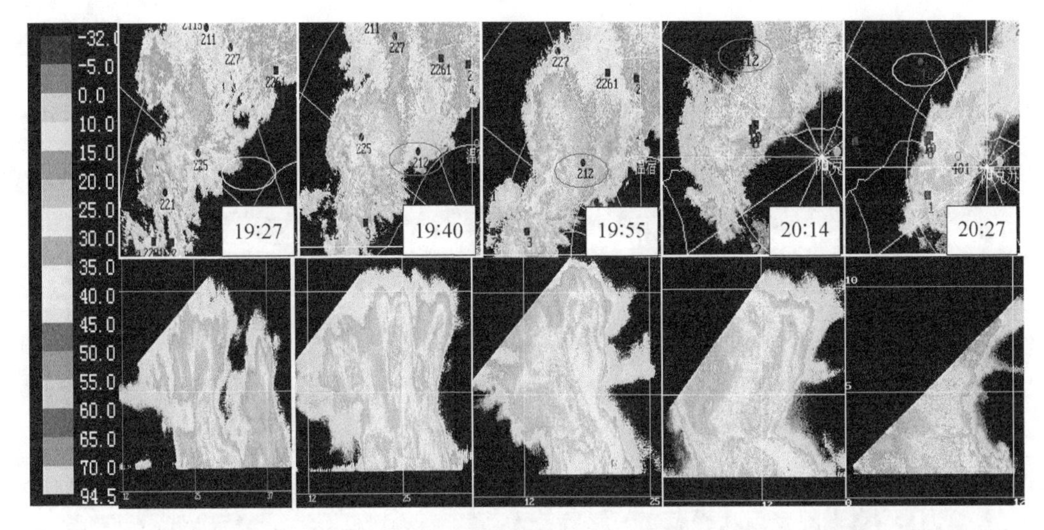

图3　2014年6月9日雷达回波强度PPI(上)和RHI(下)显示图

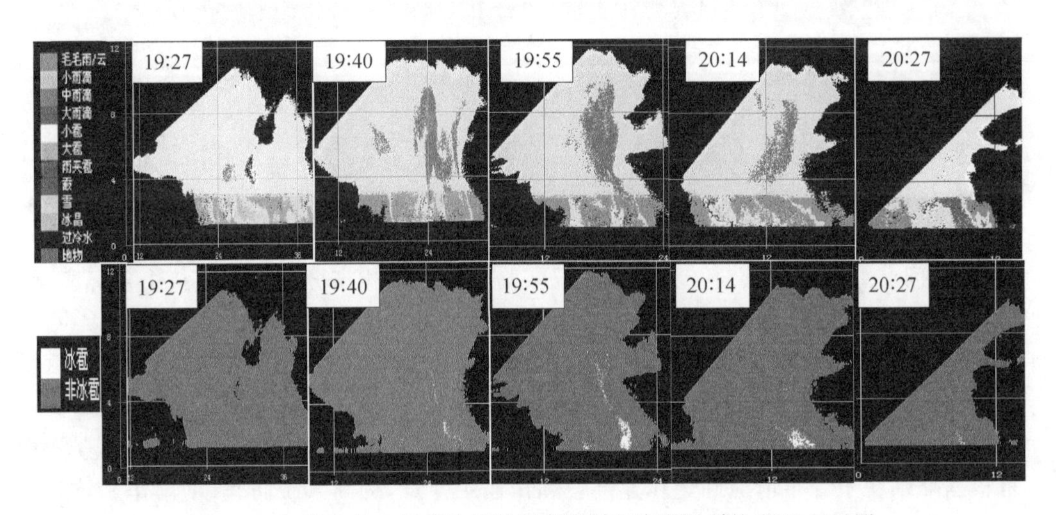

图4　2014年6月9日雷达回波相态识别和冰雹识别的RHI显示图

4.3　识别结果:出现冰雹,出现灾情

2016年6月24日15:00左右,雷达观测发现温宿县北部山区有多个对流单体生成。16:08距防区约15 km,双偏振雷达相态识别系统已显示对流云虽处于发展阶段,但云体内部已生成雹胚。人工影响天气指挥中心实施加密跟踪观测,监测防区云体演变情况,同时提前指挥冰雹路径沿途的流动点及固定作业点做好作业准备。随时间的推移,北面山区的云体逐渐增强并向东南方向移动。16:39,云体范围已扩大到50 km左右,云体内显示不但有冰雹,而且有大冰雹生成,相态识别图上有"白色—冰雹"和白色区域内嵌入大量"绿色—大冰雹"的色值显示。这个时段云体移动和发展迅速,5分钟后的16:44冰雹云RHI图中冰雹云特征非常明显,云体发展到强盛时期。经防区作业点防雹作业后,云体强中心下移接地,云体开始减弱,同时地面出现了降雨降雹,出现少量灾情。17:03云体减弱东移,地面降大雨,天气过程见[彩]图5。

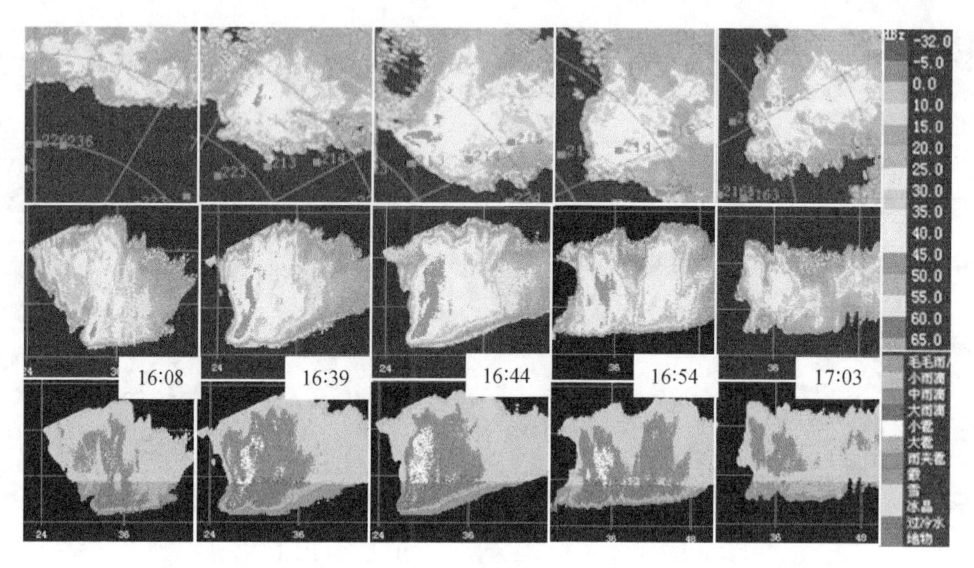

图5 2016年6月24日温宿县北部山区冰雹云回波发展演变图

5 结论

阿克苏双偏振雷达投入业务运行以来,已获取了四年的雷达观测资料。雷达探测系统和相态识别系统应用在阿克苏人工影响天气防雹增雨作业指挥中,可根据云体内粒子相态的分布,对冰雹云进行早期识别、预警和作业指挥。

(1)云体回波相态分布及演变情况与实况较吻合。粒子相态分布情况直接由色标显示,应用非常方便、快捷,一目了然。

(2)双偏振雷达的反射率强度 Z_H 和偏振参数差分反射率 Z_{DR} 信息可以提供关于云雨微结构相态方面的信息,由此推导的 H_{DR} 值对双偏振雷达识别冰雹云准确率较高。

(3)回波相态的垂直分布(RHI)能很好地反映冰雹及其他降水粒子的分布及垂直结构特征。可根据降水粒子分布情况确定作业部位和作业用弹量,提高人工防雹、增雨作业效益。

(4)根据回波相态的垂直分布情况,可以得出对流云降水粒子的类型、大小和降雹落区,对防雹增雨效果评估有重要的应用价值。

参考文献

[1] 刘黎平,刘鸿发,王致君,等. 利用双线偏振雷达识别冰雹区方法初探[J]. 高原气象,1993,**12**(3)333-337.

[2] 曹俊武,刘黎平. 双线偏振多普勒天气雷达设备冰雹区方法研究[J]. 气象,2006,**32**(6)13-19.

[3] 苏德斌,马建立,张蔷,等. X波段双线性偏振雷达冰雹识别初步研究[J]. 气象,2011,**37**(10)1228-1232.

国家级人工影响天气模式产品在新疆的本地化应用

王智敏　王　旭

（新疆维吾尔自治区人工影响天气办公室，乌鲁木齐 830002）

摘　要　国家级人工影响天气模式（GRAPES-CAMS）是以 GRAPES 模式动力框架为基础，耦合了中国气象科学研究院研制的云降水显式方案（CAMS）。本文对人工影响天气模式二进制产品进行了本地化处理解析，生成了适合新疆本地使用的人工影响天气模式图形产品，并且利用部分模式产品和实况资料进行了对比分析。发现卫星红外云图与模式产品中的云带产品较为一致，便于分析云团的发展演变特征，底层耦合了新疆地区地形特征的垂直剖面场产品对冰雹的生成区有较好的指示作用，模式产品的本地化应用可以更好地指导我区的人工影响天气作业。

关键词　模式产品　本地化　卫星云图

1　引言

近年来，在全球气候变暖的背景下，极端天气气候事件频发，干旱、冰雹等事件频率、强度和影响范围具有增加趋势，随着新疆经济社会的发展，灾害影响程度日趋加剧。作为应对这一局面的手段之一的人工影响天气业务在新疆已开展多年，在改善新疆生态环境、预防和减少自然灾害方面取得了较好的效果。所以，利用国家级人工影响天气模式产品，深入研究新疆地区不同天气系统下云系的宏、微观物理结构特征，了解云中水汽分布规律及其降水机制，完善相关概念模型，对科学实施人工影响天气作业具有重要意义。

2　模式介绍

中国气象局人工影响天气中心发展的人工影响天气模式系统（2013 版）[1]，包括 MM5_CAMS 和 GRAPES_CAMS 两套模式。MM5_CAMS 模式是以非静力平衡中尺度 MM5v3 动力框架为基础，GRAPES_CAMS 模式是以我国自主研发的新一代数值预报模式 GRAPES 动力框架为基础，两套模式分别耦合了中国气象科学研究院研制的云降水显式方案（CAMS）其核心部分 CAMS 云降水显式方案的研究始于 1979 年，经过几十年的不懈开发和完善，2000 年研制形成先进的双参数混合相云降水显式方案[2]。该方案将水成物分为 6 类，分别为水汽、云水、雨水、冰晶、雪和霰，显式预报各种水成物的比质量和数浓度，采用准隐式计算格式，确保计算稳定、正定和守恒。该模式系统自 2007 年 7 月起开始运行，并进行了不断的发展和改进。为重点干旱地区及跨区域增雨作业、森林草原灭火增雨作业、重大社会活动消减雨作业等提供了强有力的技术支撑[3]。

新疆维吾尔自治区人工影响天气办公室目前主要是利用 GRAPES_CAMS 产品[4]（图 1），模式的起报时间为 08 时和 20 时，每 3 h 发布一次预报产品，预报时效是 48 h，预报范围为 15°—60°N，65°—140°E。指导产品包括降水场预报、垂直剖面场预报、云微物理场预报和云宏观场预报共四类。

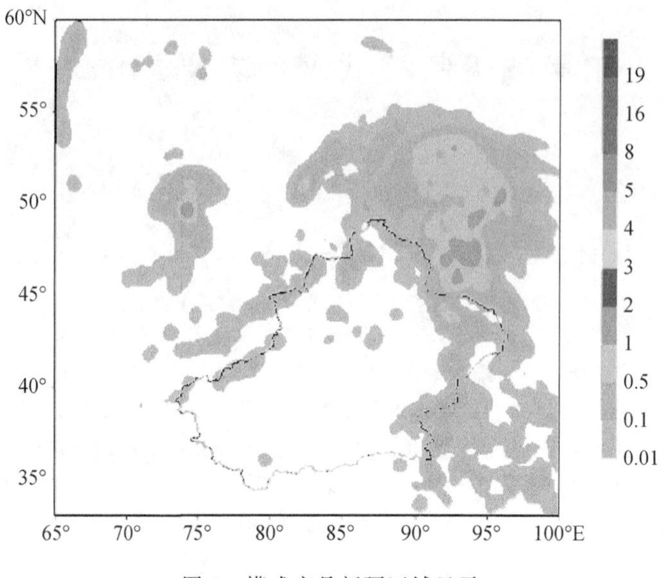

图 1　模式产品新疆区域显示

3　模式产品本地化

人工影响天气模式产品包括短时临近降水天气预报、云宏观、云微物理场预报产品不仅内容丰富而且预报时次密集,为人工影响天气决策指挥提供了客观化作业指导指标,但由于预报范围较广,各省应用较为不便,所以在使用前要对以格点场存放的数据文件,进行数据分解和本地化处理,然后针对得到的各种应用结果指导新疆人工影响天气业务工作[5]。

新疆人工影响天气业务人员利用气象台人工影响天气潜势预报产品和人工影响天气模式产品进行人工影响天气作业指导意见的编写以及人工影响天气作业小结的撰写,人工影响天气业务模式产品的应用也是对新疆人工影响天气指挥体系中预测预警功能的重要技术补充和完善,为指挥人员短时天气预警提供了有利的依据,使人工影响天气指挥决策工作更加客观化、科学化。

中国气象局人工影响天气业务模式产品新疆的本地化应用主要包括:数据解析和本地化处理、数据显示及初步的业务检验三部分工作。

3.1　数据分解和本地化处理

国家级人工影响天气模式(2013 版)产品分辨率为 0.05°×0.05°,南北方向 181 个格点,东西方向 301 个格点,通过 CMACAST 分发,降水场和垂直剖面场包含经纬向风速、温度、垂直速度、总降水量等 7 项物理量从 1000 hPa 至 200 hPa 等压面共 17 层预报结果;云微物理场产品包含云水含量、雨滴数浓度、冰晶数浓度等 9 项物理量从 1000 hPa 至 200 hPa 等压面共 17 层预报结果;云宏观场包含云顶温度、过冷积分云水含量、过冷云顶温度产品等。本文从中选取(65°E,33°N 至 100°E,60°N)本地区域进行数据处理分析。

3.2　模式数据显示

在人工影响天气指挥平台下编写显示及应用软件,以图形和等值线方式直观显示各类分解及本地化处理后的预报产品，并利用降水和垂直剖面场、云微物理场、云宏观场预报产品做客观因子指导人工影响天气业务工作，表 1 为模式产品中文名称和英文简写汇总表。

表 1　模式产品中文名称和英文简写汇总表

<table>
<tr><td rowspan="5">云宏观场</td><td>Cband</td><td>云带(mm)</td></tr>
<tr><td>VIL</td><td>垂直累积液态水(mm)</td></tr>
<tr><td>VISL</td><td>垂直累积过冷水(mm)</td></tr>
<tr><td>Ttop</td><td>云顶温度(℃)</td></tr>
<tr><td>Ztop</td><td>云顶高度(km)</td></tr>
<tr><td rowspan="10">云微观场</td><td>不同高度</td><td>总水成物＋风场＋T</td></tr>
<tr><td>Qc</td><td>云水比含水量(g/kg)</td></tr>
<tr><td>Qr</td><td>雨水比含水量(g/kg)</td></tr>
<tr><td>Qr</td><td>冰晶比含水量(g/kg)</td></tr>
<tr><td>Qs</td><td>雪比含水量(g/kg)</td></tr>
<tr><td>Qg</td><td>霰比含水量(g/kg)</td></tr>
<tr><td>Ni</td><td>冰晶数浓度(个/m^3)</td></tr>
<tr><td>Nr</td><td>雨滴数浓度(个/m^3)</td></tr>
<tr><td>Ns</td><td>雪数浓度(个/m^3)</td></tr>
<tr><td>Ng</td><td>霰数浓度(个/m^3)</td></tr>
<tr><td rowspan="2">垂直结构场</td><td>Qc，Ni，T</td><td>垂直剖面(g/kg，个/cm^2，℃)</td></tr>
<tr><td>Qs＋ Qg，Qr，H</td><td>垂直剖面(g/kg，个/cm^2，℃)</td></tr>
<tr><td rowspan="3">降水场</td><td>Rain</td><td>逐小时降水(mm)</td></tr>
<tr><td>Rain3</td><td>3 h 降水(mm)</td></tr>
<tr><td>Rain24</td><td>24 h 降水(mm)</td></tr>
</table>

3.3　初步的业务检验

2016 年 6 月 19 日 08 时至 20 日 09 时，受西西伯利亚低槽系统影响，北疆大部、天山山区、哈密、南疆西部山区、阿克苏北部、巴州部分地区出现降水，其中伊犁河谷、北疆沿天山一带和天山山区 151 站降雨量超过 12 mm，31 站超过 24 mm，6 月 19 日 17:00 博乐市出现了冰雹天气过程，造成小营盘镇、阿热勒托海牧场、青得里乡、乌图布拉格镇、达勒特镇 5 个乡镇场 3678 户 12999 人受灾，农作物受灾 15800 hm^2，直接经济损失 20881 万元。

从图 2 中可以看出卫星红外云图与模式产品中的云带结果较为一致，部分地区数值量级上存在偏差。模式中云宏观产品的模拟结果对于新疆的人工影响天气作业具有一定的指导意义。图 3 为模式产品垂直剖面场(沿 44°N 剖面)，其底层耦合了博乐地区的地形特征，如红色矩形框所示，在红色矩形框中的冰晶比含水量达到了 0.05 g/kg、雪比含水量和霰比含水量达到了 0.5～0.7 g/kg 的量级，云层高度达到了 10 km，大值区达到了 8 km，云层厚度为 7 km，通过这些产品特征的分析，可以看出模式产品对冰雹的生成区有较好的指示作用，为我区的人工影响天气作业指挥提供参考。

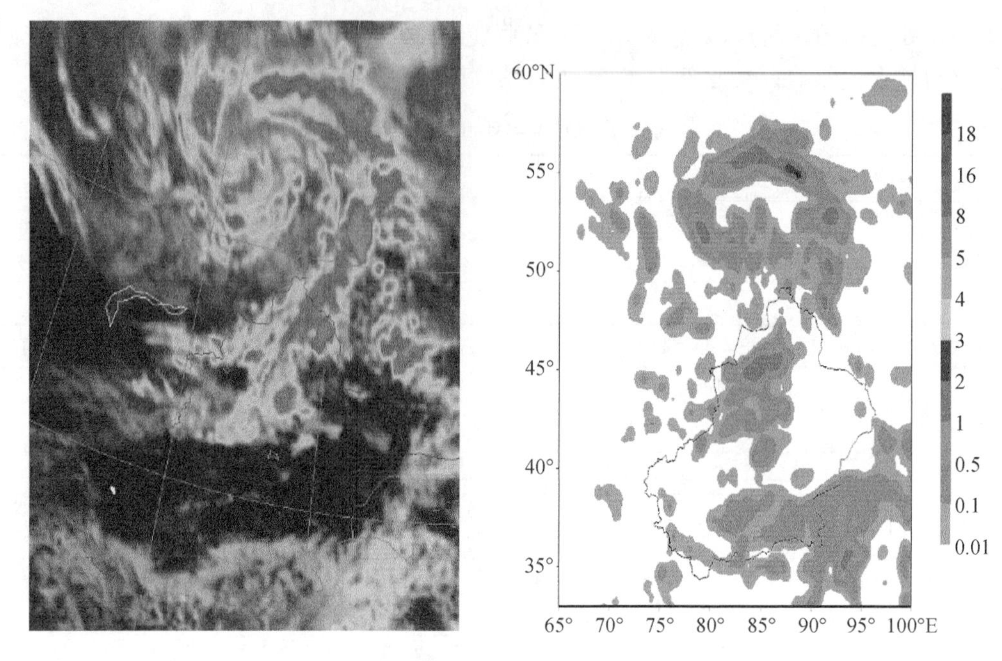

图 2　卫星云图与模式产品对比

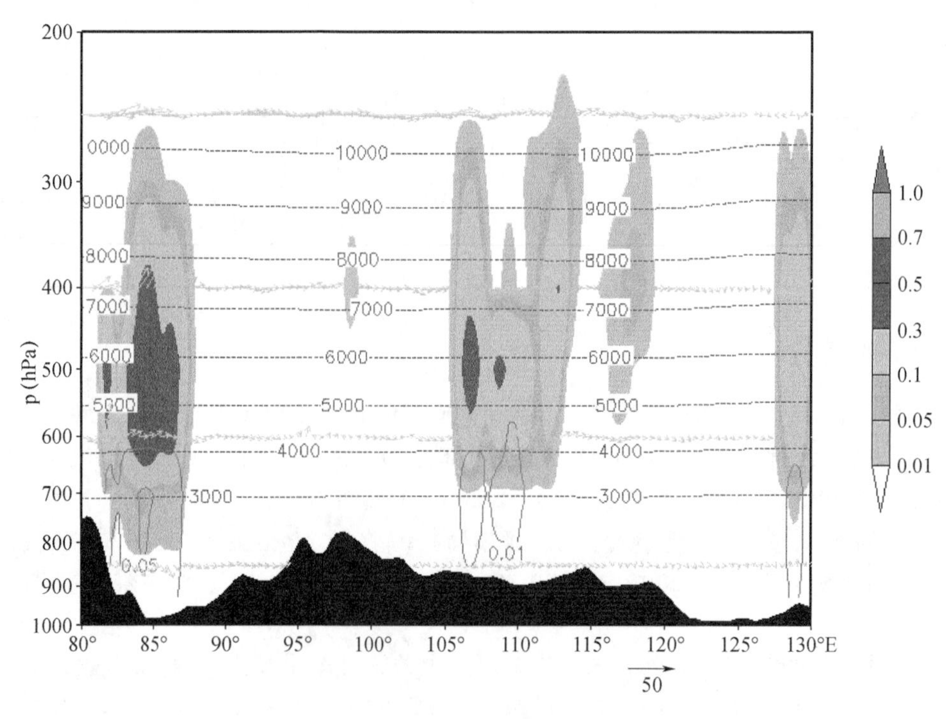

图 3　模式剖面场显示

阴影区：Q_s+Q_g(g/kg)；红线：Q_r(g/kg)；粉虚线：H(m)

4　结论

本文对国家级人工影响天气模式产品进行了数据分解和本地化处理，针对得到各种应用结果指导新疆人工影响天气业务工作。新疆的本地化应用主要包括：数据解析和本地化处理、数据显示及初步的业务检验三部分工作。利用模式产品对2016年6月19日17:00博乐市出现的冰雹天气进行了分析。发现卫星红外云图与模式产品中的云带产品结果较为一致，对于新疆的人工影响天气作业具有一定的指导意义。模式产品的垂直剖面场底层耦合了新疆地区的地形特征，如红色矩形框所示，其中冰晶比含水量达到了0.05 g/kg、雪比含水量和霰比含水量达到了0.5～0.7 g/kg的量级，云层高度达到了10 km，大值区达到了8 km，云层厚度为7 km，通过这些产品特征的分析，可以看出模式产品对冰雹的生成区有较好的指示作用，为了解我区冰雹天气的活动特征提供参考。

参考文献

[1] 孙晶，史月琴，蔡森，等．南方三类云系云结构预报和增雨作业条件分析[J]．气象，2015(11)：1356-1366.

[2] 刘丽君，张瑞波，张正国．广西人工影响天气云系模式预报效果检验[J]．气象研究与应用，2009(4)：49-51.

[3] 张正国，邹光源，马占山，等．广西人工影响天气模式预报系统[J]．气象研究与应用，2009(增刊1)：3-44.

[4] 史月琴，楼小凤，陶玥，等．人工影响天气数值模式简介及其在准业务保障中的应用[C]//第十五届全国云降水与人工影响天气科学会议，长春，2008.

[5] 李爱华，袁野，李建邦，等．国家级人工影响天气指导产品可预报性分析[C]//第十五届全国云降水与人工影响天气科学会议，长春，2008.

博州降雹的时空分布特征统计分析

王红岩　李　斌

(新疆维吾尔自治区人工影响天气办公室,乌鲁木齐 830002)

摘　要　利用新疆博州 1980—2010 年近 31 年的降雹资料,统计分析博州降雹的时间分布特征。结果发现,1980—2010 年的大部分年份博州的冰雹日数和雹灾日均比较平稳,变化幅度并不大。但在 1995—2001 年的一段时间内,博州的冰雹日变化较为剧烈,出现了突增现象。季变化分析表明,博州 4—9 月均有冰雹出现,7 月最多,6 月次之。日变化分析表明,博州 00—11 时,仅有少量的冰雹发生;12 时以后,冰雹发生的概率逐渐增大;16 时冰雹发生的次数突然增加到 36 次,概率增加到 11.4%;17 时是一天内冰雹发生次数最多的时次,高达 52 次,概率为 16.5%;17—19 时,冰雹发生的概率略有减少,但发生的概率依然较大;20 时是全天冰雹发生的另一个高峰时段,共发生 49 次冰雹事件,发生概率为 15.6%。20 时以后,冰雹发生的概率逐渐减少。

关键词　博州　冰雹　年变化　季节变化　日变化

1　引言

博州是博尔塔拉蒙古自治州的简称。博州位于准噶尔盆地的西部边缘,地形归纳为三山夹一谷:其北、西、南三面环山,中间为河谷,东部开阔,地势西高东低,形成一个喇叭口地形。博州的西部山区雨量丰富,风景秀美;南北两侧气温较低,山脉上常年冰川积雪,雪水融化后水量充沛,滋润着广袤的牧场,畜牧业十分发达。博州属典型的温带大陆性气候,日照时间长,昼夜温差大,最高气温 44℃,极端最低气温 −36℃,无霜期 153～195 天。矿产资源丰富,已探明矿产 39 种,其中,盐、芒硝、石灰石、铜等开发潜力巨大。同时也发展了枸杞、冷水养鱼、艾比湖卤虫、细毛羊、麻极端黄草等产业。最佳旅游时间为夏、秋两季。冰雹(hail)也叫“雹”,俗称雹子,夏季或春夏之交最为常见。它是一些小如绿豆、黄豆,大似栗子、鸡蛋的冰粒。我国除广东、湖南、湖北、福建、江西等省冰雹较少外,各地每年都会受到不同程度的雹灾。尤其是北方的山区及丘陵地区,地形复杂,天气多变,冰雹多,受害重,对农业危害很大。猛烈的冰雹打毁庄稼,损坏房屋,人被砸伤、牲畜被砸死的情况也会发生;特大的冰雹还会致人畜死亡、毁坏大片农田和树木、摧毁建筑物和车辆等。博州是一个以农为主、农牧结合的地区,冰雹灾害是制约农牧业丰收、农牧民增收和经济发展的重要因素之一。本文对博州降雹的时空分布特征进行统计分析,对博州地区的防灾减灾工作具有一定的指导意义。

2　数据和方法说明

本文利用博州 1980—2010 年近 31 年的降雹资料,统计分析博州降雹的时间分布特征。本文将有观测到降雹记录为一个降雹日;将冰雹直径≥0.5 cm 而且持续时间≥10 min 称之为雹灾。将雹灾在降雹日中的百分比定义为成灾率。所用的资料来自气象站及人工影响天气防雹队观测记录资料,主要统计分析了博乐市、温泉、精河、阿拉山口以及农五师 81—91 团的资料。

3 分析结果

3.1 博州降雹日数的季节变化

冰雹是对流性雹云降落的一种固态水，不少地区称为雹子、冷子和冷蛋子等，是我国的重要灾害性天气之一。冰雹出现的范围小，时间短，但来势凶猛，强度大，常伴有狂风骤雨，因此往往给局部地区的农牧业、工矿业、通信、交通运输以至人民的生命财产造成较大损失。降雹日是表征一个地区冰雹发生频率的重要因素。图 1 给出了 1980—2010 年博州降雹日数的季节变化特征。从图 1 可以发现，博州降雹主要集中在 4—9 月，其他月份基本没有冰雹日出现。从 30 年的总降雹日数来看，4 月总共出现了 12 个冰雹日；5 月降雹日数增加到 48 个；6 月降雹日数达到 80 个降雹日；7 月是全年降雹日数最多的月份，高达 89 个降雹日；8 月降雹日数开始减少，只有 43 个降雹日，9 月降雹日数减少到 12 个，10 月以后降雹事件基本消失。

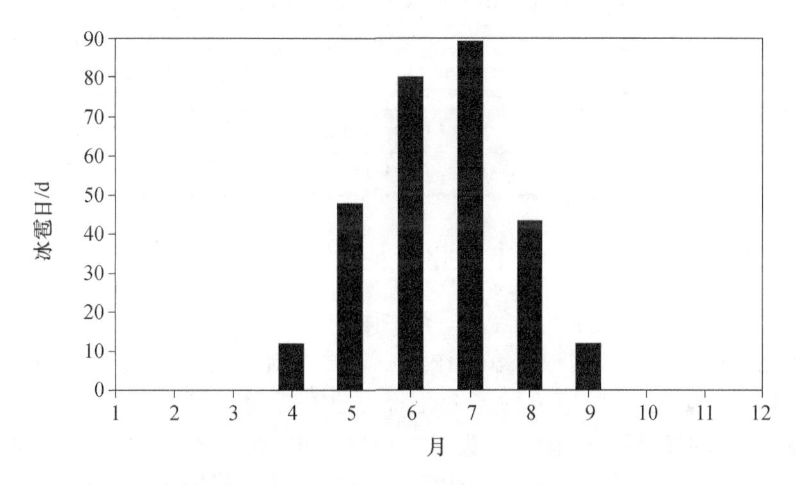

图 1　1980—2010 年博州降雹日数的季节变化

3.2 冰雹灾害日数的季节变化

冰雹是一种对农业生产有较大影响的极端天气事件。一般来说，将冰雹直径≥0.5 cm 而且持续时间≥10 min 称之为雹灾。本文按照此规定统计了 1980—2010 年博州冰雹灾害日数的季节变化(图 2)。从图中可以发现，博州的雹灾主要出现在 4—9 月。其中，4 月份出现雹灾 8 次；5 月的雹灾次数略有增加为 19 次；6 月份是全年雹灾次数第二多的月份，有 53 次；7 月是全年雹灾最多的月份，雹灾高达 63 次；8 月份的雹灾明显减少，只有 20 次；9 月份有少量的雹灾，仅仅只有 4 次。其他月份没有雹灾出现。

表 1 给出了 1980—2010 年博州降雹的季节变化特征。从表 1 可以看出，博州 4 月的冰雹成灾率为 66.7%，而 5 月的降雹成灾率仅为 39.6%，6 月的降雹成灾率为 66.3%，7 月的降雹成灾率为 70.8%，8 月和 9 月的降雹成灾率分别为 46.5%和 33.3%。总体上看，博州的降雹成灾率较高，尤其是 4 月、6 月和 7 月，其降雹的强度较大，其成灾的可能性均超过 6 成，因此这几个月份是该地区防雹减灾工作重点时段。

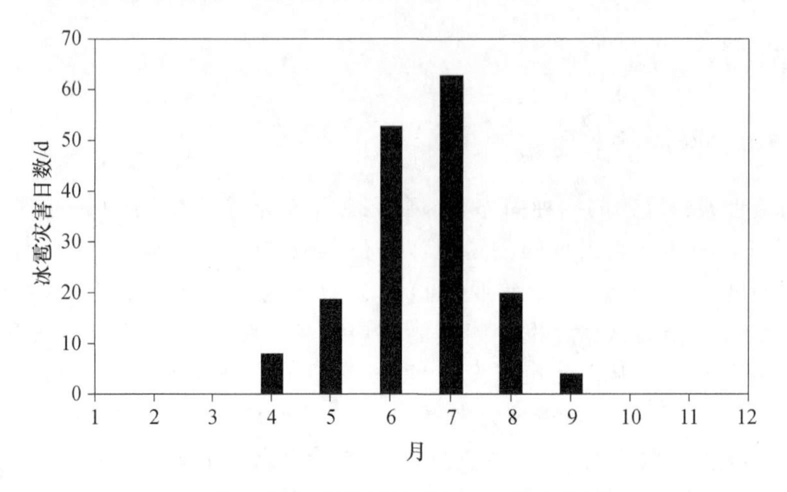

图 2　1980—2010 年博州冰雹灾害日数的季节变化

表 1　1980—2010 年博州降雹的季节变化特征

月份	1	2	3	4	5	6	7	8	9	10	11	12
降雹日/d	0	0	0	12	48	80	89	43	12	0	0	0
雹灾日/d	0	0	0	8	19	53	63	20	4	0	0	0
成灾率/%	0.0	0.0	0.0	66.7	39.6	66.3	70.8	46.5	33.3	0.0	0.0	0.0

3.3　1980—2010 年博州降雹的年变化特征

IPCC(政府间气候变化专门委员会)的评估报告表明,在全球气候变化的大背景下,极端天气事件的变化也更加频繁和剧烈。冰雹作为一种强对流灾害性天气事件,其对工农业以及交通运输均有较大的影响,冰雹事件的年变化特征也是近期人们关注的热点问题之一。图 3 给出博州冰雹灾害日数的年变化特征。从图 3 可以看出,在 1980—1995 年,博州的降雹日和

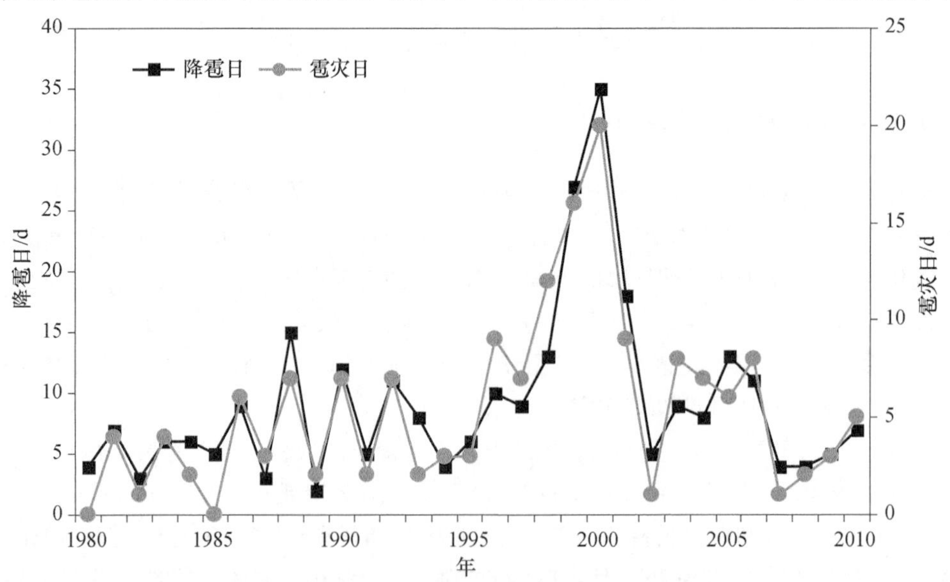

图 3　1980—2010 年博州冰雹灾害日数的年变化

雹灾日均呈现正常的波动，其变化幅度不大。从1995年以后博州的降雹日和雹灾日变化比较剧烈。在1995年，博州的降雹日只有6 d，雹灾日有3 d，成灾率为50%；到1996年，博州的降雹日增加到10 d，雹灾日达到9 d，成灾率为90%；到了1997年，降雹日为9 d，雹灾日为7 d，成灾率接近80%；1998年的降雹日为13d，雹灾日为12 d，成灾率超过90%；到了1999年的降雹日高达27 d，雹灾日为16 d；到2000年的降雹日高达35 d，雹灾日达20 d；2001年的降雹日和雹灾日分别为18 d和9 d，成灾率为50%。2001年以后又开始逐渐恢复到正常的波动状态。因此，整体来看，在大部分年份博州的冰雹日数和雹灾日均比较平稳，但在1995—2001年，博州的冰雹日变化较为剧烈，出现了突增现象。1995—2001年博州的冰雹突增现象，尤其是1998—2001年的突增与全国甚至全球的气候变化可能存在一定的响应关系，这将是我们下一步研究问题。

3.4 博州降雹的日变化特征

利用当地有确切降雹起始时间的记录，本文选取了315个个例，统计分析博州降雹的日变化特征(图4)。表2则给出博州当地时间各时段内降雹出现的频率。从中可以看出，在当地时间凌晨的00—06时，冰雹发生次数仅为6次，冰雹发生的频率仅为1.9%。在07—12时，冰雹的发生次数为13次，发生频率为4.4%。上述两个时间段的冰雹发生较少。12时以后，冰雹发生的可能性逐渐增加。当地时间13时，有8次冰雹过程发生，发生频率为2.5%；当地时间14时有14次冰雹过程发生，发生频率为4.4%；当地时间15时有16次冰雹过程发生，发生频率为5.1%；16时冰雹发生的次数突然增加到36次，概率增加到11.4%；17时是一天内冰雹发生次数最多的时次，高达52次，概率为16.5%；17时以后冰雹发生的概率逐渐减少。18时共发生33次冰雹，发生频率为10.5%；19时的冰雹发生概率与18时差不多，共发生38次，概率为12.1%；20时是全天冰雹发生的另一个高峰时段，共发生49次冰雹事件，发生概率为15.6%。21时以后，冰雹事件持续减少，仅发生27次，发生频率为8.6%；22时仅发生14次冰雹事件，概率降低到4.4%；23时有少量冰雹事件发生，只发生了8次，概率为2.5%。

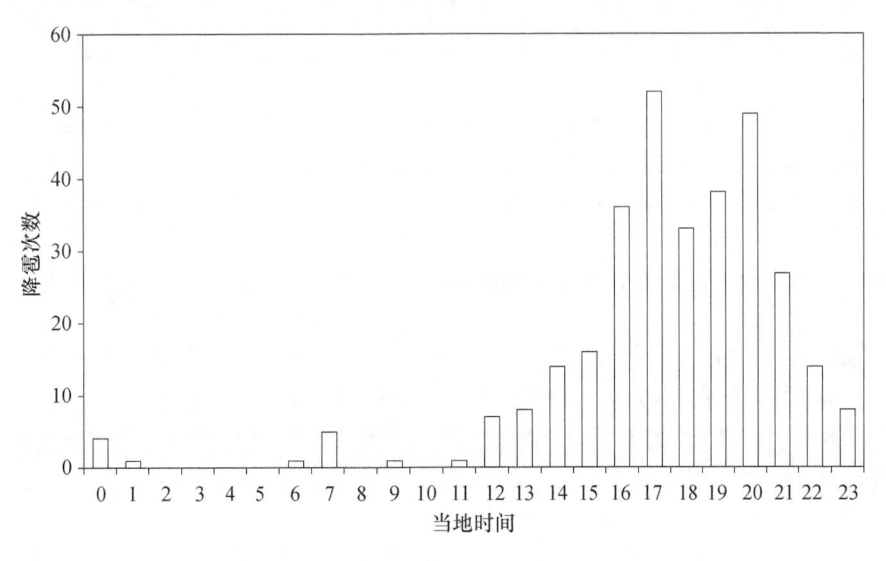

图4　博州降雹的日变化特征

表2 博州当地时间各时间段内降雹出现的频率

时段	0	1	2	3	4	5	6	7	8	9	10	11
降雹次数/次	4	1	0	0	0	0	1	5	0	1	0	1
降雹频率%	1.3	0.3	0	0	0	0	0.3	1.6	0	0.3	0	0.3
时段	12	13	14	15	16	17	18	19	20	21	22	23
降雹次数/次	6	8	14	16	36	52	33	38	49	27	14	8
降雹频率/%	1.9	2.5	4.4	5.1	11.4	16.5	10.5	12.1	15.6	8.6	4.4	2.5

4 小结

利用博州1980—2010年近31年的降雹资料,统计分析博州降雹的时间分布特征。得出如下主要结论。

(1)在1980—2010年的大部分年份博州的冰雹日数和雹灾日均比较平稳,变化幅度并不大。但在1995—2001年的一段时间内,博州的冰雹日变化较为剧烈,出现了突增现象。1995—2001年博州的冰雹突增可能与全国甚至全球的气候变化存在一定的响应关系。

(2)博州的4—9月均有冰雹出现。4月份和9月仅有少量的冰雹日出现。5月的雹灾次数较多,有19次。6月份是全年雹灾次数第二多的月份,有53次。7月是全年雹灾最多的月份,雹灾高达63次。8月份的雹灾明显减少,只有20次。

(3)从冰雹发生的日变化特征来看,当地时间00—11时,仅有少量的冰雹发生;12时以后,冰雹发生的概率逐渐增大。16时冰雹发生的次数突然增加到36次,概率增加到11.4%;17时是一天内冰雹发生次数最多的时次,高达52次,概率为16.5%;17—19时,冰雹发生的概率略有减少,但发生的概率依然较大;20时是全天冰雹发生的另一个高峰时段,共发生49次冰雹事件,发生概率为15.6%。20时以后,冰雹发生的概率逐渐减少。

参考文献

[1] 陈晓红,郝莹,周后福,鲁俊. 一次罕见冰雹天气过程的对流参数分析[J]. 气象科学,2007,**27**(3):113-116.

[2] 宋娟,白卡娃. 苏北一次强降雹过程的数值模拟研究[J]. 气象科学,2006,**26**(3):280-286.

[3] 陈洪武,马禹,王旭,杨新林. 新疆冰雹天气的气候特征分析[J]. 气象,2003,**29**(11):25-28.

[4] 付丹红,郭学良,肖稳安,孙凌峰. 北京一次大风和强降水天气过程形成机理的数值模拟[J]. 南京气象学院学报,2003,**26**(2):190-200.

[5] 陶云,段旭,杨明珠. 云南冰雹的时空分布特征及其气候成因初探[J]. 南京气象学院学报,2002,**25**(6):837-842.

[6] 徐桂玉,杨修群. 中国南方冰雹气候特征的三维EOF分析[J]. 热带气象学报,2002,**18**(4):383-392.

[7] 李红斌,麻服伟. 黑龙江省冰雹天气气候特征及近年变化[J]. 气象,2001,**27**(8):49-51.

[8] 王静爱,史培军,刘颖慧,方伟华. 中国1990—1996年冰雹灾害及其时空动态分析[J]. 自然灾害学报,1999,**8**(3):46-52.

"一带一路"背景下阿克苏地区农业防雹模型设计

徐文霞[1]　李国东[2]　涂　军[3]

(1. 新疆维吾尔自治区人工影响天气办公室,乌鲁木齐 830002

2. 新疆财经大学 应用数学学院,乌鲁木齐 830012

3. 新疆阿克苏人工影响天气办公室,阿克苏 843000)

摘　要　"一带一路"倡议为新疆农业发展带来了新的机遇,新疆作为一个农业大省必须抓住这个机会加快农业发展。但新疆地区雹灾严重,给农业生产带来了巨大损失。本文以阿克苏地区为例,提出结合雷达图像的回波强度与支持向量机(support vector machine,SVM)相结合的雹云判别新方法。提取大雨与雹云图像的绿色、黄色、红色区域的面积,求出黄绿区域的面积比和红黄区域的面积比,组成二维识别向量,训练 SVM 模型。利用此模型与已有的 SVM 模型[1]对比,雹云预测准确率提高了 8.25 个百分点,相当于减少阿克苏地区 2011 年 18003.7 亩①的农业损失。表明本文提出的新方法能有效避免阿克苏地区雹灾的发生,降低雹灾对阿克苏地区农业发展的影响,为"一带一路"战略的顺利实施保驾护航。

关键词　"一带一路"　农业发展　雹云判别法　支持向量机(SVM)　面积比

1　"一带一路"背景下的新疆和新疆农业

1.1　"一带一路"和新疆

2013 年 9 月,习近平总书记发表重要演讲,第一次提出了加强政策沟通、道路联通、贸易畅通、货币流通、民心相通,共同建设"丝绸之路经济带"的战略倡议;2013 年 10 月,习近平发表重要演讲,明确提出中国近年来正努力加大、增强和东盟各国家互联互通建设的力度,希望与东盟各国家把海洋合作伙伴的关系发展好,一起把"21 世纪海上丝绸之路"建设好。"一带一路"倡议其实就是对"丝绸之路经济带"和"21 世纪海上丝绸之路"的简单称呼,它是一种合作发展的倡议和理念。

"一带一路"的重点是"新丝绸之路"。2013 年 9 月 7 日以来,新丝路经济带的发展建设便渐渐地成为了全世界的政治和经济话题。无论是在地缘政治方面、投资方面还是出口方面,都说明只有集中主要资源,搞好"新丝路"的建设,稳定住新疆地区,发展起中亚地区。从体系和机制上开始实施,运用"马歇尔计划"作为工具,才可以真正意义上赢取以陆地权力为基础的贸易优势与战略主导的权力[2]。

"新丝绸之路"的重点是新疆。2013 年 9 月 7 日,习近平总书记第一次提出共建"丝绸之路经济带"的战略倡议。而在"丝路"经济带中处于重要枢纽地位的新疆,则是连接中国和中亚地区从而通向欧洲大陆的重要门户与桥梁。新疆之所以有这样的枢纽地位是由于它拥有充足

① 1 亩=1/15 hm^2,下同。

的资源禀赋和优越的地理环境[3]。

1.2 农业在新疆经济发展中的现状

伴随着国家西部大开发政策、19省市对口援疆政策和丝绸之路经济带等政策的实施,新疆经济社会发展的各个方面都取得了很大的发展,农业的发展也抓住了政策机遇,提高了发展水平。农业生产总值占全疆生产总值的17.6%左右,比重相对比较稳定,促进了农业综合生产能力的提高[4]。目前,新疆畜牧业的发展稳中有升、种植业独具特色、林果业飞速发展,还形成了独特的休闲农业[5]。农业发展呈现出一片欣欣向荣的景象。

20世纪90年代和21世纪初,新疆通过两次农业产业结构的大调整。实现了新疆农民收入的两次巨大突破。目前,新疆又面临着规模化发展现代畜牧业的第三次产业结构调整,这是解决南北疆平衡发展、促进农牧民增收和保护生态环境的又一次历史性机遇。加之"丝绸之路经济带核心区"建设的历史机遇和中央、对口援疆省市的大力支持。为了促进农业现代化加快发展,新疆正在大力构建一系列的农业全产业链,推动第一、第二、第三产业融合联动发展,进而加快新疆农业产业转型升级的步伐[6]。

由此可见,在新疆社会稳定与长治久安的战略背景下,促进和加快新疆农业发展水平具有重要的战略意义,对于稳定民心、巩固边疆边境稳定具有举足轻重的作用。而农业是受自然因素和自然灾害影响较大的产业。因此,农业生产应充分掌握地方气候变化规律和天气变化等信息,气象工作的重点也是为农服务。在新疆,农业作为其经济发展的基础,更应该加强农业方面的气象灾害防御能力。下面以阿克苏地区为例,分析一下人工影响天气,尤其是人工防雹工作对新疆农业发展的重要意义[7]。

2 阿克苏地区农业防雹的重要性

2.1 阿克苏地区农业发展现状

阿克苏地区的位置在新疆的中部,塔里木盆地北缘。其农业是典型的干旱区灌溉绿洲农业[8]。根据《新疆统计年鉴》提供的数据,阿克苏地区2013年农林牧渔业总产值2 452 633万元,在16个地区、州、市中位于第6位,其中农业的总产值1 934 465万元,排在第5位,在新疆属于农业大区。从生产总值来看,2013年阿克苏地区生产总值6 926 045万元,其中第一产业为220 2847万元,占生产总值的31.8%;第二产业为2 183 366万元,占生产总值的31.5%;第三产业为2 539 832万元,占生产总值的36.7%;可见农业在阿克苏地区占有很重要的地位。

但是,自然灾害的发生对该地区的农业发展带来了巨大的威胁,而且每一次造成的经济损失都非常严重。阿克苏地区是我国重要的棉花生产基地与多种经济作物的产地,自然灾害对农业的破坏最严重,因此阿克苏地区(尤其是农业)的防灾减灾形式十分严峻[9]。

2.2 雹灾对阿克苏地区农业的影响

张艳波等对阿克苏地区灾害损失及影响因素进行了灰色关联分析。结果表明,影响阿克苏地区农业生产的主要自然灾害因素依次为风雹灾、旱灾、霜冻灾、雪灾、病虫害和水灾[9]。以下是新疆维吾尔自治区气象局提供的阿克苏地区2011年雹灾具体受灾情况。

2011年5月8日，乌什县阿合雅乡、阿恰塔格乡、依麻木乡、亚科瑞克乡等4个乡骤降大雨、冰雹，整个降雨过程持续20分钟左右，其中冰雹过程持续10分钟左右，造成4个乡22个行政村的13660亩农作物和9300亩林果不同程度受损，造成经济损失503.08万元。温宿县阿热力镇1、2、3、4、5、6、7等7个大队受灾8855亩，其中受灾40%以上的3900亩，其余为40%～20%及以下，主要是棉花。其中红枣受灾470亩，核桃受灾30亩，总受灾206万元。温宿县清泉农场的2、3大队受灾5919亩，受灾50%以上有3767.5亩，40%以下有2151.5亩，主要为棉花。

2011年5月9日温宿县青年农场6队降黄豆大冰雹1～2分钟，受灾1000亩；乌什县奥特贝西乡降雹受灾100亩。

2011年5月20日温宿县恰格拉克乡、吐木秀克镇、依希来木其乡、共青团农场、塔格拉克牧场、吉格代牧场、水稻农场、博孜墩牧场等8个乡（镇）场共10114亩棉花（其中3000亩棉花基本绝收）、143亩小麦、25亩玉米、80亩水稻、250亩苹果、350亩香梨、150亩红枣、1810亩核桃和400亩色素辣椒受灾，500亩农田被淹，587 m水利设施和1座桥被洪水冲垮，7间房屋和1座库房倒塌、4间住房积水。经初步测算，因灾害造成直接经济损失约1170万元。阿克苏市哈拉塔镇受灾27000亩，绝收15000亩。柯坪县启浪乡降黄豆大冰雹，降雹持续25分钟，积雹1 cm，局部5 cm，造成36000亩棉花、4718亩红枣受灾，直接经济损失1063.9万元，间接经济损失6100万元。

2011年5月27日柯坪县启浪乡受灾2000亩。

2011年5月31日，阿瓦提县阿依巴格乡、丰收三场、鲁泰棉业、丰收二场降玻璃弹大小冰雹，受灾20000亩。其中阿依巴格乡绝收1000亩，80%叶面受损；丰收二场受灾12000亩，2100亩绝收，9900亩50%叶面受损；鲁泰棉业7000亩受灾，6500亩50%叶面受损，500亩80%叶面受损。

2011年6月2日，温宿县吐木秀克镇9大队2、3小队降小白杏大小冰雹3～4分钟，受灾5730亩，其中棉花3000亩绝收，小麦1330亩，玉米200亩，核桃700亩，红枣500亩。

2011年6月16日沙雅县塔里木乡受灾初步统计30000亩。

2011年6月18日温宿县阿热勒镇220炮点17 km以外降雹，受灾1300亩，其中小麦400亩30%的损失，棉花400亩60%的损失，核桃300亩50%的损失，玉米200亩50%的损失。乌什县阿合雅乡、阿恰塔格乡4、5、6、7大队降直径1～1.5 cm冰雹，持续2分钟，受灾15930亩，其中棉花7600亩，玉米920亩，小麦7410亩，造成经济损失1060.1万元。柯坪县阿恰乡降1 cm大小冰雹5～6分钟，受灾10320亩，重灾5000亩。

2011年6月19日温宿县恰什力克牧场、古勒阿瓦提乡降雹，受灾15000亩。

2011年7月26日沙雅县二牧场和红旗镇降5～7秒玉米大冰雹，二牧场受灾1200亩，红旗镇受灾1500亩，受灾程度均为20%。

2011年8月11日，柯坪县降5～8 mm冰雹，盖孜力乡、玉尔其乡、柯坪镇共受灾4500亩，其中红枣1500亩，棉花2000亩、复播玉米1000亩，初步损失1611.5万元。

2011年9月21日，阿克苏市拜什吐格曼乡12、13、14大队降雹。

综上所述，阿克苏地区2011年共发生大约12次冰雹，农业总受雹灾面积大约218 227亩

(由于 9 月 21 日数据缺失,所以略去),平均一次雹灾将造成约 19 839 亩的农业受灾面积。由此可以看出雹云预测在阿克苏以及新疆农业发展中的重要性。然而已有的基于 SVM 分类可信度的暴雨冰雹分类模型[1],采用距离系数、邻域系数和过程系数综合确定 SVM 分类可信度的方法,对雹云进行二次分类准确率只能达到 79.25%。并不是很高,所以对新方法的研究非常有必要。

3 雹云预测新方法的研究

3.1 大雨、冰雹的 SVM 分类模型

支持向量机(support vector machine,SVM)是由 Vapnik 等人提出的,它的原理是将线性可分的情况,扩展到线性不可分的情况。甚至扩展到使用非线性函数中去。其算法如下。

假定大小 l 为的训练样本集$\{(x_i,y_i),i=1,2,\cdots,l\}$,由二类别组成,如果 $x_i\in R^{(N)}$ 属于第 1 类,则标记为正($y_i=1$),如果属于第 2 类,则标记为负($y_i=-1$)。学习的目标是构造一个决策函数,将测试数据尽可能正确地分类。

(1)选择核函数 K 和惩罚参数 C,构造并求解最优化问题

$$\begin{aligned}\max_{\alpha}\{L_{\mathrm{D}} &= \sum_{i=1}^{l}\alpha_i - \frac{1}{2}\sum_{i=1}^{l}\sum_{i=1}^{l}\alpha_i\alpha_j y_i y_j \phi(x_i)\phi(x_j) \\ &= \sum_{i=1}^{l}\alpha_i - \frac{1}{2}\sum_{i=1}^{l}\sum_{i=1}^{l}\alpha_i\alpha_j y_i y_j K(x_i,x_j)\} \end{aligned} \tag{1}$$

$$\text{s.t.}\ 0\leqslant\alpha_i\leqslant C \qquad i=1,2,\cdots,l$$

$$\sum_{i=1}^{l}\alpha_i y_i = 0$$

其中,$K(x_i,\ x_j)=\phi(x_i)\phi(x_j)$称为核函数。

(2)决策函数和参数 b 分别为

$$f(x) = \mathrm{sign}(\sum_{i=1}^{l} y_i\alpha_i K(x_i,x)+b) \tag{2}$$

$$b = \frac{1}{N_{\mathrm{NSV}}}\sum_{x_i\in JN}(y_i - \sum_{x_j\in J}\alpha_j y_j K(x_j,x_i)) \tag{3}$$

式中,N_{NSV}为标准支持向量数,JN 为标准支持向量的集合,J 为支持向量的集合。

3.2 雷达回波反射率图像的强度特征

雷达反射率是空间单位体积中的大气物质对雷达发射的微波的总后向散射截面。在雷达探测降水体或云体的情况下,后向散射主要由云雨粒子所造成的,这时反射率等于单位体积中各个水汽凝结体的后向散射截面之总和,即

$$\eta = \sum\sigma \tag{4}$$

式中,η 为反射率,σ 为单个粒子的后向散射截面,$\sum$表示对单位空间体积中的所有粒子求和。气象雷达回波反射率图中像素点的颜色值表示雷达回波强度,单位为 dBZ。"dBZ"可用来估算降雨和降雪强度及预测诸如冰雹、大风等灾害性天气出现的可能性。本文所用气象雷达图像由新疆维吾尔自治区气象局提供。

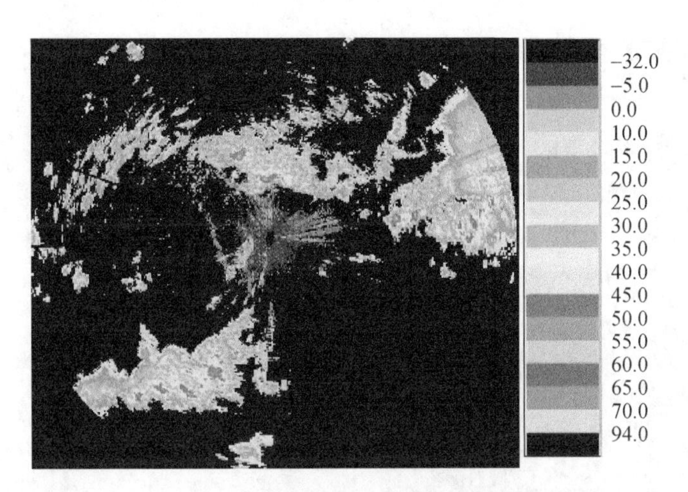

图 1　雷达反射率图像及基本反射率(单位:dBZ)

雷达反射率图像是基于 RGB 彩色空间的,以基本反射率因子图的图例为基础,利用 RGB 彩色空间的成色原理,读取回波反射图[15]([彩]图 1)。即将反射率为－35～94 dBZ,分为 17 种相应的量级。其中不同量级所对应的 RGB 如图所示,由 RGB 与灰度值的换算关系式(5),可知对应的灰度值。

$$Gray = R \times 0.299 + G \times 0.587 + B \times 0.114 \tag{5}$$

雷达回波反射率图像上的不同颜色代表的是不同的反射强度,即可以通过统计不同颜色在图像中所占的面积的比例,体现图像中回波强度的特征。假设一幅规格为 $A \times B$ 的图像,含有 $A \times B$ 个像素,反射率强度分为 17 个量级,这不同量级在图像中所占的面积的比重为:

$$p_i = \frac{n_i}{A \times B} \quad (i=1,2,\cdots,17) \tag{6}$$

式中,n_i为第 i 个量级的颜色在图像上的像素个数。

3.3　大雨、冰雹分类模型

3.3.1　数据的筛选与处理

一般地说,雷达反射率的值在 45 dBZ 或以上时,出现暴雨、冰雹、大风等强对流天气的可能性较大。所以分别提取大雨图像与雹云图像的绿色区域(15～25 dBZ)、黄色区域(35～45 dBZ)、红色区域(45～55 dBZ)的面积,其中绿色区域对应的量级为 6、7,面积记为 a_1,黄色区域区域对应的量级为 10、11,面积记为 a_2,红色区域对应的量级为 12、13,面积记为 a_3,求出黄色区域与绿色区域的面积比$\frac{a_2}{a_1}$和红色区域与黄色区域的面积比$\frac{a_3}{a_2}$,组成二维识别向量$\left(\frac{a_2}{a_1},\frac{a_3}{a_2}\right)$,作为 SVM 模型判别的变量数据,训练模型。

3.3.2　训练及检验 SVM 分类模型

本文选取 2009—2010 年新疆阿克苏地区的降雹云和降雨云各 50 幅图像(部分样本图如[彩]图 2)。

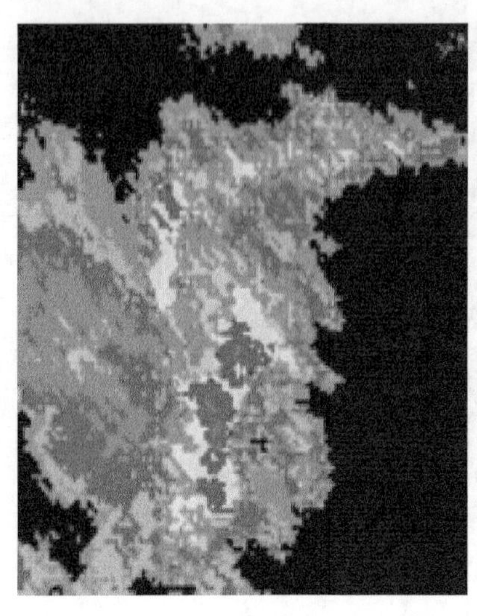

(a) 降雹图

(b) 降雨图

图 2 反射率图像(a)降雹图,(b)降雨图

随机选取其中的各 30 幅图像作为训练样本,对 SVM 进行训练(部分训练样本数据如表 2)。

表 2 部分训练样本数据

序号	$\frac{a_2}{a_1}$	$\frac{a_3}{a_2}$	分组
1	0.483809524	0.486220472	降雹
2	0.27518797	0.475409836	降雹
3	0.187980433	0.784386617	降雹
4	0.44493007	0.394891945	降雹
5	0.205882353	0.738095238	降雹
6	0.549064528	0.134909597	大雨
7	0.473984319	0.127067669	大雨
8	0.474151858	0.13032368	大雨
9	0.364068065	0.106521739	大雨
10	0.279223159	0.093175853	大雨

将剩余的 40 幅图像作为检测样本。进行实验,并对模型进行检验。可知,在 20 幅雹云图像和 20 幅非雹云图像中,有个别雹云图被判为非雹云,也有个别非雹云被判为雹云。据统计在 40 幅图中,有五幅图被误判,检测的准确率约为 87.5%。准确率较高,说明具有一定的判别效果。

3.3.3 实验结果分析

为了凸显本文研究的有效性,现将本文研究结果与《基于 SVM 分类可信度的暴雨冰雹分类模型》[1]对雹云识别的准确率进行对比,如表 3 所示。

表 3　本文研究结果与基于 SVM 分类可信度的暴雨冰雹分类模型对雹云识别准确率对比表

方法	准确率
基于 SVM 分类可信度的暴雨冰雹分类模型	79.25%
本文方法	87.5%

通过表 3 可知，本文所用的方法对雹云的识别相对基于 SVM 分类可信度的暴雨冰雹分类模型提高了 8.25 个百分点，阿克苏地区 2011 年农业总受雹灾面积大约为 218227 亩，8.25 个百分点相当于 18003.7 亩的受灾面积。也就是说，本文提出的方法相对基于 SVM 分类可信度的暴雨冰雹分类模型可以减少阿克苏地区 18003.7 亩的农业损失。可有效避免阿克苏地区雹灾的发生，降低雹灾对阿克苏地区农业发展的影响。

3.3.4　误差分析

(1)由于训练样本和判别样本的容量小，故对 SVM 分类模型的判别造成一定程度的局限性，从而模型判定的准确性有提高的可能性。

(2)由于样本图像是由原雷达图像截取得到的，截取的时候存在误差，也会对模型的准确率造成影响。

(3)模型本身由于核函数 K 的选取也存在一定的误差。

从以上三个方面加以改进，此 SVM 模型的准确率将会有所改进。

4　总结

"一带一路"的倡议和理念的提出与实施，尤其是"丝绸之路经济带"战略倡议的实施，为新疆地区农业的发展带来了新的机遇。而阿克苏地区作为全国棉花生产基地和多种经济作物的产地，更应该抓住这次机遇。然而阿克苏地区自然灾害频发(尤其是雹灾)，自然灾害损失主要以农业为主，因此阿克苏地区(尤其是农业)的防灾减灾任务十分艰巨。本文提出利用雷达回波反射率图像反映的回波强度与 SVM 分类方法相结合的方法。结果表明，此方法与其他模型相比对雹云判别的准确率较高。调查研究表明，阿克苏地区 2011 年共发生大约 12 次冰雹，平均一次雹灾将造成约 19839 亩的农业受灾面积。而运用此方法对雹云进行预测，可有效避免阿克苏地区雹灾的发生，降低雹灾对阿克苏地区农业发展的影响。

参考文献

[1] 范文，王萍，袁悦，孙红跃．基于 SVM 分类可信度的暴雨冰雹分类模型[J]．北京工业大学学报，2015：361-365.

[2] 陈功．"一带一路"重点应在"新丝绸之路"[N]．经济时评_新京报电子报．http://epaper.Bjnews.com.cn/html/2015-01/27/content_559447.htm? div=-1.

[3] 周英虎．新疆在丝绸之路经济带中的地位、作用、问题与对策[J]．广西财经学院学报，2014，**27**(3)：54-56.

[4] 吴兵．新疆农业发展问题探析[J]．科技经济市场，2015(8)：29.

[5] 杨金全．浅析新疆农业发展现状[J]．中国农业信息，2013，**25**(11)：272.

[6] 蒋平安，亲历新疆农业农村之变[N]．人民政协报，2015-10-08(3).

[7] 张艳丽，张红军．当前气象为农服务的现状分析及发展方向[J]．北京农业，2015(25)：152-153.

[8] 刘彬，杨改河，王建勋．干旱区绿洲农业生态经济系统的结构和功能分析——以塔里木河上游的阿克苏

地区为例[J]. 农业现代化研究,2005,**26**(4):290-293.

[9] 张艳波,闫慧洁,晁增福,等. 阿克苏地区自然灾害对农业影响的分析及区划研究[J]. 湖北农业科学,2015,**54**(1):62-65.

[10] Johnson J T. The storm cell identification and tracking algorithm: an enhanced WSR-88D Algorithm[J]. Wea Forecasting,1998(13):263-276.

[11] 刘黎平,王致君,张鸿发,宋新民. 用双线偏振雷达识别冰雹区[J]. 高原气象,1993,**12**(3):333-337.

[12] 王萍,潘跃. 基于显著性特征的大冰雹识别模型[J]. 物理学报,2013,**62**(6):069202-1-069202-10.

[13] 范文,王萍,孙红跃. 基于聚类评分的暴雨/冰雹分类模型[J]. 天津大学学报(自然科学版),2014,**47**(7):608-612.

[14] 路志英,朱俊秀,田硕,等. 雷达回波反射率垂直剖面图的冰雹识别方法[J]. 天津大学学报(自然科学版),2015,**48**(8):742-749.

[15] 杨玉峰. 基于雷达回波反射率图的冰雹识别系统的研究[D]. 天津:天津大学,2005.

一次激光雨滴谱仪观测的雨雹谱特征分析

岳治国　梁　谷　田　显

（陕西省人工影响天气办公室，西安 710014）

摘　要　本文通过分析 Parsivel 激光降水粒子谱仪观测的一次降雹过程的资料，得到降雹过程中雨雹谱的最大数浓度为 1450 个/m^3，雨雹谱的最大直径为 11 mm，与气象站人工观测的最大冰雹直径 17 mm 接近。

关键词　雨滴谱仪　雨雹谱

1　引言

Parsivel 激光降水粒子谱仪采用平行激光束为采样空间，光电管阵列为接收传感器，当降水粒子（无论固态还是液态）穿越采样空间时，自动记录遮挡物的宽度和穿越时间，从而计算降水粒子的尺度和速度。仪器的主要技术指标见表 1。仪器测量的数据共有 32 个尺度测量通道和 32 个速度测量通道，各通道的测量范围详见表 2。仪器的采样间隔可以设为 10 s 至 2 h，每一次采样间隔内的粒子谱测量数据都有 32×32＝1024 个。仪器设计时考虑了雨滴的形变。

由降水粒子重叠产生的系统误差，是由仪器观测原理所致，目前尚无较好的解决办法，本文忽略这种误差的影响。

表 1　仪器的主要技术指标

项目	技术指标	项目	技术指标
激光中心波长	650 nm	粒子直径测量范围	0.2～25 mm
输出功率	3 mW	粒子速度测量范围	0.2～20 m/s
激光束尺寸（W × T）	180 mm×30 mm	粒子尺度分级	32
测量区域面积	54 cm^2	粒子下落速度分级	32
降水强度测量范围	0.001～1200 mm/h		

表 2　各通道降水粒子直径和速度测量范围

通道号	直径范围/mm	速度范围/(m/s)	通道号	直径范围/mm	速度范围/(m/s)
1	0.000～0.125	0.000～0.100	7	0.750～0.875	0.600～0.700
2	0.125～0.250	0.100～0.200	8	0.875～1.000	0.700～0.800
3	0.250～0.375	0.200～0.300	9	1.000～1.125	0.800～0.900
4	0.375～0.500	0.300～0.400	10	1.125～1.250	0.900～1.000
5	0.500～0.625	0.400～0.500	11	1.250～1.500	1.000～1.200
6	0.625～0.750	0.500～0.600	12	1.500～1.750	1.200～1.400

续表

通道号	直径范围/mm	速度范围/(m/s)	通道号	直径范围/mm	速度范围/(m/s)
13	1.750～2.000	1.400～1.600	23	7.000～8.000	5.600～6.400
14	2.000～2.250	1.600～1.800	24	8.000～9.000	6.400～7.200
15	2.250～2.500	1.800～2.000	25	9.000～10.000	7.200～8.000
16	2.500～3.000	2.000～2.400	26	10.000～12.000	8.000～9.600
17	3.000～3.500	2.400～2.800	27	12.000～14.000	9.600～11.200
18	3.500～4.000	2.800～3.200	28	14.000～16.000	11.200～12.800
19	4.000～4.500	3.200～3.600	29	16.000～18.000	12.800～14.400
20	4.500～5.000	3.600～4.000	30	18.000～20.000	14.400～16.000
21	5.000～6.000	4.000～4.800	31	20.000～23.000	16.000～19.200
22	6.000～7.000	4.800～5.600	32	23.000～26.000	19.200～22.400

2 资料获取概况

受高空冷槽和低层风切变的影响,2013 年 5 月 22 日陕西省出现了区域性冰雹天气,多地出现降雹。咸阳市的彬县、永寿、长武、旬邑,渭南市的合阳、澄城、蒲城,延安市的富县、宜川、黄陵个别乡镇出现短时小雹。洛川县 2 个村出现直径 15～20 mm 的冰雹,黄龙县 2 个村出现直径 10 mm 的冰雹,铜川市耀州区 1 个村出现直径 10～20 mm 冰雹,宜川、黄陵、韩城气象站出现直径 10～17 mm 冰雹。16:11—16:18,韩城市气象站出现降雹,地面人工观测最大冰雹直径 17 mm。

3 分析结果

(1)降雹过程中雨雹谱的最大数浓度为 1 450 个/m³,出现在 16:12(图 1)。

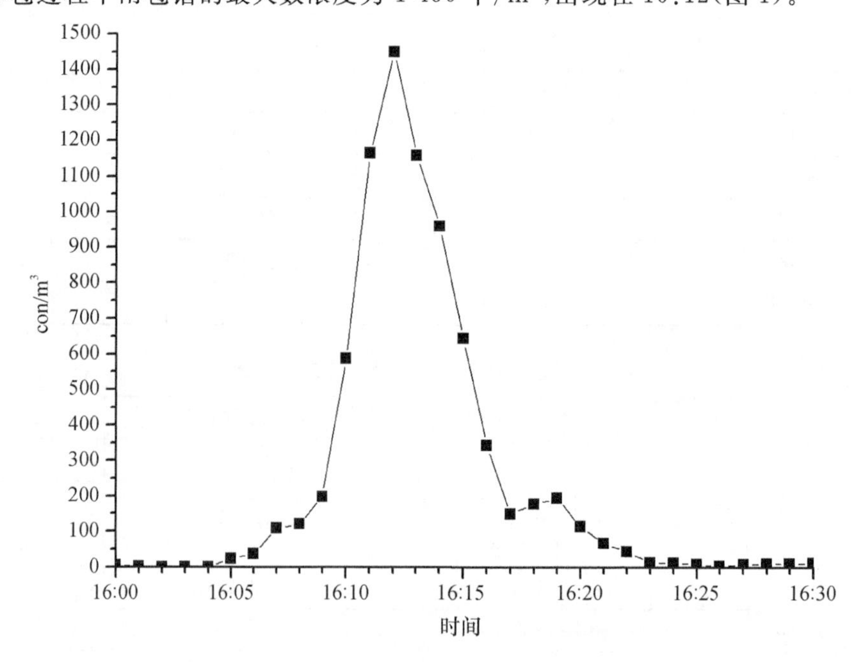

图 1 雨雹谱数浓度随时间变化

(2)降雹过程中雨雹谱的最大直径为 11 mm,出现在 16:09—16:11(图 2)。

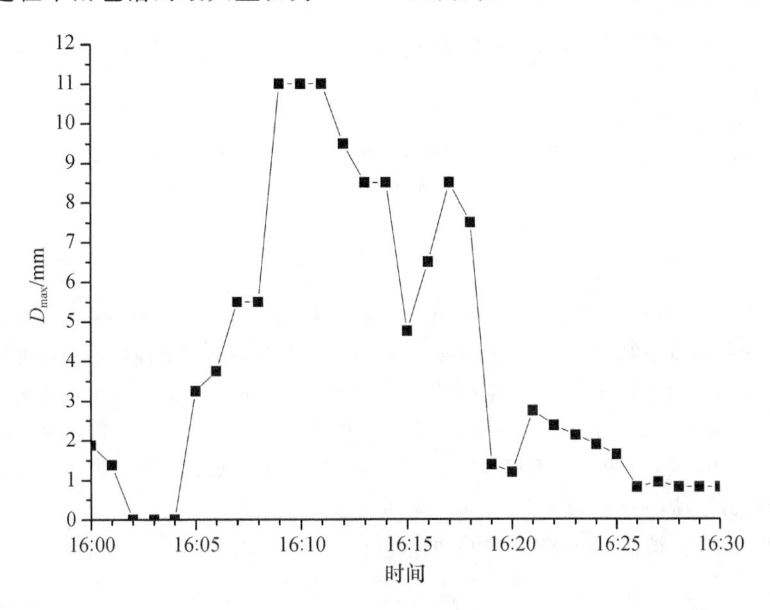

图 2　雨雹谱最大直径随时间变化

(3)冰雹谱宽逐渐增大,达到最大后迅速减小(图 2)。

新疆石河子地区沙漠边缘地带的一次强对流天气的成因分析

魏 勇

(新疆石河子气象局,石河子 832000)

摘 要 利用常规观测资料,NCAR/GFS的6 h再分析资料、自动站资料和石河子CINRAD/CC多普勒天气雷达观测资料,对2012年6月21日傍晚发生在新疆石河子地区沙漠边缘地带的一次强对流天气进行了综合分析。结果表明:中国新疆北部至蒙古西部的高空冷涡是此次强对流天气直接影响系统;降雹区上空的辐合上升运动,低层充沛的水汽输送和汇合、大气不稳定层结的出现为冰雹天气出现提供有利条件。弱回波区、超过8 km的50 dBZ强回波墙、"逆风区"、垂直液态含水量(VIL)大值区,都对冰雹天气预警有较好的指示意义。

关键词 沙漠边缘 冰雹 环境场 雷达回波分析

1 引言

新疆石河子垦区地处天山北麓中段,古尔班通古特大沙漠南缘,即东经84°58′—86°24′,北纬43°26′—45°20′,平均海拔高度450.8 m。农业是新疆石河子垦区的基础产业。现有耕地面积278万亩,正播面积230万亩,机械化程度达85%以上。由于新疆石河子垦区的特殊的地理位置、地形和地貌特征,很容易产生不稳定下垫面,造成强对流天气的产生。冰雹、雷暴、大风等强对流天气,给当地的农、林、牧业生产和人民的生命财产安全带来很大的危害。随着石河子垦区的农、林、牧业的生产规模的不断增大和现代化水平的不断提高,以及人民生活质量的不断改善,强对流天气引发的灾害性天气对当地的影响日益加剧。由于强对流天气的空间尺度小、突发性强、危害性重等特点,一直是气象预报和服务的工作的重点和难点问题。近年来,我国的气象专家和科研人员对强对流天气进行了研究,取得了不少的研究成果,陈贵川等[1]、宋晓辉等[2]、张涛等[3]、许新田等[4]、龙余良等[5]、蔡寿强等[6]、张晰莹等[7]、廖晓农等[8]分别对重庆、河北、广东、陕西、江西、湖北、黑龙江、北京的强对流天气进行了分析研究;张琳娜等[9]、许爱华等[10]、廖向花等[11]分别对北京地区的冰雹天气特征,江西的强对流天气形势与云型特征,重庆的冰雹气候特征进行了总结和研究;付双喜等[12]、郑媛媛等[13]、陈晓燕等[14]、刁广秀等[15]分别对甘肃、安徽、贵州、山东的超级单体风暴雷达产品特征进行了详细的分析和总结;王旭等[16]、陈洪武等[17]、杨莲梅[18]针对新疆冰雹天气的气候特征进行统计和分析,并提出了防御措施;张俊兰等[19]、刘进新[20]、张磊[21]、王荣梅[22]、李圆圆等[23]对南疆的强对流天气的形成原因、雷达回波特征方面等进行了分析;杨霞[24]等对新疆博尔塔拉蒙古自治州的一次短历时大暴雨过程的中尺度特征及其发生、发展机理进行了分析,赵俊荣[25-26]对新疆天山北坡和准噶尔盆地南缘的强对流天气进行了中小尺度系统特征分析和雷达回波特征分析;魏勇[27]等对石河子地区三次冰雹天气过程进行了综合分析和研究。这些研究通过对冰雹等强对流天气的形成原因、雷达回波特征进行分析和总结,揭示了冰雹等强对流天气的发生、发展物理机制,从而提高了对强对流天气的认知,为强对流天气的预警和防御提供了有利的参考依据。

2 资料和方法

本文通过分析常规气象资料、NCAR/GFS 0.5°×0.5°的 6 h 再分析资料，应用天气诊断方法，对 2012 年 6 月 21 日傍晚石河子地区沙漠边缘地带发生的强对流天气，从天气背景，物理机制进行诊断分析，从而揭示引起这次强对流天气的成因；同时通过对雷达资料和产品的分析，揭示了石河子沙漠边缘地带强对流天气的雷达回波特征；为今后沙漠边缘地带的冰雹天气的预警提供有利的参考依据。

3 天气实况

2012 年 6 月 21 日傍晚新疆石河子地区沙漠边缘的 135 团、121 团先后遭受到强对流风暴的侵袭，出现了冰雹、雷雨、大风等强对流天气，受灾情况严重。据实地调查，此次冰雹天气的降雹时间为 22：06—22：27，持续了 21 min；冰雹最大直径 25 mm，普遍在 10 mm，积雹厚度近 8 cm；受灾区域为 135 团东部的 2 个连队，121 团西部和中部的 10 连队，据统计受灾面积为 4400 hm^2，其中重灾 2000 hm^2，给当地造成的直接经济损失约 6300 万元以上。

4 天气背景分析

在 500 hPa 等压面上，2012 年 6 月 20 日 08 时(图略)，欧亚范围以经向环流为主，为两槽两脊型，乌拉尔山高压脊不断东伸北抬，脊前建立偏北风带，导致极地冷空气不断南下，西西伯利亚低涡在新疆北部至巴尔喀什湖分裂的短波槽西退南压，在 20 日夜间至 21 日早上影响到新疆北部，在石河子垦区沙漠边缘地带的 135 团和 121 团产生了局地暴雨天气过程，暴量的降水为 21 日傍晚的冰雹天气提供了十分充沛的地面水汽条件。同时由于沙漠边缘日照强烈，增温迅速，蒸发强烈，昼夜温差变化大等特点。使得 21 日早上天空转晴后，地面增温迅速，据石河子炮台站(121 团)的实际观测，08 时地面温度为 20℃到 17 时地面温度飙升至 40.1℃，地面迅速的增温为降雹区低层的大气积累了大量的热量和蒸发水汽，同时由于降雹区位于沙漠边缘的绿洲、沙漠和荒漠交错分布区，造成局地地表受热和水汽的蒸发不均，形成局地的大气垂直环流，从而引发局地强对流天气。21 日 20 时 500 hPa 形势场上(图 1a)中国新疆北部至蒙古西部形成了一个高空冷涡，并在冷涡区形成了两个气旋性涡旋，高空冷平流自西侧灌入涡区，造成涡区气柱极度不稳定，同时涡区气旋性辐合运动又具备对流触发条件，而石河子垦区位于冷涡的东南侧，十分有利强对流天气的产生；同时 850—500 hPa 的中低层北疆西部边界线至克拉玛依地区有风速辐合区的形成，新疆石河子垦区处于风速辐合区的前部；20 时地面实况场(图略)克拉玛依市至石河子的炮台站(121 团)存在西北风和东南风的辐合切变线，促进降雹区低层的辐合发展、形成辐合区，从而触发了强对流天气发生。局地的先兆性降水，特殊的地貌条件引起的局地的热力和水汽条件分布不平衡，中国新疆北部至蒙古西部的冷涡东南移，中低空的风速辐合，地面的辐合切变线等条件为新疆石河子垦区沙漠边缘地带的强对流发生、发展提供有利条件。

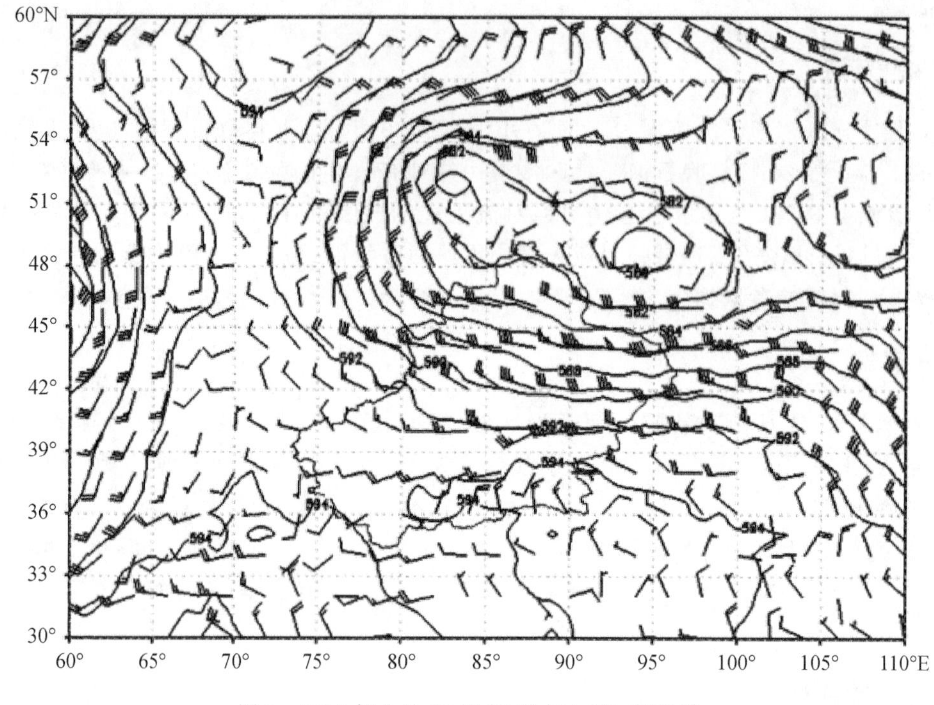

图 1　2012 年 6 月 21 日 20 时 500 hPa 形势场

5　环境背景场

5.1　温度场分析

温度平流对大气稳定度有一定影响，6 月 21 日 20 时沿 85.5°E 做温度平流经向剖面，如图 2 所示，位于 43°26′—45°20′N 的石河子垦区为高—中—低层温度平流为暖—冷—暖的垂直分布结构，但 400 hPa 以下的冷暖平流值较小，所以热力不稳定条件对此次冰雹天气的贡献相对有限。

5.2　动力条件分析

大气的动力条件对强对流天气的发生、发展有着直接的影响。图 3 给出了此次局地强冰雹天气过程中沿 85.5°E 的散度和垂直速度剖面图。通过对图 3 分析得出，在降雹前的 20 时，降雹区(45°N)附近的 750 hPa 以下的低层存在较强的辐合，750—600 hPa 存在较强的辐散，降雹区出现了低层辐合、中层辐散的垂直结构；同时垂直速度矢量从近地面到 600 hPa 区域为强烈的垂直上升运动，说明在降雹区附近低层辐合，中层辐散的垂直结构和强烈的垂直上升运动在时间和空间出现了重合，十分有利于中低层的大气抬升运动，对强对流天气的产生起着重要的作用。

5.3　水汽条件分析

由于受到短波槽的影响，20 日夜间至 21 日凌晨石河子垦区出现了降水过程，其中石河子下野地垦区的 135 团、121 团出现了暴量降水过程，为局地强对流天气提供水汽供应。从水汽

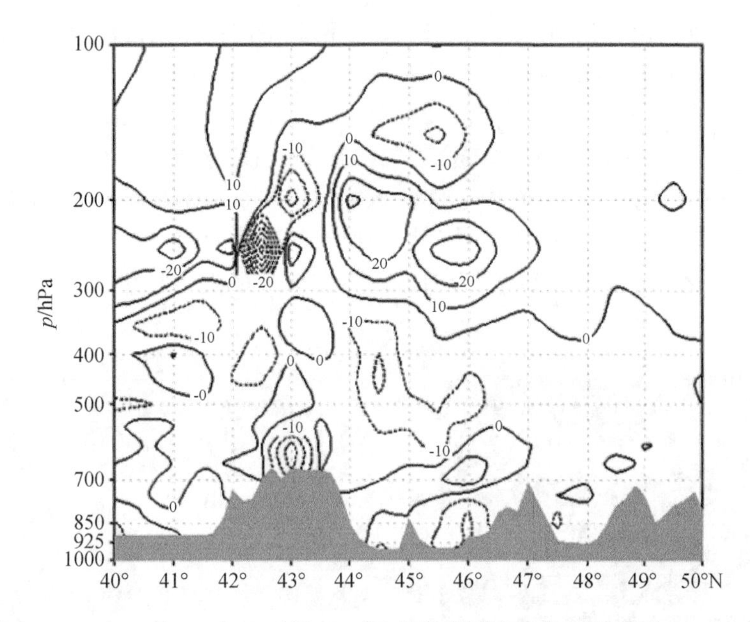

图 2　2012 年 6 月 21 日 20 时沿 85.5°E 的温度平流垂直剖面(单位:10^{-5} K/s)
(阴影区为地形)

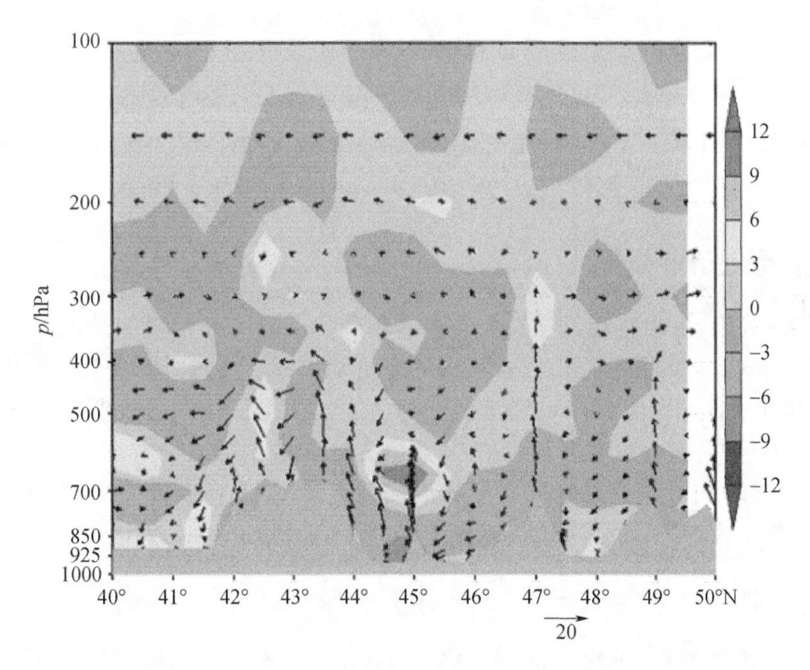

图 3　2012 年 6 月 21 日 20 时沿 85.5°E 散度(彩色区,单位:10^{-5}/s)和
垂直速度(矢量,单位:10^{-2} hPa/s)垂直剖面(阴影区为地形)

通量的时空剖面图(图略)上分析发现,此次冰雹天气水汽的输送和辐合主要集中在 700 hPa 以下层,以 850 hPa 最为明显。通过分析 20 时 850 hPa 的水汽通量和水汽通量矢量图(图 4a),此次强对流天气的降雹区前方有两个水汽的中心分别在塔城托里山区(8 g/(cm · s · hPa))和乌苏区域(4 g/(cm · s · hPa)),塔城托里山区的水汽中心借助西北气流向降雹区输送水汽,乌苏

区域的水汽中心借助西南气流向降雹区输送水汽,两股水汽在降雹区汇合,给强对流天气提供充沛的水汽供应。图 4(b)给出的是此次强对流天气发生前 20 时沿 85.5°E 水汽通量矢量和水汽通量散度的垂直剖面,通过分析得出,21 日 20 时水汽通量矢量沿着天山北坡不断向降雹区(45°N)附近输送水汽,同时在降雹区的低层存在一个强的水汽辐合中心,中心强度达到-6×10^{-7} g/(cm^2 · s · hPa),水汽辐合中心区向上扩展到 850 hPa 附近的区域,说明在降雹区的低层有强烈的水汽辐合,而在此时降雹区的中低层大气受强的垂直上升运动控制(图 3),动力条件和水汽条件在此时达到最优组合,为随后强对流天气的发生提供了十分有利的动力和水汽组合条件。

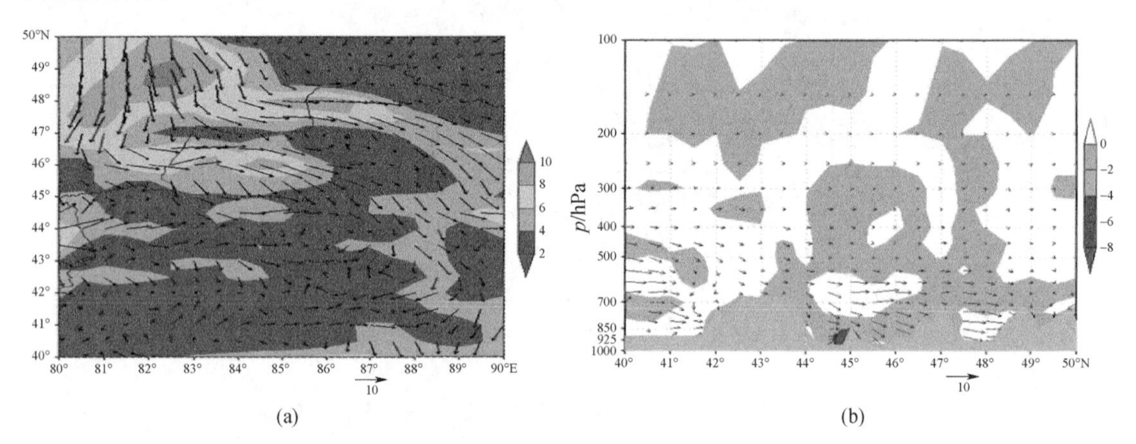

图 4 (a)2012 年 6 月 21 日 20 时 850hPa 水汽通量和水汽通量矢量;
(b)2012 年 6 月 21 日 20 时沿 85.5°E 水汽通量(矢量,单位:g/(cm · s · hPa))和水汽通量散度
(彩色区,单位 10^{-7} g/(cm^2 · s · hPa))垂直剖面(阴影区表示地形)

5.4 对流不稳定条件分析

大气层结不稳定,是强对流天气发生的重要条件之一。图 5 给出的是此次局地冰雹天气发生前 20 时沿 85.5°E 的假相当位温及比湿的垂直剖面图。通过分析得出,降雹区(45°N)南侧有一个 θ_{se} 和 q 重合的大值中心,θ_{se} 强度达 344 K,q 强度达 8 g/kg 说明降雹区南侧处于高温高湿的条件下,且高能中心逐渐向北扩展,此时此区域的中低层已有弱的冷平流入侵,为弱的对流不稳定,同时 θ_{se} 在中低层随着高度的增加而逐渐减小,两者表明降雹区附近的上空大气处于对流不稳定状态,从而促进了强对流天气的发生、发展。

5.5 特征层高度

根据观测分析最有利于降雹的 0℃层高度在 3.0～4.5 km(在 700～600 hPa 附近),−20℃层高度在 5.5～6.9 km(在 500～400 hPa 附近)[28]。由 2012 年 21 日 20 时克拉玛依站探空资料可得:0℃层高度为 3956 m,−20℃层高度为 6843 m,通过对比说明当天的 0℃层高度和−20℃层高度是有利于降雹的高度。

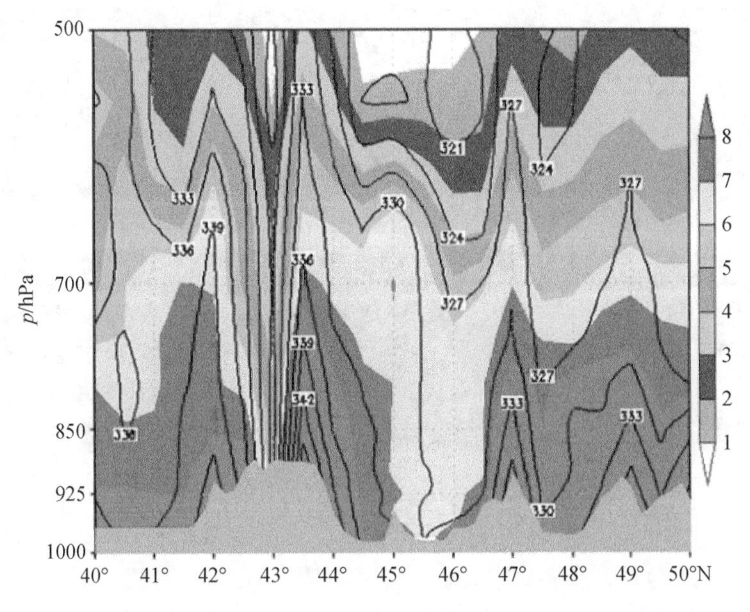

图5　2012年6月21日20时沿85.5°E假相当位温(实线,单位:K)及比湿(彩色区,单位:g/kg)的垂直剖面图(阴影区表示地形)

6　雷达回波特征分析

6.1　雷达反射率因子演变特征

2012年傍晚从新疆西北部的托里山区形成的对流单体不断东移至石河子垦区的西北部,21时在石河子雷达1.5°仰角的反射率因子演变图上发现,有强中心为50 dBZ的强回波区出现([彩]图6a),位于此回波区位置的石河子136团开始出现降水;此对流单体不断地发展、加强,并逐渐东南移,21:01单体中心强度跃增为55 dBZ,且强回波面积明显增大([彩]图6b);对流单体继续合并东南移,到22:07在方位324°～345°,距离70～80 km的区域内,形成了强度大于45 dBZ强回波区,强中心强度达到64.3 dBZ;在RHI图([彩]图7a)表现为一个由弱回波区和回波墙组成的强对流单体结构,其中50 dBZ强回波区的高度已达到8 km,60 dBZ强回波区的高度超过了4 km,整个回波顶高将近12 km(当天0 ℃层高度为3956 m,－20℃层高度为6843 m),说明50 dBZ强回波区远高于当天－20 ℃层高度,60 dBZ强回波区的高度超过了4 km,形成了成熟的冰雹云结构,据实地的人工影响天气作业人员观测,位于此位置的135团和121团交接区域22:05已经开始降雹并伴随有短时强降水;在随后的3个体扫资料的1.5°仰角的反射率因子演变图和RHI产品(22:12,22:18,22:23)分析中([彩]图7),可以清楚地发现此单体强中心强度一直大于60 dBZ,50 dBZ强回波区的高度在8km左右,60 dBZ强回波区的高度都超过了4 km,说明成熟的冰雹云结构的一直在发展和维持,另一方面说明降雹在继续,同时实地的人工影响天气作业人员观测和上报的资料显示降雹时间为22:06—22:27,也进一步验证了上述情况。经过20分钟的降雹的能量的释放和大剂量的人工影响天气作业,22:29强对流单体的强度开始减弱([彩]图5g),降雹基本结束。到23:02([彩]图5h)对流单体的强度明显减弱,且结构明显变得松散,降水减小,逐步东移出石河子垦区。

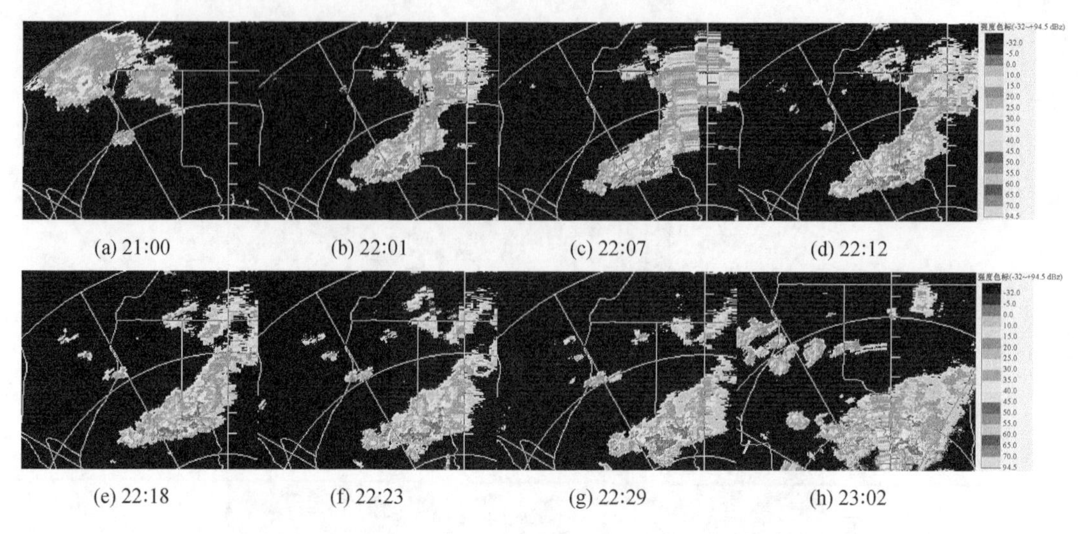

图 6　2012 年 6 月 21 日 21 时 00 分至 23 时 02 分 1.5°仰角的反射率因子(Z)演变图
(距离圈为 50 km)

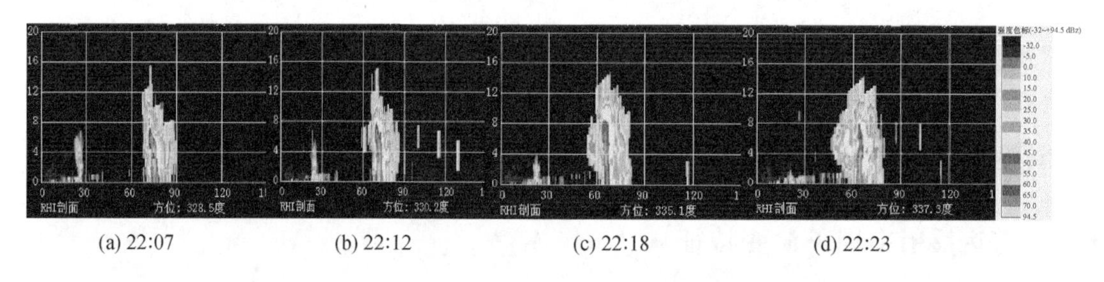

图 7　2012 年 6 月 21 日 22:07—22:23 分强度的 RHI 图

6.2　速度场特征

在雷达回波特征图上分析表明,造成此次强冰雹天气大致有 2 个:一个是对流单体内部小单体的碰并、发展,从而使对流单体进一步的加强;另一个中低层“逆风区”的出现,高层辐散。尤其“逆风区”的出现,当对流单体进入“逆风区”后,强烈的辐合上升运动将低层的能量和水汽送往中高层,促使对流单体会进一步的发展、增强。

2012 年 6 月 21 日 22:01 径向速度场如[彩]图 8 所示,在低层 0.5°和 1.5°径向速度场中,可以发现大于 10 m/s 的入流速度区;在中低层的 2.4°、3.4°、4.3°径向速度场中,发现都有逆风区的出现;从 5.3°以上的径向速度场中,出现了高层的辐散。同时将 22:01 径向速度“逆风区”的位置和反射率因子场(图 5b)中的强中心的位置进行对比,发现“逆风区”的位置刚好位于强中心的位置的前方,当对流单体的强中心进入“逆风区”后,使得强对流单体内的对流更加旺盛,强度从 22:01 的 55 dBZ 跃增到 22:07 的 64.3 dBZ,且 50 dBZ 强回波面积明显增大,促使了冰雹天气的产生。逆风区逐渐消失,强对流天气逐渐减弱。

6.3　垂直液态含水量

垂直液态含水量(vertically integrated liquid,VIL)是判别强降水及其降水潜力、强对流天气造成的暴雨、暴雪和冰雹等灾害性天气的有效工具之一;有助于对强降水和强对流天气的判

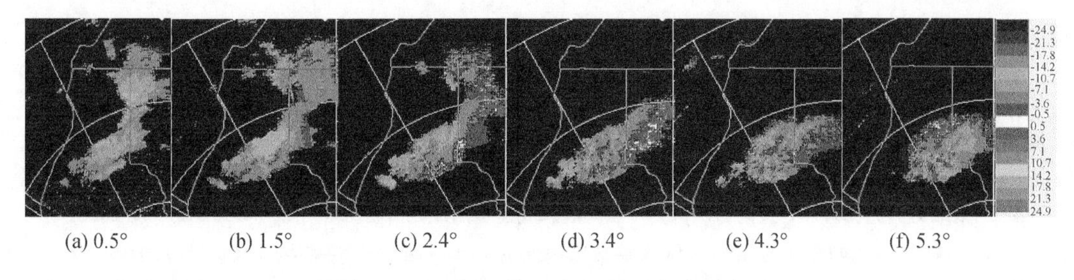

图 8　2012 年 6 月 21 日 22:01 径向速度

(距离圈为 50 km)

别,也可用于指示大冰雹的存在;国外相关研究表明,VIL 是业务中使用次数最多的产品之一[29]。

本文所用是网格距为 1 km×1 km 的 VIL 产品,[彩]图 9 给出的是 VIL 在降雹开始前到结束后演变图,在冰雹发生前的 22:01 的 VIL 仅为 16.6 kg/m^2,冰雹发生时的 22:07,22:12,22:18,22:23 的 VIL 迅速增加到 21.2 kg/m^2,26.1 kg/m^2,24.8 kg/m^2,23.2 kg/m^2;到冰雹天气结束前的 22:29 的 VIL 减小为 12.6 kg/m^2。将同一时间的 VIL 图和反射率因子(Z)图(图 5b,c,d,e,f,g)对比发现,两者的强中心和强中心梯度变化,在时间和位置上出现了对应重合;同时分析实地人工影响天气人员的上报降雹区和降雹时间,发现三者在时间和位置上基本吻合;说明 VIL 强中心与反射率因子强中心和降雹区在时间和位置上有很好的对应,是判别冰雹等强对流天气的有效工具之一。

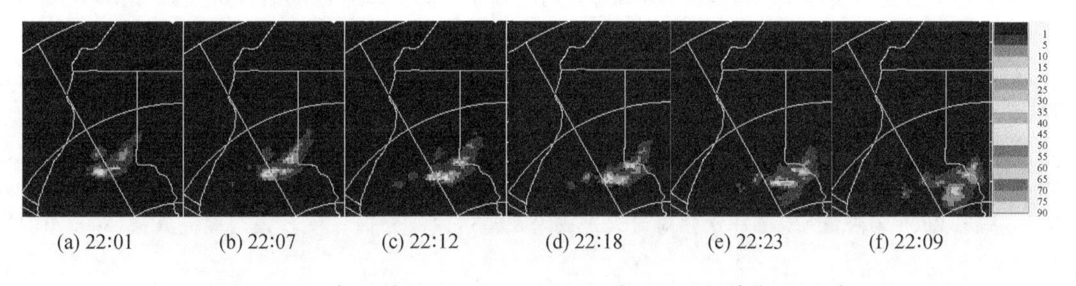

图 9　2012 年 6 月 21 日 22:01—22:29 的 VIL 图(单位:kg/m^2)

7　结论

(1)中国新疆北部至蒙古西部冷涡的东南移,850—500hPa 风速的辐合,地面的辐合切变线,局地的先兆性降水及降雹区特殊的地貌条件引起的局地的热力和水汽条件分布不平衡,为新疆石河子垦区的沙漠边缘强对流发生、发展提供有利条件。

(2)降雹前石河子地区上空的中小尺度纬向垂直环流,为强对流天的发生提供了有利的动力条件;低层的西北气流和西南气流不断向降雹区输送大量水汽,低层水汽的强烈辐合配合强烈的上升运动,为强对流天气形成提供必要条件;不稳定能量为强对流天气的发生起到了促进作用。

(3)石河子多普勒雷达对此次强对流天气进行了实时的跟踪观测,雷达回波显示强对流风暴具有弱回波区、强回波墙等冰雹回波特性;速度场上中低层"逆风区"的出现,高层辐散特征,引发了对流单体会进一步的发展、增强;VIL 与 Z 强中心和降雹区在时间和位置上有很好的对应,是判别冰雹等强对流天气的有效工具之一。

参考文献

[1] 陈贵川,谌芸,乔林,等. 重庆"5·6"强风雹天气过程成因分析[J]. 气象,2011,**37**(7):871-879.

[2] 宋晓辉,柴东红,蔡守新. 冰雹天气过程的综合分析[J]. 气象科技,2007,**35**(3):330-334.

[3] 张涛,方翀,朱文剑,等.2011年4月17日广东强对流天气过程分析[J]. 气象,2012,**38**(7):814-818.

[4] 许新田,刘瑞芳,郭大梅,等. 陕西一次持续性强对流天气过程的成因分析[J]. 气象,2012,**38**(5):533-542.

[5] 龙余良,刘建文. 江西冰雹与雷雨大风气候变化特征的对比分析[J]. 气象,2010,**36**(12):62-67.

[6] 蔡寿强,牛生杰,郭彬,等. 湖北保康两次冰雹天气过程的综合分析[J]. 大气科学学报,2014,**37**(1):108-118.

[7] 张晰莹,张礼宝,安英玉,等. 弱冰雹云雷达回波结构特征分析[J]. 气象,2008,**34**(2):38-42.

[8] 廖晓农,俞小鼎,于波,等. 北京盛夏一次罕见的大雹事件分析[J],气象,2008,**34**(2):10-17.

[9] 张琳娜,郭锐,何娜,等. 北京地区冰雹天气特征[J]. 气象科技,2013,**41**(1):114-120.

[10] 许爱华,马中元,叶小峰. 江西8种强对流天气形势与云型特征分析[J]. 气象,2011,**37**(10):1185-1195.

[11] 廖向花,廖代秀,李轲. 重庆冰雹气候特征及人工防雹对策[J]. 气象科技,2010,**38**(5):620-624.

[12] 付双喜,王致君,张杰,等. 甘肃中部一次强对流天气的多普勒雷达特征分析[J]. 高原气象,2006,**25**(5):932-941.

[13] 郑媛媛,俞小鼎,方翀,等. 一次典型超级单体风暴的多普勒天气雷达观测分析[J]. 气象学报,2004,**62**(3):317-320.

[14] 陈晓燕,付琼,岑启林,等. 黔西南州一次分裂型超级单体风暴环境条件和回波结构分析[J]. 气象,2011,**37**(4):423-431.

[15] 刁广秀,朱君鉴,刘志红. 三次超级单体风暴雷达产品特征及气流结构差异性分析[J]. 气象学报,2009,**67**(1):133-146.

[16] 王旭,马禹. 新疆冰雹天气过程的基本特征[J]. 气象,2002,**25**(1):10-14.

[17] 陈洪武,马禹,王旭,等. 新疆冰雹天气的气候特征分析[J]. 气象,2003,**29**(11):25-28.

[18] 杨莲梅. 新疆的冰雹气候特征及其防御[J]. 灾害学,2002,**17**(4):26-31.

[19] 张俊兰,张宁.2009年南疆阿克苏两次冰雹天气的对比分析[J]. 沙漠与绿洲气象,2011,**5**(2):28-31.

[20] 刘进新.2008年盛夏阿克苏一次强对流天气成因及雷达回波分析[J]. 沙漠与绿洲气象,2009,**3**(4):43-50.

[21] 张磊. 一次局地强冰雹的多普勒雷达回波特征分析[J]. 沙漠与绿洲气象,2013,**7**(4):26-30.

[22] 王荣梅. 喀什地区"8·11"冰雹过程雷达探测分析[J]. 沙漠与绿洲气象,2012,**6**(5):20-24.

[23] 李圆圆,支竣,张超.2013年6月喀什地区一次强冰雹天气的成因分析[J]. 沙漠与绿洲气象,2014,**8**(2):19-26.

[24] 杨霞,李云,赵逸舟,等. 新疆一次深秋局地短时大暴雨的成因分析[J]. 高原气象,2014,**33**(1):162-170.

[25] 赵俊荣,晋绿生,郭金强,等. 天山北坡中部一次强对流天气中小尺度系统特征分析[J]. 高原气象 2009,**28**(5):1044-1050.

[26] 赵俊荣,郭金强,杨景辉,等. 准噶尔盆地南缘一次强对流风暴雷达回波演变特征[J]. 气象与环境学报,2011,**27**(1):21-26.

[27] 魏勇,雷薇,王存亮,等. 石河子地区三次冰雹天气过程的综合分析[J]. 沙漠与绿洲气象,2013(1):21-27.

[28] 彭安仁. 天气学(下册)[M]. 北京:气象出版社,1981:201-202.

[29] 付双喜,安林,康凤琴,等.VIL在识别冰雹云中的应用及估测误差分析[J]. 高原气象,2004,**23**(6):810-814.

层状云降水回波特征及增水作业指标研究

张　磊　古亥尔·托乎提

（新疆阿克苏地区人工影响天气办公室，阿克苏 843000）

摘　要　对新疆阿克苏2008—2014年间29次层状云降水天气过程的CINRAD/CC雷达回波进行分析，得出层状云雷达回波的特征参数，并初步提出人工增水作业条件判别指标。结果表明：中亚低值系统是造成阿克苏层状云系的主要系统。层状云回波表现为大范围强度均匀片状结构，组合反射率因子≤35 dBZ，有明显0 ℃亮带，回波顶高≤7 km，垂直累积液态水含量零星分布，且≤3 kg/m²。阿克苏层状云增水作业指标为冬季组合反射率因子≥15 dBZ，其他季节≥25 dBZ，且回波顶高≥4 km；增水作业有利时段为径向速度呈反弓形或S形辐合型，垂直风廓线呈暖平流；作业时机结束时段为径向速度呈弓形或S型辐散型，垂直风廓线呈冷平流，风向逐渐趋于一致。

关键词　层状云　回波特征　增水　指标

1　引言

新疆阿克苏地处欧亚大陆腹地，属于典型的大陆性干旱气候区，由于大气降水空间分布极不均匀，造成地表径流空间分布不均匀，水资源短缺严重[1]，干旱灾害对该地区的影响十分突出。

许多研究表明，南疆降水分布有很大时空不均匀性，随着全球气候变化，近10年南疆暴雨呈明显增加趋势[2-3]，但由于自然降水时空分布差异较大，季节变化大，夏季天山山区时常出现洪涝灾害，而在春灌季节旱情仍非常严重，秋冬季也普遍缺水[4]，对农业十分不利。

积极开展人工增雨(雪)作业，提高水资源转化率，已成为解决水资源短缺的一个重要手段。层状云系是我国北方主要降水云系，其范围大，维持时间长，是人工增水作业的主要对象[5]。如何利用层状云系有效增加区域降水量，一直是广大气象工作者十分关注的问题。国内许多学者，如李昀英、项磊等系统研究了层状云宏微观物理特征，发生、发展天气尺度及其降水形成机理[6-7]。在此基础上，学者们也对层状云人工增水作业开展了研究，武艳等建立了徐州市人工增雨潜势分析模型，对未来12 h的人工增雨潜势和临近增雨潜势进行逐步分级判断，并将增雨潜势区分为两级，用以指导人工增雨作业[8]。何晖等利用加入催化方案的WRF中尺度模式对北京一次层状云系降水过程进行模拟和催化试验，研究了在不同催化剂量、高度和时刻进行试验对降水的影响，发现在过冷水含量比较丰富而冰雪晶含量偏少的区域进行催化，增雨效果显著[9]。

随着新一代天气雷达的广泛应用，人们能够更加精细地连续监测层状云系降水变化过程，对进一步提高层状云增水作业水平和增水效率有很大作用。连志鸾等利用常规探空资料与多普勒雷达探测资料相结合，指出火箭在人工增雨时应选择合适的作业时机和部位，对提高增雨作业效率非常重要[10]。李金辉等对陕西中部及北部适宜人工增雨的时段及降雨性层状云雷达回波特征进行了研究，得出不同性质层状云适宜人工增雨的雷达回波特征有所不同[11]。

目前,针对位于地处中国西北的新疆层状云系增水作业的研究文献还很少见。阿克苏CINRAD/CC雷达在强对流等中小尺度灾害性天气监测预警中应用较为广泛,在人工增水作业指挥决策中研究和应用相对偏少,因此有必要应用雷达针对影响天山山脉南麓的层状云系特征做更深入的研究。本文利用阿克苏CINRAD/CC雷达资料,对2008—2014年间大范围层状云降水天气过程进行分析,重点探讨稳定性降水回波的雷达特征参数、增水作业判据指标,以期为今后稳定性降水预报提供参考,同时也可为阿克苏人工增水作业决策提供判别依据。

2 资料来源

利用2008—2014年间阿克苏CINRAD/CC天气雷达资料,从中选出29例资料完整的稳定性层状云降水过程,考察了层状云系回波形态特征,并采用北京敏视达雷达有限公司研发的雷达后台处理软件RPG和终端显示软件PUP(10.2.CC.C版)对其处理,选取组合反射率因子(*CR*)、径向速度(*V*)、回波顶高(*ET*)、垂直积分液态水含量(*VIL*)及垂直风廓线(*VWP*)等二次产品回波参量统计分析其演变特征。

3 层状云的影响系统及分型

普查和统计了29次层状云天气过程的高低空影响系统,并以500 hPa影响系统为主进行分类,见表1。

表1 29次层状云天气过程的500 hPa影响系统

500 hPa影响系统	中亚低值系统	西北气流	乌拉尔大槽	北方横槽
出现次数(次)	17	6	4	2
所占比例(%)	58.6	20.7	13.8	7.9

在中亚低值系统影响下共形成17次层状云天气过程,占总次数的58.6%,是层状云天气的主要影响系统;其次,有6次层状云天气过程是500 hPa西北气流控制下中低层切变线引起的,占总次数的20.7%;乌拉尔大槽占总次数的13.8%;北方横槽占总次数的7.9%。

4 多普勒雷达参数分析

人工增水作业时,大气状况为空气中有一定的水汽条件和云层生存,但不能自然降水或降水量小。是否符合人工增水作业条件,还需要结合多普勒天气雷达探测的回波参量演变特征确定,可提高增水作业的科学性、准确性。

4.1 雷达回波形态

层状云系回波形态大都不相同,但在反射率因子平面显示中基本表现为大范围强度比较均匀分布的片状结构([彩]图1a),边缘零散不规则,反射率因子梯度小,有与距离圈平行的较强回波带。在反射率因子图的剖面中表现为水平尺度远远大于垂直尺度,顶部平整,分布均匀,有一条与当日0℃层高度大致吻合的相对强回波带。在反射率因子的平面和剖面显示中,强度较强的回波带即为0℃亮带。

在径向速度[彩]图1b中表现为分布范围较大,径向速度等值线切向梯度不大,且0速度线分布不凌乱,平滑,较为齐整,无小的闭合逆风区。其剖面中云顶平坦,没有明显起伏。

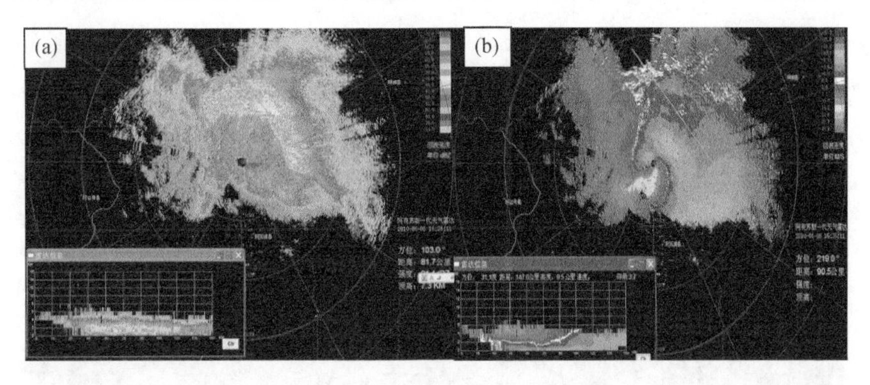

图 1　2010 年 6 月 5 日 13:36 大范围层状云的反射率因子(a)和径向速度图(b)

4.2　雷达二次回波参数特征

4.2.1　组合反射率因子(*CR*)

层状云体回波 CR_{max} 分布显示见表 2，所有层状云 CR_{max} 均不超过 35 dBZ，79.3%在 25～35 dBZ，仅有 6 例的 *CR* 值小于 25 dBZ，且均处在冬季的 11 月至翌年 2 月。

表 2　阿克苏 29 例层状云 CR_{max} 出现次数

CR(dBZ)	≤15 dBZ	≤25 dBZ	≤35 dBZ
出现次数	1	5	23

4.2.2　回波顶高(*ET*)

层状云回波顶高集中在 3～7 km，其分布情况见表 3。[彩]图 2a 是 2009 年 7 月 13 日对流云回波顶高产品图像，由于对流云体中强烈上升气流使得云体在垂直方向上发展旺盛，故回波顶高的分布差异较大。而[彩]图 2b 所示 2011 年 7 月 31 日层状云回波顶高产品图像层次分布比较均匀，也反映了层状云内均匀的特性。

表 3　阿克苏 29 例层状云 ET_{max} 分布

ET(km)	2～3	3～4	4～5	5～6	6～7
出现次数	2	5	8	8	6

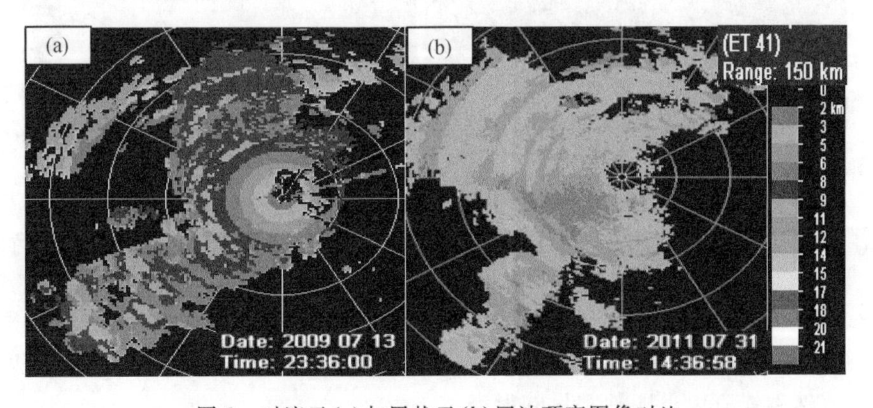

图 2　对流云(a)与层状云(b)回波顶高图像对比

4.2.3 任意垂直剖面

[彩]图 3 是 2010 年 5 月 28 日 10:28BT 阿克苏观测到的大范围层状云 PPI 及 RHI 图像(图 3b),及经过图 3a 中黄线位置的剖面的反射率因子(图 3c)和径向速度图(图 3d)。对比图 3b 和图 3c 可以发现层状云任意垂直剖面 RCS 与经过径向 RHI 的图像基本一致,也反映了层状云降水均匀性。在图 3d 径向速度剖面 VCS 中,表示来向和去向的冷暖区无明显的突起和起伏,0 度层亮带为冰水转换区,表明气流稳定,无明显的上升、下沉气流。

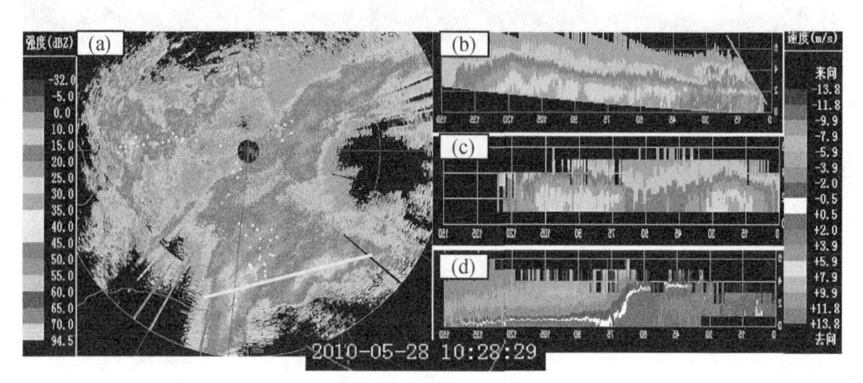

图 3 2010 年 5 月 28 日 10:28BT 阿克苏新一代天气雷达 PPI 图像(a),经过图(a)中紫线位置的 RHI 图像(b),经过图(a)中黄线位置剖面的反射率因子图像(c)和径向速度图像(d)

4.2.4 垂直积分液态水含量(*VIL*)

研究 29 例层状云的 *VIL* 产品发现,其对应的垂直积分液态水含量值非常小,最大仅达 3 kg/m^2,表现为零星分布的灰色点状图像。其中有 27 次云体 $VIL_{max}=3\ kg/m^2$,占 93.1%。如 2010 年 6 月 5 日阿克苏出现较强层状云体强度达到 35 dBZ,其最大 *VIL* 值也仅为 3 kg/m^2,见[彩]图 4。

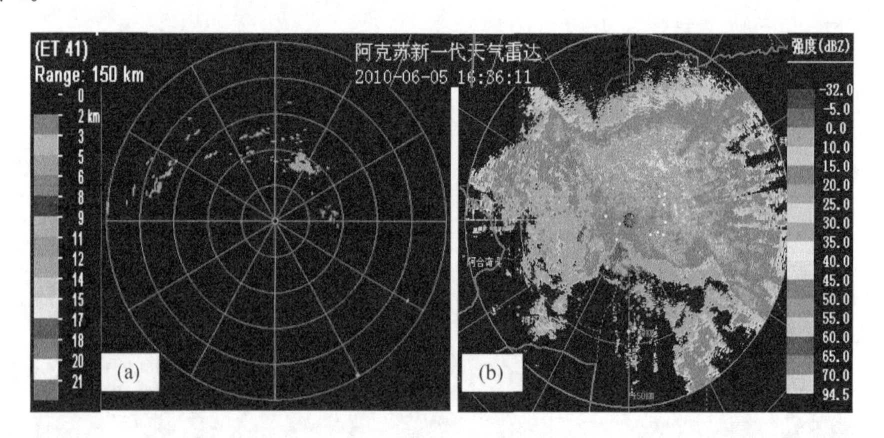

图 4 2010 年 6 月 5 日阿克苏新一代天气雷达垂直积分液态水含量图像(a)及反射率因子(b)

4.2.5 径向速度(*V*)

在 29 例层状云速度场中,测站周围均被大面积正负速度区所覆盖,而正负速度区之间的白色区域—零速度线有以下四种常见的形态。

(1)S形(反S形)出现16次,占55%,表明垂直风随高度呈顺(逆)时针变化,反映了云体内冷暖平流的分布情况,见[彩]图5a。

(2)弓形出现17次,占58.6%,说明气流存在辐合(辐散),见[彩]图5b。

(3)弧线型,其特点是弧线不经过测站,与距离圈平行([彩]图5c),这表明在弧线所对应高度层存在垂直风切变。从[彩]图6中可以发现,2013年8月13日04:09BT的径向速度图中0速度线出现有一条与距离圈大致平行的弧线形,从其对应垂直风廓线产品图中红色圈内有明显垂直风切变,在2.7 km高度为西北风,3.0 km高度处为西南风,3.4 km转为南风,仅0.7 km高度内风向剧烈切变了约135°。

(4)直线型出现22次,表明该高度层无平流活动或气流的辐合(散)运动,此时云体处于相对稳定状态,见[彩]图5 d。

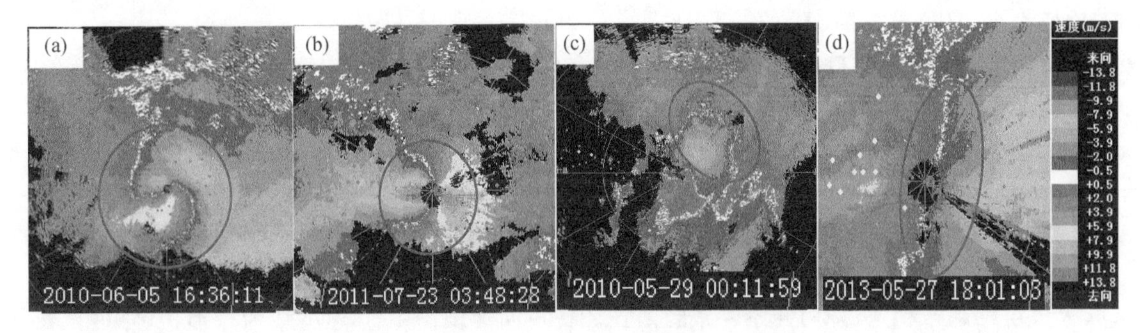

图5 层状云中几种常见的0速度线分布形状

每例层状云天气过程中0速度线在不同时段或同一时段不同仰角都有不同的形态,变化较为明显。不管零速度线形态如何变化,但当测站周围负速度面积大于正速度面积时,或入流速度大于出流速度时,云体处于辐合加强阶段,是人工增水作业的有利时机。反之,则表明为辐散流场,云体将减弱消散,已无增水作业潜力。

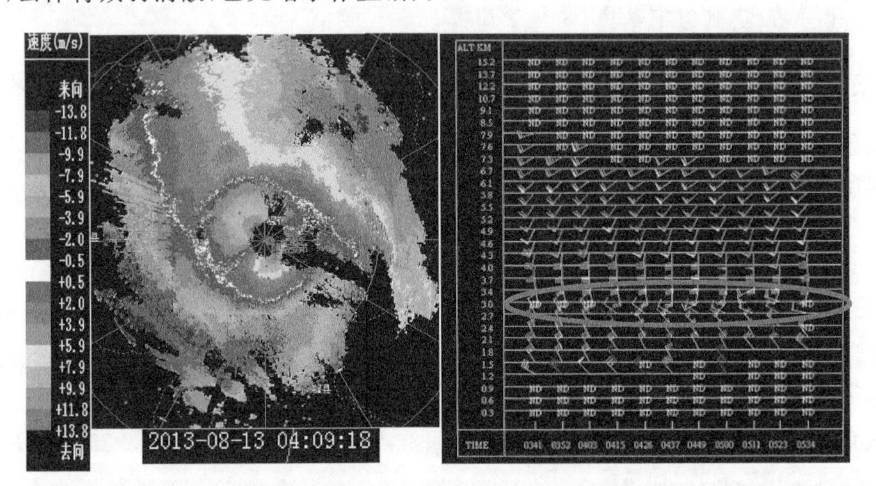

图6 2013年8月13日04:09BT径向速度图0速度线弧线型与垂直风廓线产品

4.2.6 垂直风廓线产品(*VWP*)

层状云体的气流活动不同于对流云体的复杂多变,利用垂直风廓线产品来分析更加直观简单。分析29例层状云过程的垂直风廓线产品,都出现了风向随高度的旋转现象,即均存在冷暖平流的活动,但每例天气过程中平流强弱、厚度等都不相同。在层状云体发展增强阶段,垂直风廓线中有数据层逐渐扩展,直至高层;风向随高度顺转,有暖平流;西南/偏南气流逐渐增强,并向下扩展,这些特征出现也是人工增水作业有利时机。而当层状云体减弱消散时,风向随高度旋转逐渐不明显,风向趋于一致;中低层开始有偏西风入侵;有时中低层出现冷平流,并逐渐向上扩展;数据层逐渐萎缩。

5 人工增水作业指标的确定

综述以上,得出阿克苏适合人工增水作业的层状云体的雷达回波参数为:3—10月,$CR \geqslant$ 25 dBZ,11月至翌年2月,$CR \geqslant 15$ dBZ;根据阿克苏平均0 ℃层高度,要求$ET \geqslant 4$ km。其中VIL值太小,且分布零星,无法作为判据。

层状云体增强和维持阶段,是适合人工增水作业的时段,其云内有气流辐合,冷暖平流的配置使暖湿气流上升,有利于云系发展,降水将加强和维持。在径向速度图中表现为:0速度线为反弓形,且负速度区面积>正速度区面积或入流速度>出流速度;0速度线为S形,或靠近测站0速度线为S形,距离测站较远处为反S形。在垂直风廓线产品中表现为:整层风随高度增加顺时针旋转,或中低层顺转,中高层逆转;西南风维持一段时间,并逐渐下沉。

层状云体减弱消散阶段,不适宜人工增水作业,此时云内气流辐散,云中存在下沉气流运动,大气层结趋于稳定,降雨云系将减弱消亡。在径向速度图中,0速度线为弓形,且正速度区面积>负速度区面积或出流速度>入流速度;整层0速度线为反S形,或靠近测站0速度线为反S形,距离测站较远处为S形。在垂直风廓线产品中,整层风随高度增加逆时针旋转,或中低层逆转,中高层顺转;风向逐渐趋于一致。

6 结论

通过上述分析,得到以下结论。

(1)中亚低值系统是造成层状云天气的主要系统,其次是在500 hPa西北气流控制下中低层切变线引起的。乌拉尔大槽和北方横槽影响次数较少。

(2)大范围强度比较均匀分布的片状结构,反射率因子梯度小,水平尺度远远大于垂直尺度,顶部平整,分布均匀,反射率因子图中有明显的0℃亮带。

(3)层状云的CR_{max}值都在35 dBZ以下,大部分在25~35 dBZ;回波顶高度ET层次分布比较均匀,基本在4~7 km;层状云的VIL图像呈零星分布,VIL_{max}全部小于等于3 kg/m^2。

(4)层状云径向速度图中0速度线有4种常见的形态:S(反S)形(55%)、弓形(58.6%)、直线形(75.8%)、弧线形,它们反映了层状云内气流的辐合(散)、平流运动、切变等情况。

(5)29例层状云过程的垂直风廓线全部存在平流活动,但平流的强弱、厚度等都不相同。

(6)适合人工增水作业的层状云体的雷达回波参数为:3—10月,$CR \geqslant 25$ dBZ,11月至翌年2月,$CR \geqslant 15$ dBZ;$ET \geqslant 4$ km。

(7)适合人工增水作业时段:径向速度图中,0速度线为反弓形或S形辐合型,且负速度区面积>正速度区面积或入流速度>出流速度;垂直风廓线产品中,整层风随高度增加顺时针旋转,或中低层顺转,中高层逆转;西南(偏南)风维持一段时间,并逐渐下沉。

(8)人工增水作业时机结束时段:径向速度图中,0速度线为弓型或S形辐散型,且正速度区面积＞负速度区面积或出流速度＞入流速度；垂直风廓线产品中，整层风随高度增加逆时针旋转，或中低层逆转，中高层顺转；风向逐渐趋于一致。

参考文献

[1] 杨炳华，王旭，廖飞佳，等．新疆人工影响天气[M]. 北京：气象出版社，2014：3-5.

[2] 杨霞，赵逸舟，王莹，等．近 30 年新疆降水量及雨日的变化特征分析[J]. 干旱区资源与环境，2011，**25**(8)：82-87.

[3] 张云惠，贾丽红，崔彩霞，等．2000—2011 年新疆主要气象灾害时空分布特征[J]. 沙漠与绿洲气象，2013，**7**(增刊)：20-23.

[4] 杨炳华，王旭，廖飞佳，等．新疆人工影响天气[M]. 北京：气象出版社，2014：209-210.

[5] 杨洁帆，雷恒池，胡朝霞．一次层状云降水过程微物理机制的数值模拟研究[J]. 大气科学，2010，**34**(2)：275-289.

[6] 李昀英，宇如聪，徐幼平，等．中国南方地区层状云的形成和日变化特征分析[J]. 气象学报，2003，**61**(6)：733-741.

[7] 项磊，牛生杰．宁夏层状云宏观和微观物理特征综合分析[J]. 气象科学，2008，**28**(3)：258-263.

[8] 武艳，孙建印，段培法，等．徐州地区层状云火箭人工增雨潜势区判别[J]. 气象科技，2014，**42**(6)：1137-1142.

[9] 何晖，高茜，李宏宇．北京层状云人工增雨数值模拟试验和机理研究[J]. 大气科学，2013，**37**(4)：905-922.

[10] 连志鸾，段英．一次层状云降水过程人工增雨时机与部位选择探析[J]. 中国生态农业学报，2006，**14**(2)：168-172.

[11] 李金辉，陈保国，罗俊颉．陕西省中北部人工增雨适宜时段及层状云特征[J]. 气象科技，2005，**33**(1)：87-90.

七师垦区强对流天气活动规律分析及防御对策讨论

徐　昕　王妮妮　杨新海　任朝武

(新疆生产建设兵团第七师气象局,奎屯 833200)

摘　要　第七师垦区位于西天山北麓中段,地形地貌较为复杂,极易出现强对流天气。做好应对强对流天气的准备,对七师农业经济的发展尤为重要。本文主要根据12年历史气象资料和相关数据,对影响七师的主要强对流天气过程进行了分析研究,通过分析大气环流背景,按照不同系统下,不同路径上云体的特点,对合理的安排部署人工影响天气工作,应对强对流天气对七师垦区的影响具有十分重要的意义。

关键词　对流天气　环流形势　人工影响天气　防线部署

1　引言

第七师辖区(除137团)位于西天山北麓中段,准噶尔盆地西南缘,具有两大区地貌特征,北部为马依力山,南部为托里山区。辖区地势南高北低,垦区为平原地带,地形起伏变化复杂,是强对流天气多发区。强对流天气引起的冰雹灾害成为影响七师农业发展的主要因素之一。本文通过对2004—2015年七师垦区发生强对流天气情况进行采样,选取了102天的数据为样本,分析了发生强对流天气时的环流形势、时间分布特征、依靠环流大背景分析对流云移动路径以及人工防御布局等三个方面来探讨强对流天气的防御机制。

2　资料选取和方法

对于七师垦区范围内的冰雹云的研究,本文通过对2004年4月—2015年9月,这12年间发生的对流天气情况进行采样,以降雹情况、影响范围、人工防雹作业量为条件,从中选取了102天的数据为样本进行分析和研究。如表1所示,这些样本中,发生冰雹天气的时间分布如下,5月份占12.5%,6月份占28.3%,7月份占34.2%,8月份占24.2%,9月份占0.8%。

在研究方法上采取系统分析法,利用Micaps资料,通过天气学方法总结出影响七师垦区的主要天气系统,对强对流天气的影响路径进行统计分析,合理调整部署七师垦区内人工影响天气工作内容,为进一步做好区域联合防雹行动方案提供依据。

表1　采样时间和次数

采样年份	2004	2005	2006	2007	2008	2009	2010	2011	2012	2013	2014	2015
采样次数	7	9	5	8	6	10	6	8	13	21	6	3

3　强对流天气过程的环流形势背景

强对流云发生在对流云系或单体对流云块之中,属于中小尺度天气系统,其生命史短暂并带有明显突发性。各类强对流天气形成的物理过程是不完全相同的,这与下垫面的动力和热力作用的影响有很大的关系。但是强对流云天气的发生发展受到大尺度天气系统的影响和制约，认识并归纳强对流天气发生时的环流形势对此类天气的预警是很有必要的。根据2004—2015年102次强对流云天气过程的个例统计分析，将垦区强对流天气的高空形势分为三大类：纬向型、经向型和低涡分裂短波型。

3.1　纬向型

500 hPa高度场上，40°—50°N范围为纬向环流，其上多短波槽活动。在黑海、咸海、巴尔喀什湖为浅槽区，欧洲沿岸、里海、新疆北部为浅脊，之后短波槽移入北疆偏西地区(图1)。结合温度场来看，高度场上的槽脊系统与温度场上的冷暖配合，温压场上表现为浅的冷槽和浅的暖脊。中层700 hPa类似于500 hPa，同样为短波槽进入北疆偏西地区，底层850 hPa表现为高压区自巴尔喀什湖附近东北上影响新疆，并且垦区上空中低层湿度明显加大。对应在地面图上，沿45°N在高空槽前脊后为中尺度高压，在巴尔喀什湖附近自西向东移入北疆后，高压前部有时伴有局地锋生现象。这使得中低层的暖湿气流抬升，与500 hPa的冷空气进行交换，易形成强对流天气。

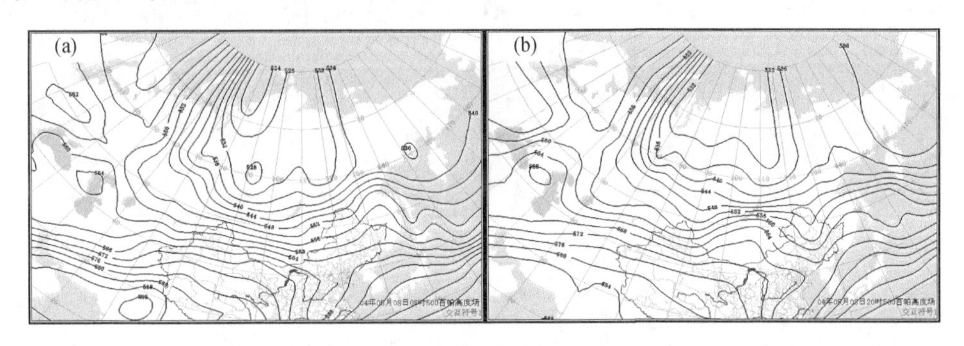

图1　纬向型500 hPa环流形势

(a)2004年5月8日08时；(b)2004年5月8日20时

3.2　经向型

3.2.1　里海、咸海至乌拉尔山为发展深厚脊

此类型天气的特点在于脊前西北气流不断有冷空气下滑，而且风速垂直切变较强，可促使低层的暖湿空气的不稳定能量释放从而形成强对流天气。

里咸海高压脊北伸至70°N，脊前为东北西南向的横槽(40°—50°N)，位于巴尔喀什湖北侧，之后里海、咸海高压脊东侧略微填塞，巴尔喀什湖北侧横槽底部随之向西南退(有时横槽切涡)，槽前偏西气流上短波过境(图2)。

里海、咸海北侧东欧平原至西西伯利亚平原西侧为宽广脊区，脊前槽分为两段，南段短波槽位于巴尔喀什湖南侧，槽底在40°N。之后里海、咸海脊加强北伸，脊前南段短波槽快速东移北上(图3)。

黑海、里海、咸海至乌拉尔山为暖性高压脊，脊区宽广。西西伯利亚中东部、中西西伯利亚西部为低涡，底部压在45°N附近，里海、咸海脊前冷空气南下，在咸海—巴尔喀什湖形成横槽，之后伊朗副高东北上，里海、咸海脊东移引导巴尔喀什湖横槽略微北收东移(图4)。

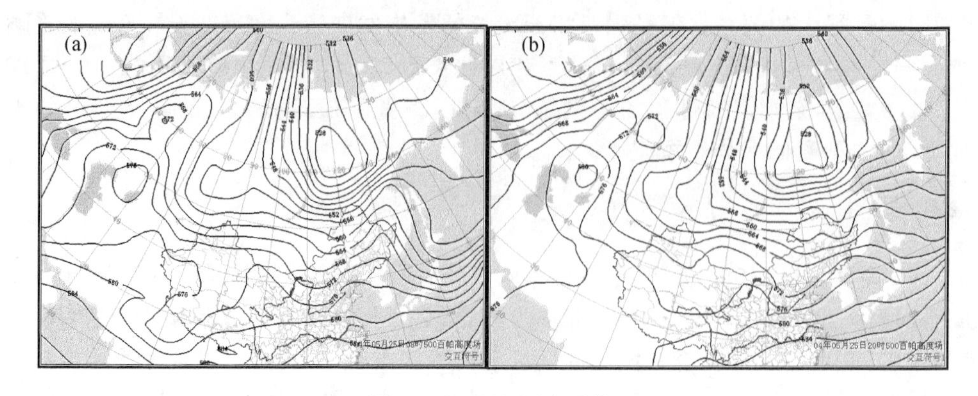

图 2　500 hPa 环流形势

(a)2004 年 5 月 25 日 08 时;(b)2004 年 5 月 25 日 20 时

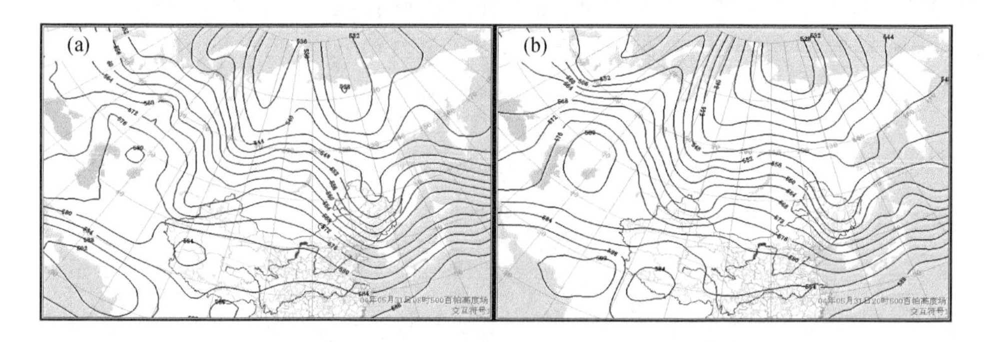

图 3　500 hPa 环流形势

(a)2004 年 5 月 31 日 08 时;(b)2004 年 5 月 31 日 20 时

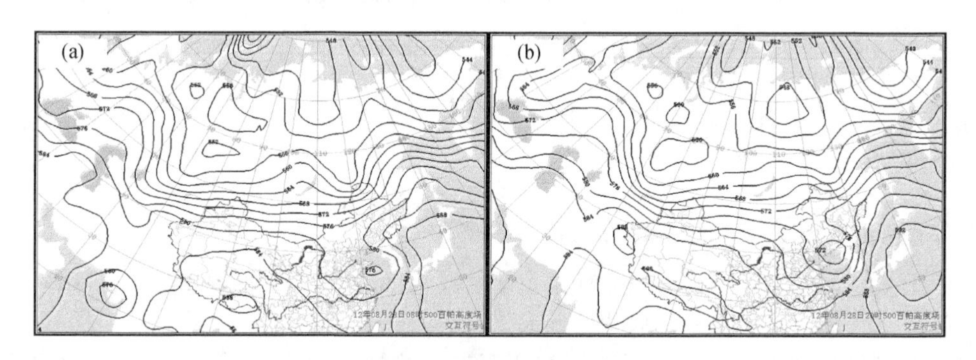

图 4　500 hPa 环流形势

(a)2012 年 8 月 28 日 08 时;(b)2012 年 8 月 28 日 20 时

3.2.2　V 形大槽

低涡(或低槽)在西西伯利亚平原东北部(60°N 以北,75°—90°E),槽体曲率大,呈东北北西南南走向,温度槽与之重合或略落后于高度槽,该槽为冷性深槽,斜压性强。之后分段东移,南段(巴尔喀什湖西侧)快速东移并分裂短波,影响北疆偏西地区(图 5)。

此类型天气特点是南北锋区移速不一致,锋面移动促使前方暖湿气流抬升从而形成强对流天气。

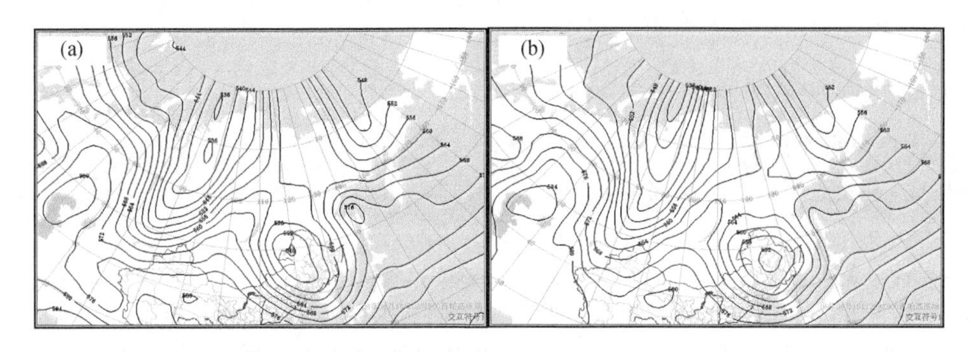

图 5　V 形大槽 500 hPa 环流形势

(a)2006 年 6 月 15 日 08 时;(b)2006 年 6 月 15 日 20 时

3.3　低涡分裂短波型

巴尔喀什湖北侧,西西伯利亚平原南部维持等高线闭合的冷性低涡。之后低涡打转变形,并移速缓慢,底部不断分裂短波并快速东移,短波通常在巴尔喀什湖附近东移(图 6),这使得水汽能够快速输送到垦区上空。中层 700 hPa 通常同样表现为低涡分裂短波东移,且略微落后于 500 hPa。低层 850 hPa 表现为巴尔喀什湖南侧高压脊东北上进入北疆偏西地区。这种高低空的配置使得高空的干冷空气叠置于低层槽前的暖湿气流上,易出现强对流天气。

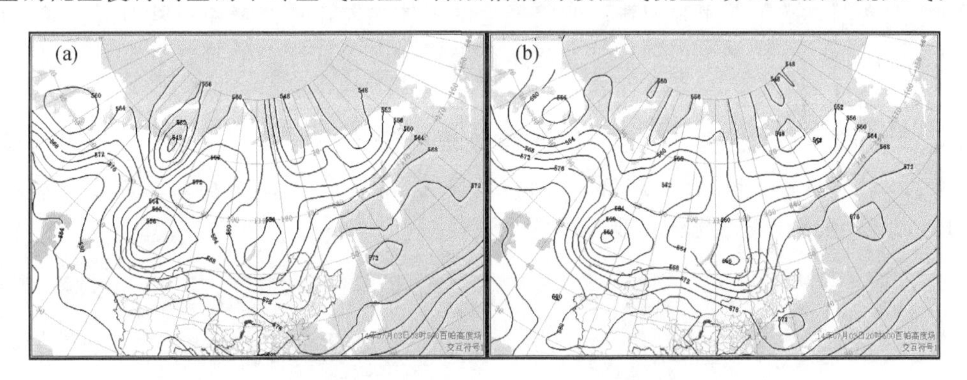

图 6　低涡分裂短波型 500 hPa 环流形势

(a)2014 年 7 月 3 日 08 时;(b)2014 年 7 月 3 日 20 时

强对流天气的高空形势与强对流云团的移动路径对比得出(表 2):高空气流是槽前云系东移的主导系统,地形只是起到辅助作用,500 hPa 高空槽前(或槽底)的风向可以指示强对流云体移动路径,并且云体总是在高空引导气流右侧移动或形成新的单体。

表 2　垦区 500 hPa 风向和同时次强对流云移动路径(截选部分个例)

年份	日期	垦区 500 hPa 风向	强对流云移动路径
2004 年	5 月 25 日	西风	自西向东
2006 年	5 月 25 日	西风	自西向东
2008 年	8 月 27 日	西北风	自北向东南
2010 年	7 月 10 日	西南风	自西向东北
2012 年	7 月 6 日	西南风	自南向东北
2014 年	6 月 16 日	西北风	自西北向东南

4 影响七师垦区的强对流云路径

在上述环流大背景下,针对这102个个例天气进行分析和总结,根据七师垦区范围内的冰雹云的生成、发展过程以及运动路径,以兵团第七师雷达站为基准坐标,可将其分为三条主要路径(图7)。

第一条路径为正西偏南路径。该路径上运动的冰雹云范围在260°~270°,沿着天山山脉向东移动,有时出现北挺现象。主要影响七师124团高泉区、乌苏市沿天山一带的乡镇和131团东区。该路径上云体主要由天山山脉云系分裂生成对流单体,并在天山南侧与天山下行气流交汇,沿着天山山脉向东行径,移出防区后逐渐消散。

第二条路径为正西略偏北路径。该路径上冰雹云范围在270°~290°,此路径上移动的冰雹云主要影响乌苏市古尔图镇、124团双河区、125团南区、130团和石河子下野地等团场。该路径的云体特点在古尔图镇上游戈壁滩生成、发展进入农田保护区之后,云体分裂成一个或多个单体,呈扩散式移动,北挺影响车排子垦区,东移影响125团南区,当移至奎屯、车排子、黄沟水库上空时,云体强度突增,影响130团和石河子下野地部分团场。此路径的云系在发展过程中往往携带软雹或冰雹,并伴有短时强降雨。

第三条路径为西北路径。主要影响范围在290°~345°,影响到七师126团、127团、123团、128团、129团以及130团等团场。此路径上的云体主要在甘家湖和托里山区形成,自西北向东或东南方向移动,路经车排子垦区。此路径上云体多为点源和传播型对流云,在移动和发展过程中,局部易出现短时暴雨或冰雹现象。

通过对这12年来的冰雹云数据分析研究,发现冰雹云出现在影响七师的三条移动路径上的概率统计结果为:第一条路径的冰雹云出现概率为22.5%,第二条路径的冰雹云出现概率为41.1%,第三条路径的冰雹云出现概率为36.4%。

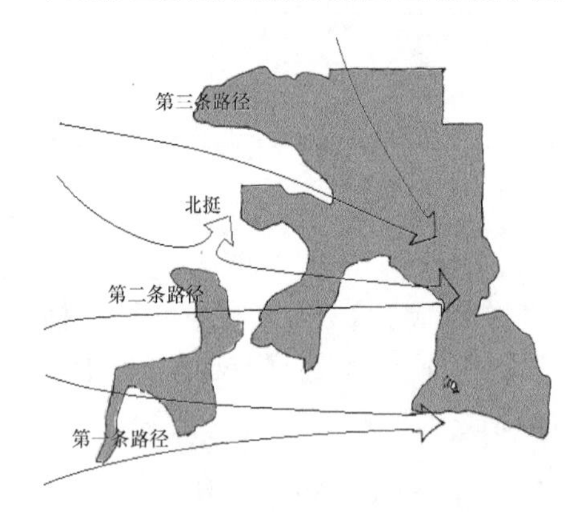

图7 影响七师垦区的三条路径

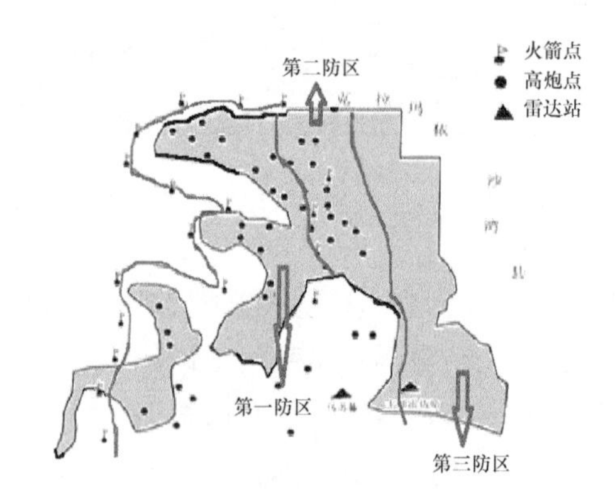

图8 人工防雹作业点部署

5 人工影响天气作业部署

七师联合防雹指挥部根据冰雹云的发生、发展规律,对七师范围内所有防雹增雨作业点实施了统一布局,建立了联合防雹增雨"三道防线",用以保护农田的三个农作物防护区(图8)。第一道防线布设了流动防雹火箭27架、高炮2门,北起北山山脚下,南至天山脚下,西面紧临甘家湖牧场，距离垦区农田保护区上游5～10 km范围内。利用防雹火箭车可移动的特点，对尚未进入农田保护区的冰雹云实施早期催化作业，促使冰雹云提前产生降水，达到化雹为雨的目的。事实上，第一道防线在实际作用中发挥出巨大贡献，将大部分预测可产生强对流的云体催化降水在牧场及戈壁地段。

第二道防线布设以防雹火箭和高炮联合作业为主，设防雹火箭19架和高炮20门。主要分布在沿七师垦区范围边界线。利用火箭射程高、范围广、速度快和高炮射点集中、作业量大、催化明显的特点，在空间上高低搭配，先以火箭将对流云强中心催化至边缘，再配合高炮对边缘迅速催化产生降水，这样使得对经第一道防线实施作业后减弱而进入农田保护区后又重新加强的冰雹云，或在保护区内新生成的冰雹云进行作业，最大限度地抑制雹云发展和加强，减轻冰雹灾害。

第三道防线由130团、129团、131团的18架防雹火箭和7门高炮组成。主要任务是对尚未完全消亡的冰雹云或新生冰雹云实施补充作业，进一步提高防雹效果。第三道防线上的部分流动火箭主要是对第二道防线的防雹力量进行协防，随时进入第二道防线进行穿插作业。以达到对尚未完全消亡的冰雹云或新生冰雹云实施补充作业，进一步提高防雹效果。

6 总结

(1)在对历史对流天气数据的研究分析上，得出七师垦区产生强对流天气的环流形势主要有纬向型、经向型、低涡分裂短波型，并且需要有利的高低空配置，加大大气层结不稳定性，促使发生强对流天气。

(2)得出500 hPa高空槽前(或槽底)的风向可以指示强对流云云移动路径，并且云体总是在高空引导气流右侧移动或生成新的单体。

(3)归纳影响七师垦区的冰雹云运动三条路径，针对这三条路径上冰雹云的发展特点，进行人工防雹工作部署，能够有效的干预冰雹云的进一步发展和加强，达到良好的催化效果，同时从经济实用性上大大节约了不必要的催化浪费，进一步提高了作业精度准度，为农业防灾减灾经济发展发挥积极作用。

参考文献

[1] 朱乾根，等．天气学原理和方法(4版)[M]. 北京：气象出版社，2007.

喀什地区大风日数的时空分布特征分析及其对设施农业的影响

王荣梅[1]　阿依仙木古丽·阿布来提[2]　余　岚[2]　阿布都克日木[2]　李风晶[2]

(1. 新疆维吾尔自治区人工影响天气办公室,乌鲁木齐 830002;2. 新疆喀什地区气象局,喀什 844000)

摘　要　利用1961—2010年喀什地区50a的大风资料,对喀什地区大风的时空分布特征进行统计分析。结果表明:喀什地区年平均大风日数为14.4 d;大风日数的高值区在喀什市为14.3 d;低值区在泽普为3.3 d。四季中以春夏季大风日数为最多,但由于地形的作用,托云和塔什库尔干的冬季大风最多;其他地区冬季为最少。月分布与整个喀什地区平均大风日数的分布是相同的,即偏北地区明显多于偏南和偏东地区。喀什市、英吉沙的大风天气主要集中在4—7月;岳普湖、伽师、莎车和麦盖提县的大风天气主要集中在5—8月;而叶城、泽普和巴楚的大风天气主要集中在6—7月。从时间上来看,整个地区年平均大风日数,从20世纪60年代到21世纪前10年逐渐减少,从19 d逐渐减少到12 d。月大风日数主要集中在4—7月,1月和2月最少。在时间序列上,喀什地区大风日数在1986年出现突变性减少;其中喀什市、泽普、麦盖提、塔什库尔干和托云未发生突变,而英吉沙、岳普湖、伽师、叶城、莎车、巴楚的大风日数均发生了突变性减少。同时,在列举研究区域大风灾害实例的基础上,研究了大风对喀什地区设施农业的不利影响。

关键词　喀什地区　大风日数　时空分布　突变分析　设施农业

1　引言

喀什地区位于新疆西南部,帕米尔高原东部,地形复杂,三面环山,北有天山南脉横卧,西有帕米尔高原耸立,南部是喀喇昆仑山,东部为塔克拉玛干大沙漠,地势由西南向东北倾斜。东西跨71°39′—79°52′E,约75 km;南北跨35°28′—40°16′N,约535 km。全区总面积16.2万km^2,属下有12个县市(图1)。境内所存在的气象灾害主要是有低温、冰雹、大风、沙尘暴、浮尘天气频繁,其中大风是该地区春夏季频繁发生的气象灾害之一。喀什地区的大风通常是较强冷空气翻越天山后造成的。该地区的大风天气对喀什地区的农牧业、林果业、设施农业、交通、人民的生命财产和国民经济带来不利影响;大风还增强蒸发作用,使作物水分失调而受旱[1]。例如,1994年5月9日,英吉沙县遭大风袭击,造成农作物受灾面积12360 hm^2,32%的棉花重新种植,损毁大棚78个;电杆、房屋、牲畜圈也遭受到不同程度的损失,直接经济损失1456.2万元。1998年3月17日,出现在伽师县的大风灾害造成2.7万棵树被吹倒,1223只羊羔被冻死,403间棚圈倒塌;农作物受灾面积2533.3 hm^2,直接经济损失178万元。2009年6月30日的大风造成果树1.1万亩受灾,吹毁杏树1.84万株,成熟杏子损失826.4 t,直接经济损失164.28万元。经研究可得,喀什大风受灾农田面积呈急剧上升趋势[2]。因此,研究喀什地区大风的时空分布对提高防灾减灾、风能资源的开发利用和增加农民收入等方面是很有价值的。

陈洪武等[3]研究得出,1961—1999年北疆和南疆的大风日数总体上是减少趋势,而东疆大风日数没有明显的增减趋势,波动趋势在50 d左右。李耀辉等[4]研究得出,1960—2000年的41年间的大风日数呈减少趋势,其中新疆西北部、甘肃河西走廊西部和陕西东部地区减少最明显;大风天气最多的季节是春季;其次是夏季。王旭等[5]利用新疆90个气象观测站1961—1999年大风日数资料,得出北疆西北部、东疆和南疆西部是大风的高值区。刘海涛等[6]使用南疆33个气象站1960—2010年大风日数资料,结果发现,大风集中分布在南疆西部的克州、喀什和南疆东部的哈密地区,主要在4—7月出现。本文通过对喀什地区大风特征进行分析,了解该地区大风的时空分布气候变化特征,为预报服务提供重要的参考依据。

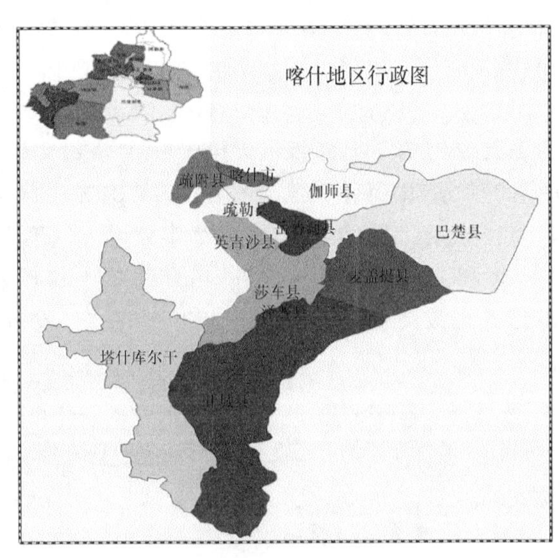

图1 喀什地区行政区划图

2 资料与方法

本文采取了1961—2010年50a的逐月大风出现日数资料,用喀什市、英吉沙、伽师、岳普湖、莎车、泽普、叶城、巴楚、麦盖提县和两个高山区:塔什库尔干县(南部)和托云(北部)等11个地面气象观测站的平均大风观测资料,建立各月和全年的平均大风日数的时空分布进行分析。其中,喀什市和塔什库尔干为基准站。莎车,巴楚、麦盖提和托云为基本站,24 h值守班。英吉沙、伽师、岳普湖、泽普、叶城为一般站,夜间不守班,每天进行3次定时观测。按照《地面气象观测规范》[7]中规定,瞬间风速达到或超过17 m/s(或目测估计风力达到或超过8级)的风,记为大风,若某日中有大风出现,称该日为大风日。此外,根据累年的经验累积,夜间不守班期间,只要20时至翌日08时任一10 min平均风速达到10.0 m/s,则夜间补记大风[8]。根据喀什地区的地理位置和各站大风的代表性情况,选用喀什地区的喀什市、英吉沙、伽师、岳普湖代表偏北地区;莎车、泽普、叶城代表偏南地区;巴楚、麦盖提代表偏东地区;塔什库尔干(南部)和托云(北部)分别代表南部高山区和北部高山区;由于塔什库尔干和托云特殊的地理位置和地形,是大风频发区,在分析过程中,将把两个站址分别考虑。

所有的数据来源于喀什地区各县气象局标准的地面气象观测站资料。经过检查,数据质量高,时间序列长短统一。按照气象统计,把季节划分为,春季3—5月,夏季6—8月,秋季9—11月,冬季12月至翌年2月。生成逐季、逐年序列。为了分析大风日数的变化趋势,使用克里格差值方法,绘制喀什地区的年、季节大风日数的空间分布,同时还采用Mann-Kendall突变检验方法来分析大风日数的时间序列变化趋势和突变点。

3 喀什地区大风空间分布

3.1 年大风日数的空间分布

从喀什地区年平均大风日数的空间分布图可以看出(图 2),喀什地区年平均大风日数平均值为 14.4 d。根据年平均大风日数,将喀什地区划分为大风天气多发区(年均大风日数 7～15 d)、较多区(年均大风日数 4～7 d)和较少区(年均大风日数小于 4 d)。按照分布区域大小分析,大风多发区有喀什偏北地区的喀什市,达 14.3 d、岳普湖为 9.5 d、英吉沙为 7.7 d、伽师为 7.4 d 和偏南部地区的麦盖提为 7.5 d,即每年大风天气在 7～15 d 之间;其次是较多区,有莎车和巴楚(均为 3.9 d)等 2 个站,即每年大风天气在 3～4 d;较少区主要分布在偏南地区的大部分地区,有泽普(3.3 d)和叶城(3.8 d)等 2 个站,每年大风天气不到 4 d;多发区、较多区和较少区分别占 55.6%、22.3%和 22.3%。除此之外,塔什库尔干和托云的年平均大风日数分别是 34.22 d 和 58.96 d,但其海拔高度比周围高出 3000 m 左右,没有代表性,因此这两个高山区不作为大风中心。

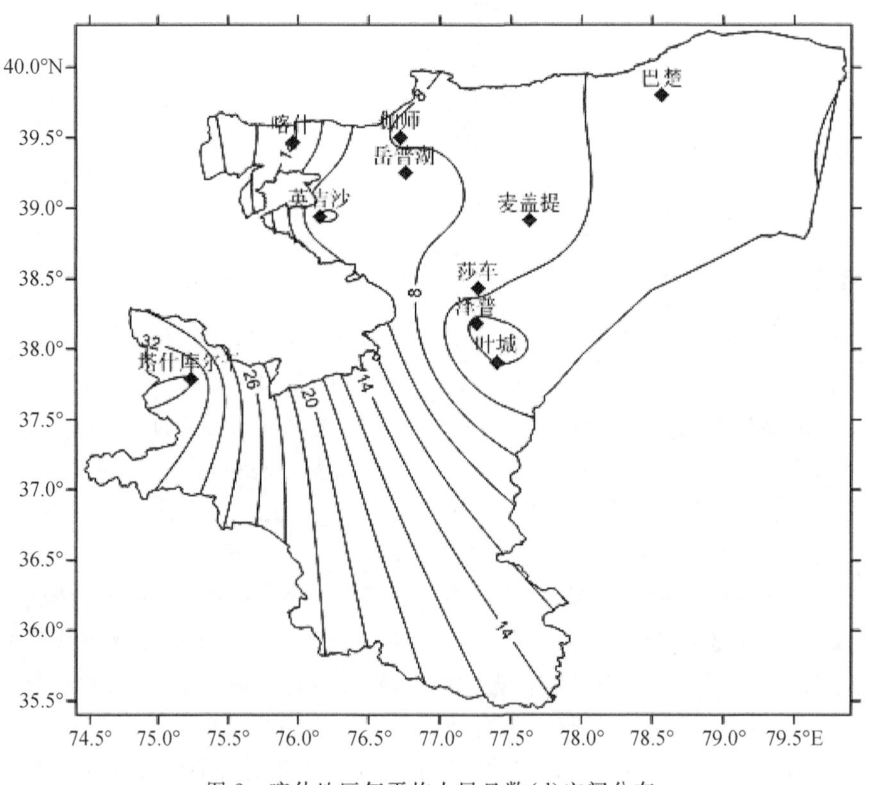

图 2 喀什地区年平均大风日数(d)空间分布

3.2 四季大风日数的空间分布

喀什地区属典型的大陆性气候,四季分明,不同季节大风分布差异很大。春季(图 3a)大风分布最广泛,偏北地区大风日数较多,偏南、偏东地区较少。偏北地区出现 2 个季平均大风日数大于 5 d 的高值中心,其中喀什市的大风日数为最多,达 5.9 d;岳普湖次之，为 4.6 d，在各季中最多，占全年大风日数的 48%；居第三位的是英吉沙，为 3.9 d；伽师第四，为 3.1 d；另外偏南区域的莎车县为 3.6d。偏南、偏东地区的春季平均大风日数在 3 d 以内。最少的是偏南区域的泽普县和叶城县，均为 1.9 d 左右。山区塔什库尔干和托云为 17～19 d；

夏季（图 3b）大风分布范围较广，高值区域的大风日数较春季有所增多，还是出现 2 个季平均大风日数大于 4 d 的中心，喀什市为 6.8 d，占全年大风总日数的 47.5%；岳普湖为 4.3 d。夏季最少大风日数出现在泽普，为 1.2 d，其次是叶城，为 1.8 d。此外，山区塔什库尔干为 8.6 d、托云为 2.4 d。

秋季（图 3c）大风日数为比春夏季少。高值区仍在喀什市，为 1.3 d；占全年大风总日数的 9.1%；其他地县的秋季大风日数不到 1 d。山区塔什库尔干为 4.18 d、托云为 11.1 d。

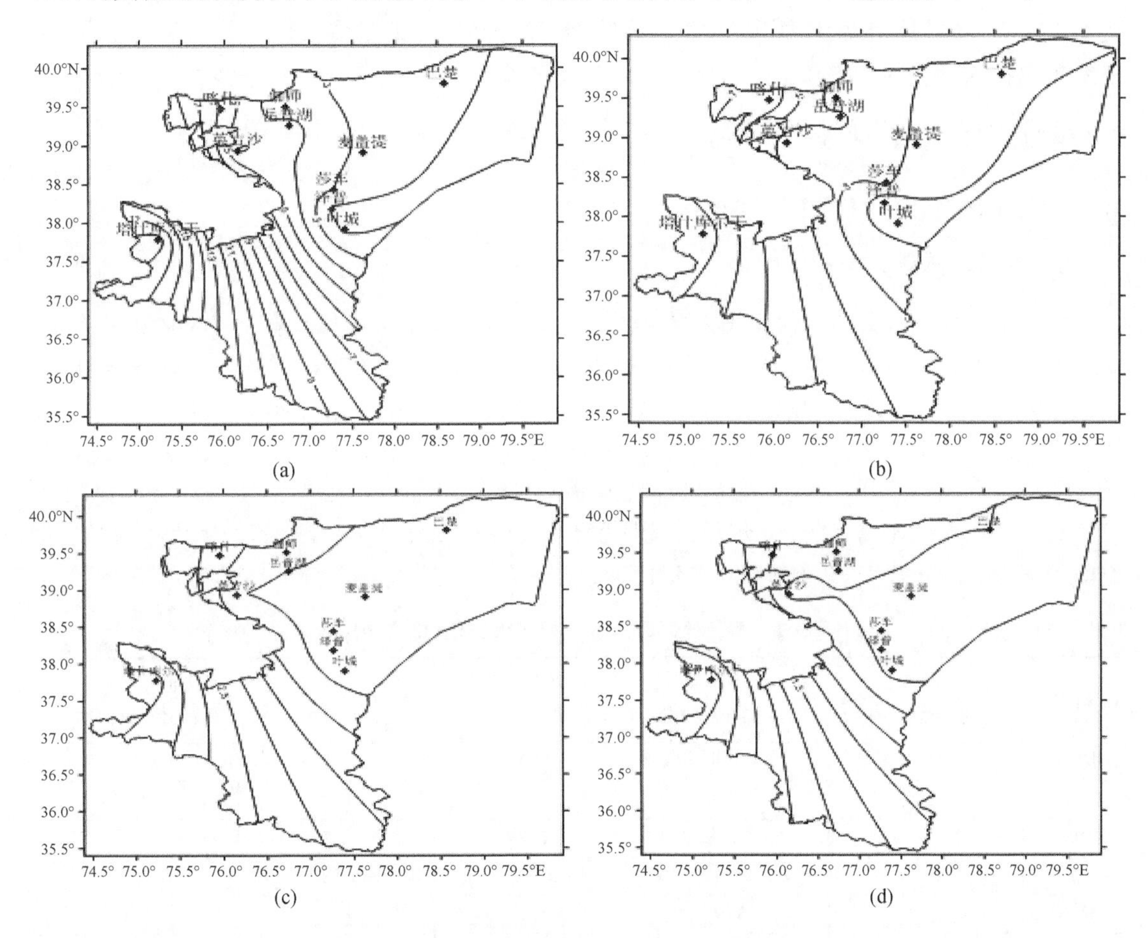

图 3　喀什地区各季大风日数(d)空间分布

(a)春季，(b)夏季，(c)秋季，(d)冬季

冬季（图 3d）大风平均日数各县市都不到 1 d，喀什偏北地区的大风日数明显多于偏东和偏南地区。喀什市最多，仅占全年大风总日数的 2.8%；莎车和叶城近 50a 来，冬季无大风出现。这主要是因为冬季冷空气受天山山脉的阻挡，很难深入南疆地区所致。

在空间分布上，四季平均大风日数与年均大风日数的空间分布是一致的。四季中以春夏季大风日数为最多，秋季次之，冬季最少。由于喀什地区地理位置较特殊，南、北、西面环山，通常是较强冷空气翻越天山进入盆地后,高空上影响系统快速减弱东移,地面冷空气才会向东南爆发翻山进入南疆盆地造成大风。多数大风高值区以春夏季大风为最多,但托云、塔什库尔干冬季大风最多,分别为 8.7 d 和 3 d;可见地形对大风天气的产生具有重要作用。春、秋季冷暖空气交替频繁,地区间气压梯度大,常出现大风天气;夏季多强对流天气出现阵性大风;冬季大气层结稳定,且地面辐射冷却形成逆温层,大部分地区大风出现少。

3.3 各月大风日数的空间分布

各月大风日数空间分布与年、季大风空间分布特征较一致,均表现为偏北区域明显多于偏南和偏东区域。喀什市 4—7 月最多,为 2～3 d,其中 6 月份最多,为 3.2 d;英吉沙也是 4—7 月最多,但是大风日数比喀什市的少,为 1～2 d;岳普湖、伽师、莎车和麦盖提县的大风天气主要集中在 5—8 月份,大风日数为 1～2 d;而叶城、泽普和巴楚的最多大风日数为 1 d 左右,并主要集中在 6—7 月(略图)。

4 喀什地区大风时间分布特征

4.1 大风的年代变化和季节变化

4.1.1 大风的年代变化

喀什地区大风日数的年代变化情况见表 1。整个地区年平均大风日数从 20 世纪 60 年代到 21 世纪前 10 年逐渐减少,从 19 d 逐渐减少到 12 d。喀什市、英吉沙、伽师、叶城、莎车和麦盖提,20 世纪 60 年代到 21 世纪前 10 年大风日数逐渐减少。泽普、塔什库尔干和托云 60 年代比 70 年代少,从 70 年代到 21 世纪前 10 年年平均大风日数逐渐减少趋势。岳普湖也是 60 年代比 70 年代少,但是到了 90 年代大风日数为最少,进入 21 世纪以后又是增长趋势。巴楚大风日数的年代变化比较复杂,80 年代大风日数最多,90 年代最少,60 年代、70 年代相当,21 世纪前 10 年比 90 年代多,60 年代和 70 年代少。

表 1 喀什地区大风日数的年代变化(单位:d)

站点	20 世纪 60 年代(1961—1970 年)	20 世纪 70 年代(1971—1980 年)	20 世纪 80 年代(1981—1990 年)	20 世纪 90 年代(1991—2000 年)	21 世纪前 10 年(2001—2010 年)
喀什市	23.6	21.9	14.4	7.7	4
英吉沙	16.8	10.4	6.7	2.4	2.3
伽师	12	10.9	7.8	3.7	2.7
岳普湖	8.5	19.7	14.2	2.2	3.1
泽普	3	5.8	4.1	2.4	1.1
叶城	7.3	4.7	2.6	2.2	2.6
莎车	16	6.4	6	2.1	3.9
巴楚	4.9	4.9	7.6	2.9	3.9
麦盖提	16.7	12.3	4.6	2	1.9
塔县	14.8	28.9	45	41.7	40.7
托云	78.4	61.9	54.4	36.4	63.7
全地区	18.4	17.1	15.2	9.6	11.8

4.1.2 大风的季节变化

从表2可以看出,喀什地区多年平均季节大风日数3～60 d。其中泽普最少,为3 d,托云最多,为59 d,(高山区);其次是塔县,为34 d(高山区);喀什市的季节大风日数比其他县多,为14.3 d,接近喀什地区季节大风日数。整个地区4—8月大风日数较多。喀什市4—7月大风日数较多,月大风日数2～4 d。英吉沙、伽师、岳普湖、莎车、麦盖提县5—6月大风日数较多,月大风日数2 d。泽普、叶城、巴楚也是5—6月大风日数较多,月大风日数1 d。塔县5—7月大风日数较多,月大风日数5～8 d。托云4—8月大风日数较多,月大风日数5～9 d。

表2 喀什地区大风日数的季节变化(单位:d)

站点	1月	2月	3月	4月	5月	6月	7月	8月	9月	10月	11月	12月	合计
喀什市	0.1	0.2	0.8	2.1	3.0	3.2	2.5	1.1	0.5	0.4	0.4	0.1	14.3
英吉沙	0	0	0.3	1.3	2.4	1.7	1.1	0.4	0.3	0.1	0.1	0.1	7.7
伽师	0	0.1	0.2	1.2	1.7	1.8	1.0	0.6	0.3	0.2	0.2	0.1	7.4
岳普湖	0	0.2	0.6	1.6	2.4	2.4	1.3	0.6	0.2	0.2	0.1	0	9.5
泽普	0	0	0.2	0.7	1.1	0.9	0.2	0.1	0.0	0.0	0.1	0	3.3
叶城	0	0	0.1	0.6	1.2	1.2	0.4	0.2	0.2	0.1	0	0	3.9
莎车	0	0	0.2	1.0	1.9	2.0	1.0	0.6	0.2	0.1	0	0	6.9
巴楚	0	0.1	0.3	0.9	1.1	0.9	0.9	0.4	0.1	0.1	0.1	0	4.8
麦盖提	0.0	0.1	0.3	1.4	1.9	2.3	1.1	0.4	0.2	0.1	0.1	0	7.5
塔县	0.8	0.7	1.4	3.7	6.8	7.9	5.5	1.9	1.1	1.3	1.8	1.0	34.2
托云	2.8	2.9	4.1	6.2	7.5	8.4	7.8	5.3	4.0	4.0	3.1	2.9	59.0
全地区	0.3	0.4	0.8	1.9	2.8	3.0	2.1	1.0	0.6	0.6	0.5	0.4	14.4

4.2 突变分析

气候突变是指从一个平均值状态到另一个平均值状态的急剧变化。它表现为气候在时空上从一个统计特性到另一个统计特性的急剧变化[9]。利用Mann-Kendall非参数统计检验法来分析喀什地区大风日数的突变特征,显著性水平为0.01($U_\alpha=\pm2.56$)(图4)。结果表明,喀什地区的大风日数*UF*曲线总体呈下降趋势,在20世纪60年代表现为波动的增加趋势,70年代初期开始有明显的下降趋势,但从70年代后期到80年代初期略有增加,从1983年开始到现在大风日数下降趋势很明显;在1985年*UF*值减少趋势开始凸显,并在1986年与*UB*曲线出现交点,突变点位于显著性区域内,表明大风日数在1986年出现突变性减少的趋势。在1994年后*UF*曲线超过临界值,呈显著性减少趋势,突变时间为1994—2010年。喀什市的大风日数自70年代开始呈显著下降趋势,1991年之后为突变时段,但突变点不明确。岳普湖从80年代初期开始下降趋势,并在2002年后发生了突变性减少趋势;在2005年后*UF*曲线超过临界值,呈显著性减少趋势,突变时间为2005—2010年。伽师大风日从1973年开始下降趋势,*UF*和*UB*曲线在±2.56信度线内相较于1995年,*UF*曲线呈现下降的趋势,说明伽师县1995年发生了显著的减少性突变。英吉沙大风日从1964—1972年呈上升趋势,并在1973年开始下降趋势明显,1987年在信度线内发生了突变性减少,突变时间为1988—2010年。叶城在 1961—1982 年期间呈现波动变化，同样表明了大风日数的上升和下降趋势交替变化，1983 年开始下降趋势，1989 和 1992 年 *UF* 和 *UB* 曲线相交，*UF* 曲线随后下降趋势；而 *UB* 曲线稳定了几年后持续上升。因此，可以说明在 1989 年和 1992 年发生了两次突变。泽普在 1969—1983 年呈上升趋势，其他时间均为下降趋势，但在信度线内没有发生突变。莎车县 *UF* 曲线从 1967 年开始就以下降倾向占优势，之后 *UF* 和 *UB* 曲线在 1973 年相交，*UF* 曲线迅速下降，*UB* 曲线则迅速上升，并都稳定的超过信度 $\alpha=0.01$ 的置信线，在±2.56 临界值之间有一个交点(1973 年)；表明大风日数下降的趋势显著，突变时间为 1974—2010 年。巴楚的大风日数上升或下降趋势不明显，在 2001 年发生一次突变性减少。麦盖提从 1970 年开始明显的下降趋势，但在±2.56 临界值之间没有相交，无法确定为突变点。塔县 1961—1980 年是大风日数下降趋势明显，从 1981—1994 年略有上升，1994 年以后上升或下降趋势不明显，并且在信度线内无相交，没有发生突变。托云 1970—2001 年一直处于下降趋势，从 2002 年开始又是上升趋势，并在信度线之内没有发生突变。总之，除了喀什市、泽普、麦盖提、塔什库尔干和托云未发生突变外，其他站点均有发生突变。

5 大风天气的变化对设施农业的影响

目前，我国农业正处于由传统农业向现代农业转变阶段，设施农业作为现代农业的重要生产方式之一。设施农业具有高投入、高回报、高风险的特点，既要承受来自市场波动的风险，更要接受自然环境的变化影响[10]。近几年来，喀什地区不断优化和加大农村产业结构调整，增加农民收入，由于其特殊的自然气候环境和地理位置，非常适合发展设施农业。当前，喀什设施农业共有 5.7 万亩，做大做强“菜篮子”工程将是喀什地区发展农业、增加农业收入的重要发生方向。而大风是喀什地区设施农业生产中主要存在的农业气象灾害之一，出现大风灾害

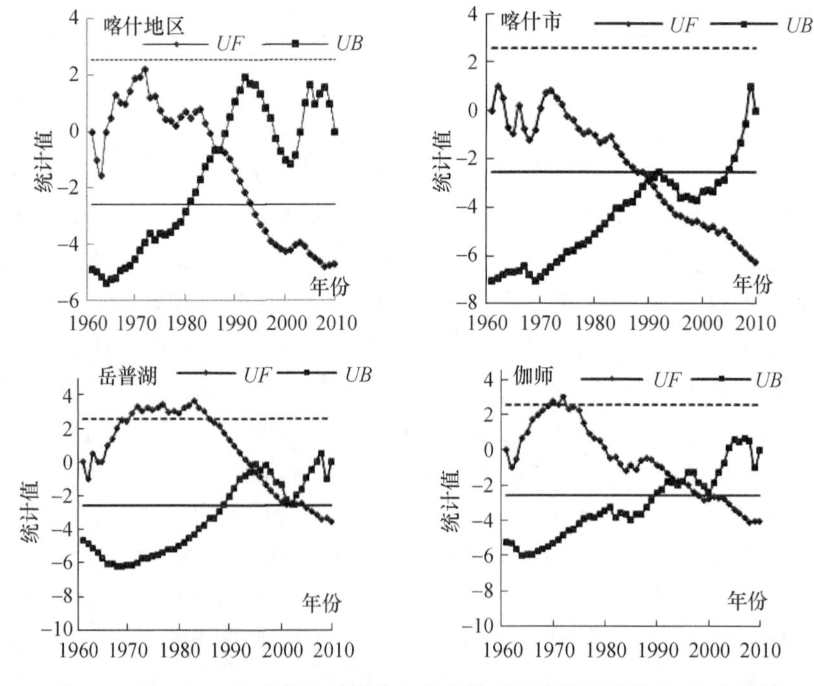

图 4 1961—2010 年喀什地区平均大风日数时间序列突变检验 M-K 统计

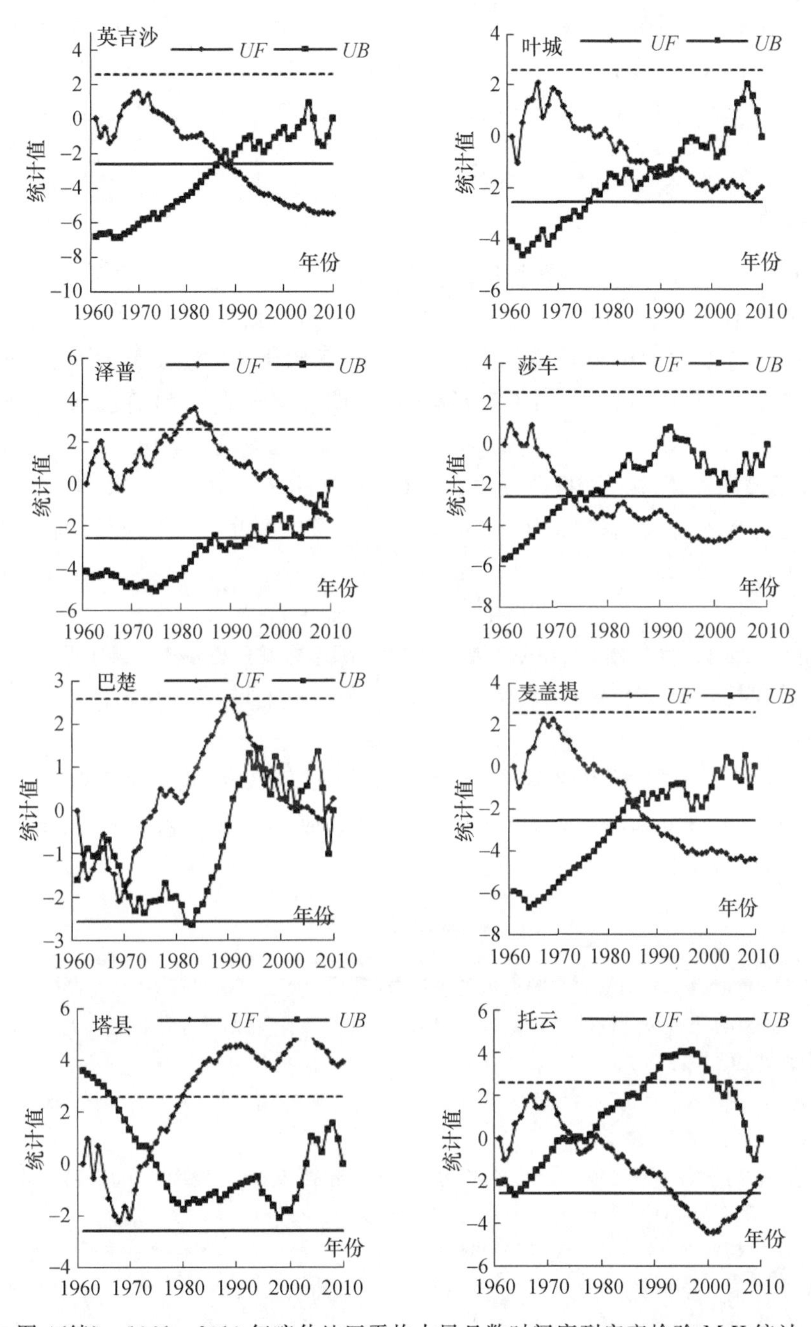

图 4(续) 1961—2010 年喀什地区平均大风日数时间序列突变检验 M-K 统计

后对室内的蔬菜产生危害,它使棚膜被大风撕裂、蔬菜和瓜果遭受低温的冷害,会造成部分弱苗发生冻害或苗床被大风吹落。2003 年 4 月 5 日麦盖提县出现的大风灾害使 13.75 亩的大棚受灾,拱棚瓜受灾面积 5 亩。2004 年 4 月 23 日泽普县出现的大风灾害使 534 座温室大棚薄膜被刮破,部分幼苗被吹落;2006 年 4 月 9 日英吉沙、莎车和叶城县出现的大风,受损 1187 座大棚、322 座小拱棚,造成一定的经济损失。2009 年 4 月 1 日的大风受灾拱棚 61 座,经济损失 11 万元,受灾温室蔬菜 67.3 hm^2,经济损失 20.4 万元。为进一步提高喀什地区设施农业的经济效益,必须了解自然规律以及存在的生产问题,才能从栽培和管理的角度,寻求更加科学合理的解决办法,从而使喀什地区设施农业朝着特色化、规模化、产业化方向发展。因此,预防大风天气对设施农业造成的危害,寻求减灾的防治措施,对喀什地区发展设施农业具有重要的现实意义。

6　结论与建议

(1)喀什地区大风日数地域分布特征是偏北地区的大风日数高于偏东偏南地区的大风日数,大风日数的高值区在喀什市,为 14.3 d;低值区在泽普,为 3.3 d。

(2)四季中以春夏季大风日数为最多,但由于地形的作用,托云、塔什库尔干冬季大风最多;其他地区冬季为最少。就月分布来看,偏北地区明显多于偏南和偏东地区。喀什市、英吉沙的大风天气主要集中在 4—7 月;岳普湖、伽师、莎车和麦盖提县的大风天气主要集中在 5—8 月;而叶城、泽普和巴楚的大风日数主要集中在 6—7 月。

(3)喀什地区年平均大风日数,从 20 世纪 60 年代到 21 世纪前 10 年逐渐减少,从 19 d 逐渐减少到 12 d。

(4)喀什地区各月大风日数主要集中在 4—7 月份,1 月、2 月最少。

(5)在时间序列上,喀什地区大风日数在 1986 年出现突变性减少;其中喀什市、泽普、麦盖提、塔什库尔干和托云未发生突变,而英吉沙、岳普湖、伽师、叶城、莎车、巴楚的大风日数均发生了突变性减少。

(6)近 50 年喀什地区均发生风灾,并在不同程度上给农、林、牧业及其设施农业、人民生活和生产带来了损失。因此,在今后的设施农业发展中,应充分考虑大风灾害,多方面做好大风灾害预防措施的准备工作。

参考文献

[1] 阿尼尔·卡拉帕,道然·加帕依. 东疆大风的统计分析[J]. 沙漠与绿洲气象,2008,**2**(3):41-43.

[2] 满苏尔·沙比提,陆吐布拉·依明. 南疆近 60 年来大风灾害特征及其对农业生产的影响[J]. 干旱地区农业研究,2012,**30**(1):265-269.

[3] 陈洪武,辛渝,陈鹏翔,等. 新疆多风区极值风速与大风日数的变化趋势[J]. 气候与环境研究,2010,**15**(4):479-490.

[4] 李耀辉,张存杰,高学杰. 西北地区大风日数的时空分布特征[J]. 中国沙漠,2004,**24**(6):715-723.

[5] 王旭,马禹. 新疆大风的时空统计特征[J]. 新疆气象,2002,**25**(1):12-13.

[6] 刘海涛,刘海红,韩春光,等. 南疆大风气候特征分析[J]. 干旱区资源与环境,2014,**28**(3):148-154.

[7] 中国气象局. 地面气象观测规范[M]. 北京:气象出版社,2003:21-27.

[8] 林苗青,杜勤博,翁武困. 近 40 年南澳县大风特征分析[J]. 气候与环境学报,2010,**26**(4):48-52.

[9] 魏凤英. 现代气候统计诊断与预测技术[M]. 北京:气象出版社,2007:63-66.

[10] 张广平,周翠芳,伍一萍. 石嘴山市大风日数的气候特征及对设施农业的影响[J]. 农技服务,2009,**26**(10):122-123.

人工影响天气管理工作经验与方法

陕西省人工影响天气作业队伍管理的几种模式

曹永民　董文乾　刘映宁

（陕西省人工影响天气办公室，西安 710015）

摘　要　通过对陕西基层人工影响天气作业人员教育、年龄、从业时间等分析，发现人员待遇低、稳定性差，三年人员流失率达40%。总结了陕西三种特色人员管理模式：民兵预备役模式、榆林县乡二级政府管理模式（乡镇模式）以及渭南的县防雹站管理模式，而预备役模式又细化为陇县女子防雹连、榆林女子治沙连、陕西省预备役防灾减灾指挥中心等。文中比较分析了它们的优缺点，提出了陕西作业人员管理思路。

关键词　人工影响天气　作业队伍　管理模式

1　引言

经过半个多世纪的发展，陕西省人工影响天气（以下简称人影）工作从无到有、从有到多、从多到强，形成了机构完整、规模庞大、管理有序的人影业务体系，已成为地方政府防灾减灾的重要组成部分。目前，全省有11个省市级89个县共建立了100个人影管理机构（陕西全省总共99县），这些机构或为人影办、或为人影领导小组、或为防灾减灾中心，代表地方政府依法监管当地人影活动、制订人影工作计划、组织实施人影作业。至于作业装备，现共有328门三七高炮、392副火箭发射架和45台烟炉应用于地面人影业务，2架增雨飞机应用于空中人影业务，年消耗炮弹7万余发，火箭弹8000多枚，增雨飞行60余架次，作业范围覆盖全省所有县市。与业务规模相应的是庞大的作业人员队伍，截至2015年底，全省共有各类作业人员1826人，其中1375人为临工或农民工，他们受聘县气象局或当地乡镇政府，季节性从事人影作业，其余近400多人为气象局或地方单位在编职工，从事人影管理、作业指挥、保障服务、人员培训及部分炮箭的操作任务。加上省上的人影小分队，有275人纳入民兵预备役管理。

2　作业队伍现状

2.1　构成分析

性别比例。全省共有137名女职工，占作业人数的7%，这当中大多数为宝鸡市辖县区从业人员，其中以陇县女子防雹连为主的58人民兵预备役队伍中有47名女兵，榆林女子治沙连有6名女兵，说明预备役模式在吸引女性从业者方面具有优势。除此之外，渭南有少数女职工，其他市县极为个别（图1）。

教育程度。初中以下学历者最多，占总人数的45%，其次为高中专学历，占42%，大专以上仅占13%，显示从业者总体教育程度不高（图2）。

年龄构成。呈现中间大、两头小分布，过半数（51%）年龄在36～49岁，35岁以下和50岁以上人数相当（根据《陕西省人工影响天气管理办法》相关规定，各市、县正在逐年更替50岁以上人员,现此办法正在修订,拟放宽至60岁)。但考虑到35岁以下可工作年龄跨度较50岁以上要长得多,事实上35岁以下的年轻人分布最少(图3)。

从业时间。与年龄分布相反,从业时间呈现两头大、中间小格局,从业时间不足3年的最多,占40%,超过10年的占33%,4～9年的最少,只占27%(图4)。

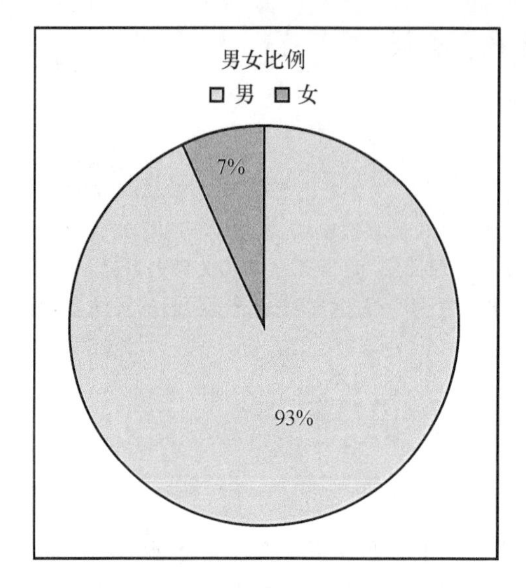

图1 陕西省人影作业人员男女比例

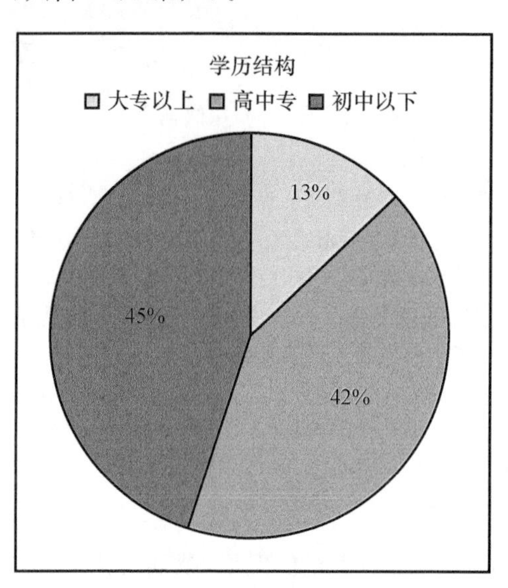

图2 陕西省人影作业人员学历结构

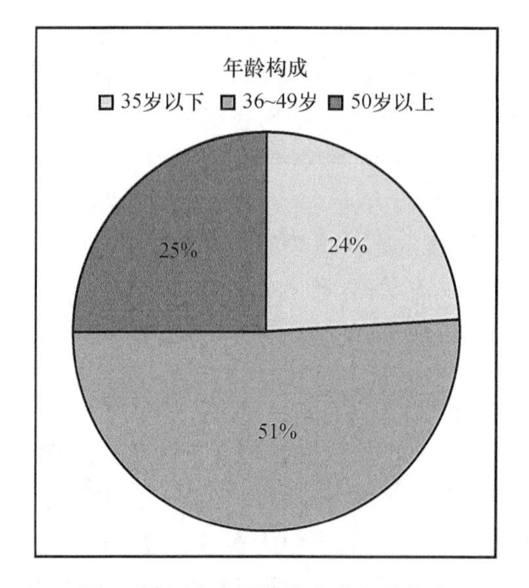

图3 陕西省人影作业人员年龄构成

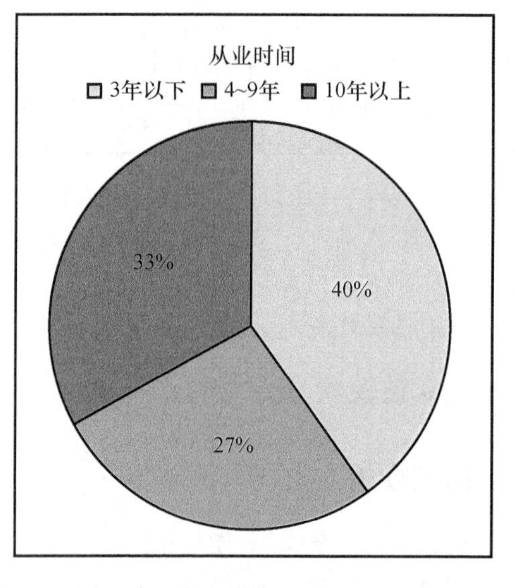

图4 陕西省人影作业人员从业时间

2.2 存在问题

流动性强。综合从业时间与年龄分布发现,基层作业人员流动性强,稳定性差。相当一部分(40%)人员干不满3年;50岁以上从业时间相对较长,为较稳定从业者;部分人员是在36岁以后才开始从事人影作业工作,年轻人从业意愿不高。使得技能操作培训任务重、成本高,也易成为潜在的安全隐患。

待遇差。作业人员工资来源一般为地方政府或气象局自筹，待遇因从业者的雇佣性质差异很大。气象系统在编职工和纳入地方乡镇编制（地方事业工人、地方事业干部）的作业人员有稳定的财政支撑，收入与当地一般水平相当。民兵预备役和聘用人员只是季节性发放，一般一年只发放6～7个月。民兵预备役每月有600元、900元和1100元三个档次的劳动待遇。临时聘用人员的收入总体很低，因地区差异较大，年收入600～4000元不等，相当一部分每年仅领取1000来块钱的作业补助。渭南公益性岗位每月有600元收入。火箭手的待遇总体好于炮手待遇。相比较而言，民兵预备役和公益性岗位收入待遇较临聘人员要好些。

3 民兵预备役模式

人影作业人员实行民兵预备役管理制度，是贯彻军民融合发展战略（注：近日，国务院批复西安为军民融合发展试点城市）、全面提高陕西省人影作业队伍规范化管理水平和军事化、专业化训练水平的有力举措，是加快陕西省人影防灾指挥体系、作业应急保障能力的现实需要和重要组成部分。经过多年的发展，在陇县女子防雹连的影响带动下，衍生出榆林女子治沙连、省级人影预备役作业队伍、高炮师人影培训基地等形式。

3.1 陇县女子防雹连

1974年5月，陕西省第一支民兵预备役连队——陇县女子防雹连组建成立（图5，图6）。42年来，在军队和地方各级党委、政府领导下，连队多次被授予“防雹英雄女民兵连”“民兵预备役基层建设标兵”和“学雷锋标兵单位”称号，多次被评为全国人工影响天气工作先进集体、“三八”红旗集体、基层民兵先进单位和精神文明建设先进单位，以实际行动谱写了一曲可歌可泣的当代防雹巾帼英雄之歌。

图5 陕西省第一支民兵预备役连队

图6 陕西省陇县女子防雹连

陇县民兵预备役现共有58人，男队员11名，女队员47名，占81%。最大年龄60岁，最小18岁，平均年龄33岁。从年龄分布上看，35岁以下是绝对主力，占60%，其中25岁以下的新生代占到了26%，36～49岁年龄段占33%，50岁以上仅7%（图7）。从年龄组成上看，是一个以中青年为主，年轻人不断加入的队伍。这一点与全省状况有很大的不同，其他地方首次进入这个行业的年龄偏大。

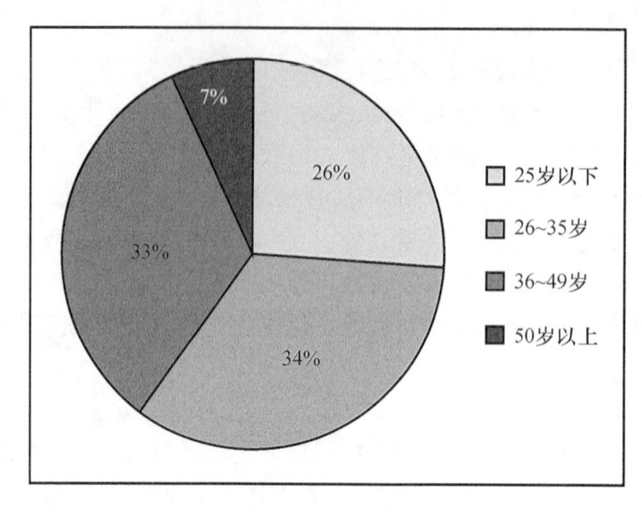

图7　陕西省陇县民兵预备役年龄构成

预备役成员大多数为初中毕业,但防雹业绩不俗,在陕西乃至全国很有影响,也说明只要加强培训,学历程度不是问题。

民兵预备役人员的工资由县乡两级政府季节性发放,只发下半年部分,每月有600、900和1100元三个档次。

陇县女子防雹连的精神体现为:“扎根山区,献身使命。”“管天惠民,精武强能。”“不怕困难,敢于胜利,崇尚荣誉,永葆本色。”

3.2　榆林女子治沙连

女子治沙连是陇县女子防雹连的榆林版,由7名常驻队员和分布在各乡的近300名预备役成员构成(图8)。女子治沙连驻地在榆林市西北方向约80 km的陕蒙交界地带,属毛乌素沙地边缘的无定河上游农业产区。长期以来,该连以沙漠治理为主要使命,取得了不俗的成绩,得到了政府、社会普遍认可,国家领导多次到基地视察调研。近年来,随着地方经济的发展和防灾减灾工作的需要,治沙连被赋予了人工增雨防雹的职能。榆林市区两级政府拟将治沙连打造成一个集沙漠治理、增雨防雹、人影科普和沙漠观光(红色旅游)的综合基地,成为科普宣传的一张名片。

图8　陕西省榆林女子治沙连

3.3 预备役人影防灾指挥中心暨外场训练基地

2015 年 6 月，根据省气象局与省军区预备役高炮师签署的合作协议，陕西省选拔 109 名基层作业骨干，组建人影预备役应急作业分队(图 9)，并纳入预备役编组。目的是利用军队物资装备、队伍管理、技能训练优势和基层人影作业骨干的业务优势，打造一支作风过硬、技术优良、操作规范的人影作业应急队伍。

图 9　陕西省组建人影预备役应急作业分队

图 10　陕西省应急作业分队升格为预备役人影防灾指挥中心

应急分队主要任务有三项：一是解决地方人影发展不均衡的问题，当有重大作业过程时，由省人影办作为应急力量在全省范围调遣，帮助地方完成作业任务；二是作为培训教员，根据技术专长，应急队员分作业、通信、维修、后勤四个专业小组，参与设备年检维修和作业人员培训，依托其开展全省人影作业技能大赛；三是作为技术推广目的，非应急需要时，小分队将充实到各市人影作业业务机构，通过其传帮带和模范作用，推广人影新装备、新技术、新成果，带动地方提升人影作业水平。

2016 年 3 月，应急作业分队升格为预备役人影防灾指挥中心(团级)，在省气象局举行了成立仪式(图 10)，高炮师副师长兼参谋长陈泽清大校出席大会，宣读了主要干部任命，向预编单位授牌。目前，预备役人影防灾指挥中心预编作业指挥人员 111 名，今年的作业装备年检任务即由预备役人影防灾指挥中心承担。

图 11　陕西省某高炮师与省气象局共建户县人影外场训练基地

根据合作协议，高炮师与省气象局共建户县人影外场训练基地，利用部队师资、场地及后勤保障设施，承担全省人影作业技术培训任务(图 11)。目前基地已经完成了全省首届人影技能比武大赛和两期地面作业骨干约 600 人的培训任务。远期规划，拟将人影外场训练基地建设为全国示范基地和人影培训典型，承担全国人影作业培训任务。

4　榆林县乡二级政府管理模式

近些年来，榆林的人影工作紧贴地方实际与国家政策导向，干得风生水起、更上层楼，多项工作走在了全省甚至全国的前列。建立了规模较大、功能齐备、环境优美的飞机外场增雨基地,是全国为数不多独立开展飞机增雨的地市之一。总结出了"政府主导、部门合作、气象指挥、镇村实施"的十六字工作方针。紧跟镇村改革和体制调整的契机,强化了县乡政府的人影职能和管理责任,将人影工作纳入地方政府和安委会的目标考核体系。榆林人影作业人员管理特点主要表现在以下几个方面:

4.1 地方编制与养老保险

2007 年,榆林市编委会批准成立市县(区)人影办,落实了 38 人地方编制。现共有地编人员 42 人,每县有 2~5 名不等,市上 7 人(表 1)。编制人员的工资列入地方预算。将人影工作纳入地方政府工作的目标考核体系。

表 1 榆林市人影办地方编制

	县												市级
	府谷	神木	横山	靖边	定边	子洲	绥德	清涧	吴堡	佳县	米脂	榆阳	
地方人影编(人)	5	3	5	3	3	3	2	2	2	3	2	3	7
地方编总数(人)	42												

按照省人社厅和财政厅联合文件(陕人社发〔2011〕145 号)关于职工基本养老保险的通知精神,将作业人员纳入社会养老保险系统。自 2013 年以来,榆林为全市 1000 多名 50 岁以上、从事人影作业 3 年以上的人员办理了基本养老保险,60 岁以后可以领取。按每月 80 元基本金和每工作一年 4 块钱的标准领取,如从事人影作业 20 年可领取每月 160 元的养老金,现已有人员开始领取。这是全省唯一一家。

4.2 气象协管员制度

协管员(亦即社会公益岗)制度,顾名思义是出于公益考量的一种人事安排方式,是地方政府为解决当地公共事务(如防灾减灾、卫生医疗、市政管理等)管理需要,由政府和用人单位共同出资、面向社会购买人才和服务的一种新做法,是公务员制度的有效补充。

具体做法为:政府出资,委托第三方机构进行人才招考录用,合格者转入第三方人才库,成为待用协管员。政府人力资源部门根据工作需要,在相关单位设立公益岗,专职负责某项工作事务。根据专业特长,政府通过第三方向用人单位选派合适协管员履职公益岗,其工资由第三方机构和用人单位共担,用人单位代负日常管理与年度考核之责。公益岗服务期五年,在这期间协管员可考公务员,有一次工资晋升机会。

米脂县气象局现有 2 人为气象防灾减灾岗的协管员,其人事关系在县上,由县人社局发文下派到气象局,工作协议一年一签。协管员负责当地的气象灾害防御和人影工作,其年度考核由气象局负责,可申报气象相关专业初级职称。工资待遇方面,有市级和县级之分,市级协管员每月 2500 元,县级每月 1500 元,这部分由第三方机构发放,另外,县气象局每月再补发 1600 元(清涧县局每月补 900 元,一般规定用人单位不低于 900 元)。协管员的社会保障由第三方机构负责。

气象防灾减灾协管员是市县级政府履行人影地方主体责任的一个具体表现,具有人员关系简单、职责明晰、成本较低的特点,是一个很不错的实践。

4.3 镇村改革与乡镇人影职能

陕西于2010年全面开始镇村改革，主要是合理调整乡镇规模、加快职能转变。按照《陕西省人民政府办公厅关于镇村综合改革的指导意见》(陕办字〔2014〕30号)文件，进一步明晰和扩大了乡权，设立了行政上以乡为主、业务上由县级归口部门负责的体制，强化乡级政府公共服务能力。按照指导意见，在乡镇设置“五办三站”，其中“社会事务管理办公室”的职责为：“主要承担民政、社会保障等综合事务。负责社会救助、防汛抗旱和防灾减灾、社区建设、拥军优抚、民族宗教、老龄、残疾人等工作。协调社会事务相关工作。”可见，与气象或人影有关的防灾减灾、作业人员的社会保障、安全监管等事务明确为乡镇职能。

结合地方管理体制调整，榆林地区县级人影工作及时向乡镇延伸展开，表现在人、财、物、安和作业组织实施的方方面面。为此，榆林市人影办专门给乡镇政府制作了工作职责牌，主要内容有：(1)明确一名领导分管人影工作，明确本乡镇人影安全责任和目标任务，落实并签订责任书；(2)制定人影作业计划，按要求组织开展防雹增雨作业，及时收集反馈作业信息与受灾情况；(3)承担人影作业点日常管理，定期开展安全检查和装备审验维护，负责弹药存放点的安全监护，负责选拔管理人影作业人员，发放工资，购买意外险；(4)完成县人影办下达的目标任务，对作业人员进行安全教育，开展应急演练，处理突发事件；(5)负责本乡镇人影作业点基础设施的新建、改造、扩建和维护工作，解决道路、供电、通信问题。

这里结合米脂、绥德及全市的情况加以说明。

政府文件。绥德县发布(绥政办发〔2014〕64号)文：要求地方重视乡镇气象工作站规范化、常态化管理。确定1名乡镇领导分管气象工作。确定1名干部具体从事气象工作，负责管理乡、村气象信息员队伍建设和气象设施管理工作。落实每村1名村干部为村气象信息员，向气象局及时报送灾情。要求乡镇制定气象应急预案。将气象工作量化并纳入乡镇目标考核范围。以及重视人影工作，投入作业点维护经费、提高炮手待遇等。

人员与培训。在人员方面，乡镇设有气象防灾减灾专岗专人，会同村上进行作业人员的遴选、工资、养老、保险等相关事务及作业点日常管理。气象局对炮手作业情况监督考评，根据炮手出勤等情况，确定补助金额。年度人员培训一般以县政府办名义发文，市县气象局负责技能培训与考核，乡镇政府负责组织本地参会作业人员到会，分管人影的副镇(乡)长和部分主管人影的副县(区)长也参加会议(图12中第一排的为各乡镇领导)。除进行安全知识与操作技能培训外，市县人影办会对上年度人影工作突出的乡镇、作业点和作业人员进行奖励。

作业过程。作业点日常维护、安全检查和应急演练由乡上组织，突发事件的处理过程遵循乡镇为主、气象局配合的分工机制。当有作业条件时，气象局通知乡镇，乡镇通知炮手，实施过程中的空域申请、作业指挥、技术监督由气象局负责，安全监管及保障服务由乡镇政府负责(注：镇村改革中，部分安监功能下放到乡镇一级)。

费用保障。作业点建设、维持费用由县乡两级政府共担。榆林炮点改造平均费用在20万元左右，县上出一部分，不足部分由乡镇解决，如石沟乡柳家洼作业点，乡上承担了27万元建设费用中的22万元。近几年，榆林县级人影作业经费平均维持每门炮每年5万元的水平。米脂、绥县气象局每年通过镇政府财务结算系统向每个炮点拨付最高1万～1.2万元，用于乡上为人员发工资和购买人身险(现个别乡镇由气象局代买)等。

图 12 陕西省榆林市年度人员培训暨表彰大会

4.4 登机作业人员社会化购买服务

2015 年以来,榆林飞机增雨登机操作通过社会力量执行。人影办与登机作业者签订劳务合同,人影办对登机人员进行技术培训并提出作业要求,劳务人员登机操作,按次付费。具体是登机作业每天 500 元,进场待命每天 300 元,交通问题自行解决。

5 渭南防雹站模式

5.1 机构与编制

渭南地区共 10 县,其中有 9 个县设有防雹站(除华县外),负责本县人影事务和作业点管理,业务上受气象部门指导。其中富平、白水、蒲城、澄城、合阳、韩城等渭北增雨防雹任务较重的六县防雹站共有 70 个编制,现有正式工作人员 152 人,身份为地方工人或事业编制,季节性临聘作业人员 120 人(表 2)。南部的大荔、潼关、华阴因防雹压力较小,防雹站没有正式编制,只有少量外聘人员。蒲城、大荔、华县、潼关有属气象局的人影办机构。蒲城既有人影办,又有防雹站(表 2)。

表 2 陕西省渭南地区人影办和防雹站编制

编制		县									
		富平	白水	蒲城	澄城	合阳	韩城	大荔	华县	华阴	潼关
人影办	编制人数	—	—	4	—	—	—	3	4	—	3
	正式人员	—	—	3	—	—	—	3	3	—	3
防雹站	编制人数	10	5	24	10	15	6	—	—	—	—
	正式人员	21	28	24	32	37	10	—	—	—	—
	外聘人员	19	17	15	28	23	9	6	—	2	1
	现总人数	40	45	39	60	60	19	6	—	2	1
经费(万元;不含工资)		—	—	30	130	45	30	15	12	6	13

5.2 经费与工资收入

防雹站办公业务经费列入县级预算,可根据需要追加,澄城每年有 130 万元的防雹经费。

人员工资由县乡两级财政共同负担。防雹站工作人员工资与当地平均收入水平相当,处全省基层作业人员收入最高水平,外聘作业人员为季节性临工,每年领取少量的补助。防雹站模式较好解决了部分作业人员的待遇问题,稳定了基层作业人员队伍基础。

5.3 优点与问题

防雹站模式的优点主要体现在三个方面:一是稳定了基层作业人员队伍;二是加大了地方投入,如作业点的条件得到很好的改善;三是强化地方政府的责任和对人影工作的认识。

图 13 陕西省渭南市富平县人影办及装备

但人事分家造成了人员管理、业务培训、效果评估、信息沟通等方面的诸多障碍(也有好的做法,如富平气象局副局长任防雹站站长,很好地解决了上述问题)(图 13)。其次,编制内外人员巨大的工资差距也是同工不同酬的真实写照,正式人员与外聘人员有数十倍的收入差距。

6 总结讨论

预备役模式高效有序,便于管理,是应急作业的中坚力量,但在常态作业情形下,这种模式的影响面小,发展推广难度大。榆林模式结合了县、乡体制改革,充分展示了以乡镇为主体,结合县、村力量进行综合管理的发展前景,需要再充分总结研讨。渭南模式无疑很好,但在政府瘦身的背景下很难进一步壮大。

折中渭南和榆林做法,可以考虑在每个作业点至少配备固定编制 1 人,其他人员根据需要季节性聘用,形成"1+X"用人机制。"1"为队伍的稳定器、为技术的支撑点、为事业的看家人。这种方式不需要大规模的编制,但可以解决作业点的大部分问题,应予以研究探讨。

以体制和技术双引擎创新推动夯实新疆人工影响天气发展基础

樊予江

(新疆维吾尔自治区人工影响天气办公室,乌鲁木齐 830002)

摘　要　新疆人工影响天气因其不同时期发展背景,形成规模庞大,管理形式多样的管理模式。新疆人工影响天气办公室通过重点打造人工影响天气安全生产管理制度体系、行政监督管理体系、技术支撑体系和应急管理体系,强化政府领导组织职能,积极开展人工影响天气工作。面对当前人工影响天气发展困难,提出开展人工影响天气事业的供给侧结构性改革,加强理念、体制创新,以业务技术创新,特别是作业技术创新发展为核心,自下而上推动人工影响天气防灾减灾体系建设。

关键词　体制　技术创新　人工影响天气发展

1　新疆人工影响天气概况

截至2015年,新疆共有15个地(州、市)(含石河子市)的86个县(市)开展人工影响天气工作,从业人数近3200人。设有1297个作业点,三七高炮189门、火箭作业系统713部、地面碘化银烟炉173套、人工影响天气雷达26部,年消耗炮弹7万余发、火箭弹近2万枚;每年租用3架飞机,设库尔勒、克拉玛依机场为增水基地,开展冬春两季飞机人工增水作业,为新疆社会经济建设发展、改善生态环境发挥了重要作用,得到各级人民政府的肯定和广大人民群众的普遍赞誉。

新疆人工影响天气工作涉及15个地(州、市)的86个县市及生产建设兵团,具有多种形式的人工影响天气体制:

(1)地级气象机构业务指导、地方政府管理体制。此种体制下,地方政府高度重视人工影响天气工作,在资金投入、作业队伍建设、作业开展等方面都给予大力支持;

(2)气象部门管理体制。此种体制下,人工影响天气办编制、作业人员队伍及作业管理等均为气象部门进行,与地方协调时存在一定的难度;

(3)融入兵团的管理体制。优点是管理队伍、作业队伍相对素质较高,但基层气象部门在管理、业务指导等方面对兵团的约束力弱;

(4)地级气象部门开展管理、政府购买服务体制。此种体制协调难度也相对较大。

(5)地级气象部门开展管理工作,县级则有气象管理和政府管理双重体制,具体到不同的县,工作情况差异大。

上述多种体制的存在给新疆人工影响天气的管理工作带来一定困难和挑战,安全监管工作受各地(州、市)人工影响天气体制不同的影响,安全监管力度和执行程度也大相径庭。如何在当前形势下开展好人工影响天气工作,是新疆人工影响天气需要不断思考的问题。

2　新疆人工影响天气安全生产工作重点打造的四个体系建设

2.1　以落实安全生产责任制为核心，健全人工影响天气安全生产管理制度体系

新疆维吾尔自治区人工影响天气办公室主要从人工影响天气安全责任落实情况、人工影响天气安全防控体系建立情况、人工影响天气安全工作实施情况等多方面入手，努力推动各地建立完善“政府主导、部门协作、综合监管”的新型人工影响天气安全管理体制机制。推进建立人工影响天气安全综合监管机制。加强与安监、公安、工信等部门合作，将人工影响天气安全纳入国家安全生产监管工作大局，对人工影响天气弹药的生产、销售、购买、运输、储存、使用等环节进行联合监管。修订《人工影响天气安全管理规定》，建立分级分工负责、属地管理为主的综合监管体制。推动建立地方人工影响天气安全综合监管体系试点，推动与安全生产监督管理相关部门联合开展督导检查，明确各级政府人工影响天气安全的领导。

每年，新疆人工影响天气领导小组办公室与各地（州、市）政府、新疆维吾尔自治区人工影响天气办公室和各地（州、市）人工影响天气办公室都要签订安全生产责任书，并要求地（州、市）人工影响天气办公室逐级进行安全责任书的签订工作。

新疆作为作业规模较大的省区之一，建立健全规范的业务管理体系，加强业务安全生产常抓不懈。1998 年 7 月 13 日自治区就颁布了《新疆维吾尔自治区人工影响天气管理办法》，2012 年根据中华人民共和国《人工影响天气管理条例》，对《办法》做重新修订，并于 2013 年 1 月 18 日颁布了《新疆维吾尔自治区实施＜人工影响天气管理条例＞办法》。新疆维吾尔自治区人工影响天气办公室也先后出台了作业、应急、装备、人员等一系列规章制度。为进一步提升新疆人工影响天气业务规范化、法制化管理水平，加强安全生产工作管理，新疆维吾尔自治区人工影响天气办公室已编写完成《新疆维吾尔自治区人工影响天气安全管理办法》，目前正在积极推进自治区人民政府出台此项办法。

2.2　以强化人工影响天气作业、弹药储运安全监督管理为重点，强化人工影响天气安全生产行政监督管理体系

为贯彻落实《人工影响天气管理条例》等相关规章制度，新疆维吾尔自治区人工影响天气办公室严格遵守作业点设置相关法律法规，加强作业站点管理，2009 年组织申报《人工影响天气地面作业点建设规范》地方标准的编制，2011 年 7 月 15 日自治区技术质量监督局发布，2011 年 8 月 15 日实施执行，《规范》的施行推进了新疆人工影响天气作业点标准化建设进程，截至 2015 年共新建成标准化作业点 142 个。

严格执行作业申报制度、作业装备年检制度及人工影响天气弹药储运制度。认真部署每年的人工影响天气业务安全生产工作大检查，制定了《全疆人工影响天气业务安全检查工作方案》，检查方案是对新疆人工影响天气安全生产工作的全面检查，它涵盖了安全责任书完成情况、装备年检、弹药储运及管理、作业站点许可、标准化作业点建设、规章制度等方面内容。

2.3　以完善安全生产监管网络、加强安全培训等为重点，形成人工影响天气安全生产技术支撑体系

通过多级人工影响天气检查，督促整改落实装备、弹药使用中存在的问题，促进人工影响

天气安全管理能力不断提升,人工影响天气安全保障机制不断完善。建立了“新疆人工影响天气装备信息系统”,该系统实现了装备购买、发放、审验、检修、报废、销户等流程的信息化管理,并对全疆所有人工影响天气火器挂上了二维码身份标识牌。

每年,新疆维吾尔自治区各级人工影响天气主管机构有计划、分层次、分期地开展人工影响天气培训。截至2016年,新疆维吾尔自治区人工影响天气办公室已进行了6个地(州、市)作业人员的岗位培训,培训作业人员近400人;基层人工影响天气组织岗前培训17次,培训作业人员1743人。为提高新疆人工影响天气人才队伍建设,2009年起新疆维吾尔自治区人工影响天气办公室已组织开展了全疆人工影响天气业务骨干人员南京信息工程大学业务培训,共八期320人次。

可靠、安全的人工影响天气装备是人工影响天气业务安全生产的保证。新疆维吾尔自治区人工影响天气办公室自主研发的“XR-05型多种弹型防雹增雨火箭发射装置”“XR-08型人工影响天气作业信息传输系统”“XR-10型人工影响天气弹药储存柜”“车载式防雹增雨火箭弹储存箱”“人工影响天气弹药安全存储报警装置研制”“XR-11型人工影响天气人体静电消除装置”等人工影响天气技术装备,获金桥奖2项、新疆维吾尔自治区科技进步奖2项、新疆维吾尔自治区气象局科技奖3项、发明专利1项、实用新型专利9项,并已广泛应用于新疆人工影响天气作业,为新疆人工影响天气防灾减灾、应急服务工作发挥着积极作用。

2.4 以保障及时有效开展人工影响天气应急防灾减灾为重点,建立人工影响天气安全生产应急管理体系

为应对新疆区域内重大干旱、森林草原火灾、突发环境污染等重大突发及人工影响天气作业安全事件的发生,确保人工影响天气工作在重大突发事件中工作高效、有序进行,全面提高应急能力和综合管理水平,最大限度地减轻和避免由此造成的人员伤亡、财产损失,2012年12月17日,新疆人工影响天气办公室制定了《新疆人工影响天气应急预案》。按照应急预案,新疆人工影响天气办公室每年都会组织开展一定规模的应急演练,通过演练进一步提高人工影响天气队伍熟悉了人工影响天气应急响应流程,提高了突发事件处置能力,实测队伍的作业指挥水平和作业保障能力。

3 新疆人工影响天气工作的重心是强化政府领导组织职能,健全新疆人工影响天气安全监管体制

3.1 新疆各级政府在人工影响天气安全生产责任主体具有双重性

目前我国的安全生产监督管理体制下,安全生产工作的责任有两个主体,生产经营企业负主体责任,政府负监管责任。企业生产经营的组织者是利益获得者,当然是安全生产的客观载体和责任主体。从安全生产两个主体所处的地位、层次分析,组织实施与监管两者虽然都从事并推动安全生产工作,但并不是处同一水平面、同一层次、同一角度,它们的定位以及所承担的责任是有明显不同的。长期以来,新疆各级人民政府对新疆各级人工影响天气办公室工作定位很明确:除少数人工影响天气部门在气象部门内部设置外,多数各级人工影响天气办公室是地方政府的一部分或是履行政府职能的地方公益性事业单位,负责组织管理指导本级人工影响天气工作。全疆的人工影响天气工作是在各级政府领导下,由各级人工影响天气部门根据本地实际需要制定、上报工作计划,并经本级政府批准后组织实施。从这个层面来讲,政府既

是人工影响天气工作的领导组织者，也是人工影响天气安全生产工作的监督者，所以多数新疆开展人工影响天气工作较好的地区，各级政府既承担着安全主体责任，又承担着监管责任，所以出现任何安全生产问题，这些地区的政府总会以责任人和监督人的双重身份协调各方，化解矛盾。这是新疆长期以来人工影响天气安全生产工作做得较好的基本保证。

3.2　在政府统一领导下，实行专业管理和综合监督相结合的人工影响天气安全生产监管体制

要搞好安全生产工作必须同时搞好人工影响天气各项专业管理工作和综合监督管理工作，专业管理工作是基础，专业管理工作扎实了，综合监督管理才能落到实处，人工影响天气安全生产监管体制才能完善。新疆维吾尔自治区人工影响天气办公室最近已草拟编写了涵盖人工影响天气各项工作专业管理部门（人工影响天气、公安、经信委、空管局、空军）和综合监督管理部门（安监局）在内的《新疆人工影响天气安全生产管理办法》，目前已通过多次修订，准备报自治区人民政府通过。计划以此办法为基础，建立多部门联动的人工影响天气综合监督管理体系和管理平台。

4　现阶段困扰新疆人工影响天气事业发展的一些突出问题

各地对新时期人工影响天气工作思路还仍存在分歧，体制和机制缺憾在多方面制约人工影响天气长久发展，更不利于人工影响天气安全生产责任的落实。

人工影响天气事业在新疆各地发展多年，已成为一些灾害性天气频发地区各级政府工作的一项重要内容，与内地一些省份相比新疆已形成自己独特模式。人工影响天气工作是地方事业重要组成，已得到新疆各级政府的普遍认同。以地方政府需求为牵引发展人工影响天气事业，是新疆维吾尔自治区人工影响天气办公室近几年开展工作的基本思路。但部分地（州、市）气象局负责人仍停留在“人影搭台，气象唱戏”的老观念，把人工影响天气工作仅等同于一般气象服务工作，一些由气象部门主导人工影响天气工作（政府购买服务方式）而不是政府主导人工影响天气工作的地区，人工影响天气工作已呈现疲态。在新疆，以气象管理模式管理人工影响天气工作在多地已碰到极大困难，这些单位在弹药、火器、人员管理上，基层作业队伍不稳定、安全生产隐患问题诸多且很难协调解决，在新疆反恐维稳形势错综复杂及安全生产责任重大的局势下，安全生产形势严峻，人工影响天气发展前景不容乐观。

笔者认为，不应把人工影响天气工作限制看成是地方气象事业的一部分，而要把人工影响天气工作当作地方事业的一部分，人工影响天气工作本来就是一项需要政府领导并组织协调的工作，在当前经济下行压力加大，经济发展和社会稳定之间的复杂关系和艰巨任务前所未有的局面下，单靠气象部门的能力是无法承担的，只有把握好各级政府的需求，由各级政府主导人工影响天气工作，人工影响天气发展基础才能夯实。

作业技术和能力亟待突破，地方社会经济发展客观上限制了传统作业技术发展，重预警预测而轻作业技术研究又造成科研方向与实际需求有较大偏差。

现阶段新疆的主要地面作业火器陆续进入淘汰报废阶段，特别是三七高炮进行防雹增雨至少已有30多年，普遍存在自动机件老化、配件短缺现象，使用故障率高等问题，而新疆广泛使用的第一批多功能火箭架已进入报废期，均存在较大安全隐患。近两年，全疆已报废多功能火箭发射系统达245套，由于各地人工影响天气经费使用制约，新购火箭发射系统列装速度远不及淘汰进度，后续火器装备更新缺口大。

地面作业难度加大,空域管制成为制约高地面人工影响天气作业能力提高的重要因素。随着航空事业的发展,新疆的支线航路建设迅速发展,使原本就不宽裕的空域资源愈发紧张,人工影响天气对空射击与空域管制之间的矛盾愈发突出。面临极端天气灾害频发,个别地区地面对空射击空域批复率仅达到10%,多数地区空域批复率不足60%。虽经新疆维吾尔自治区人工影响天气办公室多次努力,与军航、空管局等部门沟通、协商,实际效果不理想。

与预报预警技术发展相比,作业技术发展停滞不前。人工影响天气科学是一项面向应用的基础研究,本来就应该立足于应用需求进行研究,人工影响天气工作的核心就是提高人工影响天气作业能力和防灾减灾效率,作业技术和能力的提高是人工影响天气科学研究的核心。但从实际科研投入而言,由于短期内作业技术和能力研究很难马上出成果,科研人员不愿涉足,而对广大基层人工影响天气工作者而言,科学、有效地作业技术和方法的突破,才是人工影响天气实际工作最需要的。

5 新时期新疆夯实人工影响天气基础的一些思考

积极推动人工影响天气事业的供给侧结构性改革,坚持需求导向,坚持政府主导思路,推动人工影响天气理念创新和体制创新。

新时期,人工影响天气工作供给和需求不平衡、不协调的矛盾和问题日益凸显,突出表现为由于以前人工影响天气工作过度强调全面发展,需求旺盛的地要素配置不够,供给满足不了需求,在一些人工影响天气需求并不大的地区拓展工作,又扭曲了要素配置,增大了无效和低端供给水平的供需平衡。笔者认为,不应追求人工影响天气发展大而全,而贵在精而强,人工影响天气发展不能搞一刀切,不应提倡全面发展。理念创新和体制创新在当前工作中比技术创新更为重要,只有解决了体制上限制人工影响天气发展的一些根本问题,人工影响天气发展才有保障,人工影响天气安全责任才能落到实处。通过供给侧结构性改革试验,自下而上推动人工影响天气防灾减灾体系建设,打造一支有稳定经费支持、人员相对固定、保障充足的基层人工影响天气作业队伍,夯实人工影响天气事业发展的基础。

以业务技术创新,特别是作业技术创新发展为驱动核心,促进新疆人工影响天气事业发展。

积极研究开发人工影响天气作业新技术、新手段,进行新型人工影响天气装备的外场试验,探索安全、科学、有效实施人工影响天气作业的新途径、新方法;同时要加强传统作业方法的技术改造,尽最大可能消除传统作业方式的安全隐患,坚决遏制人工影响天气安全责任事故的发生。

抓大放小,求同存异,加强规范性建设和制度建设,以业务管理规范化、标准化为抓手,提高人工影响天气综合管理水平和能力。

由于新疆多种形式的人工影响天气体制给人工影响天气管理工作带来诸多不便。短期内也不可能统一所有体制模式,只有通过业务管理工作的规范化、标准化,寻求各种体制模式下相对统一的工作流程和业务规范,才能加强在人工影响天气工作各关键环节的管理和监管,能按照新疆维吾尔自治区人工影响天气办公室的要求落到实处。

6 小结

新疆人工影响天气工作经过几代人工影响天气科技工作者的努力,历经了开创、继承、改革、发展的艰辛历程,取得现在的成就实属不易。人工影响天气管理工作仍须不断创新发展,需要强化管理、优化结构、技术和体制创新来夯实发展基础。新疆的人工影响天气工作任重而道远,需要广大人工影响天气工作者坚持不懈的努力推动。

防雹增雨炮弹留膛致炮手伤亡的原因及避免措施

马官起　冯诗杰　晏　军

(新疆维吾尔自治区人工影响天气办公室办公室,乌鲁木齐 830002)

摘　要　本文主要针对防雹增雨炮弹(简称炮弹),在作业过程中出现炮弹滞留在膛内的故障现象、原因、排除方法和避免措施进行了分析和探讨,从而为专业技术人员在今后工作中遇到或排除此类故障时,避免伤亡事故再次发生起到引导作用。

关键词　人工影响天气　炮弹留膛　排除方法　避免措施

多年来,人工影响天气工作使用 37 mm 高炮进行人工增雨、人工防雹,为农牧业生产,保护生态环境做出了应有的贡献。目前,全国用于人工影响天气作业的高炮已达 7000 余门,是使用最多的人工影响天气作业工具。但是人工影响天气作业使用的高炮大多是部队退役的旧炮,技术状态较差,使用中容易出现故障。同时,人工影响天气高炮操作人员队伍不稳定,经常更换炮手,培训时间短,技术水平参差不齐,安全知识浅薄,炮弹也存在不符合技术要求的概率问题,在使用高炮、炮弹这些装备过程中,由于操作、使用、管理不善,给操作人员和人民群众生命财产造成了一定的损害,安全事故时有发生。

人工影响天气高炮在作业中由于种种因素有时会出现炮弹滞留在膛内(以下简称留膛)的现象,导致高炮出现停射的故障。如因排除不当,极易造成因炮弹突然击发而酿成炮毁人亡的恶性事故,从而造成不必要的经济损失和安全隐患。我们在处理此类故障时,首先应本着以人身安全为第一位的原则,其次应本着看清现象、认真检查、综合判断分析,根据具体情况灵活果断处理[4]。

那么如何排除炮弹留膛后的故障呢?下面笔者结合两起事故案例,就此故障的现象、原因、排除方法和避免措施加以分析和探讨,以供大家参考。

【案例一】:2002 年 8 月 24 日 14 时 43 分,某炮点实施高炮防雹作业。当炮手甲某击发第 67 发炮弹时,击发未响。误判为第 66 发弹壳未出膛,于是将高炮身管升至 85°,但未解除高炮击发状态,想让弹壳自行滑出,未果后又将身管落平,甲某站在高炮身管右前方用洗把杆从身管前往出捅左身管内的弹壳(实弹),连捅了两下,弹壳(实弹)未捅出,当甲某捅第三下时,使膛内炮弹被击发并将洗把杆击出。甲某被洗把杆击中,造成甲某右手断裂、左胸 3 cm×6 cm、深 10 cm 的创伤,经镇医院抢救无效死亡。

【案例二】:2005 年 5 月 22 日 16 时 35 分,某炮点使用三七高炮 JD-89 型,13—17 秒炮弹开始防雹作业,发射炮弹 50 发,16 时 45 分作业炮弹 100 发,17 时发射到 430 发过程中,高炮左右身管都出现了故障,左身管故障排除后,右身管内有一发炮弹,炮手乙某上炮盘侧身前倾准备排除右身管故障时,炮弹在炮膛内发生爆炸(此时离发生故障约 5 分钟)。爆炸前由于炮闩未完全封闭炮膛,致使炮弹火药气体一方面推弹丸向前,一方面后泄,火药气体后泄撑爆弹底缘,飞溅的弹片炸坏高炮,炸伤乙某,致命的是一块弹片从左前胸穿进后背飞出,致使其从炮盘上掉下,约 5 分钟后死亡。

1 炮弹留膛故障现象

在作业中高炮出现停射,炮弹留在膛内的情况有三种。

一是炮闩闭锁炮膛,闭锁器帽完全露出摇架,曲臂半圆突出柄圆弧面没有完全进入闩体丁字槽圆弧面,击发突齿没有压平击发卡锁,击针簧压缩,击针处于待发状态,击针没有打击炮弹底火[1]。见图1击针成待发状态时。

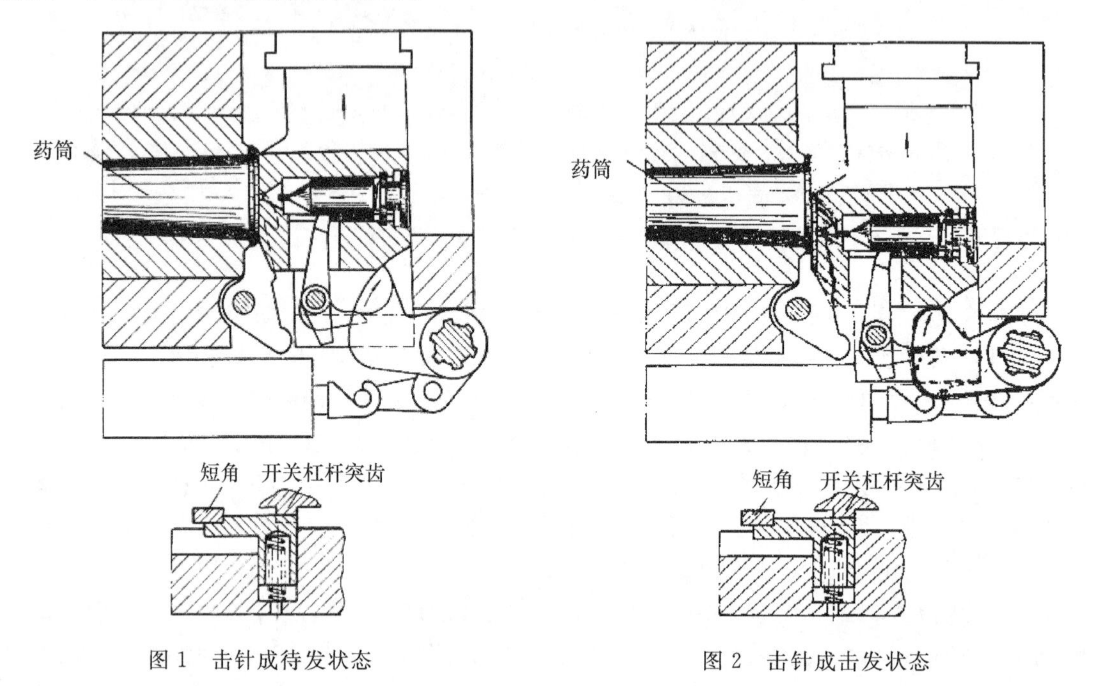

图1 击针成待发状态

图2 击针成击发状态

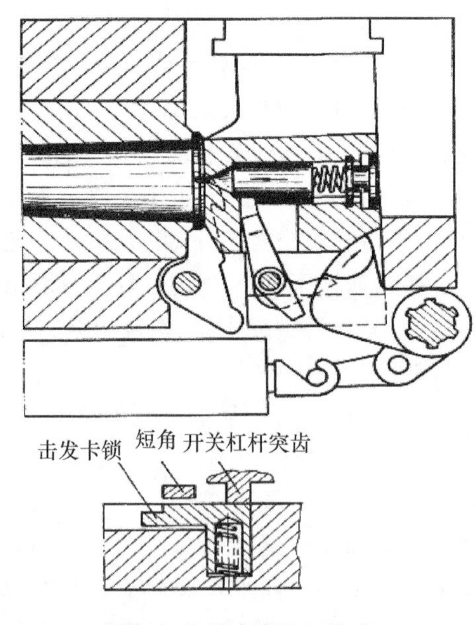

图3 炮闩成半关闩状态

二是炮闩闭锁炮膛，闭锁器帽完全露出摇架，曲臂半圆突出柄圆弧面完全进入闩体丁字槽圆弧面，击发突齿压平击发卡锁，击针簧伸张，击针处于击发炮弹状态，但炮弹不发火[1]。见图2，击针成击发状态时。

三是闭锁器帽没有完全露出摇架，炮弹楔住炮闩将炮闩处于半关闩状态，闩体镜面半封闭炮弹底缘。见图3炮闩成半关闩状态时。

2 炮弹留膛致炮手伤亡的原因

高炮炮弹留膛原因主要是：炮闩、炮尾闩体室、击针室、药室过脏；击针突出量不够，击针簧失效，闭锁簧弹力不够；在作业过程中，因高炮发射炮弹过多，时间过长，身管温度过高。另外，炮弹底火凹（凸）陷、药筒变形，炮弹存在影响合膛的质量问题也是造成炮弹留膛故障的原因。

炮手的原因是：作业人员排除故障的业务不熟练，安全意识淡薄，违章操作。在处理炮弹留膛故障时，炮手对炮弹留在膛内的原因和炮弹在膛内的状态不清楚，在未向后拉握把将炮闩打开的情况下，用洗把杆从炮口方向向后捅炮弹（图4），试图将炮弹从炮膛内顶出造成事故，或超时间排除故障造成事故

出现案例一的情况有两种，第一种情况是，由于闩体没有完全封闭到位击针处于待发状态，击针没有打击炮弹底火即打平炮身在未向后拉握把将炮闩打开的情况下，用洗把杆从炮口方向向后捅炮弹，即在瞬间闩体完全封闭到位，击针打击炮弹底火点燃发射药，由于身管内部的膛线是等齐右旋的，发射出去的弹丸高速右旋，火药气体一方面推弹丸高速旋转向前，另一方面弹丸推洗把杆高速飞离炮口，在炮口洗把杆、弹丸、火药气体的作用下，致使一名炮手正面被洗把杆、弹丸、火药气体射穿胸膛致人当场死亡事故（图4炮闩成关闩状态不能通炮弹）。第二种情况是，由于闩体完全封闭炮膛击针处于击发状态，击针已打击炮弹底火，炮弹没发火，即打平炮身在未向后拉握把将炮闩打开的情况下，用洗把杆从炮口方向向后捅炮弹，此时由于击针簧伸张击针向前顶在炮弹底火上，炮手用洗把杆从炮口方向向后捅炮弹等同炮弹底火向闩体击针上撞，造成炮弹底火发火，致炮手同第一种情况相同的伤亡事故。

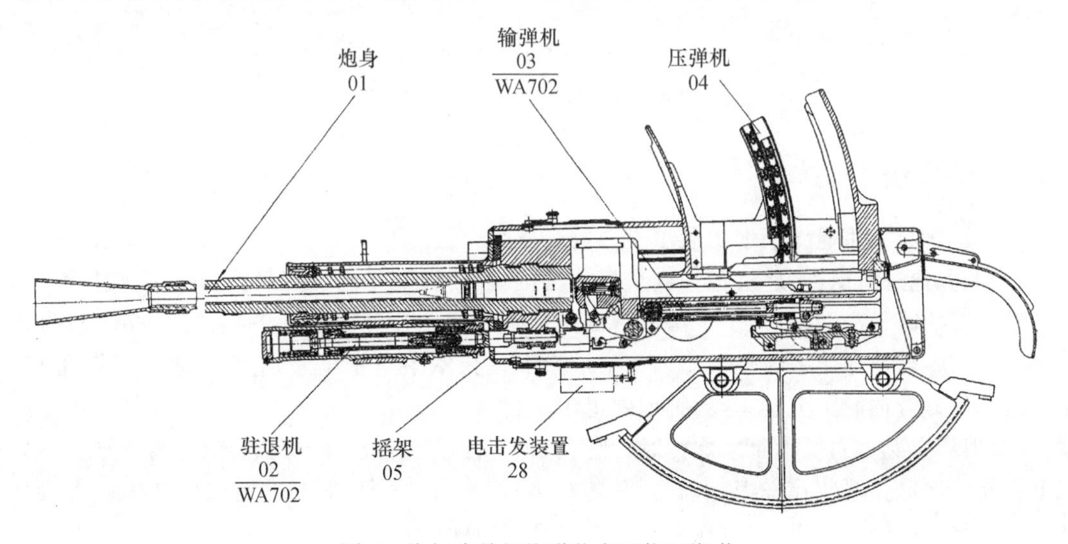

图4 炮闩成关闩炮弹状态不能通炮弹

案例二的情况是，炮弹楔住炮闩将炮闩处于半开闩状态，炮弹楔住炮闩后，炮闩不能封闭

炮膛,向后拉握把打不开炮闩,并且自动机一起向后移动,造成炮手不能及时排除留膛炮弹故障。炮手超时排除故障时,发射药在膛内自然、爆炸,火药气一方面推弹丸向前,另一方面向后泄、撑爆炮弹底缘,造成炮手处理高炮故障中被炸死、炸伤、炸坏高炮的事故。

3 炮弹留膛故障的排除方法

连续作业中高炮出现炮弹留膛停射,此时应关闭保险停止作业,将射角打高到45°以上并转到安全射向,查看闭锁器帽是否完全露出摇架,取下摇架下盖查看闭锁器套筒后端面与拉钩杆端面之间有无间隙,或取下摇架上盖查看炮闩是否关闭。如果炮闩已关闭,则应查看闩体前面是否有药筒,如果能看到药筒底缘,则可能是击针不击发或炮弹底火瞎火,人员撤离作业现场,等待身管完全冷却后再进行处理,为防止炮弹迟发火而造成的事故,一般情况下至少应等待1分钟后进行退弹[2],以确保作业人员的安全。图5为炮闩成开闩状态可捅炮弹。

当判断高炮确实不会再击发时,立即组织有关人员到炮位进行检查、分析故障原因。在原因没有判明之前,不应贸然排除故障。

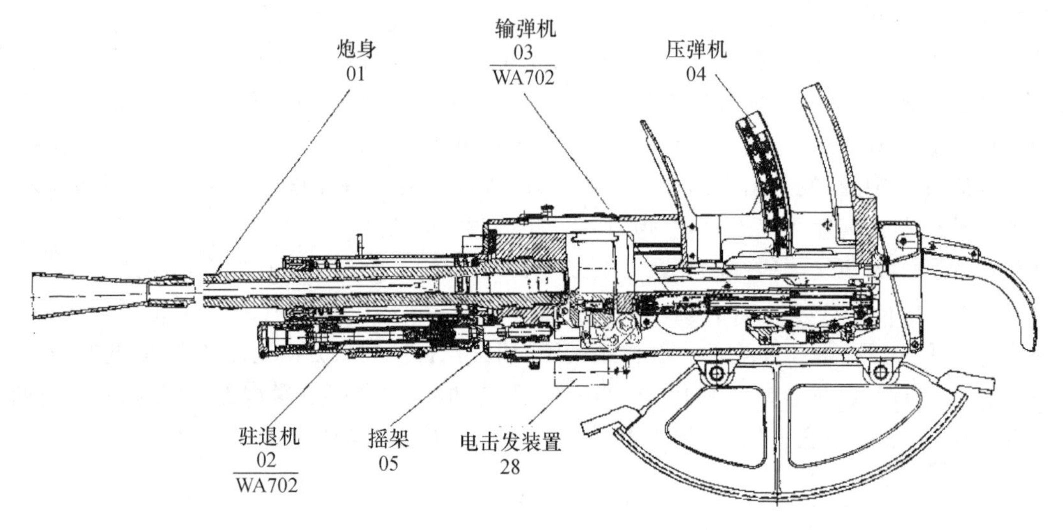

图5 炮闩成开闩状态可通炮弹

3.1 排除方法

(1)关闭保险,用退弹板退出装填机内的全部炮弹。

(2)拉握把进行退弹,将握把拉到最后方,再放在后握把扣内,炮闩被打开,在此过程中,炮闩冲铁冲击抽筒子冲臂,抽筒子爪部向后倒拨炮弹底缘向后,药室内的炮弹一般会向后滑出,应在摇架后壁窗口处用手接住炮弹。如果炮弹卡在药室中退不出来,开闩状态下可从摇架上窗口用螺丝刀撬抽筒子上端,尽力把炮弹退出来。

(3)当从弹底方向撬不出来炮弹时,开闩状态下也可以从炮口方向退弹,即打平炮身,取下小退壳筒。将退弹器装在洗把杆前端,从炮口方向插入洗把杆,1人站在洗把杆的侧方,用洗把杆将炮弹向后轻轻顶出,同时在摇架后壁口接住炮弹(注意防热)。

(4)对作业过程中,由于炮弹楔住闩体,炮闩不能封闭炮膛,向后拉握把打不开炮闩,并且自动机一起向后移动的故障。遇到此故障,因为炮闩没关到位,击针也不可能打击底火,所以炮手应首先迅速设法打开炮闩退出膛内炮弹。如果拉握把打不开炮闩时,可一人向后用力拉住握把,以防止闩体上升到位发生走火事故,然后另一人取下上盖,用木棒向下冲击炮闩即可打开炮闩,退出膛内炮弹。如开闩后还退不出膛内炮弹,可打平炮身,开闩状态用预先装上退弹器的洗把杆退出炮弹。

(5)排除炮弹留膛故障的时间要求:依据炮弹留膛故障没有排除掉出现炸膛事故的调查,并征求一线老炮手的意见,要求在自出现炮弹留膛故障时间起,防雹作业连续发射 30 发以下出现炮弹留膛故障,应 2 分钟内处理完毕;连续发射 30 发以上出现炮弹留膛故障,应在 1.5 分钟内处理完毕;增雨作业不连续发射炮弹出现炮弹留膛故障,应在 2 分钟内处理完毕。在规定时间内没排除掉此故障,炮手应迅速远离高炮,待炮膛完全冷却后再进行处理,防止身管过热引起炮弹自燃爆炸致炮手伤亡事故的发生[4]。

3.2 注意事项

(1)在整个退弹过程中握把必须放在后握把扣中,炮闩应呈开闩状态,当退弹完成并检查炮膛内及输弹线上确实没有炮弹时,才能将握把放回前方。

(2)在退弹排除故障过程中,炮口前方为危险区,为防止意外走火伤人,任何人不得到炮口前方。

(3)由于防雹增雨炮弹是军用 37 mm 曳光杀伤留弹的改型弹,弹丸受力强度和破片大小已经改变,专业人员处理炮弹留膛故障时,应避免或少从炮口方向用装上退弹器的洗把杆向后捅炮弹。

(4)使用洗把杆从炮口方向向后退炮弹必须装上退弹器才能退弹。

(5)根据中国气象局预测减灾司气预函〔2006〕64 号文件精神要求,普通作业炮手不能使用装上退弹器的洗把杆从炮口方向向后退炮弹。

(6)退出的不发火炮弹,要与合格弹分开存放,并及时上交销毁。

4 避免炮弹留膛故障的措施

一是作业前要认真细致地做好擦拭保养工作,使高炮处于完好的技术状态,重点擦拭好炮膛、炮闩、击针室、闩体室各部。炮闩、闩体室、击针、击针室、开关轴、曲臂和挂耳应涂黑铅油。

二是加强炮闩及闭锁装置保养和技术检查工作,使炮闩及闭锁装置经常处于良好的技术状态,使不发火故障减少到最低程度。如击针尖的突出量应达到 2.44～2.75 mm;击针簧的自由长度要达到 69～76 mm;闭锁器簧的自由长度要达到 193 mm;闭锁器套筒后端面与拉钩杆端面之间应有不小于 0.5 mm 的间隙,不合格的要及时更新零部件。

三是作业前检查好炮弹,检查中凡发现有下列情况之一的炮弹禁止用于作业:(1)炮弹引信盖片损坏后有漏气的;(2)引信点铆不牢固松动的;(3)弹丸与药筒结合处有松动、歪斜的;(4)弹丸有裂缝生锈的;(5)定心部的碰伤或压坑深度超过 1 mm 的;(6)弹带碰伤超过凸出高度 1/2 的(只许有一处);(7)药筒口部裂缝长度在 3～5 mm 范围超过 2 条的(长度 3 mm 以下者数量不限);(8)药筒上不允许存在深度大于 3 mm,且影响合膛的凹陷;(9)底火凸出或凹入 0.5 mm 的,都应禁止使用[3]。

四是在作业前可将投入使用的炮弹,事先用备用身管检查一下是否能够否顺利合膛,不能合膛有质量问题的炮弹坚决不能投入使用。

五是要加强炮手操作要领、维护保养、故障排除能力和安全等方面的培训,再培训工作。

六是建议对部分具备一定基础的老炮手进行严格专业技术培训,使其具备相应级别的专业技术排除故障资质,每一门炮由一名有专业技术资质的高炮技术人员分级实施故障排除。

七是射击前要事先准备好排除炮弹留膛故障的工具。如大起子、专用木棒、装上退弹器的洗把杆等。

5 总结

以上炮弹留膛致炮手伤亡的原因和避免措施是依据我国多年来炮弹留膛故障致炮手伤亡事件的调查统计分析,望全国同行共同探讨。希望各位高炮技术员、安全员、炮手一定要按规章制度办事、按操作规程来操作,避免此类事故再次发生。

参考文献

[1] 总后勤部军械部.1965年式双管37毫米高射机关炮教材[M].北京:解放军出版社,1991.
[2] 总参谋部炮兵部.双(单)管37毫米高射炮兵器与操作教程[M].北京:解放军出版社,1972.
[3] 总后勤部军械部.弹药教材[M].北京:解放军出版社,1987.
[4] 马官起,等.人工影响天气三七高炮实用教材[M].北京:气象出版社,2005.

新疆人工影响天气装备管理系统的应用及分析

郭　坤　樊予江

（新疆维吾尔自治区人工影响天气办公室，乌鲁木齐 830002）

摘　要　本文介绍了新疆人工影响天气装备管理信息系统的应用，本系统采用 B/S（浏览器/服务器）和 C/S（客户端/服务器）相结合的模式，分别开发了 PC 端和手机 APP 应用，维护简单方便，通讯渠道采用了加密措施，可自由选择内、外网随时随地查看，共享性强。系统由首页（流程中心）、装备管理、铭牌管理、装备审验管理、统计报表、基础参数、作业点管理、系统管理等模块组成，大大提高了新疆人工影响天气装备的管理效率，基本实现了新疆人工影响天气装备管理信息化。

关键词　人工影响天气　新疆　装备管理

1　引言

在全球气候变化的影响下，干旱、冰雹等自然灾害频繁发生。人工影响天气在防灾减灾中占有越来越重的位置，近年来受到政府和群众的高度重视。新疆人工影响天气的工作也得到了长足发展。

目前，新疆维吾尔自治区已有 15 个地（州、市）的 86 个县（市）开展人工影响天气作业，人工影响天气作业站点共计 1304 个（不含兵团）。防雹面积约 4 万 km^2，增雨面积约 34 万 km^2。全疆（以下不含兵团）现使用高炮 165 门，火箭发射装置 651 套，地面碘化银烟炉 183 套，年消耗人雨弹近 10 万发，增雨防雹火箭弹 2 万余枚，增雨烟条 1500 根左右。从作业量、保护面积、人工影响天气装备等方面来看，新疆人工影响天气具有规模大，范围广的特点（图 1）。

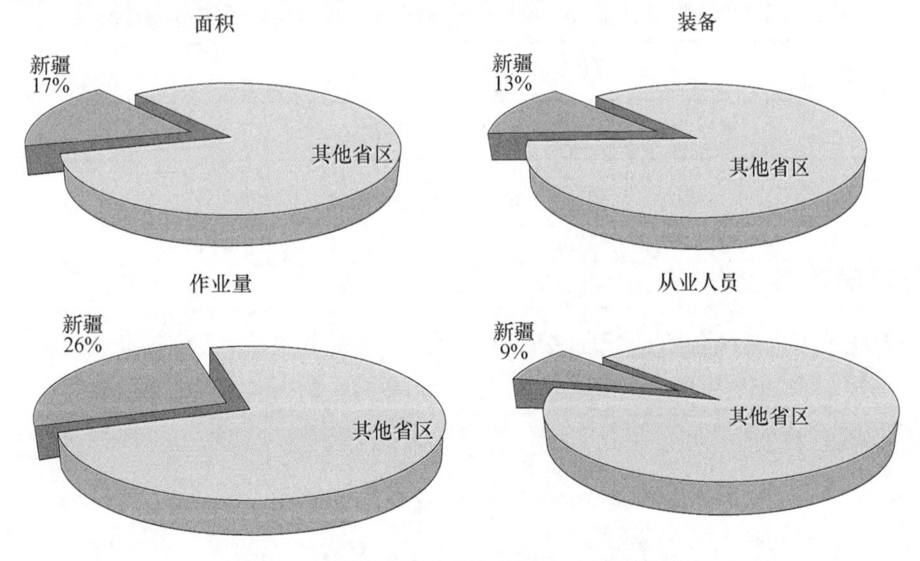

图 1　新疆人工影响天气概况与全国对比图

如此作业规模,若不加强人工影响天气作业装备的管理和规范使用行为[1,2,4],将直接危害全疆人民的生命财产安全。为了方便管理全疆人工影响天气作业装备,进一步推进人工影响天气装备信息化[3],更有效掌握人工影响天气装备动态,新疆维吾尔自治区人工影响天气办公室结合当前人工影响天气业务开发了《新疆人工影响天气装备管理信息系统》,其内容涵盖人工影响天气装备的申购、调拨、维护、报废等人工影响天气装备使用等各环节。新疆维吾尔自治区人工影响天气办公室首次建立了全疆人工影响天气装备数据库,对每部人工影响天气作业火器都关联了唯一的二维码身份铭牌,大大简化和规范了人工影响天气装备管理工作。

2 系统特点

为加强人工影响天气作业装备管理,实现人工影响天气装备管理工作的程序化、信息化、自动化,提高业务管理效率和业务信息化管理水平,新疆人工影响天气办公室构建了人工影响天气装备管理系统。该系统基于J2EE架构的多层体系结构(图2),采用Web Service技术,使用浏览器及移动终端APP作为客户端,使用B/S(浏览器/服务器)和C/S(客户端/服务器)相结合模式,通过装备基本信息的录入、查询和统计,可快速、准确掌握人工影响天气装备数量及动态,实现数据共享,并可对信息传输渠道进行数字加密,自由选择内、外网进行通信,保障随时随地进行查看。此系统尤其适应新疆多种机制人工影响天气管理模式。

系统由首页(流程中心)、装备管理、铭牌管理、装备审验管理、统计报表、基础参数、作业点管理、系统管理组成。

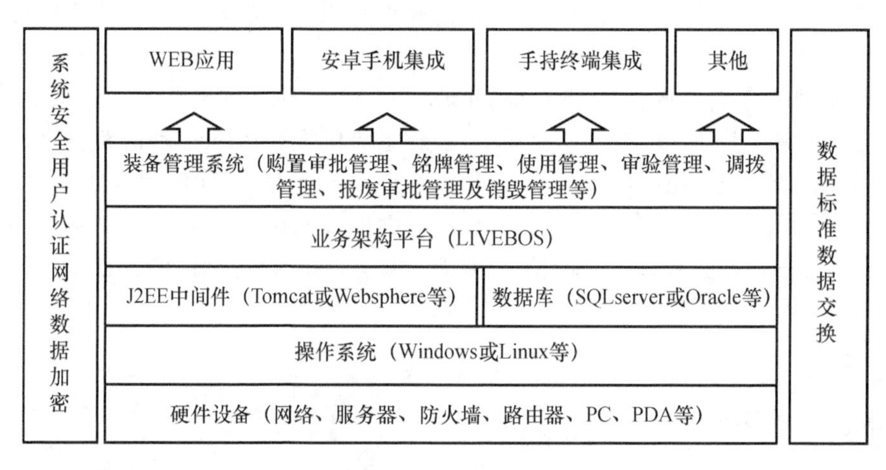

图2 新疆人工影响天气装备管理系统架构图

3 装备管理

装备管理子集包括装备信息管理、装备购置流程、装备调拨流程、装备报废流程四个方面(图3)。

3.1 装备信息管理

装备基本信息主要包括生产商、装备类型、装备型号、管理机构、所属地区、产权单位、生产日期、使用年限、装备状态及存放地点。要保证该系统对人工影响天气装备管理起到一定作用,录入每一条信息的准确性尤为重要。在此基础上,添加人工影响天气装备的图片可保证每一条装备信息具有唯一性。装备信息设置新增、复制、修改、删除、导出等选项，可防止装备信息出现混乱，地（州）、县（市）级用户只有新增、导出权限，如需修改需联系区级管理员。通过查询功能可以了解装备基本信息，如查询阿克苏地区在用火箭发射装置信息，只需在管理机构选择阿克苏地区人工影响天气办公室，装备类型选择火箭发射装备，装备动态（包括在用、已报废、已销毁）选择在用，点击查询，可对整个阿克苏地区人工影响天气装备进行操作，查询出的信息可导出 excel 格式文件，导出模式可以选择，同样可以选择所需条件导出自己想要的信息。如图 4 所示。

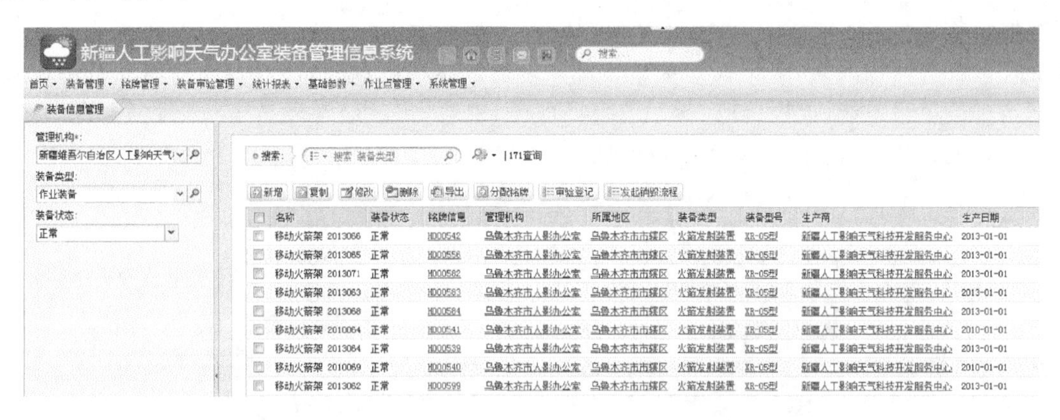

图 3　新疆人工影响天气办公室装备管理信息系统界面

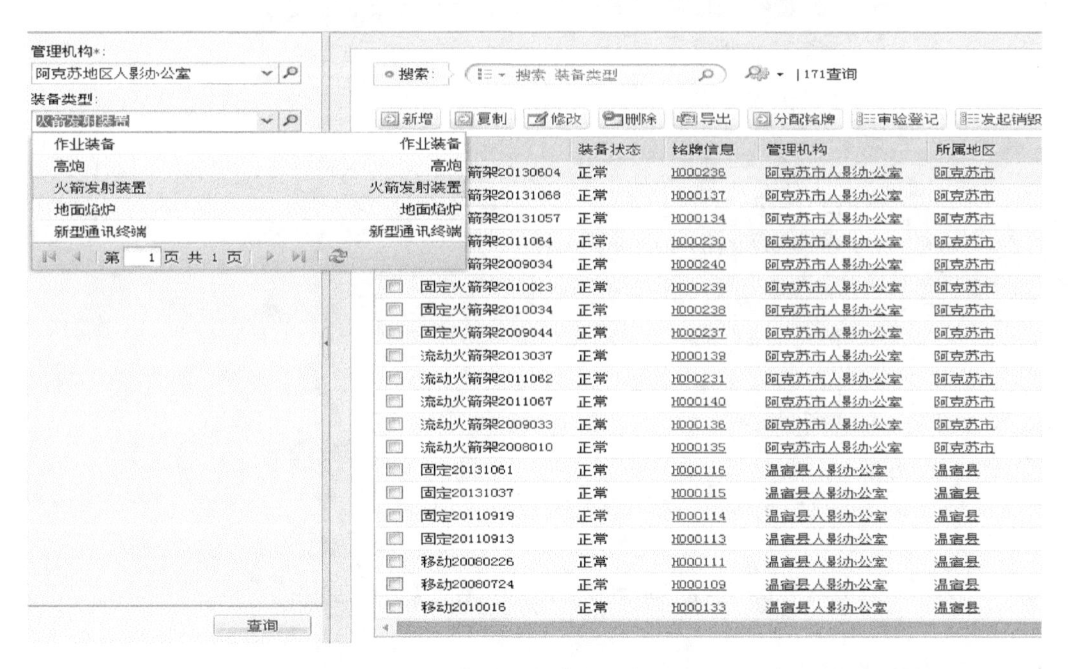

图 4　人工影响天气作业装备查询图

3.2　装备购置流程

本系统是由区、地（州、市）、县（市）三级共同管理，在各县（市）在根据需要申请购置人工影响天气装备时，县（市）管理员须在装备购置流程填写申请，提交后该申请会自动转到该县所属的地(州、市)装备管理员处,地(州、市)装备管理员根据申请做出审查并批复,若该地区不符合要求,退回至县(市)级管理员;若同意,填写审核意见提交就上传至区级装备管理员,由区级管理员进行审核,在所有发启流程过程中,管理员都可了解流程进行状态,了解流程完成情况。所有发启流程均存放在系统数据库内,通过查询了解每年购置情况。

3.3 装备调拨流程

人工影响天气目的是为了防灾减灾,减少损失。当出现大的灾害天气或有其他应急作业,在本地装备满足不了需求时,需要从某地调用人工影响天气作业装备,为了方便装备管理,本系统设置装备调拨流程(图 5)。该流程详细记录调拨状况以及装备去向,在需求装备调拨时,由调出单位填写申请,上报其地(州、市)级管理员,由地(州、市)管理员审核通过后,再由区级管理员审核,审核通过后,由调入单位确认。

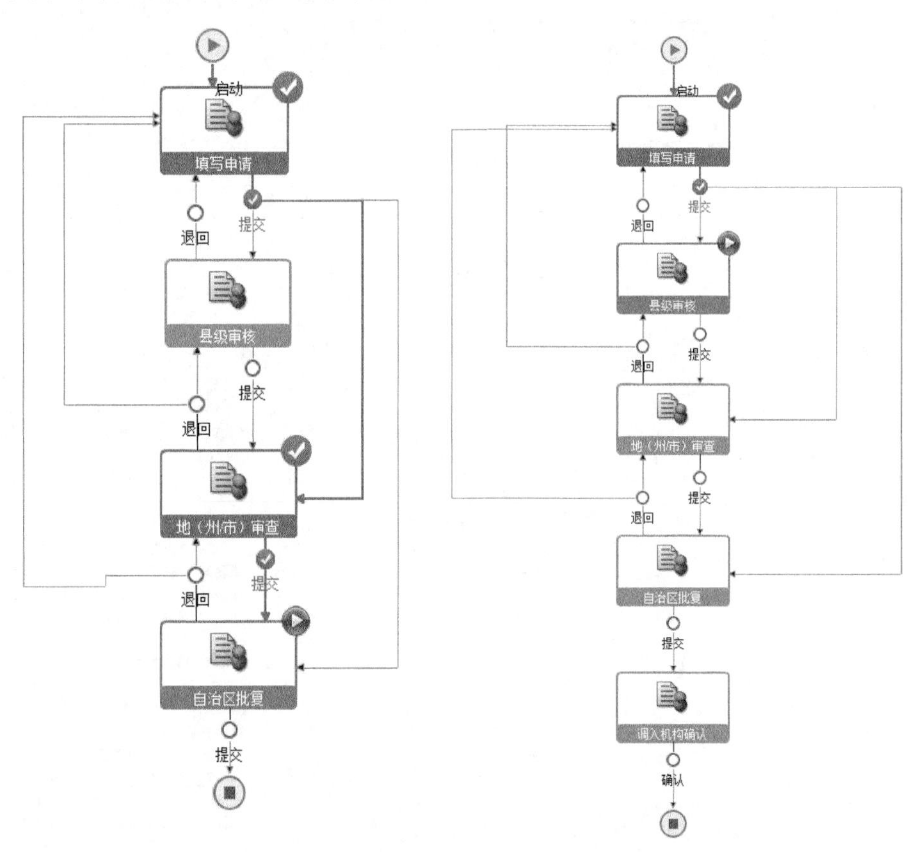

图 5　左边为购置或销毁流程,右边为调拨流程图

3.4 装备报废流程

装备报废流程与装备购置流程相同,操作可参考装备购置和销毁流程图(图 5)。

4 铭牌管理

人工影响天气作业装备铭牌的使用可更好更快地掌握装备信息,保证装备信息唯一性。

该铭牌设置编号火箭发射装置从 H000000 开始，高炮从 G001101 开始，烟炉装置编号从 Y001401 开始，铭牌设计引用二维码技术，每个铭牌对应唯一的二维码，通过二维码与装备信息的绑定，手持终端就可通过扫描二维码了解该装备所有信息（图 6）。目前全疆装备铭牌挂牌基本完成，大大提高了人工影响天气业务工作效率。

图 6 人工影响天气作业装备铭牌

铭牌信息包括序号、编号、制牌日期，装备类型、状态、使用机构、制牌状态、名称、制牌编号、制牌批次、制牌单位和二维码字符串。每一个铭牌信息对应一套作业装备，并新增、修改、删除、导出、生成铭牌、批量删除和标记制牌信息等功能，保证日常对铭牌信息的维护和统计。

5 装备审验管理

5.1 装备审验计划

人工影响天气安全生产过程中，人工影响天气作业装备的正常与否直接关系到人工影响天气安全生产能否正常进行。为保障人工影响天气作业装备的正常使用，新疆维吾尔自治区人工影响天气办公室每年会组织人员对全疆 15（州、市）作业装备进行审验，而本系统添加审验计划，审验人可直接通过手持移动终端可进行扫铭牌了解装备信息、审验信息并完成审验任务。

装备审验计划设置新增、修改、删除、开启计划、关闭计划、生产审验明细和清空审验明细等功能，由各级装备管理员新增审验计划

设置开始时间和结束时间，提高了审验效率。

5.2 装备审验明细

装备审验明细是对装备审验计划的统计总结，一方面对装备审验后装备审验后的结果的记录，另一方面通过查询，可知审验计划的执行情况。审验登记是对装备审验结果的登记，包含审验日期和审验结果（正常、需维修、需报废），通过查询审验计划了解审验过程中装备情况，如人工影响天气装备不能维修继续使用，审验结果为报废时，可发起报废流程，进入报废程序。

6 统计报表

6.1 装备信息分布

信息分布是整个装备信息在新疆不同区域的分布状况。通过对管理机构、装备类型、装备

状态的查询,可看到左侧人工影响天气装备的基本信息(图 7)。图 7 中右侧地图则显示人工影响天气装备的分布数量。

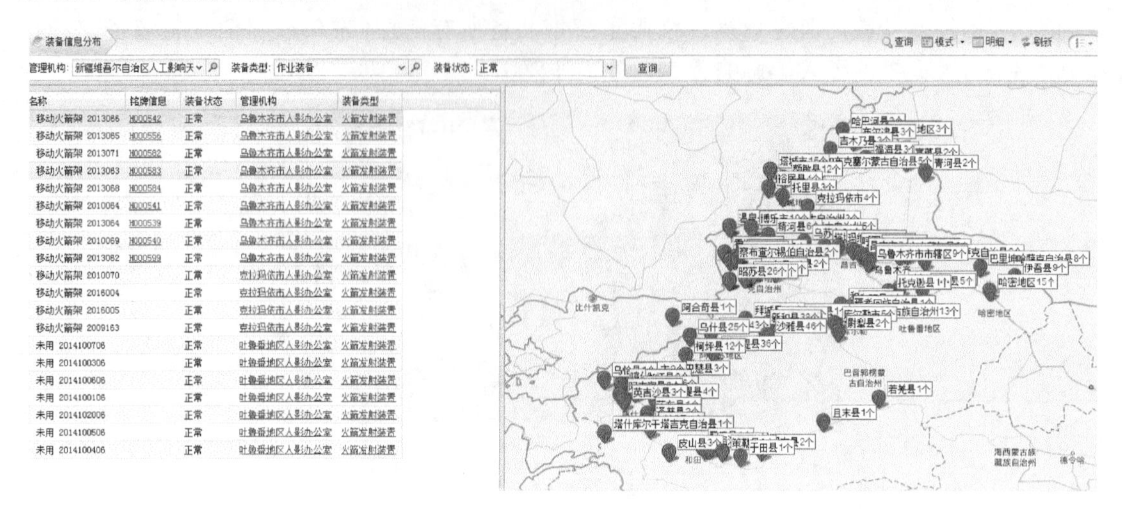

图 7　装备信息分布图

6.2　装备信息明细表

装备信息明细表包含装备信息管理录入的全部信息,用户通过对管理机构、作业装备和装备状态信息的查询,可下载装备信息明细表,并导出生成 excel,pdf,word 等格式文件,网站能直接打印装备信息明细表。

6.3　装备信息汇总表

装备信息汇总表主要是对装备数量的统计,表中信息包含了管理机构和三种人工影响天气装备(高炮、火箭发射架、地面烟炉),统计了每个人工影响天气装备的正常、已报废、已销毁和合计的数量。

7　基础参数

基础参数包含了行政区划、装备类型、生产厂商管理、存放地点和作业地点。基础数据的信息是人工影响天气装备管理系统的基础,保证了人工影响天气管理系统数据的准确性。通过新增、修改和删除,可确保基础数据的完整性。

8　作业点管理

作业点管理分为两部分,一为作业点信息的管理,二为作业点分布图。作业点信息可通过新增、修改、批量删除、导入和导出进行维护,增加新作业点可以通过新增录入经、纬度完成,批量录入作业点可通过导入完成,极大节省了时间。作业点状态分为无、正常、异常,管理者可根据作业点状态进行维护。作业点分布图则是对作业点信息的补充,通过经、纬度坐标,更详细反映了人工影响天气作业点的分布情况。

9 系统管理

系统管理是对系统内机构和用户的管理。本系统组织机构分为新疆区、地、县三级人工影响天气机构，系统用户为各组织机构装备管理员。目前新用户的注册由系统管理员完成，并由系统管理员对用户分配权限并对系统进行维护。

10 结语

新疆人工影响天气装备管理系统，充分利用现代计算机网络和数据库技术，能有效保存人工影响天气装备数据，了解人工影响天气装备动态，实现了人工影响天气装备管理的信息化、规范化。

参考文献

[1] 卢培义，彭程浩．地面人影装备管理与使用安全探讨[C]//第 26 届中国气象学会年会人工影响天气与大气物理学分会场论文集．2009.

[2] 卢培义，孙建东．地面人工影响天气装备的安全管理[J]．山东气象，2007，**27**(108)：42-43.

[3] 郑国光．以信息化推进气象现代化[J]．浙江气象，2015，**36**(2)：1-4.

[4] 耿蔚，张世林，詹万志，等．基于人工影响天气业务系统的业务管理应用[C]//第 26 届中国气象学会年会人工影响天气与大气物理学分会场论文集．2009：705-714.

运用WR型火箭实施人工防雹增雨的一些体会

谢　巍　杨新海

(新疆生产建设兵团第七师气象局,奎屯 833200)

摘　要　2013年6月23日傍晚,兵团七师垦区正北略偏西方向出现了一块强冰雹云,冰雹云的路径及雷达回波参数与2001年6月8日的雹云路径和特征基本相似。冰雹云先后影响128团、129团和130团部分连队,联防区动用15具WR型流动、固定火箭和13门高炮对雹云实施了大剂量防雹增雨作业,作业后,影响区内出现了短时强降雨夹小冰雹,部分连队出现了雹灾,但与2001年6月8日联防区单纯使用三七高炮防雹相比,受灾面积和受灾程度均有明显减少。通过实例对比,使用WR型火箭进行早期防雹增雨,并与三七高炮联合作业,能达到较好的预防和减灾效果,对今后指导人工防雹增雨作业具有一定的指示意义。

关键词　火箭　防雹增雨　体会

1　冰雹云形成的天气背景

1.1　高空环流形势分析

6月23日20时500 hPa(图1)、700 hPa、850 hPa高度场上显示,新疆北疆国境线附近上空有一个低槽,槽向与国境线走向几乎一致,槽后为经向环流,为冷平流。巴尔喀什湖附近形成了一个浅脊,浅脊上方为闭合高压脊,中心值为584 hPa,高空不断有冷空气南下会集于低槽附近,造成大气层结不稳定,有利于对流性天气形成。

1.2　地面系统形势

锋线在北疆中部,地面闭合高压区自北向南逼近新疆北部。高压中心值为1025 hPa,东侧低压中心值997.5 hPa,锋面在高压和低压区之间,也就是在北疆中部,属锋面过境天气系统(图2)。

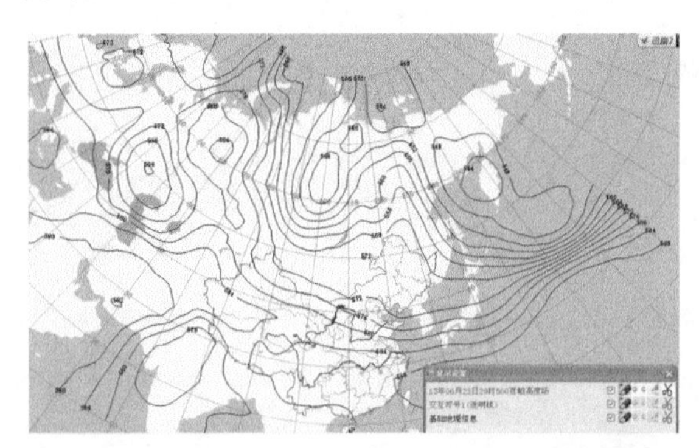

图1　2013年6月23日20时500 hPa高度场

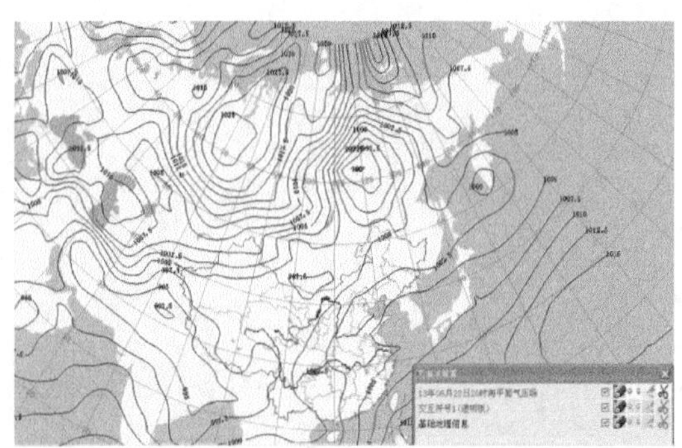

图2　2013年为6月23日20时海平面气压场

1.3 *K* 指数和 *SI* 指数

本文运用克拉玛依探空资料（克拉玛依距离七师垦区 50～60 km），图 3 显示的是克拉玛依 20 时温度对数压力图，图中 *K*、*SI* 指数分别为 37℃、−2.46℃，说明系统处于不稳定状态。*K* 指数是反映稳定度和湿度条件的综合条件的综合指标。*K* 指数越大，大气越不稳定；*SI* 指数可反映对流性天气稳定度程度的指标，*SI* 指数越小大气的稳定度越差。

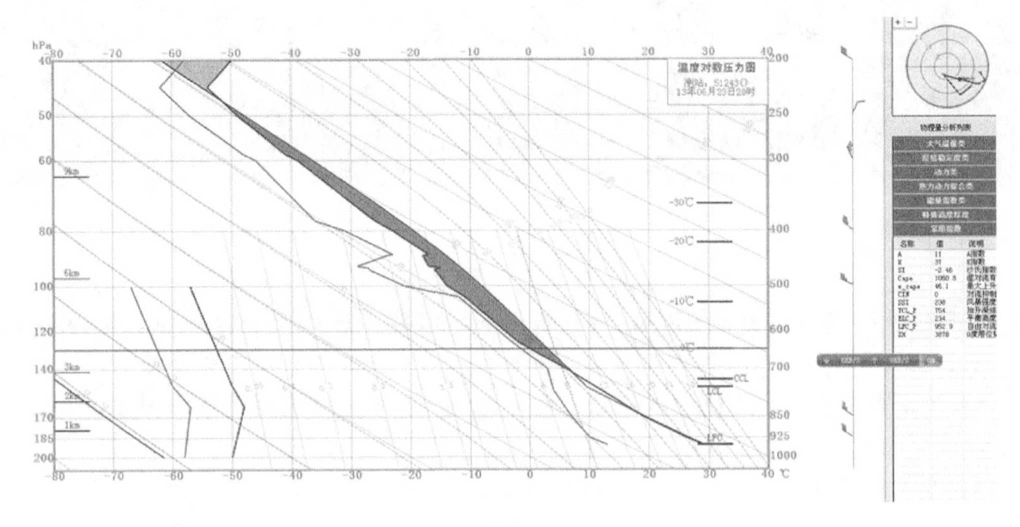

图 3　克拉玛依 20 时温度-对数压力图

2　雷达回波参数分析

(1)[彩]图 4 为 2013 年 6 月 23 日冰雹云的雷达最大投影回波演变图（XDR-X 波段数字化天气雷达），21:24 为雹云发展时的最大投影回波图，强回波区（>40 dBZ 的区域）面积较小，单体以 35 km/h 速度向南偏东方向移动，影响七师 128 团、129 团和 130 团，雹云在移动过程中出现断续降雨现象，21:42 前后云体迅速发展并加强，强中心区域扩张明显，云体进入跃增阶段，形成一个强回波核心区，随后进入孕育阶段，21:49 雷达回波显示核心区域的回波梯度大，形成了一个约 5 km×7 km 的区域，冰雹云特征明显，22:00 后雹云进入消亡阶段。

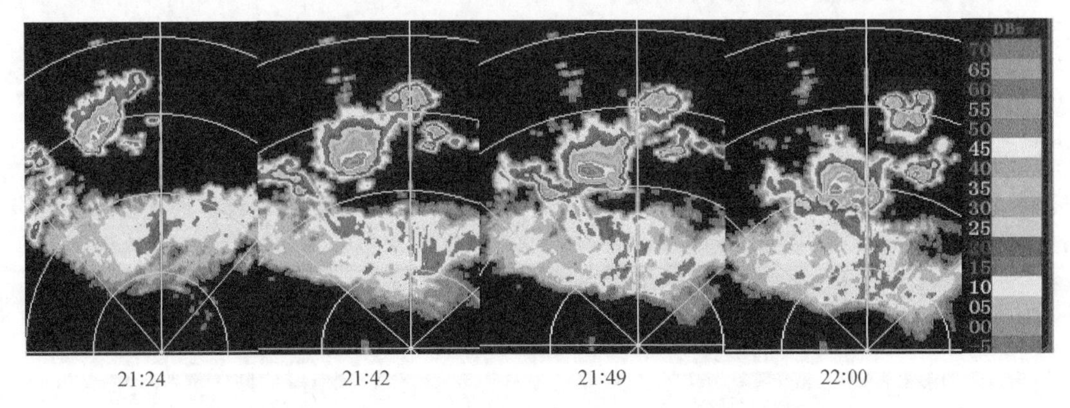

图 4　6 月 23 日冰雹云的雷达最大投影回波演变图

(2)[彩]图5为2013年6月23日冰雹云的垂直剖面图，21:24云体强回波区域在6.0 km以下，50 dBZ的水平宽度不足1 km，18 min后，强回波顶高上移至10.0 km，一般回波顶高13.0 km，回波强度增至65 dBZ，增长速率为11.5 dBZ/5min，强区重心偏上，强回波宽度是发展初期的2倍以上，云体结构密实，降雹降雨后云体强区消散。

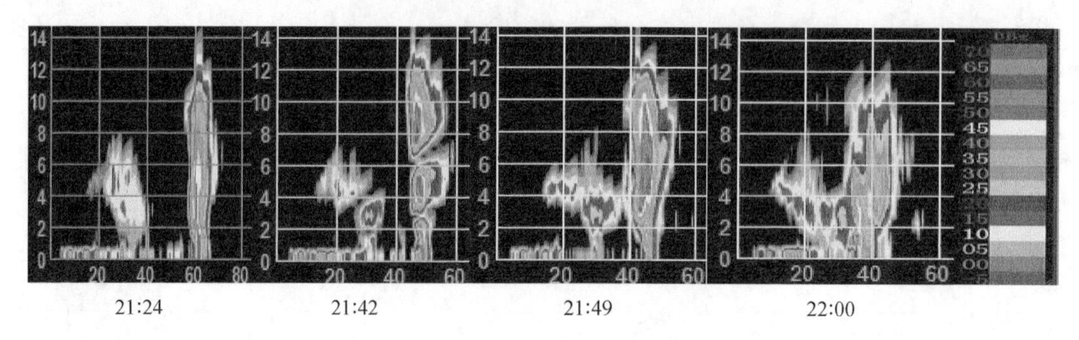

图5　6月23日冰雹云的垂直剖面图

(3)2001年6月8日出现的冰雹云，其路径与2013年6月23日基本相似。2001年6月8日的雹云(图6—图9)，在21:21—21:41最大回波强度为66～68 dBZ，强回波高度达到10.4 km，一般回波顶高12.8 km，强回波区重心偏上，大于50 dBZ回波区普遍出现在4～8 km高度区间。

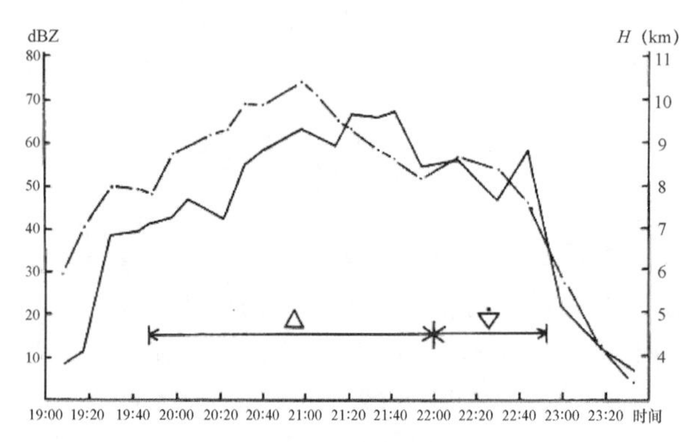

图6　4 km高度上的回波强度(实线)和最大回波顶高(虚线)随时间演变

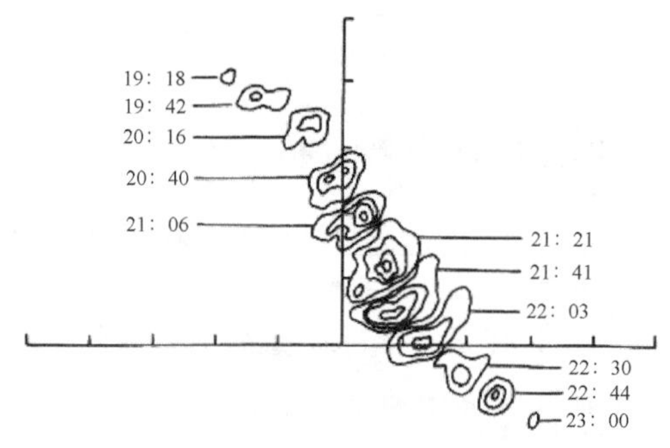

图7　4 km高度上冰雹云发展示意图

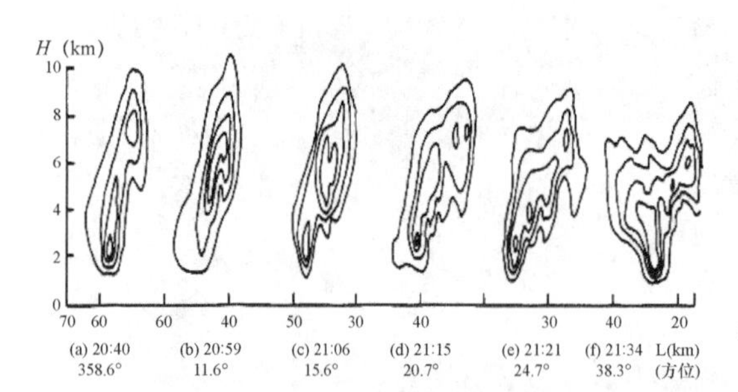

图8　主要降雹时段RHI随时间演变示意图
(强度等值线由外向里分别为10 dBZ，30 dBZ，50 dBZ，60 dBZ)

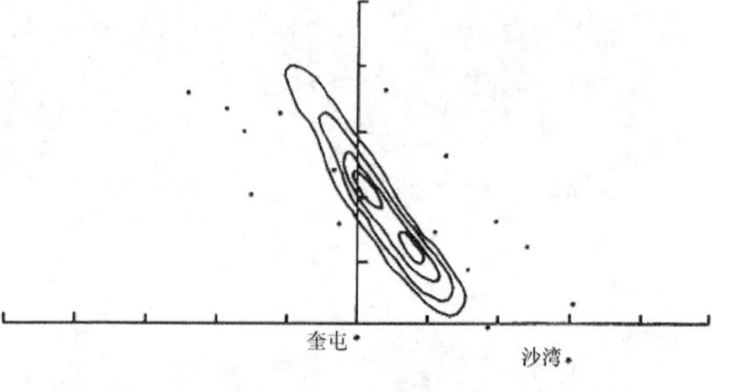

图9　最大冰雹直径分布示意图
(最大冰雹直径等值线由外向里分别为0.5，1.0，2.0，3.0 cm；距离圈每圈20 km)

图 6—图 9 摘自“新疆奎屯河流域一次强冰雹过程的雷达立体信息回波组合图分析”一文。由图 6 可以看出对流回波形成、跃增阶段和消亡阶段，4 km 高度上回波强度出现明显的陡升和急降，同样对流回波形成、跃增阶段回波顶高由 6 km 上升到 8 km，而消亡阶段回波顶高则由 6.5 km 迅速下降到 3.5 km；降雹时段内：4 km 高度上的回波强度始终维持在 50 dBZ 以上，最大回波强度达到 68 dBZ，强度 10 dBZ 回波顶高始终保持在 8 km 以上高度，最大回波顶高达到 10.4 km。图 7 在降雹时段，4 km 高度上 10 dBZ 回波区尺度大致为 150～250 km^2，最大值达到 280 km^2；这块强单体雹云的全部行程为 145 km，平均移速为 39.2 km，总体移向为 143°。图 8 可以看出在降雹时段内，强回波区重心偏上，50 dBZ 强回波区普遍出现在 4～8 km高度区间内。图 9 可见，这块强单体雹云的雹击带长 90 km，宽为 6～12 km，过雹区范围大致为 700 km^2，雹块的最大直径为 3 cm，众数直径为 1 cm。

3 天气实况及防雹作业情况

(1)2013 年 6 月 23 日冰雹云先后影响 128 团、129 团和 130 团，联防区动用 15 具 WR 型流动、固定火箭和及 13 门高炮，在雹云发展过程中，流动火箭先行、高炮配合对雹云实施了大剂量防雹增雨作业，累计作业火箭弹 54 枚、人雨弹 1896 发。作业后，影响区内出现了短时强降雨夹小冰雹，部分连队出现了降雹现象。最大冰雹直径 1.0 cm，众数直径在 0.5 cm 以下，过雹面积约 34 km^2，部分棉田出现中度灾情，防雹作业有效地抑制了雹灾的蔓延和扩散，最大限度地降低了雹灾损失。

(2)2001 年 6 月 8 日的冰雹云路径与 2013 年 6 月 23 日冰雹云的路径基本一致，雹云同样是先后影响 128 团、129 团和 130 团，联防区动用高炮 16 门，向云体发射人雨弹 2658 发，作业时和作业后影响区内降雹，最大冰雹直径 3.0 cm，众数直径 1.0 cm，过雹面积约 700 km^2，部分棉田出现绝收。

(3)七师依据冰雹云活动规律，对区域作业点实行统一布局。划定区域联防“三道防线”，“三道防线”上共设火箭 48 具(流动 41 具、固定 7 具）高炮 33 门。“三道防线”为提升 2013 年 6 月 23 日这次人工防雹增雨作业的科学性和有效性奠定了基础。

第一道防线由流动火箭组成，在保护区上游，距离保护区 5～10 km。主要任务是对尚未进入农田保护区的冰雹云实施早期催化，促使冰雹云提前产生降水，达到化雹为雨的效果，力求将雹情解决在垦区之外。第二道防线由火箭和高炮组成，主要任务是对经第一道防线实施作业后减弱而进入农田保护区后又重新加强的冰雹云或在保护区内新生成的冰雹云进行作业，最大限度地抑制雹云发展和加强，减轻冰雹灾害。第三道防线由火箭和高炮组成，主要任务是对尚未完全消亡的冰雹云或新生冰雹云实施补充作业，进一步提高防雹效果。

4 体会

(1)通过实例验证，有效的管理体制、合理的作业点布局和正确的催化策略，是人工防雹工作中的三个关键要素，也是提升人工影响天气防灾减灾效果的关键环节。火箭防雹能抓住最佳作业时机，对预防和减少雹灾损失发挥了重要作用。

(2)“三道防线”是区域统一部署、层层设防、关口前移的联防技术措施，只要“三道防线”上的流动火箭相互配合，联防区各单位相互支援作业，无论出现在七师垦区上空任何位置的冰雹云，都能及时受到防雹火力的有效影响，从而才能减少冰雹云成灾的可能性。

(3)将流动防雹火箭布设在保护区上游 5～10 km 地带,可实现对雹云的早期催化;实施火箭和高炮联合作业,对雹云的不同高度区间进行催化,其防灾减灾效果比使用单一火具效果要好。火箭集中早期作业,碘化银微粒产生争食效益,能最大限度地抑制冰雹颗粒增长,达到预防效果。

参考文献

[1]《新疆短期天气预报指导手册》编写组．新疆短期天气预报指导手册[M]．乌鲁木齐:新疆人民出版社,1986:336.

[2] 王雨增,李凤声,伏传林．人工防雹实用技术[M]．北京:气象出版社,1994.

[3] 蔺志善,杨新海,姚丽花．新疆奎屯河流域一次强冰雹过程的雷达立体信息回波组合图分析[J]．新疆气象,2003,**26**(2):27-29.

人工影响天气装备设备研发与应用

机载液氮播撒装置研制

杨瑞鸿　陈　祺　丁瑞津　张建辉

（甘肃省人工影响天气办公室，兰州 730020）

摘　要　本文总结了机载液氮播撒装置的研制工作情况。主要内容包括：液氮播撒装置研制情况综述；液氮播撒装置的设计原理；技术规格；使用和操作；总结。

关键词　液氮　播撒装置　增雨（雪）　研制

1　引言

随着全球气候变暖和经济社会的发展、人口增加、工业用水及生活用水等大幅度增加，水资源短缺已对人类的生存安全构成重大威胁，成为人类健康、经济和社会可持续发展的重大障碍。西北地区降水稀少，十年九旱，所以开发利用空中水资源，提高人工增雨作业能力，是改善西部地区水资源短缺的有效途径之一[1]。

目前，人工影响天气的作业工具主要有飞机、高炮、火箭和焰弹等，飞机机动性高，可在较大范围适宜作业的高度进行作业，其催化剂利用率高，增雨效果好。甘肃省人工影响天气办公室 1993 年开始使用液氮作为制冷催化剂，应用于飞机人工增雨（雪）作业中。为解决播云作业中存在的实际问题，我们结合本省多年的作业经验，总结各类播撒方法的优点，研制成功这套机载液氮播撒装置。该系统由液氮贮液容器（杜瓦瓶）、脚踏式压力泵和播撒器三部分组成。贮液容器和脚踏式压力泵是活动组合部分，随时可以更换、移动，播撒器固定安装在安-26 型或运七-500 型飞机机舱内的后排气换气活门底座上，并将喷液头伸出机舱外，实施增雨（雪）催化作业。

2　研制思路

2.1　液氮基本特性

氮气是空气的主要成分，无色、无味，在高压下可液化。液态氮是惰性的，无色，无臭，无腐蚀性，不可燃，温度极低。在常压下，液氮温度为 -196 ℃，密度 8.05×10^2 kg/m^3，汽化潜热 9.96 万 J/kg；常压下气化体积会膨胀 696.5 倍，同时大量吸热接触造成周围气温急剧下降。

2.2　冷云催化原理及催化剂

云体上部温度低于 0℃的部分是冷云，云体上部的冷云部分常出现冰粒子、过冷水滴、水汽三者共存或冰粒子、水汽共存的状态。人工影响冷云降水的基本思路是：第一，冷云中降水粒子最终是由冰晶效应形成的，要求降水性冷云中必须存在一定数量的过冷水和冰晶；第二，有些冷云不能产生降水或降水效率不高，就是由于云中缺少足够数量的冰晶；第三，在云中适当部位,人为地引进适当数量的冷云催化剂,如干冰、AgI,能使云中过冷水转化为足够数量的冰晶,产生最佳的冰晶数密度,促进云内降水形成过程得以实现[2]。

我国人工影响天气工作自 1958 年以来,在飞机增雨作业冷云催化中使用干冰、液氮、液态丙烷、碘化银(AgI)等作为播云催化剂。干冰是很好的致冷剂,但在储存和播撒上存在着一定的局限性。AgI 具有成核率高,储存、播撒都很方便的优点,但其成核率与温度密切相关,在 −8 ℃以下的环境中应用较好。液氮作为人工增雨(雪)冷却型冷云催化剂具有经济、洁净、阈温较高、成核率相对稳定等优点。[3]液氮在大气中迅速蒸发膨胀、膨胀系数可高达 600,对环境没有任何不良影响。因此,液氮又称为生态学纯致冷催化剂(绿色催化剂)。

2.3 机载液氮播撒装置的设计原理

从液氮的基本特性及催化原理可以看出,保证液氮的使用效果的关键是保证液氮的迅速播撒和液氮流量控制;另外,合理安全改装增雨作业飞机,在平衡、结构强度、性能、动力特性、飞行特性和其他适航性因素做无影响的改装,尤其对密闭机舱的压力不能有任何影响。播撒装置要做到便于操作、使用、维护、拆装并根据需要有大剂量催化作业的能力[4]。基于这些因素,我们确定了液氮播撒装置的基本功能及设计思路:

(1)采用加压喷射方式即直播播撒;

(2)实现多喷头同时播撒;

(3)有贮运大剂量液氮的能力;

(4)设备易安装、维护,便于拆装等操作。

现就这些功能详述如下。

压力系统:采用脚踏式液氮增压泵,是一种高效率、无能耗排液泵。该泵具有体积小、重量轻、携带方便、操作简单、工作时无振动、排液迅速等优点,专配于国家标准 50 mm 口径、30 L 液氮容器(杜瓦瓶)上使用。

流量控制:采用三路杜瓦输液管(专门用于超低温液体的软管)与三路紫铜喷液管相连接,相互独立喷射播撒,根据实际情况可同时或单独使用。其特点在于可避免因空中水汽过大造成冻结而无法正常工作的现象。

催化剂贮运:采用口径 50 mm,体积 30 L 的贮存、运输型液氮容器(杜瓦瓶)。根据预定作业面积、飞行时间决定携带的催化剂数量,一次作业飞行最多可携带 80 瓶,计 2400 L。因单个体积、重量较为合理,便于运输、移动,极大地提高了外场工作的机动性。

播撒系统:固定在不锈钢法兰盘的喷射嘴与飞机底舱的后排气活门底座无缝隙吻合固定,不失机舱压力,喷射嘴带来的云中静电也会因与飞机紧密结合由飞机放电系统放掉。喷射嘴与放液管间的固定连接采用管接头对接,放液管用不锈钢法兰盘支架与机舱地板固定连接、稳固、耐用、安全、便于拆装。

3 机载液氮播撒装置的技术规格

3.1 结构

机载液氮播撒装置结构如图 1 所示。

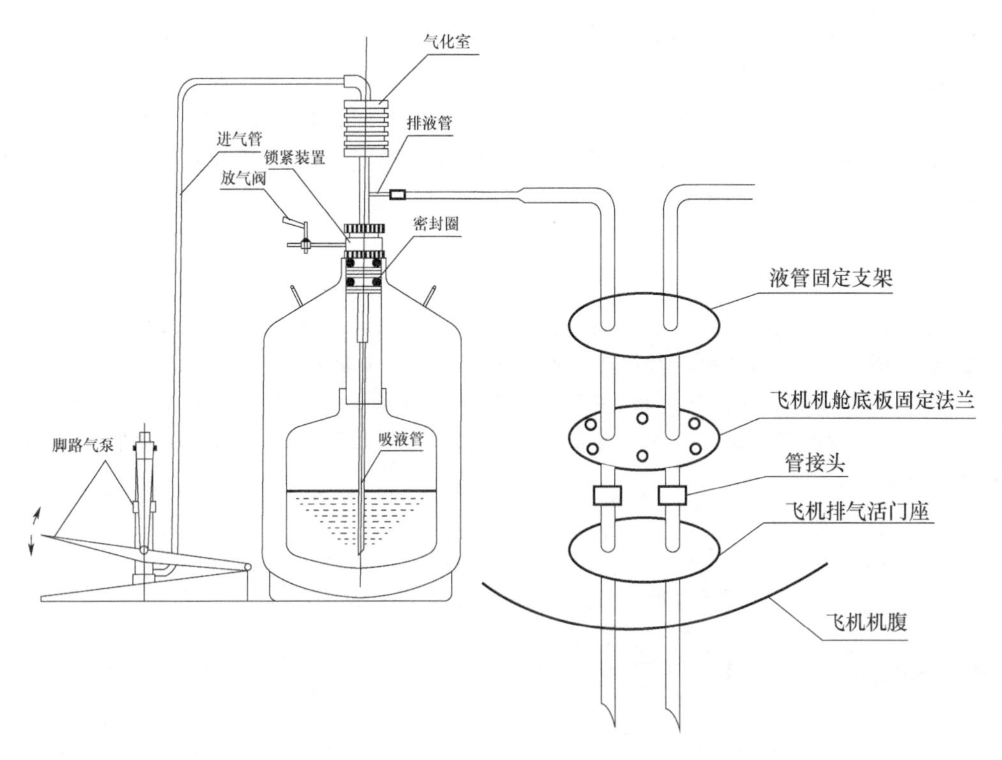

图 1　机载液氮播撒装置结构图

3.2　技术指标及参数

(1)脚踏式液氮增压泵扬程为 2.5 m,满足工作时所需要的正常工作压力;

(2)喷射嘴与放液管管径为 10 mm,选用优质紫铜管,耐低温,不变形;

(3)管接头为气密级配件,保证连接紧密,稳固,不会造成飞机机舱失压;

(4)喷射嘴背风向导 30°切角,可防止喷射嘴因高速气流造成的排液不畅;

(5)单喷射嘴消耗速率为 8 L/min,一瓶液氮的排放时间为 3～4 分钟。

4　使用和操作

(1)吸液管插入液氮容器前,打开放气阀门再插入;

(2)连接杜瓦输液管与播撒放液管;

(3)固定吸液泵体在液氮容器颈口部位,拧紧锁紧螺母;

(4)连接脚踏增压泵输气管,关闭放气阀门;

(5)脚踏增压泵向液氮容器加压输气;

(6)以 50～60 次/min 的频率脚踏踏板即可排出液氮,若要中途停止排液,只需将放气阀门打开即可;

(7)连续作业,更换贮液容器即可。

5　总结

(1)本装置用于直播播撒,基本满足快速播撒要求，经过多次实际使用,是层状云增雨作业的有效工具,对大剂量连续催化作业较方便实用。

(2)播撒系统装置固定在不锈钢法兰盘的喷射嘴与飞机底舱的后排气活门底座无缝隙吻合固定,不失机舱压力,喷射嘴带来的云中静电也会因与飞机紧密结合由飞机放电系统放掉。喷射嘴与放液管间的固定连接采用管接头对接,放液管用不锈钢法兰盘支架与机舱地板固定连接、稳固、耐用、安全、便于拆装。

参考文献

[1] 陈添宇,李照荣,李荣庆．甘肃省人工增雨(雪)工作发展的思考[J]. 干旱气象,2003,**21**(4):89-92.

[2] 胡志晋．层状云人工增雨机制、条件和方法的探讨[J]. 应用气象学报,2001,**12**(增刊):10-13.

[3] 章澄昌．人工影响天气概论 [M]. 北京:气象出版社,1992.

[4] 樊鹏,余兴,雷恒池,等．液态二氧化碳(LC)播撒装置应用研究[J]. 应用气象学报,2005,**16**(5):5685-692.

利用Cult3D技术虚拟实现飞机增雨机载新设备的应用与展望

杨增梓　陈　祺　张建辉　张久林

（甘肃省人工影响天气办公室，兰州 730020）

摘　要　Cult3D作为窗口型软件环境下的虚拟实现平台，以及其使用简捷、应用广泛、效果精美的特点，被众多应该展示系统所采用；我们应用三维软件将机载设备按实际结构与尺寸建模，将反复调整完成的数字设备模型调入Cult3D平台编程，实现仿真互动，足不出户就可以学习、了解、操作和展示增雨作业新设备的原理及应用。Cult3D的跨平台特点，方便展示在不同的平台，结合我们的工作需要，并对未来展示与应用进行了展望。

关键词　3D建模多　虚拟实现　Cult3D　飞机机载增雨作业新设备

1　引言

虚拟实现技术是20世纪末才兴起的一门崭新综合信息技术，它融合了多种计算机技术的发展，随着计算机技术的发展和网速的提高，在网上实现3D物品互动展示和操作已成为现实，用计算机模拟的三维环境对现实真实环境进行仿真，用户可以进入这个环境，可以控制浏览方向，并操纵场景中的对象进行人机交互。浏览者只需用鼠标进行简单的操作，就可以对页面中的逼真物体模型进行全方位观看，还可以对物体进行拉近、拉远、放大、缩小、旋转、互动操作等，让浏览者能够真实地感受到物体的相关属性，现在多用于电子商务和产品展示中，目前少数发达国家在经济、艺术、军事等多方领域，已开始广泛实用这种高新技术，并取得显著的综合效益。

目前虚拟实现（Web3D）技术发展已有许多种，最主要的几种已广泛应用于网上3D展示，Cult3D脱颖而出，Cult3D是Cycore公司开发的一种3D网络技术，是一种跨平台的3D渲染引擎，有高效的压缩技术，使用户通过因特网访问Cult3D内容，文件量小，传播速度快，可通过普通拨号上网的用户完全可以接受，Cult3D是众多Web3D中最友好的，轻松开发出具有交互功能的Cult3D对象。它作为窗口型软件环境下的虚拟实现平台，其主要目的是在网页上建立互动的三维模型。这种互动的三维模型与3D或2D软件制作的平面图或视频动画有着本质的区别；一是它具有自由的视点，Cult3D不再满足于一个固定的角度来展示作品，而是把对作品的欣赏权完全交给使用者；二是具有强大的交互能力，人不仅可以通过鼠标直接对三维模型进行交互操作，而且可以通过键盘控制三维模型的动作或控制摄像机导航[1]。它的另一个特点是可以作为元素（控件插件）插入PC编程平台，将这一技术移植到Office、Authorware，使用效果非常好。我们设计制作的甘肃省人工影响天气新设备交互展示系统得到各位同行和专家的好评。图1所示为Cult3D的工作流程。

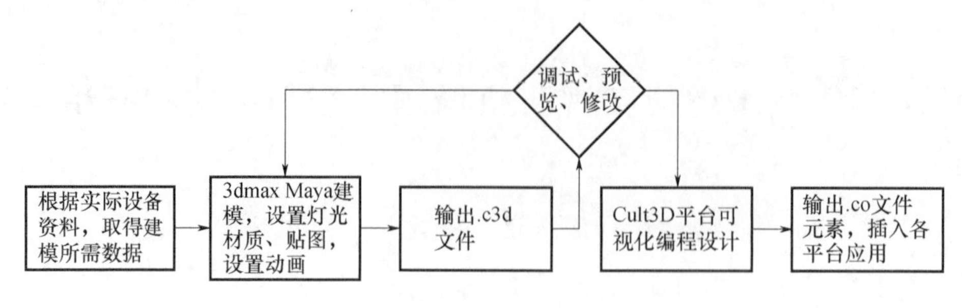

图 1　Clut3D 工作流程

2　AgI 发生炉

2.1　原理与建立模型

AgI 发生炉由控制仪和发生器组成，控制仪主要控制发生器点火、喷燃液及供发生器控制电路、电源等组成；发生器内部由控制喷液装置和电路与控制点火电路装置，外部由发生器贮液箱、点火针(静电发生)、加液孔、放液孔及加液漏斗组成。AgI 发生炉增雨作业流程图 2 所示，发生炉作业分地面准备、作业段、作业完成三阶段；根据以上特点，在建模时由于内部电路控制部分及相应装置是不可见的，不可操作部分，建模时尽可能简化，以减少文件大小，可见部分是加液盖、放液盖、点火针、加液漏斗及发生器主体外观，根据实物外观及相关尺寸和图片资料在 3DMAX 下建模，设置精确贴图和材质，保持模型与实物的真实完整性，输出发生器 .C3D 文件，同时可反复预览修改，反复调整，直到与实物接近。

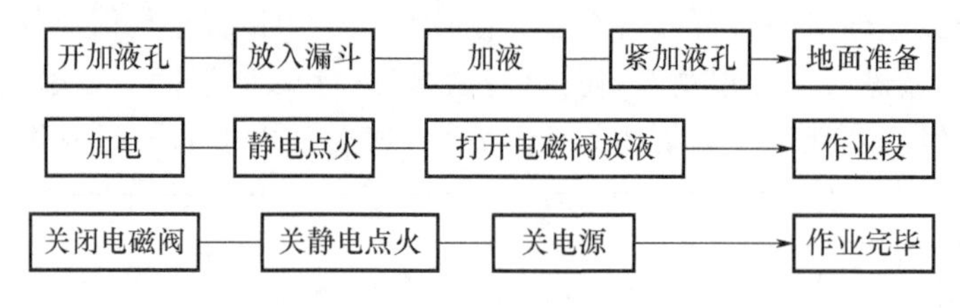

图 2　AgI 发生炉增雨作业流程

2.2　建立互动

将所生成的发生器 .C3D 文件在 Cult3d Designer5 中进行互动操作设计，对发生器而言，在建模过程中所存在的层次关系(父子关系)及作标系统在 Cult3D 中得到继承，在 Scene Graph 窗口中可见，对发生器互动主要加入一些 Actions，发生器主体加入按鼠标左键响应 Acrball 行为，这样可对整个发生器进行拉近拉远、放大缩小随意旋转观看发生器的各部位及结构。对发生器加液盖漏斗分别按鼠标左键响应 Translation XYZ 和 Translation Y 的位移行为，取得合理的位移值，完成加液操作过程，最后完成其他设计，经调试输出发生器 .CO 二进制编码文件直接在各平台及网络观看，如图 3 所示。

3　液氮播洒装置及操作

3.1　原理与建模

液氮播洒装制根据液氮容器内外气压差的原理完成在作业中施放液氮，作业过程中插入

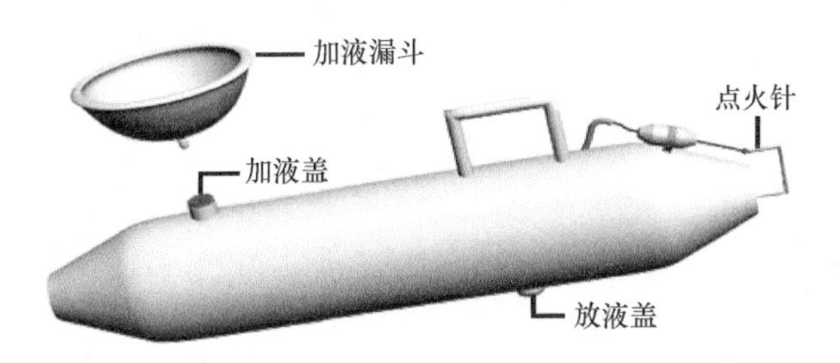

图 3　发生器模型及虚拟实现

铜管自动虹吸，飞机飞行的高度越高气压差越大，施放流速提高，液氮施放一般在云中或云上近云处施放，一般在 4500～5500 m 高空进行，操作人员可操作的设施主要有木塞子、贮液罐、木盖、铜管、塑料软管等组成，建模时，有 3D 系统中调出铜制材质、木盖与木塞子用木材质，塑料软管属半透明，调到合适的透明度，将对应材质赋予各相应物件。工作及操作流程是，选接好塑料软管、铜管与飞机上施放接头对接后，取开木塞子，插入铜管，使施作业。在建模时设定铜管、盖子、塑料软管为位移动画，以实现插入贮液罐的操作过程，确定合适的帧数以控制相应的时间段，最后输出播洒装置 .C3D 文件。

3.2　建立互动

在 Cult3DDesigner 中调入播洒装置 .C3D 编程，Cult3D 所有的交互(intoractions)行为包括播放声音、放映动画和 URL 连接等，甚至可以编写 JAVA 代码实现更复杂的动画控制。对播洒装置主体加入 Acrball 行为，对木赛子加放 Translation Y 位移行为，对铜管、盖子、塑料软管加入播放动画行为，最后生成播洒装置 .CO 文件，以便进一步编程和观看，如图 4 所示。

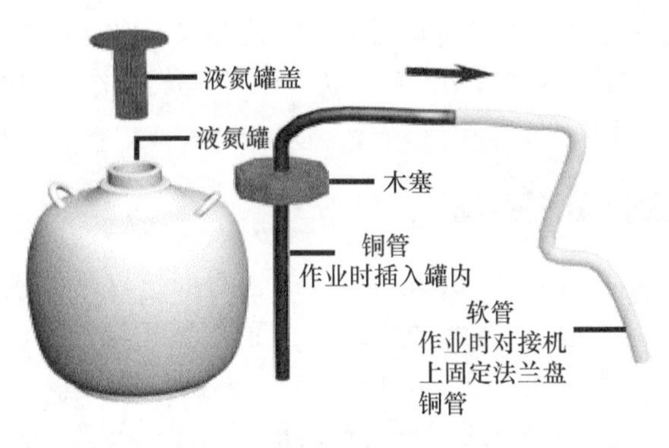

图 4　液氮播洒装置虚拟实现

4　机载温湿仪、粒子探测仪虚拟实现

机载粒子探测系统(Particle Measuring System，PMS)、机载温湿仪的虚拟实现，由于可操作部分都在机内微机中自动采集，其安装都是一次性安装好的，建模后在 Cult3D 对其实施交互，对两设备模型加入 Acrball 行为以实现对其外观的展示，工作中 PMS 粒子探测仪采集各类尺度的雨滴、冰晶、粒子等相关的资料，存入计算机硬盘以供分析之用，温湿仪测得实时温度、湿度、飞行高度、飞行速度、GPS 时间等要素存盘，PMS 粒子探测仪和温湿仪的虚拟实现如图 5 和图 6 所示。

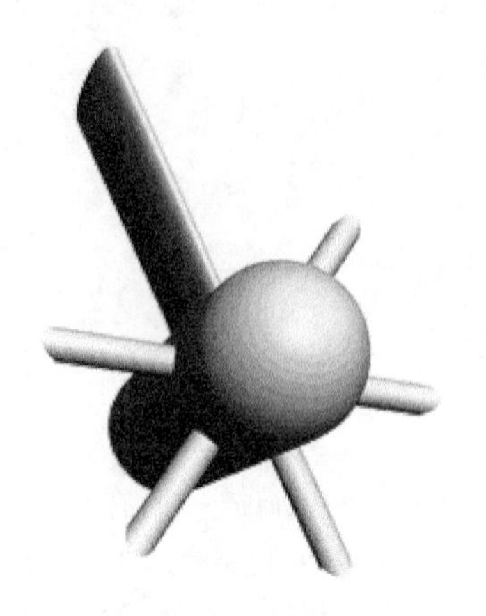

图5 机载温湿仪虚拟实现

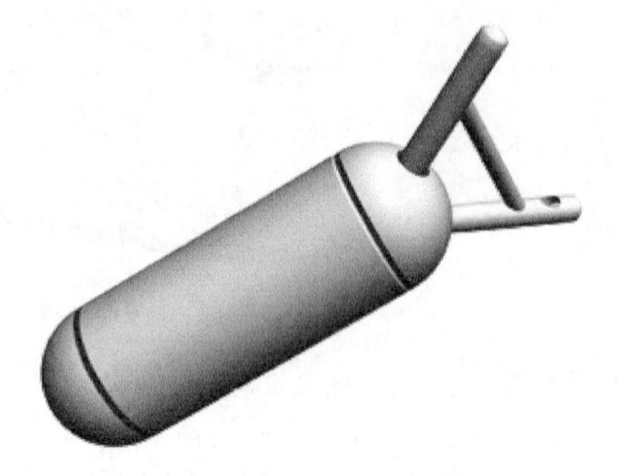

图6 机载粒子探测仪虚拟实现

5 VB中编程

完成了各仪器设备的虚拟实现,作为元素通过相应控件插入到VB中进行编程设计,完成了甘肃省人工影响天气新设备展示系统,主界面见图7,随着仪器设备的引进和进一步升级,展示系统将进一步补充和完善,现阶段完成了:AgI发生炉、液氮装置、机载温湿仪、PMS、焰弹气球增雪过程、发生器控制仪、高炮、火箭、移动雷达、双通道微波等。同时设计制作完成的人工影响天气机载设备网上发布,实现在互联网上互动学习。

6 Cult3D应用展望

Cult3D虚拟现实的技术的应用非常广泛,比如,虚拟实现建筑物的展示和参观、虚拟实现手术培训、虚拟实现模拟飞机飞行等,结合我办人工影响天气工作之需要将更进一步开发应该于日常科研业务和展示工作中。

6.1 人工影响天气虚拟参观系统

利用Cult3D提供的虚拟参观,模拟高1.8 m的人的步长与视角进入场景建筑物中,利用3D工具设计好合理尺寸的模型,有展板,包括文字、图像、影像等资料,也包括设计真实的实物放置在合理的位置,在场景中设置灯光和方便行走的路径通道,参观者只需在电脑前,利用键盘虚拟步行进入这个场景里,用键盘或鼠标简单的前行后退和转弯,遇到墙面或建筑物阻挡就停止,就像一个人不能穿越墙面,Cult3D系统自动感知。建成这样一个虚拟参观系统,节省大量的人力物力和资金,人性化、绿色环保,大大提高了工作效率。

6.2 祁连山山脉虚拟仿真行走观看系统

结合我们正将进行的甘肃河西祁连山二期增雨雪的探测与研究工程,为了更好地了解祁连山山脉的实际情况,应用Cult3D建成仿真系统,首先用3D技术建成祁连山山脉模型,利用该地区的等高资料,结合卫星遥感和先进的建模手段,建成完整的祁连山山脉的模型,包括雪线、河流、植被等,如同一个沙盘,但它不同于沙盘,它让人仿真进入祁连山里行走观看、参观考察,同样,参观者只坐在电脑前通过键盘和鼠标操作完成。

图7 甘肃人工影响天气虚拟设备展示系统主界面

参考文献

[1] 苏威洲．实现网络三维互动—Cult3D[M]．北京:清华大学出版社,2001.

[2] 程永军．用虚拟现实技术创设“沉侵”式网络学习环境[J]．中国电化教学,2002(4):58.

[3] 邓文新．Web3D技术的教学应用与研究[J]．现代教育技术,2002(4):36.

[4] 越野车．Web3D探密[J]．网迷,2001(增刊):101.

[5] 鸣涧．走近3D梦幻网页(2)——打造3D虚拟世界[N]．中国电脑教育报,2002-07-03(15).

[6] 李师贤,李文军,周晓聪．面向对象程序设计基础[M]．北京:高等教育出版社,1998.

[7] 王鹏云,潘在桃,徐宝新,等．中尺度业务预报试验数值模式系统[J]．应用气象学报,1992,**3**(3):257-265.

[8] 王有毅,岳淑兰．甘肃省地面气象测报业务查询与演示系统[J]．干旱气象,2008,**26**(3):76-81.

[9] 王遂缠,李照荣,付双喜,等．西北地区冰雹监测、预警及防雹指挥业务系统[J]．干旱气象,2007,**25**(5):80-84.

[10] 吴学毅．计算机网络规划与设计[M]．北京:机械工业出版社,2004:21-30.

[11] 胡友彬．网络工程设计与实验教程[M]．北京:电子工业出版社,2010:10-13.

[12] 于鹏,丁喜刚．网络综合布线技术[M]．北京:清华大学出版社,2009:25-30.

[13] 越腾任,刘国斌,孙江宏．计算机网络工程典型案例分析[M]．北京:清华大学出版社,2004:56-60.

[14] 陈俊良,黎连业．计算机网络系统集成与方案实例[M]．北京:机械工业出版社,2005:120-123.

新型延时自动点火焰弹在人工增雪作业中的作用

丁瑞津[1] 尹宪志[1] 邱东磊[2] 郭爱民[3] 黄 山[1]

(1. 甘肃省人工影响天气办公室,兰州 730020;2. 陕西中天火箭技术股份有限公司,西安 710075;
3. 兰州中心气象台,兰州 730020)

摘 要 西部地区冬春季节雨雪稀少,所以在冬春季开展增雪作业是一项重要的抗旱减灾措施。由于冬春两季降水天气过程少,为了弥补冬春季飞机、火箭作业费用较高的不足,我们新开发出了新型延时自动点火焰弹。它是利用气球将焰弹携带到云层中,通过自动点火使焰弹在云中燃烧后产生的冰核催化,来增加降雪量。实验表明,与同类产品相比新型延时自动点火焰弹通过科学定时装置能够控制最佳作业时机,具有成本低、机动灵活性高、催化效果好、科学安全等特点,能够提高人工增雪的科技水平。

关键词 人工影响天气 自动点火 焰弹作业

1 引言

随着全球气候变暖和经济社会的发展、人口增加、工业用水及生活用水等大幅度增加,水资源短缺已对人类的生存安全构成重大威胁,成为人类健康、经济和社会可持续发展的重大障碍。西北地区冬春季节雨雪稀少,十年九旱,所以开发利用空中水资源,提高人工增雪作业能力,是改善西部地区水资源短缺的有效途径之一。

国内外多年来冬春季实行人工增雨雪作业是一项重要的抗旱减灾措施。人工增雪试验表明,在比较成功的地区增加降水量约人工增雪率为 10%~25%,产生了较大的经济效益和社会效益。范鸿芸等[1]用统计方法分析新疆冬季飞机人工增雪对比区和作业区 12 月份降雪的相关关系;利用相关关系计算增雪效果及增雪量。结果表明:飞机人工增雪作业效果是显著的。其中 1978—1998 年平均增加量为 8.1%,在降水偏多的年份其增加量达到 19%。钱莉等[2]分析了 1997—2004 年 5—9 月份在河西走廊东部进行的人工增雨作业。试验发现,实施人工增雨作业后,8 年平均累计增加降雨量 131.5 mm,平均相对增雨率为 26%。说明河西走廊东部进行的人工增雨效果是明显的,进行人工增雨是可行的。人工增雨为开发利用空中水资源、改善环境、增加水库蓄水开辟了新的途径。

目前,人工影响天气的作业工具主要有飞机、高炮、火箭和焰弹等,飞机机动性高,可在较大范围适宜作业的高度进行作业,其催化剂利用率高,增雨雪效果好。但由于冬春季北方降水过程少,所以大量经费花在租机费上,同时飞机作业也往往受到空域限制,有时没有空域而错失作业时机。由于受天气系统的复杂性及催化技术、资金、基础设施等条件的限制,为了弥补冬春季飞机、火箭作业费用较高的不足,因此开发新型人工增雪设备就显得非常迫切。

在人工影响天气作业中应用最广泛成效最明显的催化剂是碘化银。通过科学实验有针对性地研制许多碘化银混合物配方,使在不同环境下碘化银成核率达到最好。方春刚等(2009)[3]研究结果表明,对比碘化银播撒率为 0.6 g/s 的 12 h 地面增雨量,在云上层入流区播撒碘化银试验中，地面增雨量比对最大过冷水含量区的催化试验提高了 48.7%，地面增雨量比在最大过冷水区域播撒提高了 72.1%。通过各种增雨雪技术比较，用气球携带碘化银焰弹增雨雪作业在北方干旱地区的抗旱工作中或作为飞机增雨雪作业的补充手段，具有很高的推广应用价值[4]。新型延时自动点火焰弹，是利用气球将焰弹携带到云层中，通过自动点火使焰弹在云中燃烧后产生的冰核催化，来增加降雪量。王田寿等[5]对西宁地区首次焰弹增雪试验作业天气条件分析，结果表明，“焰弹”投放点下风方的降水明显偏多，增雪效果显著。所以，气球携带焰弹作业就成了飞机作业以外很好的补充，它具有价格低、作业灵活的特点。气球焰弹产品就成为最好的补充。

2　焰弹增雪作业的应用现状

人工增雪的难度是很大的，对天气有更高的要求。首先要有充足的水汽；其次，要通过雷达、卫星等高科技手段跟踪监测云层（性质、高度、厚度、浓度、范围和移动速度等）。人工增雪是指在适当的天气条件下，采取人工催化等技术向云层中播撒适当的碘化银等催化剂，这些催化剂释放到云中，形成细小颗粒，即“凝结核”。“凝结核”在云层中快速吸食云中水汽，使“凝结核”凝结增大，在空中遇冷形成雪花降落到地面，以达到增加局地降雪的一项科学技术[6-12]。基于这一原理，目前人们通过飞机、高炮、火箭、焰弹在云中播撒干冰、液氮等制冷剂，使局部云体剧烈冷却而产生冰晶，或者播撒碘化银等人工冰核，由人工冰核产生冰晶，以达到降雨雪的目的。

2.1　人工增雪作业的必要性

水是基础性的自然资源，又是战略性的经济资源。人工增雪是继人工增雨后又一开发利用空中云水资源、缓减水资源短缺的有效途径。人工增雪一是可以有效地缓解旱情，增加土壤墒情、提高地温，有利于冬小麦的安全过冬，增强春季返青生长能力；二是可以遏制和杀死地面害虫和虫卵，有效地净化空气，保护环境，有利于人体健康；三是人工增雪可以形成桃花水，有利于高山积雪、水库蓄水，以缓解来年水资源的短缺。

甘肃河西走廊东部的武威市及石羊河流域，地处青藏高原北坡，南靠祁连山脉，北邻腾格里和巴丹吉林两大沙漠，东接黄土高坡西缘，海拔高度为 1300～3100 m，年平均降雪量为 11.1～61.7 mm，年平均气温为 0～10 ℃，年平均蒸发量为 1549.1～2619.6 mm，日照充足，辐射强烈，空气干燥，属于温带干旱、半干旱气候。据统计，武威市境内地表水为 14.29 亿 m^3，地下天然贮存量仅为 0.64 亿 m^3，石羊河流域人均占有水资源 700 m^3，不到全国人均占有量的 32%，耕地亩均占有水资源不足 220 m^3，不到全国人均占有量的 11%，且分布不均，农业灌溉水资源严重不足，全市水量缺口约分别为 3 亿 m^3 和 2.1 亿 m^3。特别是近几年连续干旱，气候持续变暖，人口逐渐增加，生态耗水量进一步增加，对水资源的需求量越来越大，使得武威市及石羊河流域水资源短缺的矛盾越来越突出，整个流域水资源的开发利用率高达 150%以上，远远超过了国际公认的 40%左右的开发利用率。水资源和生态环境问题已经危及全市经济建设，危及人民的生存和发展。因此，在科学合理利用现有水资源的情况下，为了积极开发利用空中云水资源，2010 年 7 月 26 日由甘肃省气象局和武威市政府联合投资共建的武威市人工影响天气作业基地项目正式启动，到 2013 年全市人工增雨（雪）、防雹作业点达 56 个，其中高炮点 15 个、火箭点 37 个、焰弹增雪作业点 4 个，作业覆盖面积逾 5000 km^2，已初具规模。通过人工增雨(雪)作业,2010—2013年的石羊河来水持续增加。如2012年1—10月,武威市平均降水量达到298.4 mm,较历年同期增加了20%,作业点密集的祁连山东段沿山地区降水量比历年同期偏多52%。

目前,我国使用焰弹人工增雪作业的共有5个省市,甘肃省焰弹增雪作业始于1997年,在甘肃省河西地区及中部地区广泛使用,至2013年的16年间,焰弹人工增雪作业中共施放BR-03型焰弹48000余枚,积累了大量的人工增雪作业经验,增雪效果显著。通过2002—2004年冬春季在河西走廊东部武威市进行的焰弹人工增雪作业试验发现,增雪效果显著,增加降雪量12.5 mm,增加水量为7.75亿m^3,平均相对增雪率为40.2%[2]。人工增雪即增加了自然降水量,缓减了水资源的短缺,同时为我国科学利用自然资源进行了有益的探讨。

2.2 国内焰弹应用特点

现代人工增雨活动始于1946年,美国科学家Schaefer发现干冰可以促进大量冰晶的产生。同时,英国科学家Vonnegut通过试验,找到了有效的成冰核物质一碘化银(AgI),为人工影响冷云降水提供了有效的催化剂,奠定了试验研究和作业的物质基础。数值试验结果表明,碘化银(AgI)的成核方式在层状云和对流云中有很大不同:层状云中AgI主要以接触冻结、浸没冻结等慢核化过程为主,而对流云中则以凝结冻结过程为主[12]。

对催化剂及播撒技术的研究一直是人工影响天气研究的一个重要课题。目前,国内焰弹类产品只有北京理工大学化工与材料学院研制和生产的BR-03焰弹,但是该类产品属于20世纪90年代初研制产品。焰弹采用测风气球,充灌好氢气后将一枚焰弹用2 m长的细线系在气球下方,点燃导火索后放飞气球(点燃时应远离充灌区域)。延期方式采用特制导火索延期,提前按估算长度裁剪导火索,使用时采用明火点燃导火索(表1)。因为氢气属于易燃易爆气体,使用明火点燃焰弹有很大安全隐患。另外焰弹作业天气多为雨雪天气,采用导火索方式延期点火,在入云时间不宜掌握并且容易出现断火和哑火现象。

表1 BR-03焰弹技术性能参数

名称	参数	备注	名称	参数	备注
携带碘化银焰剂(g)	50～60		焰剂燃烧时间(s)	60～70	
焰弹全重(g)	70～80		导火索燃速(cm/min)	0.75	特制

3 新型延时自动点火焰弹的设计方案

新型延时自动点火焰弹(以下简电子焰弹),是利用气球将焰弹携带到云层中,通过自动点火使焰弹在云中燃烧后产生的冰核催化,来增加降雪量。电子焰弹包括电子延时装置和焰弹。其中,电子延时装置又分为点火延时装置和时间设定器两部分。

3.1 延时点火装置的结构特点

点火延时装置是由3节纽扣电池提供电力,依靠单片机控制延时时间并点火的装置,可以根据提前设定的时间精确实现延时控制,延时精度可以控制在1%以内;时间设定器采用具有存储功能的单片机控制延时时间,可以提前将程序存储在单片机中。电子焰弹使用前用一个手持延迟时间设备将数据输入延时点火装置内,其使用特点具有输入速度快,操作简便,只需接通数据线就可以自动完成。该装置采用小型纽扣电池提供电力，为了解决电池在低温下电池容量下降的问题，采用化学加热的办法，化学发热暖贴，使用前揭掉表面覆膜，与空气接触后产生化学反应产生热量，其表面温度可以达到 60～70℃，持续发热时间达到 3 h，完全可以满足给电池加热的要求，该装置使用前先把计算好的延迟时间分别输入到芯片内，然后将延时装置放入焰弹仪器仓，并且揭掉暖贴的覆膜让其发热，然后打开装置开关，计时开始，此时组装好焰弹并且连接好气球就可以释放焰弹进行作业。

电子焰弹的点火延时装置重量为 13 g，加热片为 6 g，整个控制装置合计为 20 g。该点火延时装置电源电压为 4.5 V，由于没有升压设计，所以点火瞬间电压也为 4.5 V，当负载为 5Ω 时，点火电流为 900 mA，足以保证点火头正常可靠的发火。

3.2 电子焰弹结构和技术参数

电子焰弹结构设计(图 1)，吸收借鉴了 ZY-1 飞机焰条点火方案及焰条的一些成熟技术。电子焰弹重新设计了点火器结构，在焰条原有结构的基础上，将最初药包加引燃药柱的结构合二为一，提高了点火可靠性和点火器整体的防潮性，其结构简单，加工方便。电子焰弹的焰剂质量为 80 g，点火器组件为 20 g，加上壳体和焰剂包覆层总质量为 104 g(纸管壳体)和 114 g (PVC 壳体)。

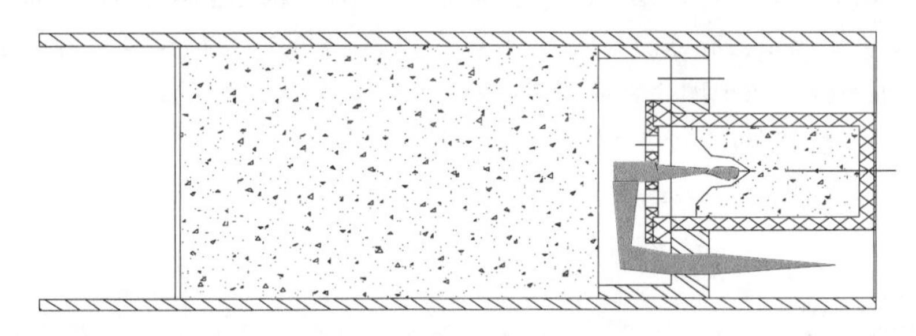

图 1 焰弹结构示意图

其中，电子焰弹技术性能参数见表 2。

表 2 电子焰弹技术性能参数

名称	参数	备注	名称	参数	备注
携带碘化银焰剂(g)	80		焰剂燃烧时间(s)	60	
延时点火器重量(g)	20		延时点火时间(min)		任意装订
焰弹全重(g)	130				

3.3 电子焰弹升速测算

为了获取 30 g 测风气球的容积和浮力的各项数据，进行了充氢气的挂载试验，将气球充到直径 70 cm 左右，实测气球净浮力为 205 g(焰弹 100 g+105 g 砝码平衡)，将气球悬挂上焰弹(105 g)和点火延时装置(20 g)后测得，气球加挂载荷后从静止加速上升到 25 m 高度用时为 8 s，从静止开始上升到 25 m 高度的平均速度为 3 m/s。

气球平衡速度的理论计算公式为：

$$v = \sqrt{2Q/c\rho A} \tag{2.1}$$

式中,v 为平衡速度,Q 为净浮力,c 为气球的阻力系数 0.2,ρ 为空气密度 1.28g/cm^3,A 为气球横截面积。当净浮力为 80 g,气球直径为 70 cm 时,计算得到 v=4 m/s。

4 电子焰弹人工增雪作业的效果检验

由于层状云水平分布范围比较大,移动缓慢,人工增雪作业机会较多。实践证明,采用先进的技术装备和科学的技术方法,确定适宜于焰弹人工增雪的作业时机、作业部位,是提高作业人工增雪总体技术水平的重要环节。如果选择云系发展比较旺盛的时机作业,过早或过晚处于消散阶段时作业效果都不好。试验表明,在−10℃的温度条件下,焰弹冰核生成率平均为 6.3×10^{13} 个/g。

焰弹人工增雪是将携带有催化剂的焰弹送入云中,产生大量的人工冰核,参与云中降水的微物理过程,以达到增加降雪的目的。气温较低、降雪性质为纯雪时,进行气球悬挂焰弹增雪效果十分显著,焰弹增雪效果可达 57%以上;而气温较高,降水性质为雨夹雪或湿雪时,进行气球悬挂焰弹增雪效果较差,平均增雪效果仅为 15.5%[2]。焰弹增雪与飞机相比,其有效覆盖面积要小得多,若在一有限区域中多设增雪点,同时进行增雪作业,不同区域间进行联合作业,其催化作用将更为充分,增雪效果也将会更为显著,对提高作业效率非常重要。

新型延时自动点火焰弹将碘化银粒子撒播在云中,通过碘化银粒子的成冰活化对云层产生影响。由于碘化银粒子的成冰阈温为−4℃。所以,作业的部位应至少选择在云中−4℃层以上的负温区,而且还要求把碘化银粒子撒播在云层过冷水含量大的地方[2]。

作业时机和作业云部位选择,对人工降水的成败和效益高十分重要,新型延时自动点火焰弹能够任意设置点火时间,可在适合作业的部位点火催化。

5 小结

(1)科技进步是人工影响天气发展的动力。为了弥补冬春季飞机、火箭作业费用较高的不足,因此,开发新型延人工增雪设备就显得非常迫切。但是传统火工延时气球焰弹,存在明火点火延时精度和可靠性差、安全隐患等不足。为了改进传统气球焰弹的不足,提高气球焰弹的科技水平和作业效果,我们通过反复试验开发了新型延时自动点火焰弹。它是利用气球将焰弹携带到云层中,通过自动点火使焰弹在云中燃烧后产生的冰核催化,来增加降雪量。

(2)实验表明,与同类产品相比新型延时自动点火焰弹通过科学定时装置能够控制最佳作业时机,解决了焰弹精确和可靠点火的问题,具有成本低、机动灵活性高、催化效果好、科学安全等特点,能够提高人工增雪的科技水平。

(3)随着国家低空开放政策的实施,未来火箭弹、气球焰弹,特别是新型电子焰弹的推广使用,必将促进我国人工增雪(雨)作业发展,市场需求和推广前景可期。

参考文献

[1] 范鸿芸,张静,冯振武. 新疆冬季飞机人工增雪效果统计检验方法[A]//第十五届全国云降水与人工影响天气科学会议论文集(Ⅱ)[C],2008.

[2] 钱莉,王文,张峰,等. 河西走廊东部冬春季人工增雪试验效果评估[J]. 干旱区研究,2007,**24**(5):679-685.

[3] 方春刚,郭学良,王盘兴. 碘化银播撒对云和降水影响的中尺度数值模拟研究[J]. 大气科学,2009,**33**

(3):621-633.

[4] 秦长学. 气球携带碘化银焰弹技术研究[J]. 气象,1997(11):11-13.

[5] 王田寿,达鸿魁. 西宁地区首次焰弹增雪试验作业天气条件分析[J]. 青海气象,2005(3):52-53.

[6] 杨晓玲,薛生梁,丁文魁,等. 河西走廊东部降雪分布及人工增雪研究[J]. 干旱区研究,2005,**22**(4):481-484.

[7] 樊晓春,丁瑞津,王晓平,王俊成. 陇东黄土高原冬春季人工增雪的实际效果评估[J]. 干旱区研究,2007,**24**(1):103-107.

[8] 尹宪志,张强,丁瑞津,等. 甘肃省冬春季人工增雨雪作业条件分析[J]. 高原气象,2007,**26**(3):603-608.

[9] 游来光,王守荣,等. 新疆冬季降雪微物理结构及其增长过程的初步研究[J]. 气象学报,1989,**47**(1):73-81.

[10] 丁瑞津,尹宪志,李宝梓,等. 甘肃省冬春季人工增雨雪作业指挥系统[J]. 自然灾害学报,2007,**16**(6):42-46.

[11] 樊鹏,余兴. 陕甘宁人工增雨技术开发研究[M]. 北京:气象出版社,2003.

[12] 刘诗军,胡志晋,游来光. 碘化银核化过程的数值模拟研究[J]. 气象学报,2005,**63**(1):30-40.

三七高炮身管内壁光学探测仪的研制

王文新　王星钧　喻　箭

(新疆维吾尔自治区人工影响天气办公室,乌鲁木齐 820002)

摘　要　三七高炮身管内壁光学探测仪,利用内窥镜技术,集光学、电子技术、精密机械、显微摄像技术集成于一体,用来探查高炮身管内部狭小空间身管损伤,实现了照明、观测、拍照、摄像、存储、回放等目标,初步达到了原定的设计要求。

关键词　内窥镜　检测　安全

1　引言

近年来,人工影响天气在防灾、减灾等方面取得了显著的经济效益,已受到社会各界的广泛关注。而三七高炮能很好地控制碘化银气溶胶发射范围。所以依靠三七高炮作为运载工具,将碘化银气溶胶准确、安全、有效地输送入目标云中,形成高浓度的碘化银人工冰核集中、过量播撒,实现其消云防雹的目的。所以,三七高炮安全作业,是顺利开展人工影响天气作业的基本保证 ,也是保障安全,提高防雹增雨、防灾减灾能力的一个重要条件。因此 ,在严格保证空域安全、器械(高炮)安全和人员安全的前提下 ,必须实施安全作业 ,消除高炮的各种事故隐患 ,杜绝安全事故发生,才能更好地开展防雹增雨作业。因此 ,应努力贯彻“预防为主,安全作业”的方针 ,对高炮经常进行检查维护 ,使高炮随时都在良好的工作状态 ,确保作业任务的顺利完成。

图 1　控制箱外观前面板

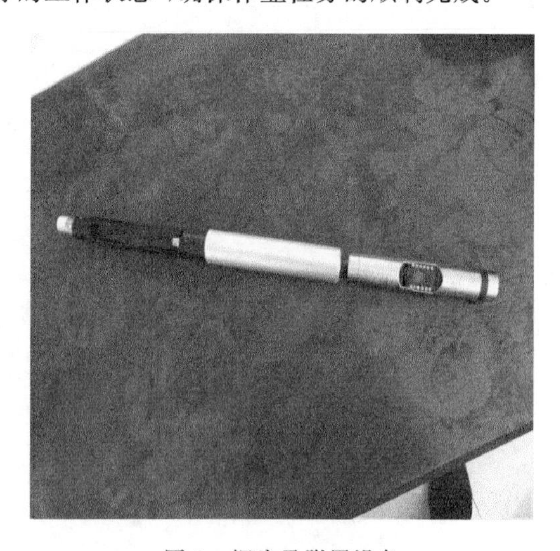

图 2　探头及附属设备

而确保高炮安全,高炮身管是关键。高炮身管分为药室部和膛线部,长期工作在强烈冲击、高温、高压和高速摩擦的恶劣环境,极易造成炮弹残留物污损、炮管拉伤、身管高温变形等问题。同时由于高炮身管内部环境狭小、阴暗,保养及常规检查不易。所以,急需一种身管内壁光学探测仪来进行检查及探伤，而利用可照明的微型内窥镜光学探测仪到身管内部观察，把人们的视距延长。将可视的故障信息，准确直观的身管内部真实状况，输送到显示器上供诊断使用，可以早期发现问题及时更换、保养及修复。从而保障作业的安全。三七高炮身管内壁光学探测仪外观如图1和图2所示，光学探测仪附属部分设计图如图3所示。

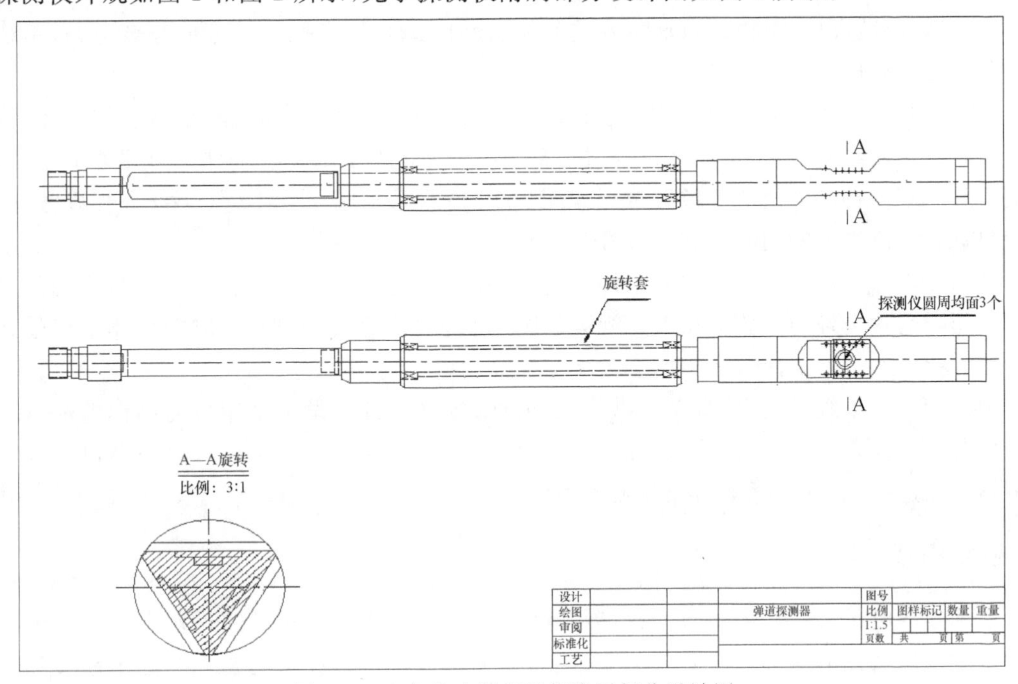

图3　三七高炮光学探测仪附属部分设计图

2　三七高炮身管内壁光学探测仪设计思路

三七高炮身管内壁光学探测仪的研制，主要体现在简洁、清晰、方便、高效。同时兼顾探测仪系统功能齐全、方便使用。系统分为硬件和软件两部分。硬件力求性能稳定、使用方便、便于携带、适应性好、野外作业。软件部分我们做到界面清晰、操作方便、功能齐全。同时设备集光学、电子技术、精密机械、显微摄像技术于一体。自带电源或接用市电均可，可在野外与室内工作。原理设计流程如图4所示。

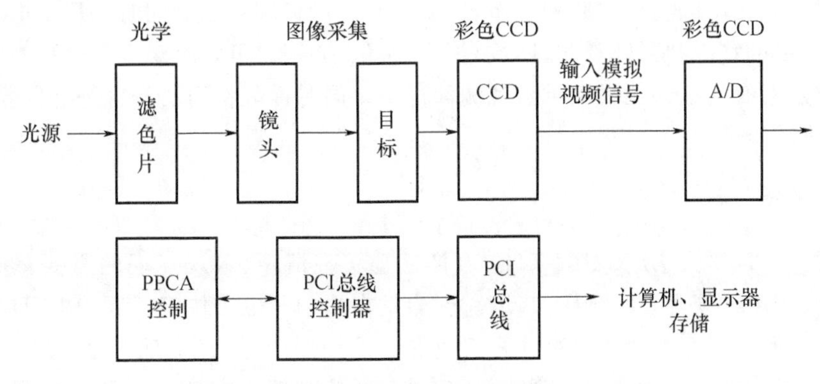

图4　三七高炮身管内部检查仪原理设计流程图

（CCD输出图像的实时采集和显示）

3 三七高炮身管内壁安全检查仪设计特点

(1)先进和适用相结合:系统采用了成熟的高科技技术[2],以目前较为先进的方法实现了系统功能。保证了系统目前的先进性。

安全可靠性:在经济许可范围内,系统结构、设计方案、技术保障等方面综合考虑,系统采用成熟的技术软硬件产品,保证系统安全、可靠、稳定的工作。

(2)实用性:系统主要材料采用不锈钢制作,产品的耐久性、耐油污和耐摩擦相对较高,同时系统全部以硬结构链接,可在高炮身管内部自由移动,具有360°兼顾身管内部各个方位,可保证镜头始终保持在管道适中位置进行观测,保证检测无死角。同时整个系统操作以方便、简洁为目标。提高操作的便利性和适应性。

(3)技术先进:视频内窥镜主要采用的是电晶体CCD相机和较为专业的LED光源技术的共同作用。这种设备的主要特点就是视频的图像状态既明亮又清晰,同时能够体现出较强的分辨率。检测水平不断提升。

(4)便利性:系统轻便坚固,易操纵,拆装简便,维修率低。设备采用可充电锂电池以及超高清彩色显示器,可以满足野外长时间的户外检测。同时视频设备可以和监视器以及计算机显示器相互连接,显示及存储出较清晰的图像。

4 系统组成

系统集微电子、光学、传感器、显示器等高技术产品组成[1]。它是通过装在探头前部和侧壁的微型摄像机光电耦合元件CCD,直接对被观测部位内部情况进行摄像.经电缆传输信号到图像中心和存储器.再经过图像处理器“重建”高清晰度、色彩逼真的图像在监视器屏幕上显示。

所以我们利用目前现有条件,设计制作高炮身管内壁光学检查仪。该检查仪主体分为三部分。

4.1 显示、存储和控制部分

显示器采用了性价比适宜的8英寸超亮高清液晶彩色液晶显示屏,满屏显示。照相采用JPEG格式,录像是ASF格式。具有视频输入、视频输出、拍照和大的自动存储功能,具有独立的控制区域,在控制区实现拍照和录像、回放/调用、设置等功能。同时利用市电和自带电源实现可调节亮度的室内和野外观测、回放、拍照、录像、调用。可实时观察、比较、查看三七高炮身管内壁情况,对有问题部位提供重点观测和记录。同时提醒将问题身管进行保养和更换,以保证作业工具的安全性。

4.2 探测部分

优选高清CCD探头,分辨率大于40万像素。实现清晰、客观窥视的需要。探头具有放大、照明、和大于120°视角。实现了自动曝光、自动白平衡及电子快门。利用LED发光二极管照明,保证光源照度能准确地还原物体真实色彩。采用四个探头,实现一个直视、三个侧视探头观测。直视探头主要观测高炮身管前部宏观探测,侧视探头实现360°侧壁微观探测。实现了照明、拍照和录像功能于一体。整套系统利用锂电池提供DC 12V直流电。可视距离达到

0～0.3 m距离(主要保证近距离的可视清晰度),保证对所探测设备能够看得见、看得准、看得清。探头实现360°观察、拍照、录像、探测无死角。

4.3 附件部分

探测附属设备,利用不锈钢加工制作。可以保证滩头在身管内径中心点工作,实现探头360°探测、和保证探测精准度(保证探头在身管内部中心部位,各个分探头探测各个部位焦距一致)。同时实现在身管内部精准匀速滑行,这样才能有非常清晰的数字图像用于观看和存储。将四个探头和照明设备固定于其上,四个探头一个直视探头观看宏观情况,三个侧视探头与直视探头形成90°夹角,同时按照120°分别排列,保证重点观测部位全面观察和拍照需求。实现探头、照明设备、线缆和加工的探头探测器合理布局,和谐共存。

5 系统应用

在对高炮身管内部检测的过程中,由于身管在高温、高压和高速摩擦的作用下,再加上用弹量较大。长此以往,其内部膛线集身管内部容易产生拉伤、挂铜、裂纹、保养不干净现象。严重的可导致高炮身管鼓包、炸膛等事故。出现严重的安全生产事故。我们利用内窥镜检查仪在高炮无损检测工作中,可以通过清晰的图像得到被检件的表面情况,最主要的是可以对存在缺陷的身管内壁进行直观的检查和检验。保证检查质量的可用性和可靠性。

以往我们对高炮身管检查时,往往采用一看二摸的检查手段,一看,主要采用外观观察,内部对着身管膛线用眼观测,感觉炮膛擦得干不干净,身管有无挂铜、裂纹等。二摸也只是凭经验感觉身管有无鼓包现象。此种检查,主要凭经验和个人感官感觉,即盲目也不科学,同时不能留下客观、公正的资料,以供对比及研究使用。而利用三七高炮检查仪来检测,可以客观地对身管内部进行细致的观测,延长了人们的视距[3],提高了检测的精度和准确度。拍照和录像资料还可以留下可贵的影像资料,共后来者研究和留档保存,同时提高了智能化办公。

6 结语

本文研制的三七高炮身管内壁光学探测仪,利用内窥镜技术,可以把人们的视距延长,准确、真实地反映炮膛内部真实状况,对细小部位也可以进行显微观察,同时可以发现、存储问题图像、发现炮膛内部结构的磨损、裂纹及保养等缺陷,消除高炮的各种事故隐患,保障高炮身管的安全作业。提高了作业人员的安全和设备的正常作业,使高炮随时都在良好的工作状态 ,确保作业任务的顺利完成。

参考文献

[1] 濮悦,陆小建. 工业设计在工业内窥镜产品中的应用和价值[J]. 玻璃纤维,2011(3):25-31.
[2] 朱彤辉,柳海,周嵩琳,等. 支架式口腔内窥镜的设计与实现[J]. 医疗装备,2011(7):17-18.
[3] 杨文智,程文. 视频内窥镜在航空发动机检测中的应用[J]. 科技信息,2010(1):421,400.

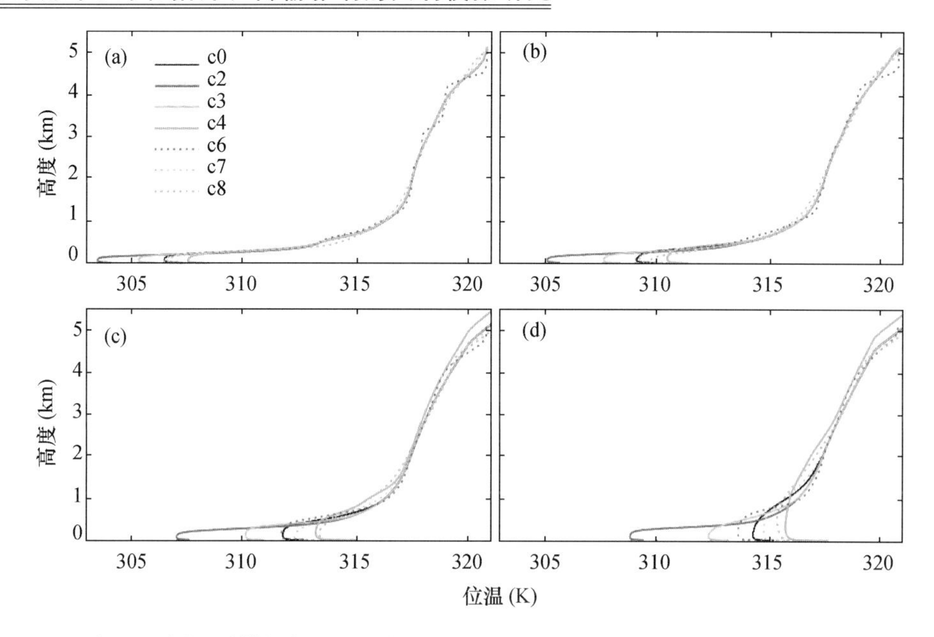

图 1　不同试验模拟的(a)11 时,(b)12 时,(c)13 时,(d)14 时的平均位温廓线

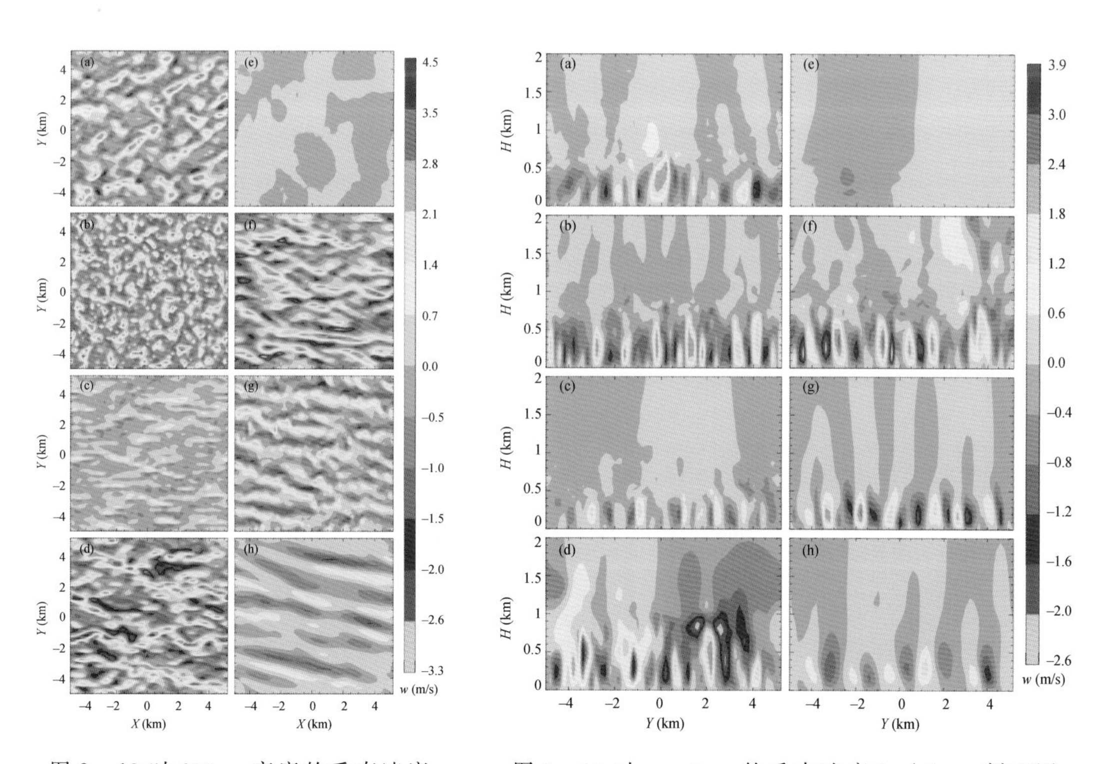

图 2　13 时 300 m 高度的垂直速度(m/s)水平分布[(a)—(f)分别为试验 C0—C9 的结果]

图 3　13 时 $x=0$ m 的垂直速度(m/s) y-z 剖面图[(a)—(f)分别为试验 C0—C9 的结果]

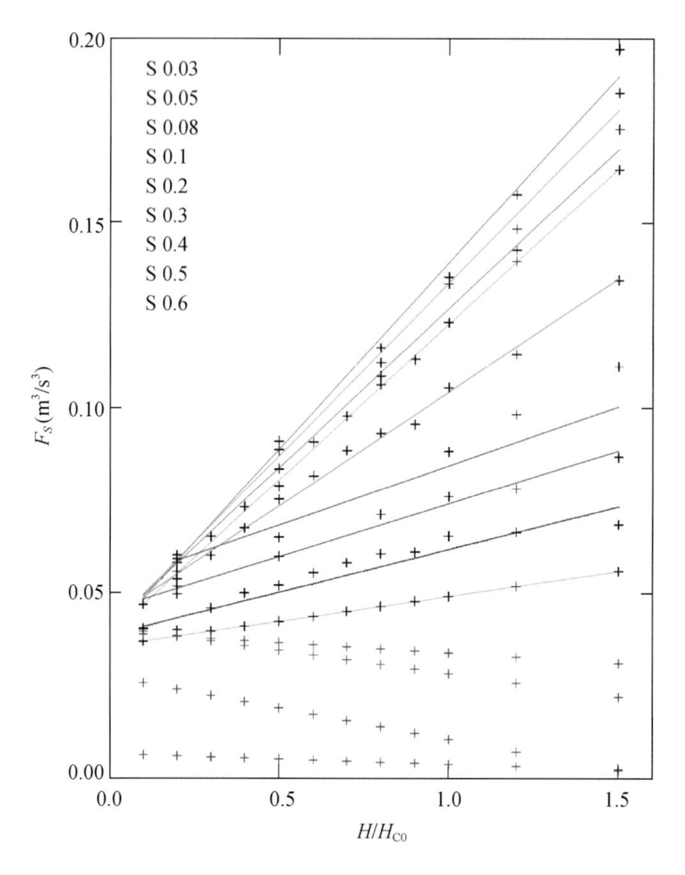

图 5　用最小二乘法拟合的 13 时示踪物平均抬升效率随地表热通量变化的直线

横坐标是地表热通量(H)放大(或缩小)为标准试验地表热通量(H_{C0})的倍数,纵坐标是抬升效率 F。其中,实线代表最小二乘拟合直线,黑色十字代表符合拟合直线的试验结果,而蓝色十字代表不符合拟合直线的试验结果

宁夏地区典型沙尘天气条件下气溶胶分布特征研究

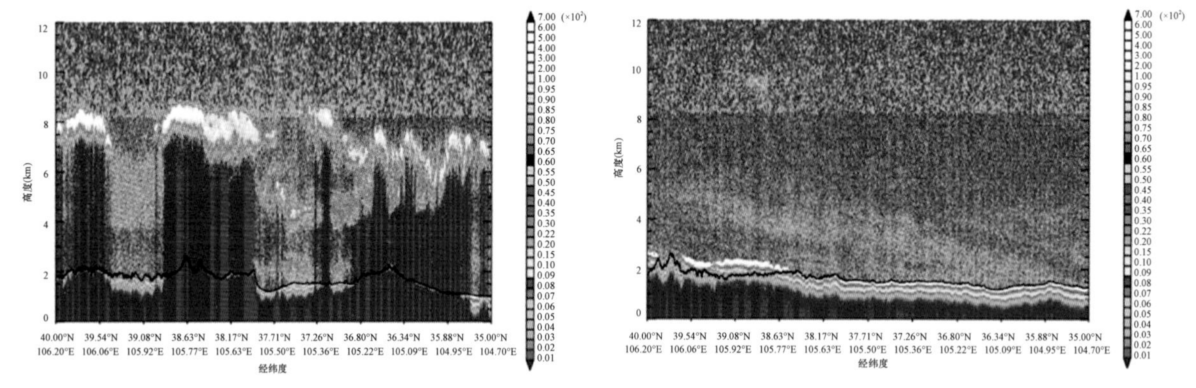

图 1　宁夏地区 532 nm 波段总的衰减后向散射系数的垂直分布(单位:$km^{-1}s\cdot r^{-1}$)

(a)沙尘天气(2009 年 2 月 13 日),(b)沙尘天气(2010 年 3 月 19 日),(c)晴空天气

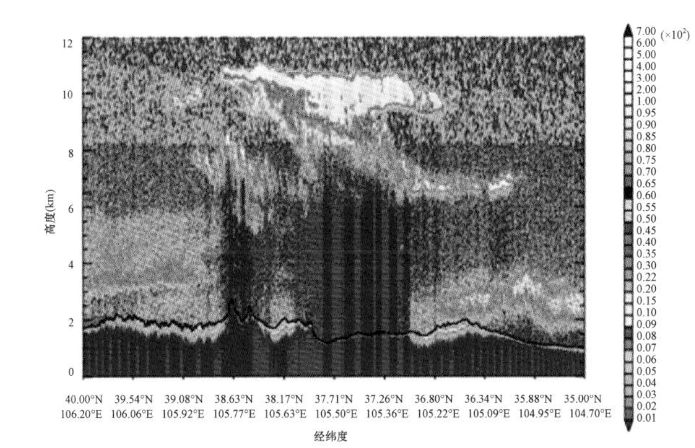

图 1(续)　宁夏地区 532 nm 波段总的衰减后向散射系数的垂直分布(单位:$km^{-1}\cdot sr^{-1}$)

(a)沙尘天气(2009 年 2 月 13 日),(b)沙尘天气(2010 年 3 月 19 日),(c)晴空天气

青海省东北部冰雹云提前识别及预警研究

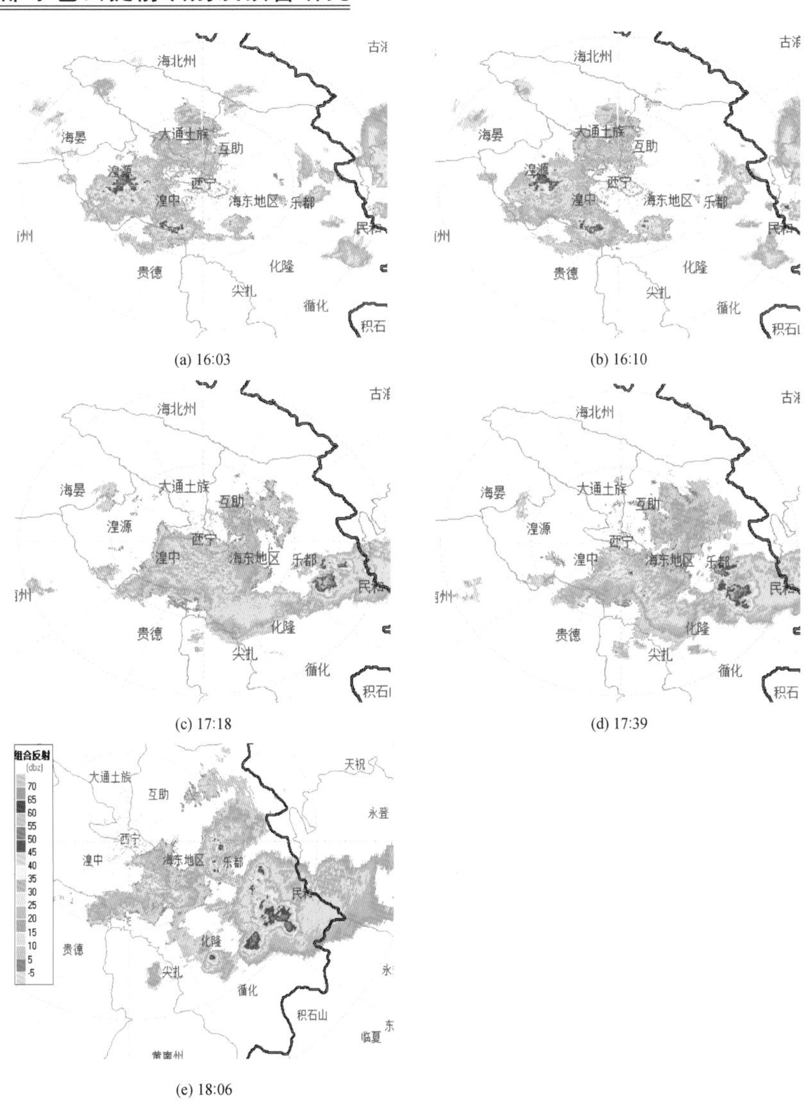

(a) 16:03　(b) 16:10

(c) 17:18　(d) 17:39

(e) 18:06

图 5　2014 年 7 月 25 日不同时刻西宁雷达组合反射率图

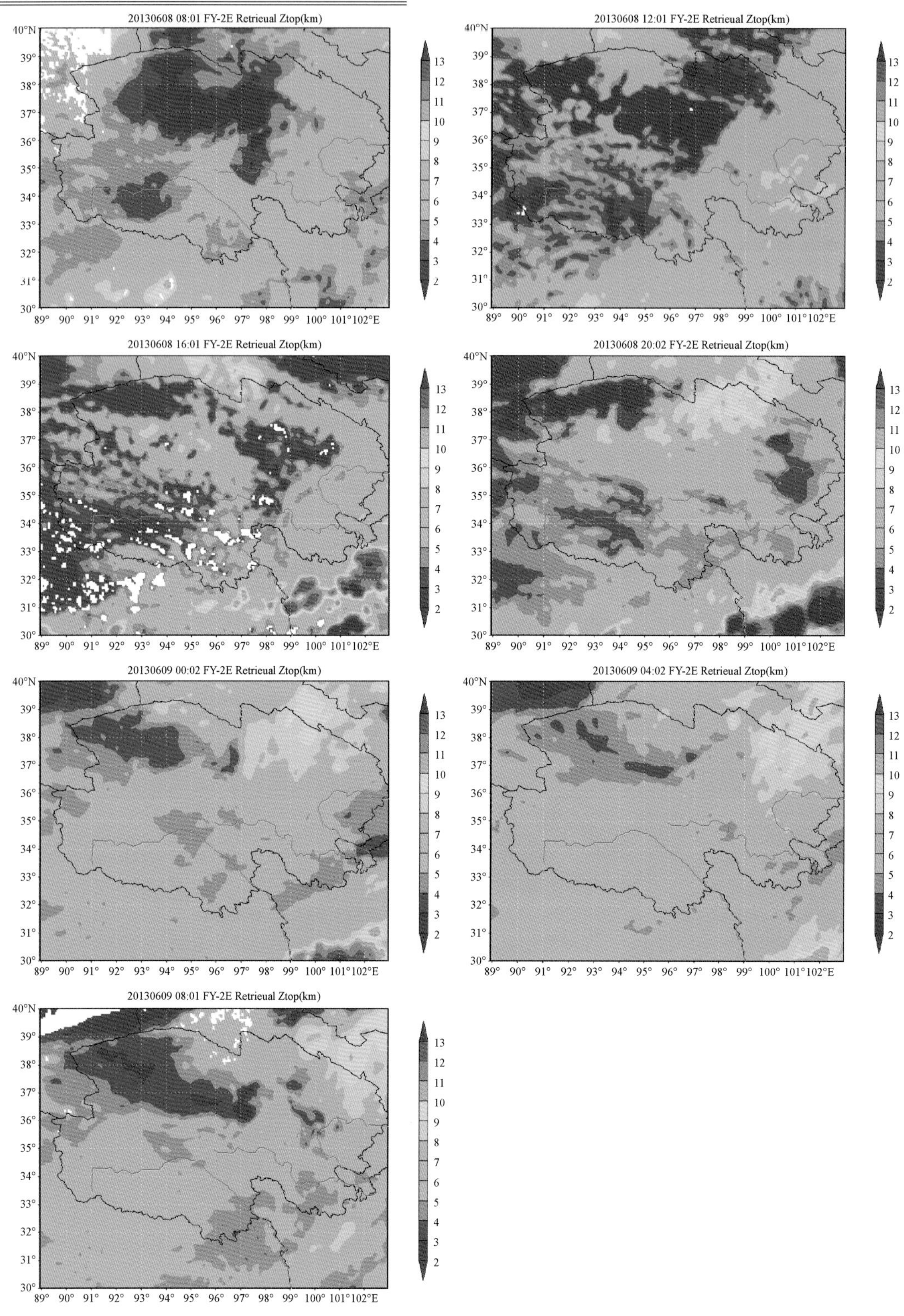

图 1 青海省云顶高度时间分布图(6 月 8 日 08 时—9 日 08 时)

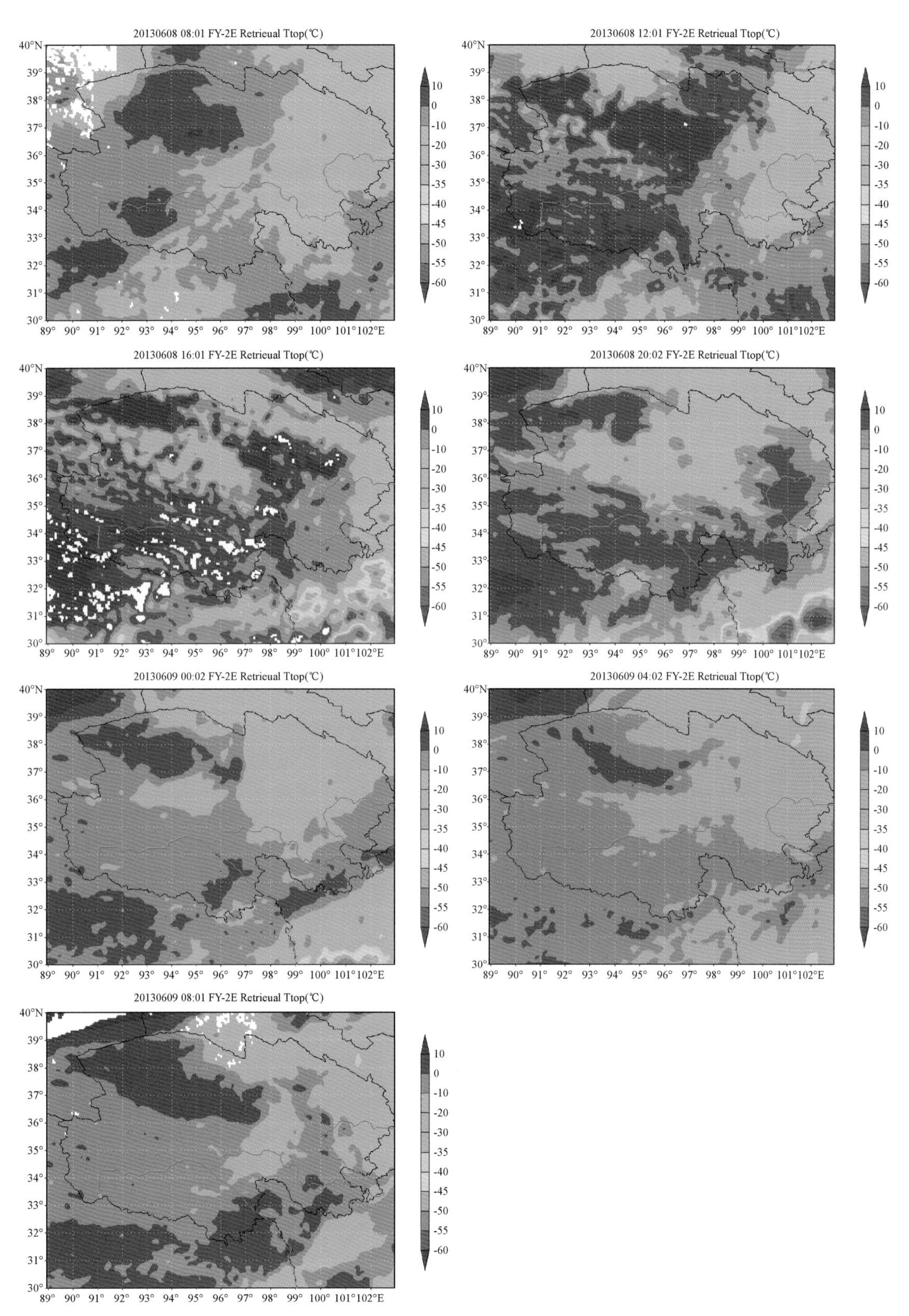

图 3　青海省云顶温度时间分布图(6 月 8 日 08 时—9 日 08 时)

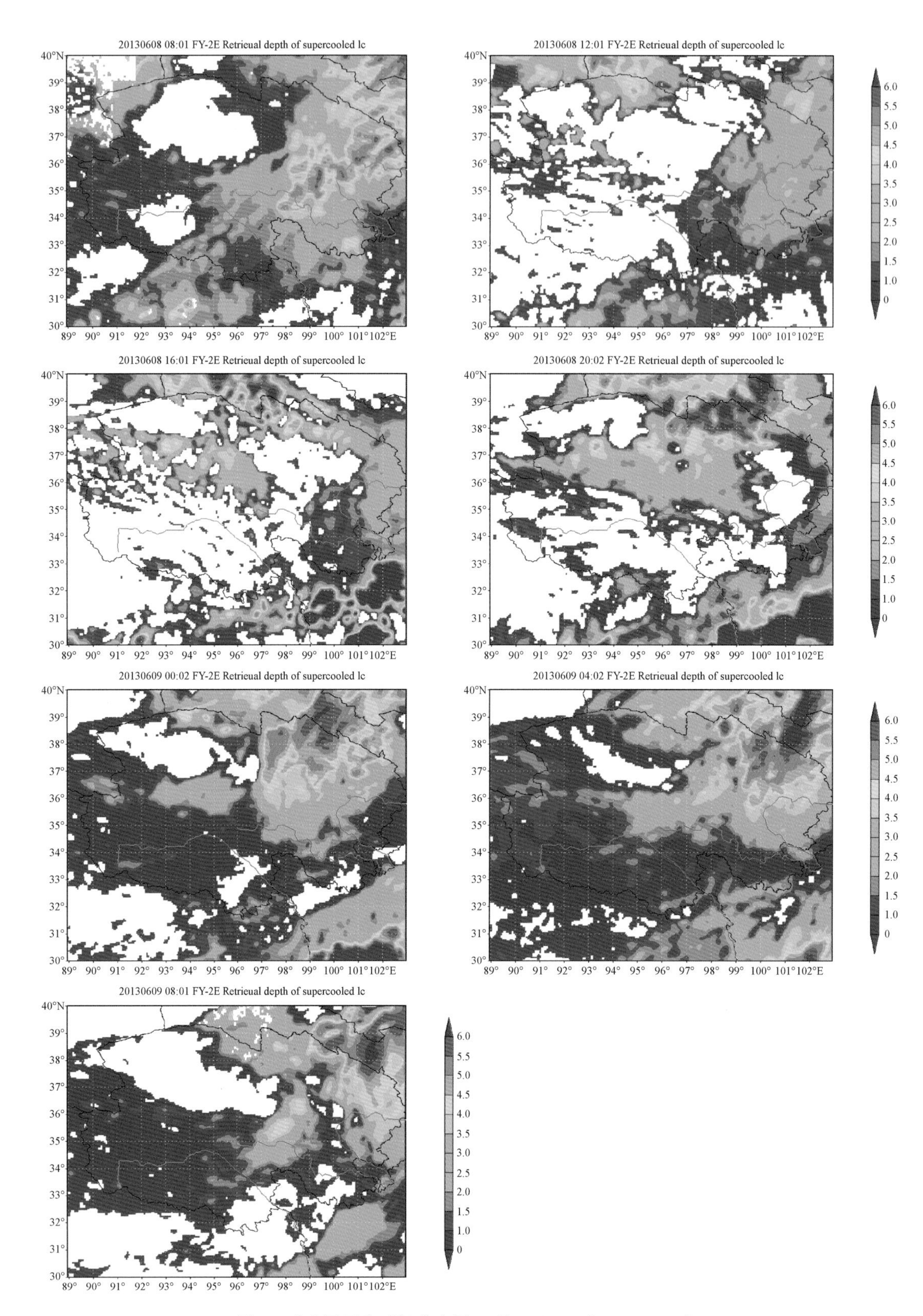

图 5　过冷层厚度时间分布图(6 月 8 日 08 时—9 日 08 时)

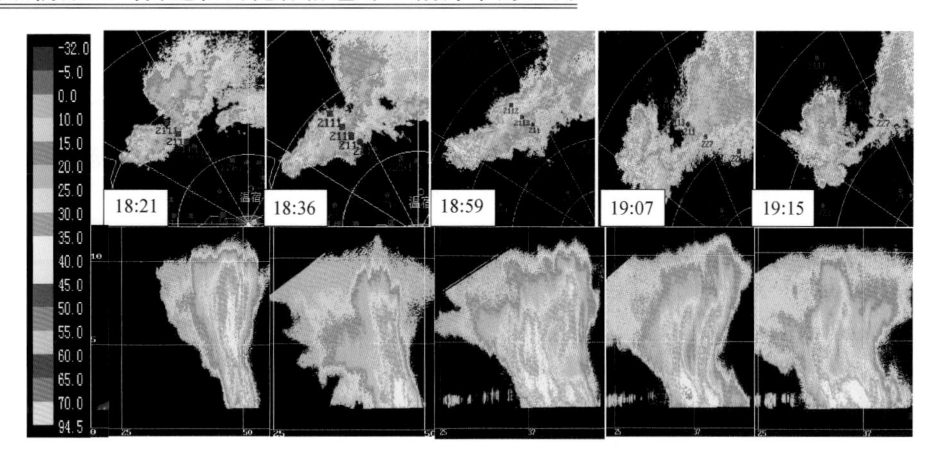

图 1　2014 年 6 月 9 日回波强度 PPI(上)和 RHI(下)显示图

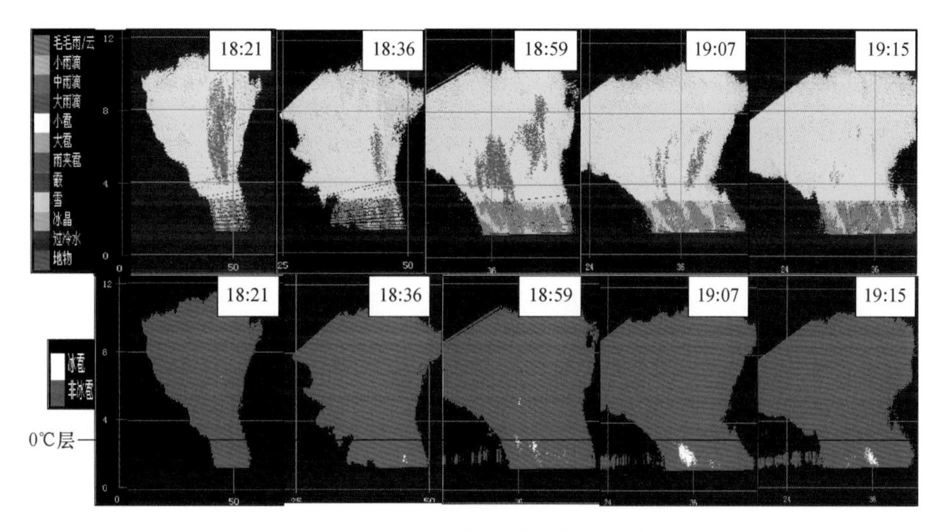

图 2　2014 年 6 月 9 日回波相态识别和冰雹识别的 RHI 显示图

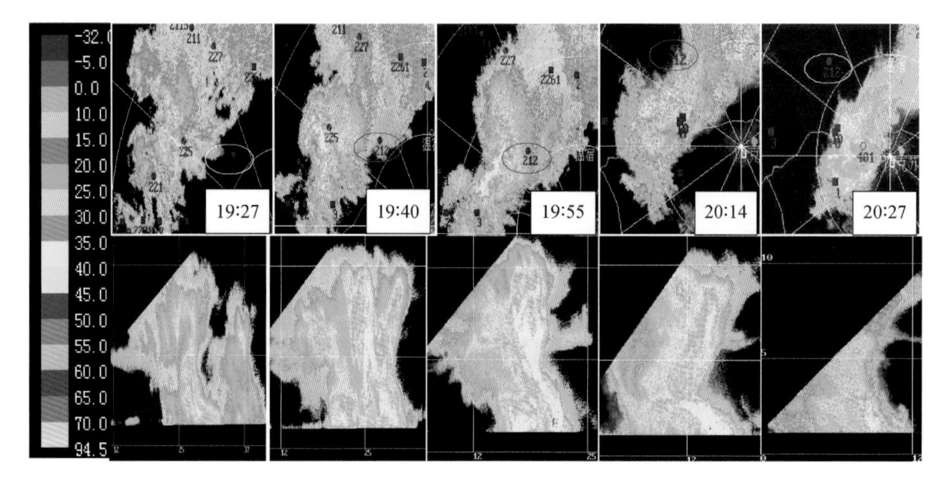

图 3　2014 年 6 月 9 日雷达回波强度 PPI(上)和 RHI(下)显示图

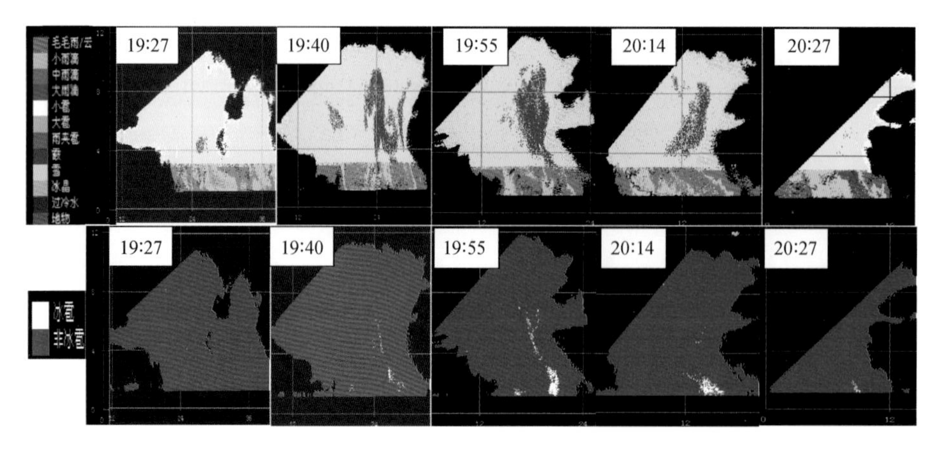

图 4　2014 年 6 月 9 日雷达回波相态识别和冰雹识别的 RHI 显示图

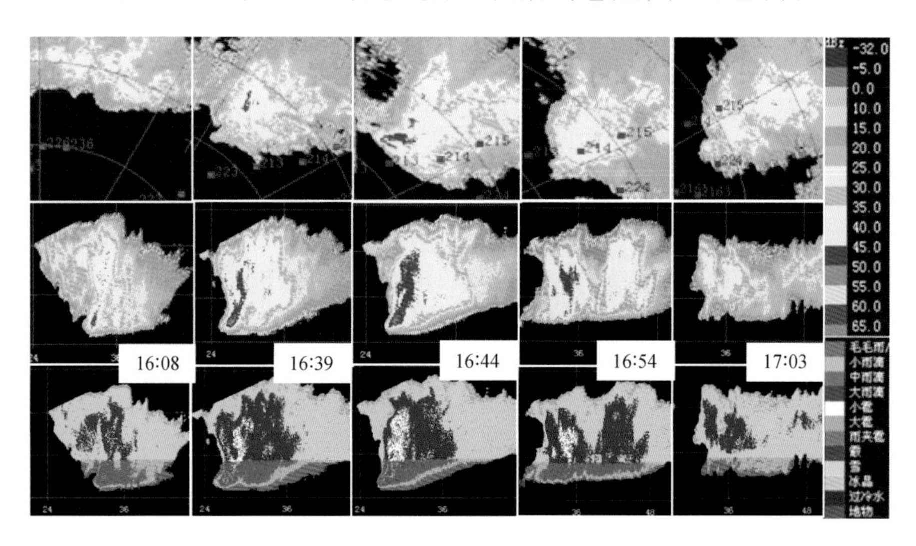

图 5　2016 年 6 月 24 日温宿县北部山区冰雹云回波发展演变图

“一带一路”背景下阿克苏地区农业防雹模型设计

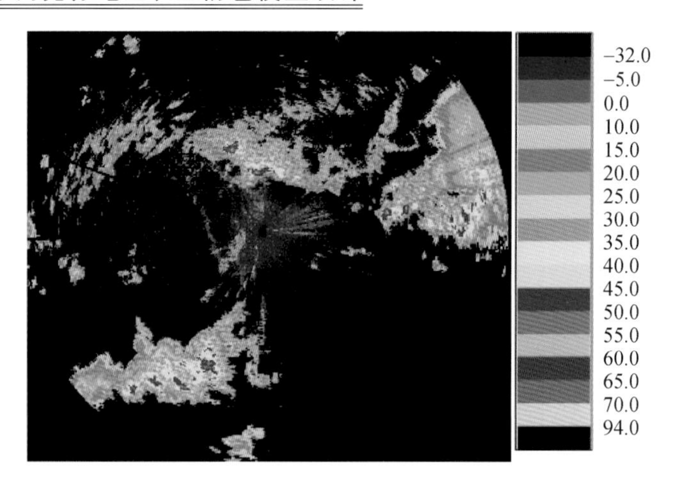

图 1　雷达反射率图像及基本反射率(单位:dBZ)

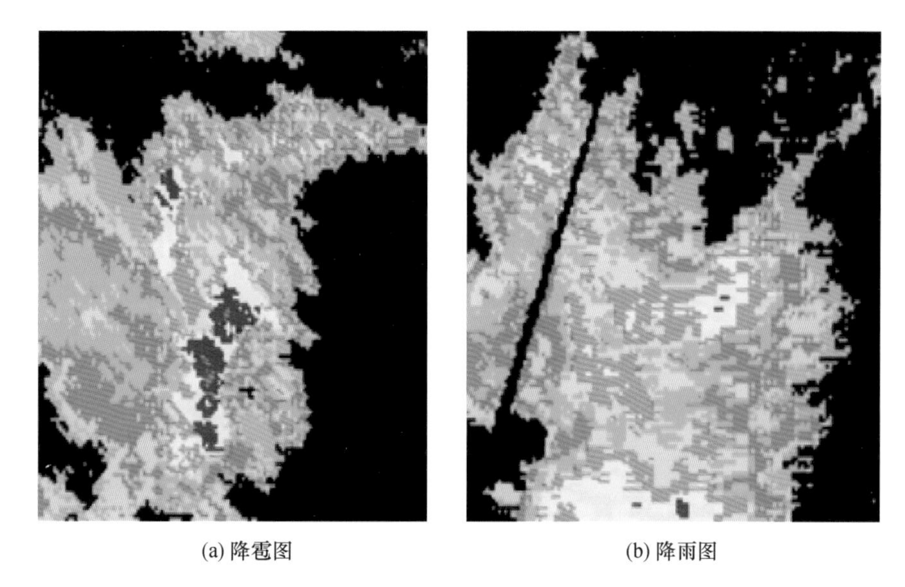

(a) 降雹图　　(b) 降雨图

图 2　反射率图像(a)降雹图,(b)降雨图

新疆石河子地区沙漠边缘地带的一次强对流天气的成因分析

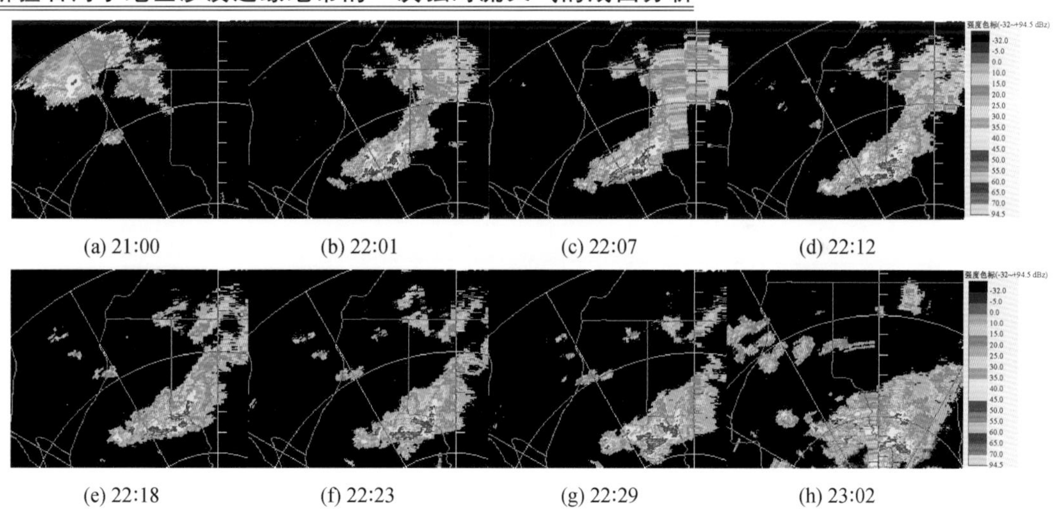

(a) 21:00　(b) 22:01　(c) 22:07　(d) 22:12

(e) 22:18　(f) 22:23　(g) 22:29　(h) 23:02

图 6　2012 年 6 月 21 日 21 时 00 分至 23 时 02 分 1.5°仰角的反射率因子(Z)演变图
(距离圈为 50 km)

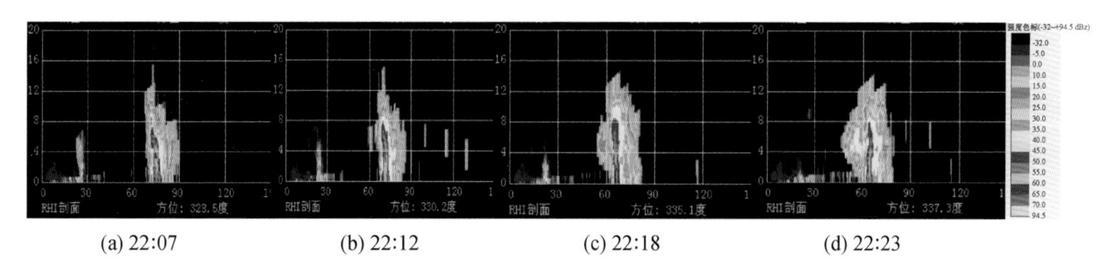

(a) 22:07　(b) 22:12　(c) 22:18　(d) 22:23

图 7　2012 年 6 月 21 日 22:07—22:23 分强度的 RHI 图

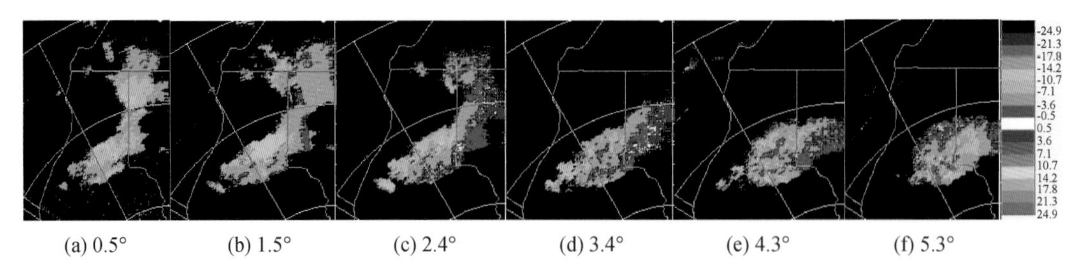

(a) 0.5°　(b) 1.5°　(c) 2.4°　(d) 3.4°　(e) 4.3°　(f) 5.3°

图 8　2012 年 6 月 21 日 22:01 径向速度

(距离圈为 50 km)

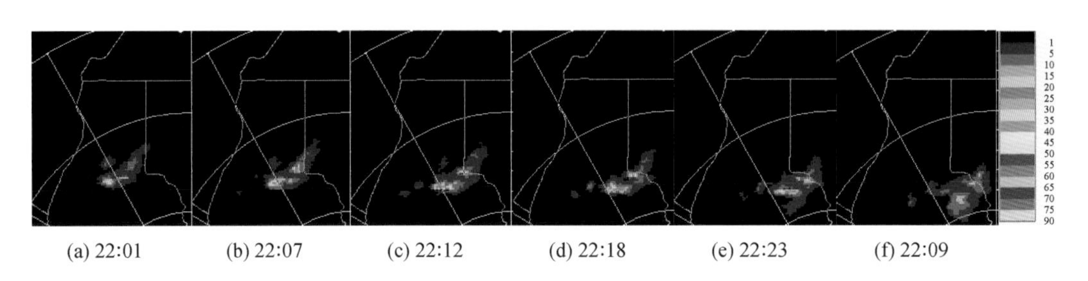

(a) 22:01　(b) 22:07　(c) 22:12　(d) 22:18　(e) 22:23　(f) 22:09

图 9　2012 年 6 月 21 日 22:01—22:29 的 VIL 图(单位:kg/m²)

层状云降水回波特征及增水作业指标研究

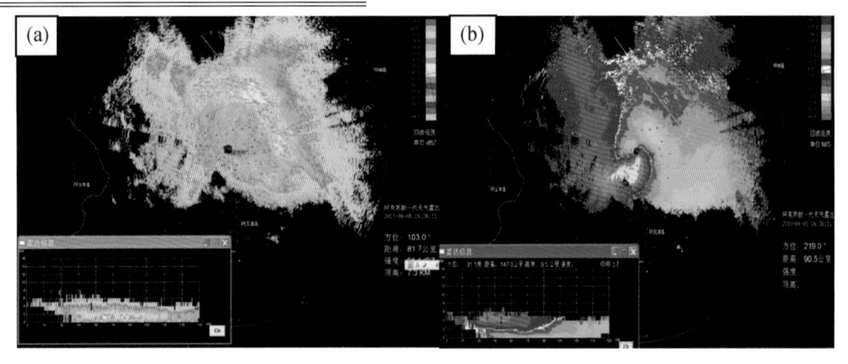

图 1　2010 年 6 月 5 日 13:36 大范围层状云的反射率因子(a)和径向速度图(b)

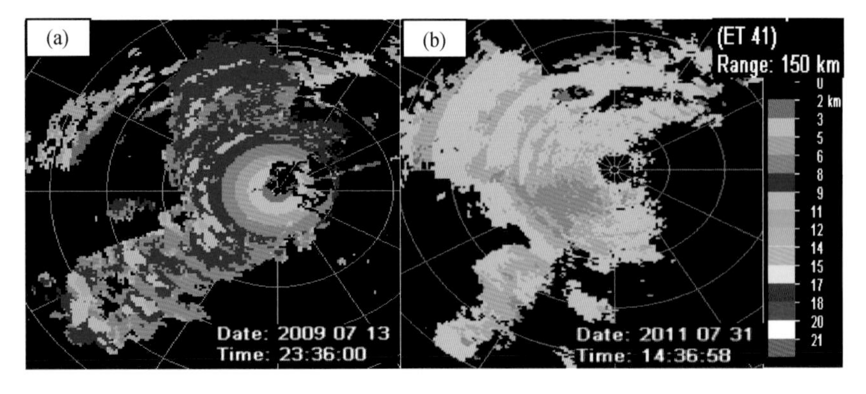

图 2　对流云(a)与层状云(b)回波顶高图像对比

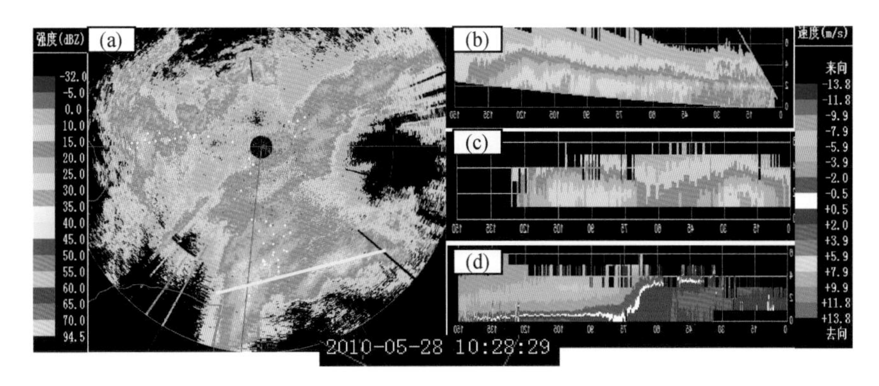

图 3　2010 年 5 月 28 日 10:28BT 阿克苏新一代天气雷达 PPI 图像(a),经过图(a)中紫线位置的 RHI 图像(b),经过图(a)中黄线位置剖面的反射率因子图像(c)和径向速度图像(d)

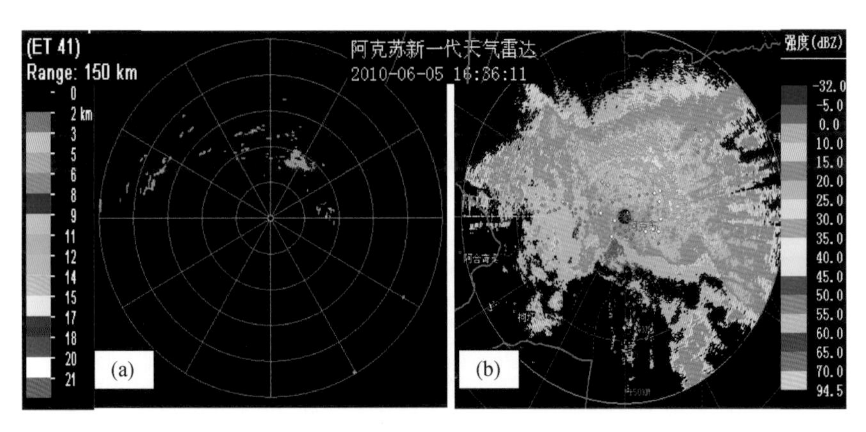

图 4　2010 年 6 月 5 日阿克苏新一代天气雷达垂直积分液态水含量图像(a)及反射率因子(b)

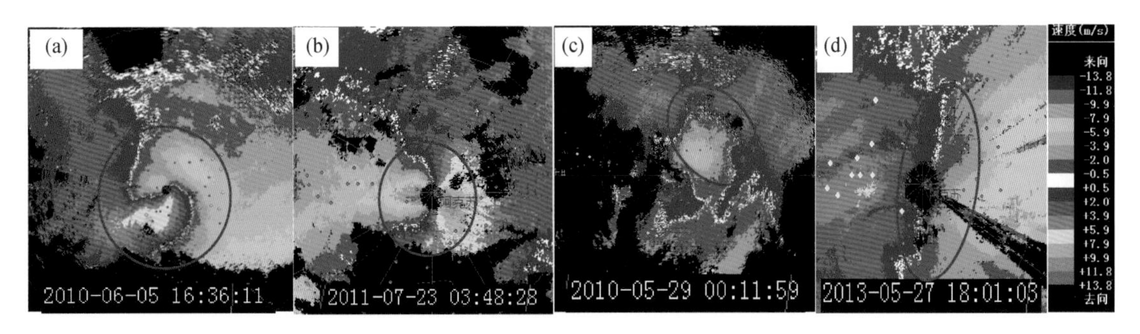

图 5　层状云中几种常见的 0 速度线分布形状

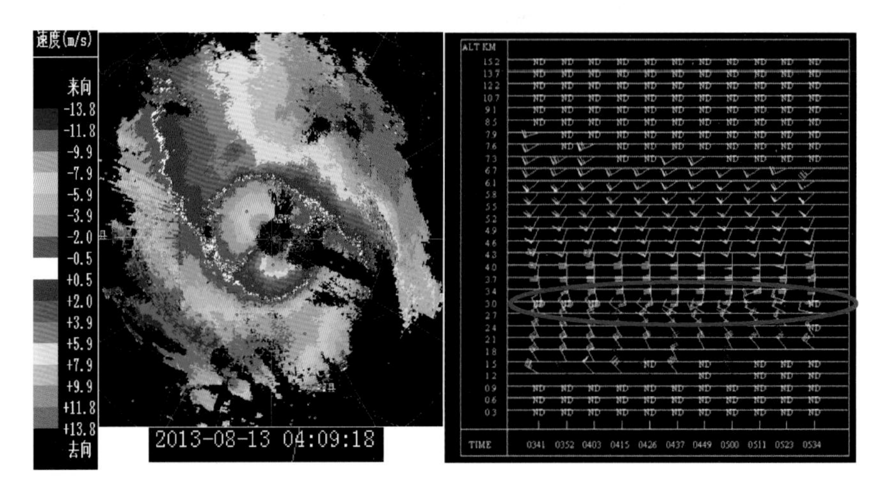

图6　2013年8月13日04:09BT径向速度图0速度线弧线型与垂直风廓线产品

运用WR型火箭实施人工防雹增雨的一些体会

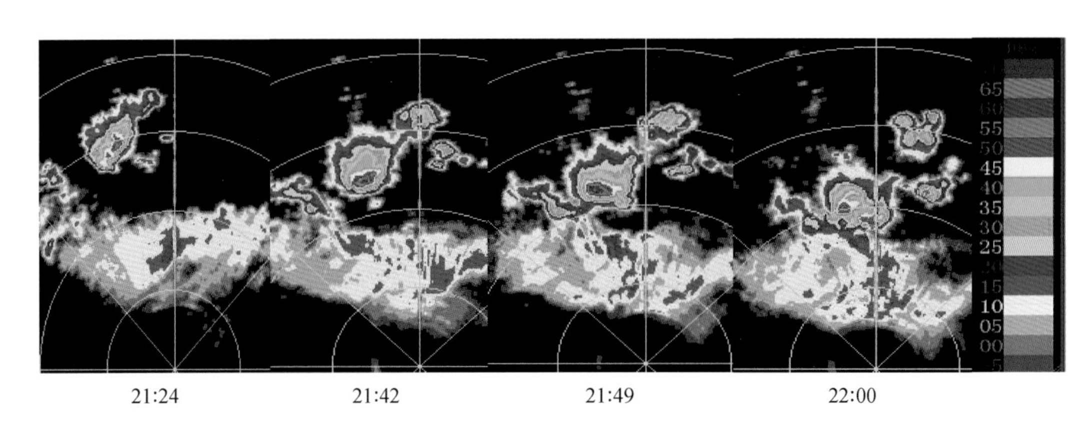

图4　6月23日冰雹云的雷达最大投影回波演变图

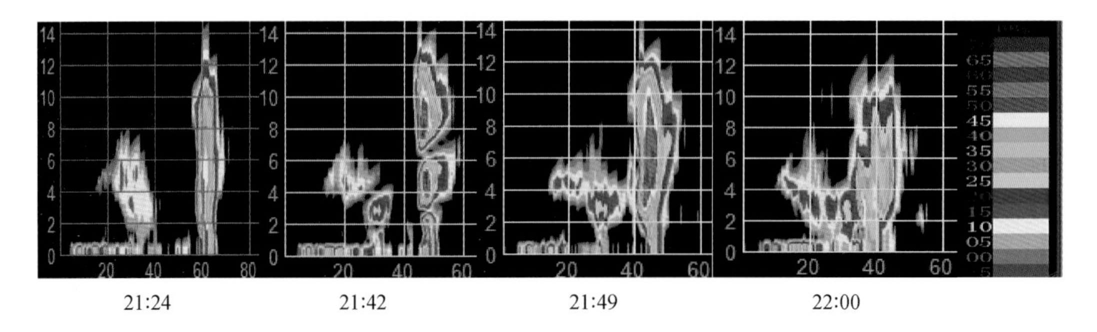

图5　6月23日冰雹云的垂直剖面图